软件开发视频大讲堂

Spring Boot 从入门到精通

明日科技　编著

清华大学出版社

北　京

内 容 简 介

《Spring Boot 从入门到精通》从初学者角度出发，通过通俗易懂的语言、丰富多彩的实例，详细讲解了使用 Spring Boot 进行程序开发需要掌握的知识。全书分为 18 章，内容包括 Spring Boot 概述及其环境搭建，第一个 Spring Boot 程序，Spring Boot 基础，配置 Spring Boot 项目，处理 HTTP 请求，过滤器、拦截器与监听器，Service 层，日志的操作，JUnit 单元测试，异常处理，Thymeleaf 模板引擎，JSON 解析库，WebSocket 长连接，上传与下载，MyBatis 框架，Redis，消息中间件，以及 Spring Boot+MySQL+Vue 实现图书管理系统。书中所有知识都结合具体实例进行讲解，涉及的程序代码都给出了详细的注释，可以使读者轻松领会 Spring Boot 程序开发的精髓，快速提高开发技能。

另外，本书除了纸质内容，还配备了 Java 在线开发资源库，主要内容如下：

- ☑ 同步教学微课：共 80 集，时长 6 小时
- ☑ 技巧资源库：583 个开发技巧
- ☑ 项目资源库：40 个实战项目
- ☑ 视频资源库：644 集学习视频
- ☑ 技术资源库：426 个技术要点
- ☑ 实例资源库：707 个应用实例
- ☑ 源码资源库：747 项源代码
- ☑ PPT 电子教案

本书适合作为软件开发入门者的自学用书，也适合作为高等院校相关专业的教学参考书，还可供开发人员查阅、参考。

本书封面贴有清华大学出版社防伪标签，无标签者不得销售。
版权所有，侵权必究。举报：010-62782989，beiqinquan@tup.tsinghua.edu.cn。

图书在版编目（CIP）数据

Spring Boot 从入门到精通 / 明日科技编著. —北京：清华大学出版社，2023.11
（软件开发视频大讲堂）
ISBN 978-7-302-64860-4

Ⅰ．①S… Ⅱ．①明… Ⅲ．①JAVA 语言—程序设计 Ⅳ．①TP312.8

中国国家版本馆 CIP 数据核字（2023）第 215284 号

责任编辑：贾小红
封面设计：刘 超
版式设计：文森时代
责任校对：马军令
责任印制：沈 露

出版发行：清华大学出版社
网　　址：https://www.tup.com.cn，https://www.wqxuetang.com
地　　址：北京清华大学学研大厦 A 座　　　邮　编：100084
社 总 机：010-83470000　　　　　　　　　　邮　购：010-62786544
投稿与读者服务：010-62776969，c-service@tup.tsinghua.edu.cn
质量反馈：010-62772015，zhiliang@tup.tsinghua.edu.cn

印 装 者：北京同文印刷有限责任公司
经　　销：全国新华书店
开　　本：203mm×260mm　　印　张：26　　字　数：711 千字
版　　次：2023 年 12 月第 1 版　　　　　　印　次：2023 年 12 月第 1 次印刷
定　　价：99.80 元

产品编号：101078-01

如何使用本书开发资源库

本书赠送价值 999 元的 Java 在线开发资源库一年的免费使用权限，结合图书和开发资源库，读者可快速提升编程水平和解决实际问题的能力。

1．VIP 会员注册

刮开并扫描图书封底的防盗码，按提示绑定手机微信，然后扫描右侧二维码，打开明日科技账号注册页面，填写注册信息后将自动获取一年（自注册之日起）的 Java 在线开发资源库的 VIP 使用权限。

Java 开发资源库

读者在注册、使用开发资源库时有任何问题，均可通过明日科技官网页面上提供的客服电话进行咨询。

2．纸质书和开发资源库的配合学习流程

Java 在线开发资源库中提供的资源列表如图 1 所示。其中包括技术资源库（426 个技术要点）、技巧资源库（583 个开发技巧）、实例资源库（707 个应用实例）、项目资源库（40 个实战项目）、源码资源库（747 项源代码）、视频资源库（644 集学习视频），共计六大类、3147 项学习资源。学会、练熟、用好这些资源，读者可在最短的时间内快速提升自己，从新手晋升为软件工程师。

图 1　Java 在线开发资源库中提供的资源列表

《Spring Boot 从入门到精通》纸质书和 Java 在线开发资源库的配合学习流程如图 2 所示。

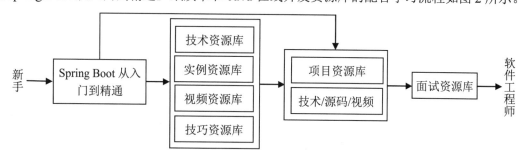

图 2　纸质书和开发资源库的配合学习流程

3．开发资源库的使用方法

在学习本书某一章节时，可利用实例资源库对应内容提供的大量热点实例和关键实例，巩固所学编程技能，提升编程兴趣和信心。实例资源库分类列表和实例讲解页面分别如图 3 和图 4 所示。

开发过程中，总有一些易混淆、易出错的地方，利用技巧资源库可快速扫除盲区，掌握更多实战技巧，精准避坑。需要查阅某个技术点时，可利用技术资源库锁定对应知识点，随时随地深入学习。技巧资源库分类列表如图 5 所示。

图 3　实例资源库分类列表　　　　图 4　实例讲解页面　　　　图 5　技巧资源库分类列表

学习完本书后，读者可通过项目资源库中的 40 个经典项目，全面提升个人的综合编程技能和解决实际开发问题的能力，为成为 Java 软件开发工程师打下坚实的基础。项目资源库分类列表和项目资源库展示页面分别如图 6 和图 7 所示。

图 6　项目资源库分类列表　　　　图 7　项目资源库展示页面

另外，利用页面上方的搜索栏，还可以对技术、技巧、实例、项目、源码、视频等资源进行快速查阅。

万事俱备后，读者该到软件开发的主战场上接受洗礼了。本书资源包中提供了 Java 各方向的面试真题，是求职面试的绝佳指南。读者可扫描图书封底的"文泉云盘"二维码获取。

面试资源库的组成部分如图 8 所示。

图 8　面试资源库组成部分

前 言
Preface

丛书说明："软件开发视频大讲堂"丛书第 1 版于 2008 年 8 月出版，因其编写细腻、易学实用、配备海量学习资源和全程视频等，在软件开发类图书市场上产生了很大反响，绝大部分品种在全国软件开发零售图书排行榜中名列前茅，2009 年多个品种被评为"全国优秀畅销书"。

"软件开发视频大讲堂"丛书第 2 版于 2010 年 8 月出版，第 3 版于 2012 年 8 月出版，第 4 版于 2016 年 10 月出版，第 5 版于 2019 年 3 月出版，第 6 版于 2021 年 7 月出版。十五年间反复锤炼，打造经典。丛书迄今累计重印 680 多次，销售 400 多万册，不仅深受广大程序员的喜爱，还被百余所高校选为计算机、软件等相关专业的教学参考用书。

"软件开发视频大讲堂"丛书第 7 版在继承前 6 版所有优点的基础上，进行了大幅度的修订。第一，根据当前的技术趋势与热点需求调整品种，拓宽了程序员岗位就业技能用书；第二，对图书内容进行了深度更新、优化，如优化了内容布置，弥补了讲解疏漏，将开发环境和工具更新为新版本，增加了对新技术点的剖析，将项目替换为更能体现当今 IT 开发现状的热门项目等，使其更与时俱进，更适合读者学习；第三，改进了教学微课视频，为读者提供更好的学习体验；第四，升级了开发资源库，提供了程序员"入门学习→技巧掌握→实例训练→项目开发→求职面试"等各阶段的海量学习资源；第五，为了方便教学，制作了全新的教学课件 PPT。

Spring Boot 是 Spring 推出的一款极具亮点的框架。Spring Boot 用极少的代码就可以自动完成项目的整合、配置、部署和启动工作，其特点也是非常明显的：代码非常少，配置非常简单，可以自动部署，易于单元测试，集成了各种流行的第三方框架或软件，项目启动的速度很快，等等。现在越来越多的程序开发人员把 Spring Boot 作为搭建项目的框架。

本书内容

本书提供了从 Spring Boot 入门到精通所必需的各类知识，共分 4 篇，整体结构如下。

第 1 篇：基础篇。该篇详解 Spring Boot 的基础知识，包括 Spring Boot 概述及其环境搭建，第一个 Spring Boot 程序，Spring Boot 基础，配置 Spring Boot 项目，处理 HTTP 请求，过滤器、拦截器与监听器，Service 层，日志的操作，JUnit 单元测试，异常处理等内容。学习完该篇，读者能够掌握比较全面的 Spring Boot 开发基础。

第 2 篇：进阶篇。该篇详解 Spring Boot 的进阶内容，包括 Thymeleaf 模板引擎、JSON 解析库、WebSocket 长连接、上传与下载等内容。学习完该篇，读者能够掌握更高级的 Spring Boot 开发技术及其实现原理和实现过程。

第 3 篇：整合框架篇。该篇详解 3 个 Spring Boot 能够整合的框架，包括 MyBatis 框架、Redis、消息中间件等内容。学习完该篇，读者不仅能够使用 MyBatis 框架对数据库进行访问，而且能够掌握 Redis 的常用命令，还能够掌握 Spring Boot 是如何实现消息中间件的特定功能的。

第 4 篇：项目篇。该篇详解一个名为"Spring Boot+MySQL+Vue 实现图书管理系统"的项目，按照"需求分析→系统设计→数据表设计→添加依赖和配置信息→工具类设计→实体类设计→数据持久层和服务层设计→分页插件配置类设计→控制器类设计→启动类设计→项目运行"的设计思路，带领读者一步一步地体验开发 Spring Boot 项目的全过程。

本书的知识结构和学习方法如图 9 所示。

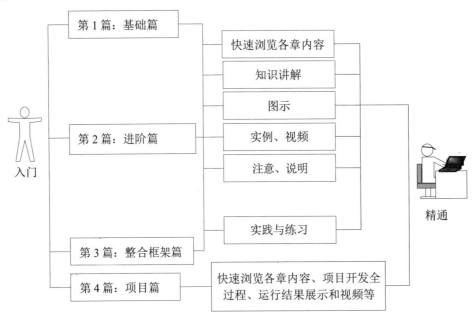

图 9　本书的知识结构和学习方法

本书特点

- ☑ **由浅入深，循序渐进**。本书以零基础入门读者和初级程序员为对象，先从 Spring Boot 基础知识讲解，再讲解 Spring Boot 进阶知识，接着讲解 Spring Boot 整合框架，最后讲解开发一个完整项目。讲解过程中步骤详尽，版式新颖，在图片上对相应的操作予以标注，使读者在阅读时一目了然，从而快速掌握书中内容。
- ☑ **微课视频，讲解详尽**。为便于读者直观感受程序开发的全过程，书中为重要章节配备了视频讲解，读者使用手机扫描小节标题一侧的二维码，即可观看学习。零基础读者可轻松入门，感受编程的快乐，获得成就感，进一步增强学习的信心。
- ☑ **基础示例+实践训练+项目实战**。本书核心知识按照知识点→示例→实例→运行结果→结果评析的模式进行讲解，详尽透彻地讲述了各个知识点在实际开发中发挥的作用。
- ☑ **精彩栏目，贴心提醒**。本书根据内容需要在各章设计了很多"注意""说明"等小栏目，让读者可以在学习过程中更轻松地理解相关知识点及概念。

前　言

读者对象

- ☑ 零基础的自学者
- ☑ 大中专院校的老师和学生
- ☑ 做毕业设计的学生
- ☑ 程序测试及维护人员
- ☑ 编程爱好者
- ☑ 相关培训机构的老师和学员
- ☑ 初级程序开发人员
- ☑ 参加实习的"菜鸟"程序员

本书学习资源

本书提供了大量的辅助学习资源，读者需刮开图书封底的防盗码，扫描并绑定微信后，获取学习权限。

☑ 同步教学微课

学习书中知识时，扫描章节名称处的二维码，可在线观看教学视频。

☑ 在线开发资源库

本书配备了强大的 Java 开发资源库，包括技术资源库、技巧资源库、实例资源库、项目资源库、源码资源库、视频资源库。扫描右侧二维码，可登录明日科技网站，获取 Java 开发资源库一年的免费使用权限。

Java 开发资源库

☑ 学习答疑

关注清大文森学堂公众号，可获取本书的源代码、PPT 课件、视频等资源，加入本书的学习交流群，参加图书直播答疑。

读者扫描图书封底的"文泉云盘"二维码，或登录清华大学出版社网站（www.tup.com.cn），可在对应图书页面下查阅各类学习资源的获取方式。

清大文森学堂

致读者

本书由明日科技 Java 程序开发团队组织编写。明日科技是一家专业从事软件开发、教育培训以及软件开发教育资源整合的高科技公司，其编写的教材非常注重选取软件开发中的必需、常用内容，同时也很注重内容的易学、方便性以及相关知识的拓展性，深受读者喜爱。其教材多次荣获"全行业优秀畅销品种""全国高校出版社优秀畅销书"等奖项，多个品种长期位居同类图书销售排行榜的前列。

在编写本书的过程中，我们始终本着科学、严谨的态度，力求精益求精，但书中难免有疏漏和不妥之处，敬请广大读者批评指正。

感谢您选择本书，希望本书能成为您编程路上的领航者。

"零门槛"编程，一切皆有可能。

祝读书快乐！

编　者

2023 年 11 月

目 录

第 1 篇 基 础 篇

第 1 章 Spring Boot 概述及其环境搭建 2
　　　视频讲解：30 分钟
1.1 Spring Boot 概述 2
　1.1.1 什么是 Spring Boot 2
　1.1.2 Spring 与 Spring Boot 2
　1.1.3 Spring Boot 的特点 3
　1.1.4 Spring Boot 开发需要哪些准备 3
1.2 JDK 的下载与配置 4
　1.2.1 下载 JDK 4
　1.2.2 配置 JDK 5
1.3 Maven 的下载与配置 7
　1.3.1 下载 Maven 7
　1.3.2 修改 jar 包的存放位置 8
　1.3.3 添加阿里云中央仓库镜像 9
1.4 开发工具的下载、安装与配置 11
　1.4.1 Eclipse 的下载、安装与配置 11
　1.4.2 IDEA 的下载、安装与配置 19

第 2 章 第一个 Spring Boot 程序 25
　　　视频讲解：25 分钟
2.1 使用 Eclipse 编写第一个 Spring Boot
　　 程序 25
　2.1.1 在 Spring 官网上生成初始项目文件 25
　2.1.2 Eclipse 导入 Spring Boot 项目 28
　2.1.3 编写简单的跳转功能 30
　2.1.4 测试工具——Postman 32
　2.1.5 打包项目 34
2.2 使用 Eclipse 创建 Spring Boot 项目 37
　2.2.1 安装 STS 插件 37
　2.2.2 创建 Spring Boot 项目 39

2.3 使用 IDEA 编写第一个 Spring Boot
　　 程序 42
　2.3.1 添加 Spring Initializr 选项 42
　2.3.2 使用 IDEA 创建 Spring Boot 项目 49
　2.3.3 使用 IDEA 编写第一个 Spring Boot
　　　　 程序 52
　2.3.4 使用 IDEA 运行 Spring Boot 项目 56

第 3 章 Spring Boot 基础 63
　　　视频讲解：20 分钟
3.1 注解 63
　3.1.1 注解的概念及其应用 63
　3.1.2 Spring Boot 的常用注解及其标注位置 64
　3.1.3 使用@SpringBootApplication 标注
　　　　 启动类 65
3.2 Bean 的注册和获取 66
　3.2.1 Bean 与依赖注入 66
　3.2.2 注册 Bean 68
　3.2.3 获取 Bean 72
3.3 为 Spring Boot 项目添加依赖 74
　3.3.1 在 pom.xml 文件中添加依赖 74
　3.3.2 如何查找依赖的版本号 77
3.4 Spring Boot 的命名规范 78
　3.4.1 包的命名 78
　3.4.2 Java 文件的命名 81
3.5 实践与练习 83

第 4 章 配置 Spring Boot 项目 84
　　　视频讲解：20 分钟
4.1 Spring Boot 项目的配置文件 84
　4.1.1 配置文件的格式 85

4.1.2 达成约定的配置信息 86
4.2 读取配置信息的值 87
　4.2.1 使用@Value 注解读取值 87
　4.2.2 使用 Environment 环境组件读取值 88
　4.2.3 使用映射类的对象读取值 90
4.3 Spring Boot 支持多配置文件 94
　4.3.1 加载多个配置文件 94
　4.3.2 切换不同版本的配置文件 95
4.4 使用@Configuration 注解声明
　　配置类 97
4.5 实践与练习 100

第 5 章 处理 HTTP 请求 102
📹 视频讲解：20 分钟
5.1 处理 HTTP 请求的注解 102
　5.1.1 使用@Controller 声明控制器类 102
　5.1.2 使用@RequestMapping 映射 URL 地址 103
　5.1.3 解析@ResponseBody 的作用及其用法 112
　5.1.4 新增注解——@RestController 114
5.2 重定向 URL 地址 115
　5.2.1 使用 "redirect:" 前缀 115
　5.2.2 使用 response 对象 116
5.3 解析 URL 地址中的参数 116
　5.3.1 自动解析 URL 地址中的参数 116
　5.3.2 使用@RequestParam 标注方法参数 119
　5.3.3 使用@RequestBody 封装 JSON 数据 121
　5.3.4 获取 request、response 和 session 对象的
　　　　方式 122
5.4 使用 RESTful 风格映射动态 URL
　　地址 124
　5.4.1 什么是 RESTful 风格 124
　5.4.2 映射动态 URL 地址 126
5.5 实践与练习 130

第 6 章 过滤器、拦截器与监听器 131
📹 视频讲解：15 分钟
6.1 过滤器 131
　6.1.1 通过 FilterRegistrationBean 类配置
　　　　过滤器 132
　6.1.2 通过@WebFilter 注解配置过滤器 134

6.2 拦截器 136
　6.2.1 拦截器概述 136
　6.2.2 自定义拦截器 137
6.3 监听器 140
　6.3.1 监听器概述 140
　6.3.2 自定义监听器 141
6.4 实践与练习 143

第 7 章 Service 层 145
📹 视频讲解：18 分钟
7.1 Service 层与@Service 注解 145
7.2 Service 层的实现过程 146
7.3 同时存在多个实现类的情况 146
　7.3.1 按照实现类的名称映射服务类的对象 146
　7.3.2 按照@Service 的 value 属性映射服务类的
　　　　对象 149
7.4 不采用接口模式的服务类 153
7.5 @Service 和@Repository 的联系与
　　区别 154
7.6 实践与练习 155

第 8 章 日志的操作 156
📹 视频讲解：25 分钟
8.1 Spring Boot 默认的日志框架 156
8.2 打印日志 157
8.3 解读日志 159
8.4 保存日志 161
　8.4.1 指定日志文件的生成位置 161
　8.4.2 指定日志文件的生成名称 161
　8.4.3 为日志文件添加约束 162
8.5 调整日志 163
　8.5.1 设置日志级别 163
　8.5.2 设置日志格式 165
8.6 logback.xml 配置文件 166
8.7 实践与练习 168

第 9 章 JUnit 单元测试 169
📹 视频讲解：28 分钟
9.1 JUnit 与单元测试 169
9.2 Spring Boot 中的 JUnit 170

9.3	JUnit 注解 171		9.7	实践与练习 191
	9.3.1 核心注解 171		第 10 章	异常处理 193
	9.3.2 用于测前准备与测后收尾的注解 174			视频讲解：18 分钟
	9.3.3 参数化测试 177		10.1	拦截异常 193
9.4	断言 181			10.1.1 拦截特定异常 193
	9.4.1 Assertions 类的常用方法 181			10.1.2 拦截全局最底层异常 194
	9.4.2 调用 Assertions 类中的方法的两种方式 182		10.2	打印异常日志 196
			10.3	缩小拦截异常的范围 198
	9.4.3 Executable 接口 182			10.3.1 拦截由某个或者多个包触发的异常.........198
	9.4.4 在测试中应用断言 183			10.3.2 拦截由某个或者多个注解标注的类触发的异常 201
9.5	在单元测试中模拟内置对象 186			
9.6	在单元测试中模拟网络请求 188			
	9.6.1 创建网络请求 188		10.4	拦截自定义异常 203
	9.6.2 为请求添加请求参数和数据 189		10.5	设定自定义异常的错误状态 204
	9.6.3 分析执行请求后返回的结果 189		10.6	实践与练习 206

第 2 篇 进 阶 篇

第 11 章	Thymeleaf 模板引擎 208		第 12 章	JSON 解析库 227
	视频讲解：30 分钟			视频讲解：15 分钟
11.1	Thymeleaf 概述 208		12.1	JSON 简介 227
11.2	添加 Thymeleaf 209		12.2	JSON 解析库——Jackson 228
11.3	使用 Thymeleaf 跳转至.html 文件 210			12.2.1 Jackson 的核心 API 229
	11.3.1 明确.html 文件的存储位置.........210			12.2.2 把 JavaBean 转换为 JSON 数据.........233
	11.3.2 跳转至指定的.html 文件.............210			12.2.3 把 JSON 数据转换为 JavaBean.........237
	11.3.3 跳转至 Thymeleaf 的默认页面........211			12.2.4 Spring Boot 自动把 JavaBean 转换成 JSON 数据 239
11.4	Thymeleaf 的常用表达式和标签 212			
	11.4.1 表达式 212			12.2.5 Jackson 对 JSON 数据的增、删、改、查 240
	11.4.2 标签 213			
11.5	Thymeleaf 向前端页面传值 214		12.3	JSON 解析库——FastJson 243
	11.5.1 把要传的值添加到 Model 对象中....214			12.3.1 添加 FastJson 依赖 243
	11.5.2 在前端页面中获取 Model 的属性值......215			12.3.2 JavaBean 与 JSON 数据的相互转换 243
11.6	Thymeleaf 的内置对象 218			
11.7	Thymeleaf 的条件语句 219			12.3.3 FastJson 的@JSONField 注解........245
11.8	Thymeleaf 的"循环"语句 221			12.3.4 FastJson 对 JSON 数据的增、删、改、查 247
11.9	Thymeleaf 的~{}表达式 223			
11.10	实践与练习 225		12.4	实践与练习 252

第 13 章　WebSocket 长连接 253
📹 视频讲解：20 分钟
- 13.1　长连接和短连接 253
- 13.2　WebSocket 简介 254
- 13.3　使用 WebSocket 的准备工作 254
- 13.4　服务端的实现 255
  - 13.4.1　创建 WebSocket 端点类 255
  - 13.4.2　Session 对象 256
  - 13.4.3　服务器端点的事件 258
- 13.5　客户端的实现 260
  - 13.5.1　创建 WebSocket 端点类的对象 260
  - 13.5.2　客户端端点的事件 260
- 13.6　两端之间事件的触发顺序 261
- 13.7　WebSocket 综合应用 262
- 13.8　实践与练习 265

第 14 章　上传与下载 268
📹 视频讲解：20 分钟
- 14.1　上传文件 268
  - 14.1.1　只上传一个文件 268
  - 14.1.2　同时上传多个文件 270
- 14.2　下载文件 273
- 14.3　上传 Excel 文件中的数据 275
  - 14.3.1　添加 POI 依赖 275
  - 14.3.2　读取 Excel 文件中的数据（储备知识） ...275
  - 14.3.3　实例教学 277
- 14.4　实践与练习 281

第 3 篇　整合框架篇

第 15 章　MyBatis 框架 284
📹 视频讲解：25 分钟
- 15.1　什么是持久层框架 284
- 15.2　MyBatis 简介 285
- 15.3　在 Spring Boot 项目中整合 MyBatis ..285
  - 15.3.1　添加 MyBatis 依赖 286
  - 15.3.2　添加数据库驱动依赖 286
  - 15.3.3　添加 spring.datasource 配置项 ..286
- 15.4　映射器 Mapper 287
  - 15.4.1　创建 MyBatis 映射器 287
  - 15.4.2　实现数据库的基本事务 288
- 15.5　SQL 语句构建器 293
  - 15.5.1　SQL 类 294
  - 15.5.2　Provider 系列注解 294
  - 15.5.3　向 SQL 语句构建器传参 295
- 15.6　在 SQL 语句中添加占位符 297
- 15.7　结果映射 300
- 15.8　级联映射 302
  - 15.8.1　一对一 302
  - 15.8.2　一对多 303
- 15.9　实践与练习 308

第 16 章　Redis 309
📹 视频讲解：20 分钟
- 16.1　Redis 简介 309
- 16.2　在 Windows 系统上搭建 Redis 环境 ..310
  - 16.2.1　下载 Redis 310
  - 16.2.2　启动 Redis 312
- 16.3　Redis 常用命令 313
  - 16.3.1　键值命令 313
  - 16.3.2　哈希命令 317
  - 16.3.3　列表命令 320
  - 16.3.4　集合命令 323
- 16.4　Spring Boot 访问 Redis 326
  - 16.4.1　添加依赖 326
  - 16.4.2　配置项 326
  - 16.4.3　使用 RedisTemplate 访问 Redis 327
- 16.5　实践与练习 330

第 17 章　消息中间件 332
📹 视频讲解：20 分钟
- 17.1　消息中间件概述 332
  - 17.1.1　两个重要的功能 332
  - 17.1.2　两种常用的传递模式 333

17.2 ActiveMQ 334
　17.2.1　搭建 ActiveMQ 334
　17.2.2　添加依赖和配置项 338
　17.2.3　Queue 点对点消息 339
　17.2.4　Topic 发布/订阅消息 344
　17.2.5　ActiveMQ 的延时队列功能 349
17.3 RabbitMQ 352
　17.3.1　搭建 RabbitMQ 352
　17.3.2　RabbitMQ 中的各类组件及其概念 359
　17.3.3　添加依赖和配置项 360
　17.3.4　RabbitMQ 发送/接收消息 361
　17.3.5　启用发送确认模式 367
　17.3.6　RabbitMQ 的广播功能 372
17.4 实践与练习 375

第 4 篇　项　目　篇

第 18 章　Spring Boot+MySQL+Vue 实现图书管理系统 378
　　　　　视频讲解：30 分钟
18.1 需求分析 379
18.2 系统设计 379
　18.2.1　系统功能结构 379
　18.2.2　系统业务流程 379
18.3 数据表设计 380
18.4 系统文件夹组织结构 381
18.5 添加依赖和配置信息 381
　18.5.1　在 pom.xml 文件中添加依赖 382
　18.5.2　在 application.yml 文件中添加配置信息 383
18.6 工具类设计 384
　18.6.1　全局异常处理类 384
　18.6.2　通用返回类 384

18.7 实体类设计 386
18.8 数据持久层和服务层设计 387
　18.8.1　什么是 MyBatis-Plus 387
　18.8.2　数据持久层设计 388
　18.8.3　服务层设计 388
18.9 分页插件配置类设计 390
18.10 控制器类设计 391
18.11 启动类设计 393
18.12 项目运行 393

附录 A　使用 IDEA 学习本书 397
A.1 使用 IDEA 编写无须添加依赖的 Spring Boot 程序 397
A.2 使用 IDEA 编写需要添加依赖的 Spring Boot 程序 400

第 1 篇 基础篇

本篇详解 Spring Boot 的基础知识，包括 Spring Boot 概述及其环境搭建，第一个 Spring Boot 程序，Spring Boot 基础，配置 Spring Boot 项目，处理 HTTP 请求，过滤器、拦截器与监听器，Service 层，日志的操作，JUnit 单元测试，异常处理等内容。学习完本篇，读者能够掌握比较全面的 Spring Boot 开发基础。

基础篇

- **Spring Boot概述及其环境搭建**：明确在学习Spring Boot前所需的准备工作，根据这些准备工作掌握如何快速、准确地搭建Spring Boot开发环境

- **第一个Spring Boot程序**：通过学习第一个Spring Boot程序，掌握如何使用Eclipse导入、编写、运行和打包这个Spring Boot程序，并掌握如何使用测试工具Postman测试这个Spring Boot程序

- **Spring Boot基础**：通过学习Spring Boot基础，明确什么是注解、什么是Bean以及注入Bean和注册Bean的区别，掌握Spring Boot常用注解的功能及其标注位置以及如何为Bean添加依赖

- **配置Spring Boot项目**：通过学习配置文件中的数据的作用，掌握如何对Spring Boot项目的配置文件中的数据进行配置

- **处理HTTP请求**：通过学习HTTP请求，明确HTTP请求的3种常见的请求类型，掌握Spring Boot是如何使用其中的注解解析URL地址，进而处理这3种类型的HTTP请求的

- **过滤器、拦截器与监听器**：通过学习过滤器和拦截器，掌握如何对HTTP请求进行拦截和处理；通过学习监听器，掌握如何监听Spring Boot项目中的特定事件

- **Service层**：在明确Service层的概念及其作用后，掌握如何使用Spring Boot的相关技术实现Service层

- **日志的操作**：通过学习日志框架，掌握如何使用Spring Boot默认的日志框架操作日志

- **JUnit单元测试**：通过学习JUnit提供的注解，掌握Spring Boot如何通过注解识别测试方法，通过断言检查测试结果

- **异常处理**：在明确什么是全局异常后，掌握Spring Boot如何专门安排一个类来统一拦截并处理异常

第 1 章　Spring Boot 概述及其环境搭建

虽然 Spring 是一个非常受欢迎的用于开发 Web 应用程序的框架，但是部署 Spring 应用程序的过程是非常烦琐的，并且非常容易出错。而 Spring Boot 则是在 Spring 基础上开发的一个新的框架。Spring Boot 不仅具有 Spring 的所有优秀特性，而且可以做 Spring 能做的所有事。与 Spring 相比，Spring Boot 更容易使用，具有更丰富的功能和更稳定的性能。本章将对 Spring Boot 进行简明扼要的介绍，并阐明在学习 Spring Boot 之前需要做好哪些准备工作。

本章的知识架构及重难点如下。

1.1　Spring Boot 概述

在部署 Spring 应用程序的过程中，需要对 XML 和注解进行大量的配置。配置过程不仅烦琐复杂，而且容易出错。为了简化配置，Spring Boot 应运而生。

1.1.1　什么是 Spring Boot

Spring Boot 是在 Spring 的基础上发展而来的全新的开源框架。它是由 Pivotal 团队开发的。开发 Spring Boot 的主要动机是简化部署 Spring 应用程序的配置过程。也就是说，使用 Spring Boot 能够以更简单的、更灵活的方式开发 Spring 应用程序。

1.1.2　Spring 与 Spring Boot

Spring 本身是一个非常强大的企业级应用框架，它可以提高项目开发效率，降低可入侵性，将"高内聚、低耦合"的软件设计思路发挥到极致。但是，Spring 框架也有很多缺点，具体如下：

☑　Spring 框架需要依赖很多 jar 包，程序开发人员每次搭建 Spring 框架都要下载十多个 jar 包。

由于 Spring 版本频繁地更新，导致不同版本的 Spring 对于依赖的 jar 包有着严格的版本要求。即使程序开发人员拥有早期版本的 jar 包，也会因为与 Spring 更新后的版本不兼容而导致项目无法运行。
- ☑ Spring 有两大功能：依赖注入和切面编程。但是，实现这两大功能需要进行大量的配置工作，而且很多工作都是重复的。
- ☑ 臃肿的依赖库也导致基于 Spring 框架开发的 Web 项目被部署之后，服务器需要花很长时间才能启动。

以上缺点不禁让广大 Java 程序开发人员叫苦连天。为了尽快从"痛苦"中挣脱出来，一个新的解决问题的思路产生了：为什么不能把 Spring 框架中那些机械性的、重复的、一成不变的工作交给计算机自己完成呢？于是 Spring Boot 应运而生。

Spring Boot 通过极少的代码即可完成 Web 项目的整合、配置、部署和启动等工作。因此，Spring Boot 受到了广大 Java 程序开发人员的青睐。现在市面上越来越多的企业级应用程序，使用的都是 Spring Boot 框架。因为 Spring 能做的事 Spring Boot 也能做，所以在 Spring 推出 Spring Cloud 云服务框架集合后，使得 Spring Boot 在微服务技术领域也占据了一席之地。

1.1.3　Spring Boot 的特点

Spring Boot 的主要特点如下：
- ☑ Spring Boot 的代码非常少。Spring 的注解驱动编程避免了大量的配置工作，并且 Spring Boot 可以自动创建各种工厂类，程序开发人员直接通过依赖注入就可以获取各类对象。
- ☑ Spring Boot 的配置非常简单。程序开发人员只需在 application.properties 或 application.yml 文件中编写一些配置项就可以影响整个项目。即使不编写任何配置，项目也可以采用一套默认配置正常启动。Spring Boot 支持使用@Configuration 注解管理、维护配置类，让配置工作变得更灵活。
- ☑ Spring Boot 可以自动部署。Spring Boot 自带 Tomcat 服务器，在项目启动的过程中可以自动完成所有资源的部署操作。
- ☑ Spring Boot 易于单元测试。Spring Boot 自带 JUnit 单元测试框架，可以直接测试各个组件中的方法。
- ☑ Spring Boot 集成了各种流行的第三方框架或软件。Spring Boot 提供了许多集成其他技术的依赖包，程序开发人员可以直接通过这些依赖包调用第三方框架或软件，例如 Redis、MyBatis、ActiveMQ 等。
- ☑ Spring Boot 项目启动的速度很快。即使项目有庞大的依赖库，仍能在几秒之内完成部署和启动。

1.1.4　Spring Boot 开发需要哪些准备

当下 Spring Boot 支持 3 种编程语言，它们分别是 Java、Kotlin 和 Groovy。本书使用的编程语言是 Java。对于那些尚未掌握 Java 基础的读者，笔者推荐《Java 从入门到精通（第 7 版）》。通过这本书，读者不仅能够学习适用于各个版本的 JDK 的 Java 基础，还能够学习由特定版本的 JDK 提供的新特性。

在掌握了 Java 基础后，读者就可以尝试使用本书学习 Spring Boot 了。那么，在学习 Spring Boot 之前，需要做好哪些准备呢？具体如下：

- ☑ Java 语言的软件开发工具包：JDK。
- ☑ 构建工具：Maven。
- ☑ 集成开发环境：Eclipse 或者 IDEA。
- ☑ 测试工具：Postman（将结合第 2 章的 Spring Boot 程序予以介绍）。

1.2 JDK 的下载与配置

因为本书采用的编程语言是 Java，所以用于编译和执行 Java 程序的 JDK 是必不可少的。如果在 Oracle 官网下载稳定版本的 JDK 安装包，那么需要用户注册 Oracle 官网账号，这是一件非常麻烦的事情。因此，本书采用与 Oracle JDK 具有相同功能的可以免费下载的 Open JDK。

1.2.1 下载 JDK

本书使用的是 64 位的 JDK 19。读者需要先确认计算机系统的位数，再下载相应位数的 JDK。下面介绍下载 JDK 19 的方法，步骤如下。

（1）打开浏览器，输入网址 http://jdk.java.net，单击如图 1.1 所示的 JDK 19 超链接，进入 JDK 19 的版本概述页面。

图 1.1 单击 JDK 19 超链接

说明

因为 JDK 更新版本的速度较快，所以读者下载 JDK 时可以按照本书的下载步骤下载最新版本的 JDK。

（2）在如图 1.2 所示的 JDK 19 的版本概述页面中，单击 Builds 下的 Windows/x64 后的 zip（sha256

超链接，即可下载 JDK 19 的 zip 压缩包。

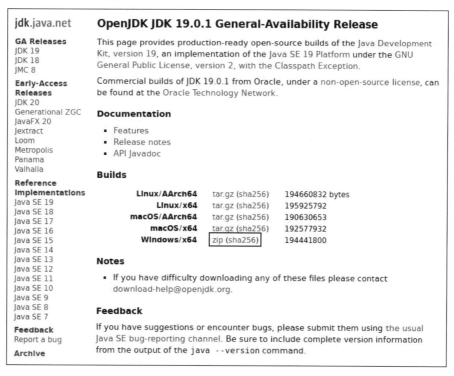

图 1.2　JDK 19 的版本概述页面

1.2.2　配置 JDK

在 Windows 系统下搭建 JDK 环境并不需要安装 JDK 19，只需先将下载好的压缩包解压到计算机硬盘中，再配置好环境变量即可。

1. 解压缩

下载完 JDK 19 的 zip 压缩包后，将压缩包解压到计算机的硬盘中，例如把 JDK 19 的 zip 压缩包解压到 D:\Java\jdk-19 目录下，效果如图 1.3 所示。

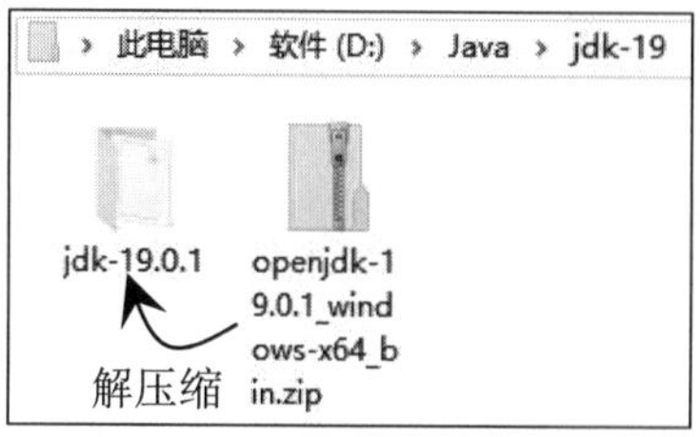

2. 配置环境变量

图 1.3　解压 JDK 19 的 zip 压缩包

在 Windows 10 系统下配置环境变量的步骤如下。

（1）在桌面上的"此电脑"图标上单击鼠标右键，在弹出的快捷菜单中选择"属性"命令，接着在弹出的对话框中单击"高级系统设置"超链接，如图 1.4 所示。

（2）单击"高级系统设置"超链接后将打开如图 1.5 所示的"系统属性"对话框。单击"环境变量"按钮，将弹出如图 1.6 所示的"环境变量"对话框。先选择"系统变量"栏中的 Path 变量，再单击下方的"编辑"按钮。

图1.4 控制面板"系统"界面　　　　　　　图1.5 "系统属性"对话框

（3）单击"编辑"按钮之后会打开如图1.7所示的"编辑环境变量"对话框。首先单击右侧的"新建"按钮，列表中会出现一个空的环境变量，然后把JDK 19的bin文件夹所在的路径（如图1.3所示，路径是D:\Java\jdk-19\jdk-19.0.1\bin）填入这个空环境变量中，最后单击下方的"确定"按钮。

图1.6 "环境变量"对话框

图1.7 创建Open JDK的环境变量

（4）逐个单击对话框中的"确定"按钮，依次退出上述对话框后，即可完成在Windows 10下配置JDK环境变量的相关操作。

配置完 JDK 环境变量后，需确认其是否配置准确。在 Windows 10 下测试 JDK 环境需要先单击桌面左下角的图标（在 Windows 7 系统下单击图标），在下方搜索框中输入"cmd"，如图 1.8 所示，然后按 Enter 键启动"命令提示符"对话框。

在"命令提示符"对话框中输入"java -version"命令，按 Enter 键，将显示如图 1.9 所示的 JDK 版本信息。如果显示当前 JDK 版本号、位数等信息，则说明 JDK 环境已搭建成功。如果显示"XXX 不是内部或外部命令……"，则说明搭建失败，请重新检查在环境变量中填写的路径是否正确。

图 1.8　输入"cmd"后的效果图

图 1.9　JDK 版本信息

1.3　Maven 的下载与配置

因为在使用 Spring Boot 开发 Spring 应用程序的过程中会依赖一些第三方 jar 包，所以本书选用了 Maven 管理这些第三方 jar 包。程序开发人员只需要在 XML 文件中填写 Spring 应用程序所需 jar 包的名称和版本号等信息，Maven 就可以自动从服务器下载并向 Spring 应用程序导入这些 jar 包。本节将讲解如何在 Windows 10 系统中下载并配置 Maven。

1.3.1　下载 Maven

下载 Maven 的步骤如下。

（1）打开浏览器，输入网址 https://maven.apache.org，打开如图 1.10 所示的主页之后，在左侧的菜单栏中单击 Download 超链接，进入下载页面。

（2）进入下载页面之后，Files 标题下的内容就是 Maven 的下载链接。找到 Binary zip archive 对应的 Link 链接，单击 apache-maven-3.8.6-bin.zip 超链接，即可开启下载任务，位置如图 1.11 所示。

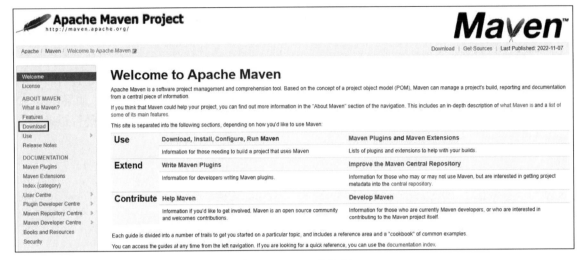

图 1.10　Maven 的主页

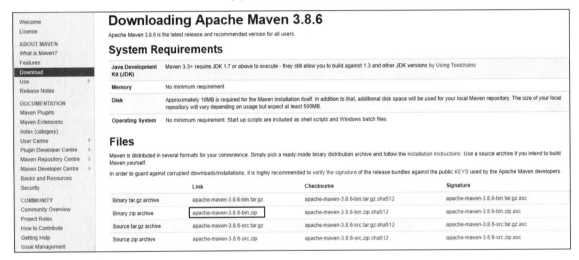

图 1.11　下载 Maven 的压缩包

（3）下载完 zip 压缩包之后，将其解压到本地硬盘上，如图 1.12 所示。这样完成了下载工作。

1.3.2　修改 jar 包的存放位置

Maven 自动下载 jar 包后，会将这些 jar 包默认存放在本地硬盘 C 盘里。如果想要更改这些 jar 包的存放路径，就需要修改 Maven 的配置文件。首先，在如图 1.12 所示的 apache-maven-3.8.6 文件夹下新建一个名为 Maven-lib 的文件夹；然后，在 apache-maven-3.8.6 文件夹下找到 conf 文件夹；接着，在 conf 文件夹下找到 settings.xml 配置文件；最后，使用记事本或其他文本编辑器打开 settings.xml，找到<settings>标签后，在这个标签下添加以下内容：

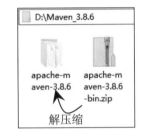

图 1.12　解压 Maven 的 zip 压缩包

`<localRepository>D:\Maven_3.8.6\apache-maven-3.8.6\Maven-lib</localRepository>`

这行配置表示让 Maven 把所有下载的 jar 包都放在 D:\Maven_3.8.6\apache-maven-3.8.6\Maven-lib 目录下。添加的位置如图 1.13 所示。

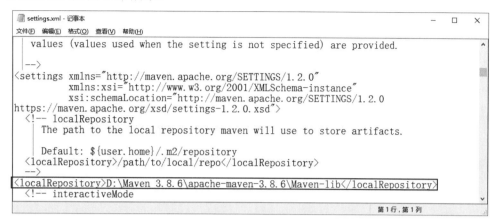

图 1.13 指定 Maven 存放 jar 包的路径

1.3.3 添加阿里云中央仓库镜像

因为 Maven 默认连接国外的服务器，所以下载 jar 包的速度会很慢。程序开发人员可以通过修改镜像配置的方式，让 Maven 从国内的阿里云 Maven 中央仓库下载 jar 包，下载速度会比默认服务器快很多。

阿里云 Maven 中央仓库为"阿里云云效"提供的公共代理仓库，主页地址为 https://maven.aliyun.com/，在主页中可以找到如图 1.14 所示的"maven 配置指南"。

图 1.14 阿里云云效 Maven 主页的配置指南页面

在配置指南中列出了阿里云 Maven 中央仓库的镜像节点，内容如下：

```
<mirror>
  <id>aliyunmaven</id>
```

```xml
    <mirrorOf>*</mirrorOf>
    <name>阿里云公共仓库</name>
    <url>https://maven.aliyun.com/repository/public</url>
</mirror>
```

参照 1.3.2 小节的操作再次打开并编辑 settings.xml 配置文件，找到<mirrors>标签，将阿里云 Maven 中央仓库的镜像节点文本粘贴在该标签下，添加的位置如图 1.15 所示。

```
repository, to be used as an alternate download site. The mirror site will be the preferred
server for that repository.
-->
<mirrors>
  <!-- mirror
    Specifies a repository mirror site to use instead of a given repository. The repository that
    this mirror serves has an ID that matches the mirrorOf element of this mirror. IDs are used
    for inheritance and direct lookup purposes, and must be unique across the set of mirrors.
  <mirror>
    <id>mirrorId</id>
    <mirrorOf>repositoryId</mirrorOf>
    <name>Human Readable Name for this Mirror.</name>
    <url>http://my.repository.com/repo/path</url>
  </mirror>
  -->
  <mirror>
    <id>aliyunmaven</id>
    <mirrorOf>*</mirrorOf>
    <name>阿里云公共仓库</name>
    <url>https://maven.aliyun.com/repository/public</url>
  </mirror>

  <mirror>
    <id>maven-default-http-blocker</id>
    <mirrorOf>external:http:*</mirrorOf>
    <name>Pseudo repository to mirror external repositories initially using HTTP.</name>
    <url>http://0.0.0.0/</url>
    <blocked>true</blocked>
  </mirror>
</mirrors>
```

图 1.15　配置 Maven 镜像

保存并关闭 settings.xml 配置文件之后，Maven 就会自动从阿里云仓库下载 jar 包。程序开发人员也可以使用阿里云仓库主页的"文件搜索"功能，查询仓库是否可提供某个依赖，以及该依赖的 ID 和版本号等信息（例如查询仓库 spring 中的 spring-boot-starter-web 的 ID 和版本号等信息），效果如图 1.16 所示。

图 1.16　阿里云云效 Maven 的文件搜索功能页面

1.4 开发工具的下载、安装与配置

当下有很多集成开发环境（即开发工具）可以用于开发 Spring Boot 项目，本节将介绍两种开发工具的下载与配置。一种是完全开源的、免费的 Eclipse；另一种是当下非常流行的 IntelliJ IDEA（简称 IDEA）。

1.4.1 Eclipse 的下载、安装与配置

本书在讲解如何使用 Spring Boot 开发 Spring 应用程序的过程中，使用的集成开发环境是完全开源并且免费的 Eclipse。本节将讲解如何下载、安装和配置 Eclipse。

1. 下载、安装 Eclipse

下载、安装 Eclipse 的步骤如下。

（1）打开浏览器，输入 https://www.eclipse.org/downloads 地址，访问 Eclipse 的官网首页，单击如图 1.17 所示的 Download Packages 超链接，进入下载列表页面。

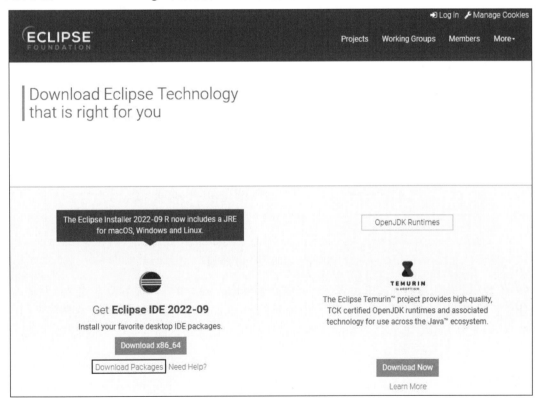

图 1.17　Eclipse 首页

（2）在如图1.18所示的下载列表页面中，找到可以开发Web项目的企业版Eclipse，单击Windows右侧的x86_64超链接。

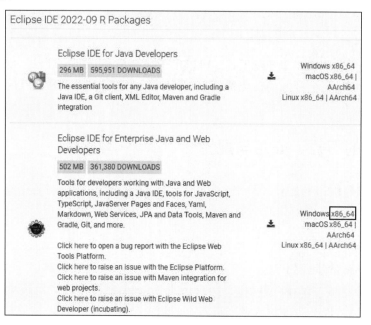

图1.18　Eclipse下载列表页面

（3）跳转到如图1.19所示的页面，可以选择Eclipse的下载镜像，建议读者使用默认镜像，即直接单击Download按钮开启下载。

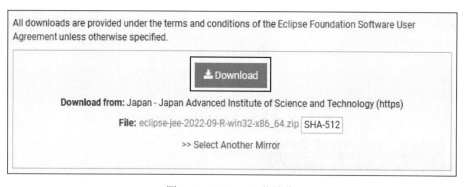

图1.19　Eclipse下载镜像

（4）在开启下载任务的界面中会有一些致谢和捐赠的内容，读者只需等待下载任务开启即可。如果下载任务长时间未开启，可以单击如图1.20所示的click here超链接重新开始下载任务。

（5）如图1.21所示，把已经下载的压缩包解压到本地硬盘后，即可完成Eclipse的下载、安装的操作。

2．启动Eclipse

打开已经安装好的eclipse文件夹，双击如图1.22所示的启动文件eclipse.exe。

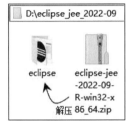

图 1.20　开始下载页面　　　　　　　　　　　　　图 1.21　解压 Eclipse 压缩包

首先在弹出的第一个对话框（如图 1.23 所示）中为 Eclipse 设置工作空间。这里建议读者将工作空间设置为".\eclipse-workspace"，该地址表示把所有项目的源码文件都存放在 eclipse 文件夹下的 eclipse-workspace 文件夹中。

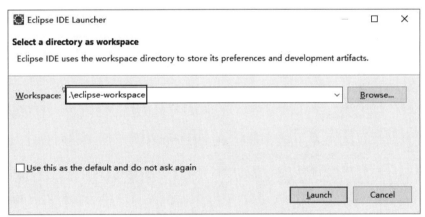

图 1.22　Eclipse 的启动文件　　　　　　　　　　图 1.23　设置工作空间的对话框

单击 Launch 按钮，如图 1.23 所示。Eclipse 第一次打开时会展示一个欢迎页面，该页面介绍 Eclipse 有哪些常用功能。读者可以单击标签上的"×"，关闭此页面，"×"的位置如图 1.24 所示。

关闭 Eclipse 欢迎页面后，即可看到如图 1.25 所示的 Eclipse 工作界面：
- ☑ Eclipse 左侧的 Project Explorer 用于展示项目文件结构。
- ☑ Eclipse 右侧的 Outline 是概述与任务区，它很少被用到，读者可以将其关闭。
- ☑ Eclipse 的顶部是功能区，包括许多菜单栏和功能按钮。
- ☑ Eclipse 的底部是用于查看各种日志的区域，控制台也会默认在此处显示。

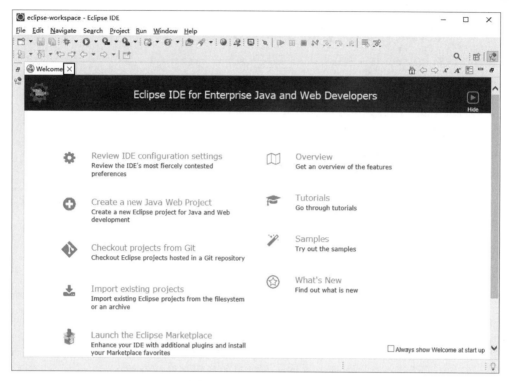

图 1.24　Eclipse 欢迎页面

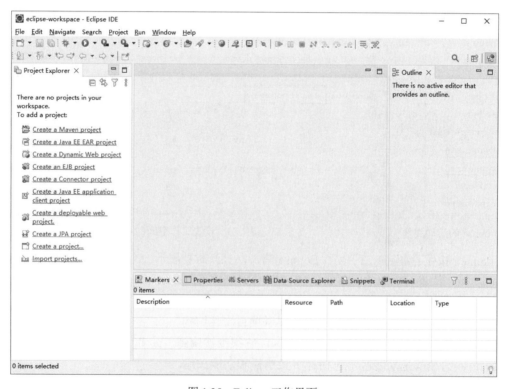

图 1.25　Eclipse 工作界面

3．使用 JDK 19

Eclipse 启动后会默认使用其自带的 JDK，因此需要让 Eclipse 使用本地已经配置完成的 JDK 19。配置步骤如下。

（1）选择 Window/Preferences 菜单，如图 1.26 所示。

图 1.26　选择 Eclipse 首选项菜单

（2）在打开的首选项对话框的左侧菜单中，展开 Java 菜单，选择 Installed JREs 子菜单。选择之后可以看到当前 Eclipse 使用的是什么 JRE（即 Java 运行环境），单击右侧的 Add 按钮添加新 JRE。菜单和按钮的位置如图 1.27 所示。

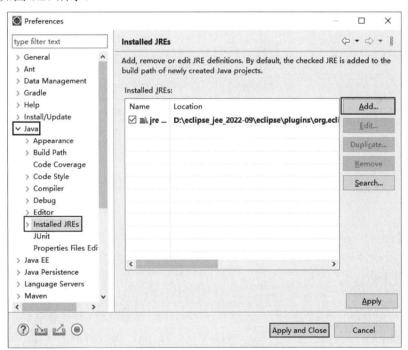

图 1.27　打开添加 JDK 的功能界面

（3）在弹出的如图 1.28 所示的对话框中，确认已经选择了 Standar VM 后，单击 Next 按钮。

（4）在弹出的如图 1.29 所示的对话框中，通过单击右侧的 Director 按钮，选择配置完成的 JDK 19 的根目录，而后单击如图 1.30 所示的对话框中的 Finish 按钮。

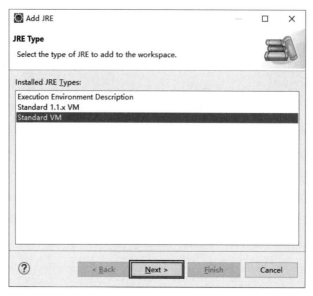

图 1.28　选择添加的类型

图 1.29　选择配置完成的 JDK 19

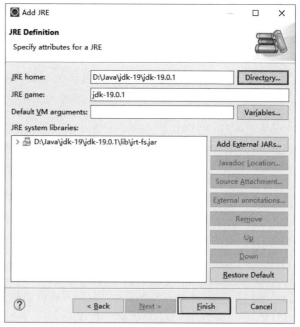

图 1.30　填写 JDK 19 的根目录

（5）回到如图 1.31 所示的界面后，先选择刚才添加的 JDK 19，再单击 Apply and Close 按钮。

4．配置 Maven 环境

之前介绍了如何下载并配置 Maven，但没有介绍如何使用 Maven 命令，这是因为 Eclipse 支持 Maven 项目，可以自动调用 Maven 的各项功能，所以不需要程序开发人员手动执行 Maven 命令。

在创建或导入 Maven 项目之前，首先要为 Eclipse 配置本地安装好的 Maven，步骤如下：

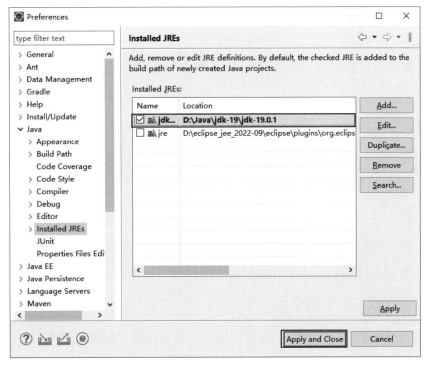

图 1.31 应用已经选择的 JDK 19

（1）选择 Window/Preferences 菜单，在打开的对话框的左侧菜单中，找到并展开 Maven 菜单，选择 Installations 子菜单。这样，就可以看到当前 Eclipse 使用的是哪个 Maven 环境。单击右侧的 Add 按钮添加新的 Maven 环境。菜单和按钮的位置如图 1.32 所示。

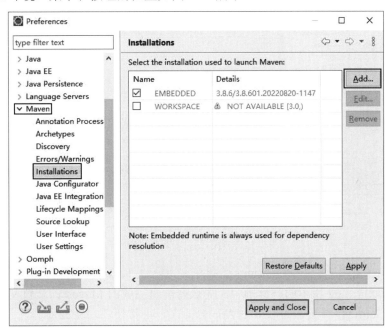

图 1.32 Maven 菜单

（2）在弹出的如图 1.33 所示的对话框中，通过单击 Directory 按钮，选择配置完成的 Maven 的根目录，而后单击如图 1.34 所示的对话框中的 Finish 按钮。

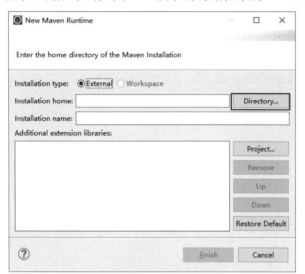
图 1.33　选择配置完成的 Maven

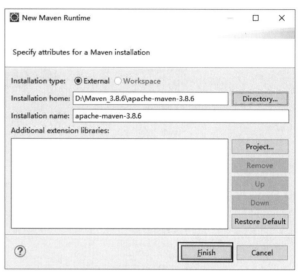
图 1.34　填写 Maven 的根目录

（3）回到如图 1.35 所示的界面后，先选择刚才添加的 Maven，再单击 Apply 按钮。

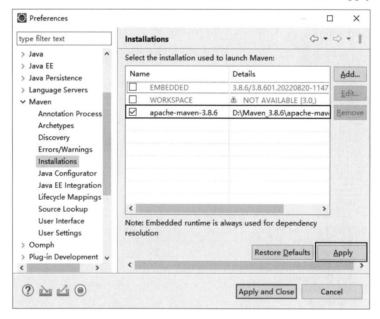
图 1.35　应用已经选择的 Maven

（4）选择 Maven 菜单下的 User Settings 子菜单，单击图 1.36 中的第二个 Browse 按钮。

（5）在弹出的如图 1.37 所示的对话框中，先选择配置完成的 Maven 的配置文件 settings.xml，再单击下面的 Update Setttings 按钮，而后单击 Apply and Close 按钮。

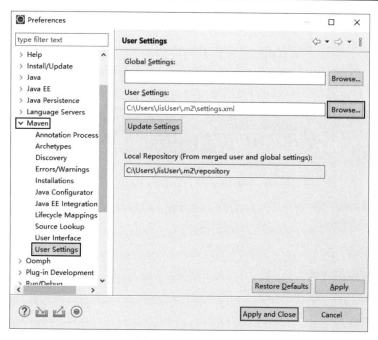

图 1.36　Maven 菜单

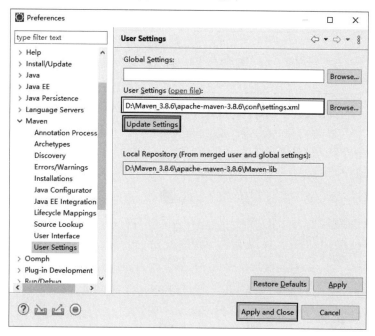

图 1.37　完成 Maven 配置

1.4.2　IDEA 的下载、安装与配置

本节将要介绍第二种用于开发 Spring Boot 项目的集成开发环境，即 IDEA。本节包含如下内容：下载 IDEA、安装 IDEA、配置 IDEA。

1. 下载 IDEA

现在在 IDEA 的官方网站下载 IDEA 开发工具，步骤如下。

（1）打开浏览器，在地址栏中输入 http://www.jetbrains.com/后，按 Enter 键访问 IDEA 的官网首页。如图 1.38 所示，先单击官网首页导航栏中的 Developer Tools，再单击 Find your tool 按钮。

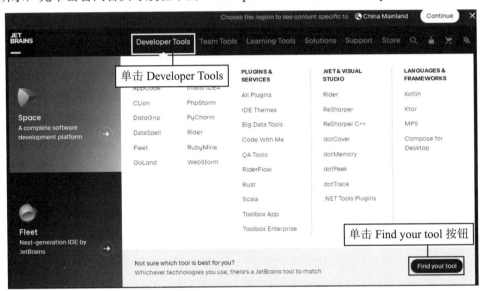

图 1.38　IDEA 的官网首页

（2）在浏览器显示如图 1.39 所示的页面后，单击 IntelliJ IDEA 中的 Download 按钮。

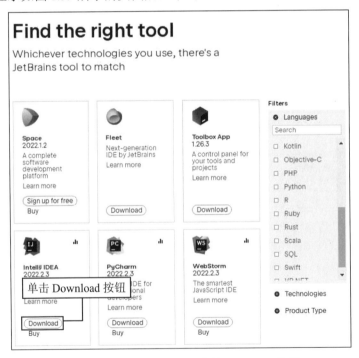

图 1.39　单击 IntelliJ IDEA 中的 Download 按钮

（3）在浏览器显示如图1.40所示的页面后，先选择操作系统（因为笔者使用的操作系统是64位的Windows 10，所以笔者单击的是Windows），再确定下载版本的是Community（Ultimate是旗舰版，可以试用30天，需付费使用；Community是社区版，是免费而且开源的），而后单击Download按钮。

图1.40　先选择操作系统和下载版本

2. 安装IDEA

现在安装IDEA开发工具，步骤如下。

（1）如图1.41所示，根据下载时的路径找到并双击已经下载的.exe文件。如果弹出"安装警告"对话框，就单击"运行"按钮。

（2）在弹出如图1.42所示的IDEA社区版的欢迎对话框后，单击Next按钮。

（3）在弹出如图1.43所示的选择IDEA安装路径的对话框后，先单击Browse按钮，选择IDEA的安装路径；再单击Next按钮。

图1.41　找到并双击已经下载的.exe文件

图1.42　IDEA社区版的欢迎对话框

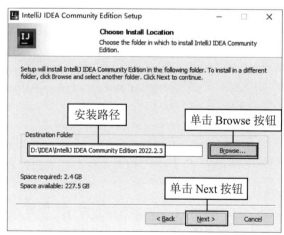

图1.43　选择IDEA的安装路径

（4）在弹出如图 1.44 所示的创建桌面快捷方式的对话框后，先选择 InteliJ IDEA Community Edition 复选框，再单击 Next 按钮。

（5）在弹出如图 1.45 所示的选择开始菜单文件夹的对话框后，单击 Install 按钮。

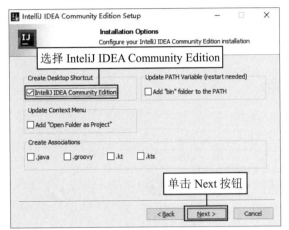

图 1.44　创建桌面快捷方式　　　　　图 1.45　选择开始菜单文件夹的对话框

（6）在弹出如图 1.46 所示的显示安装进度的对话框后，须等待一段时间。待 IDEA 安装完成后，将会弹出如图 1.47 所示的显示 IDEA 安装完成的对话框，单击 Finish 按钮。而后，桌面就会出现如图 1.48 所示的 IntelliJ IDEA 的图标。

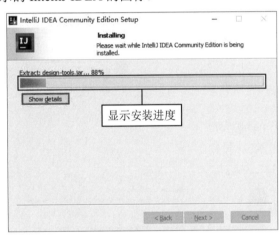

图 1.46　显示安装进度　　　　　　　图 1.47　IDEA 安装完成

3．配置 IDEA

现在配置 IDEA 开发工具，步骤如下。

（1）如图 1.49 所示，根据 IDEA 的安装路径，找到并打开其中的 bin 文件夹。

（2）在 bin 文件夹中，找到如图 1.50 所示的 idea64.exe.vmoptions。

（3）如图 1.51 所示，右击 idea64.exe.vmoptions，单击"打开方式"，选择"记事本"（在"更多应用"中也可以找到"笔记本"），单击"确

图 1.48　IntelliJ IDEA 的图标

定"按钮。使用"记事本"打开 idea64.exe.vmoptions 后的效果如图 1.52 所示。

图 1.49　找到并打开 IDEA 安装路径下的 bin 文件夹

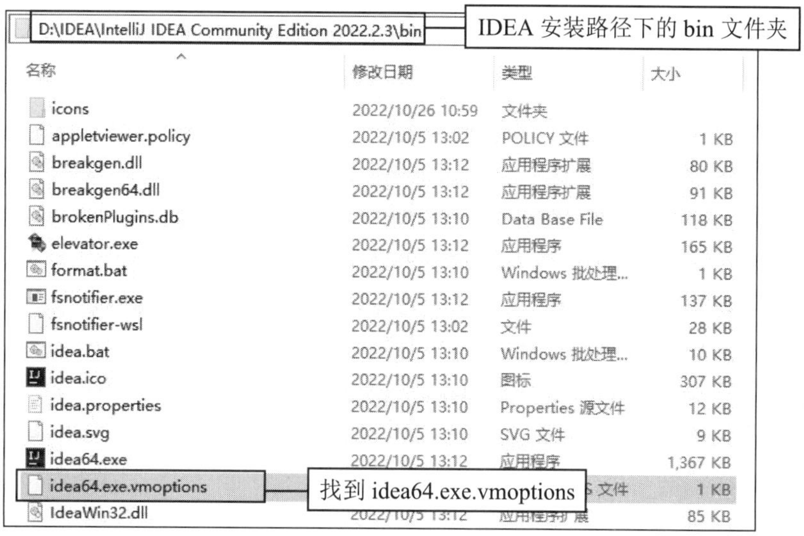

图 1.50　找到 bin 文件夹中的 idea64.exe.vmoptions

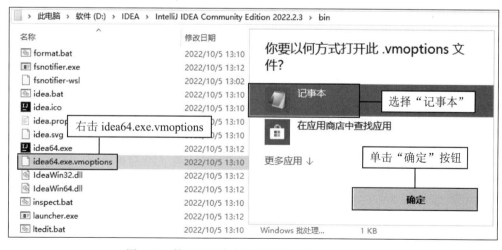

图 1.51　使用"记事本"打开 idea64.exe.vmoptions

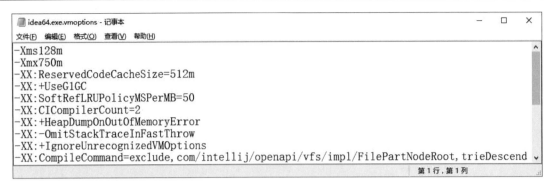

图 1.52　idea64.exe.vmoptions 被打开后的效果

（4）如图 1.53 所示，把图 1.52 中的 Xms128m 和 Xmx750m 分别修改为 Xms500m 和 Xmx1500m。

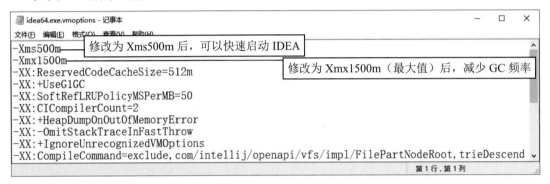

图 1.53　把 Xms128m 和 Xmx750m 分别修改为 Xms500m 和 Xmx1500m

第 2 章 第一个 Spring Boot 程序

通过第 1 章的学习，已经为 Spring Boot 完成了搭建环境的工作。本章将在搭建好的环境上，先介绍在 Spring 官网上生成一个 Spring Boot 的初始项目文件，再介绍使用 Eclipse 导入、编写、运行和打包这个 Spring Boot 程序，接着介绍使用测试工具 Postman 测试这个 Spring Boot 程序，而后分别介绍使用 Eclipse 创建 Spring Boot 项目、使用 IDEA 编写第一个 Spring Boot 程序等内容。为了让读者操作起来更加方便，本章给出了具有详尽标注的截图。

本章的知识架构及重难点如下。

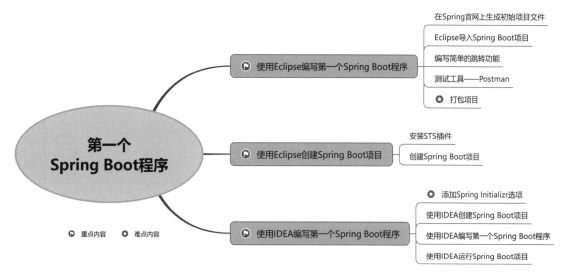

2.1 使用 Eclipse 编写第一个 Spring Boot 程序

2.1.1 在 Spring 官网上生成初始项目文件

Spring 官方提供了一个自动创建 Spring Boot 项目的网页，可以为程序开发人员省去大量的配置操作。使用该网页创建 Spring Boot 项目的步骤如下。

（1）打开浏览器，输入网址 https://start.spring.io，在这个页面中填写项目各种配置和基本信息，具体内容如图 2.1 所示，矩形框里的文字是笔者给出的标注。

在图 2.1 中，含有很多标签，例如 Project、Language、Spring Boot、Project Metadata 下的 Group 等。那么，这些标签表示的含义是什么呢？各个标签的说明如下：

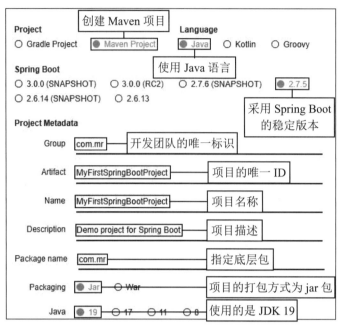

图 2.1 填写 Spring Boot 项目的相关内容

- Project：表示创建什么类型的项目。书中使用 Maven 作为项目构建工具，所以这里选择 Maven Project，也就是 Maven 项目。
- Language：表示使用哪种开发语言。这里选择 Java。
- Spring Boot：表示使用哪个版本的 Spring Boot。SNAPSHOT 表示仍在开发过程中的试用版，RELEASE 表示稳定版，表单中未做任何标注的版本则认为是 RELEASE 稳定版，因此选择最新的稳定版本 2.7.5。

说明

Spring 官方一直在不断更新 Spring Boot，读者打开网站时看到的稳定版本可能会高于 2.7.5，可以下载最新的稳定版本。

- Project Metadata 下的 Group：这是开发团队或公司的唯一标志。命名规则通常为团队/公司主页域名的转置，例如域名为 www.mr.com，Group 就应该写成 com.mr，忽略域名前缀。
- Project Metadata 下的 Artifact：表示项目的唯一 ID。因为同一个团队下可能有多个项目，这个 ID 就是用来区分不同项目的。图中填写的是 MyFirstSpringBootProject。
- Project Metadata 下的 Name：项目的名称，也是导入 Eclipse 之后看到的项目名。图中填写的是 MyFirstSpringBootProject。
- Project Metadata 下的 Description：项目的描述。对于学习者来说使用默认值即可。
- Project Metadata 下的 Package name：用于指定 Spring Boot 的底层包，也就是 Spring Boot 启动类所在的包。图中填写的是 com.mr。
- Project Metadata 下的 Packaging：表示项目以哪种格式打包。项目如果打包成 jar 包，可以直接在 JRE 环境中启动运行；如果打包成 War 文件，可以直接部署到服务器容器中。这里推荐大家打包成 jar 包，便于学习。

☑ Project Metadata 下的 Java：用于指定项目使用哪个版本的 JDK，这里选择 JDK 19。

（2）因为 Spring Boot 主要用于 Web 项目开发，所以还需要给项目添加 Web 依赖。单击页面右侧的 ADD DEPENDENCIES 按钮，列出可选的依赖项。按钮的位置如图 2.2 所示。

图 2.2　为项目添加依赖

（3）在列出的如图 2.3 所示的依赖项中，找到并单击 Spring Web 选项。

图 2.3　选择 Spring Web 依赖

（4）完成以上操作，在如图 2.4 所示的页面的右侧可以看见已经添加的 Spring Web 依赖。单击页面下方的 GENERATE 按钮，下载自动生成的项目压缩包。

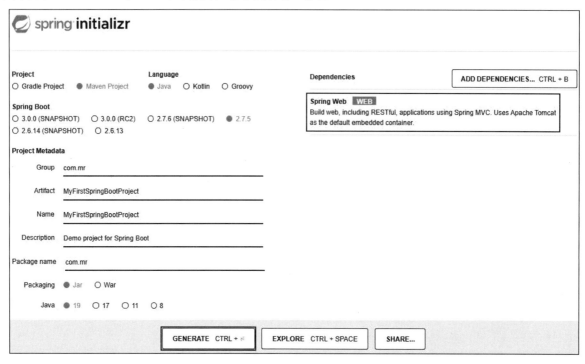

图 2.4　生成并下载初始项目

（5）如图 2.5 所示，在 D 盘根目录下，新建一个名为 SpringBootProject 的文件夹，将下载好的压缩包解压到该文件夹中，这样就完成了初始项目的准备工作。

图 2.5　解压项目压缩包

2.1.2　Eclipse 导入 Spring Boot 项目

Eclipse 支持导入 Maven 项目，不过导入 Maven 项目的方式与导入普通 Java 项目不太一样，本节将演示 Eclipse 导入 Maven 项目的步骤。

（1）依次选择 File/Import 菜单，如图 2.6 所示。在导入的类型中，选择 Maven 菜单下的 Existing Maven Projects 子菜单，单击 Next 按钮，如图 2.7 所示。

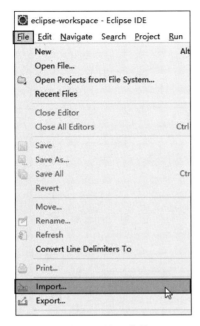

图 2.6　导入菜单

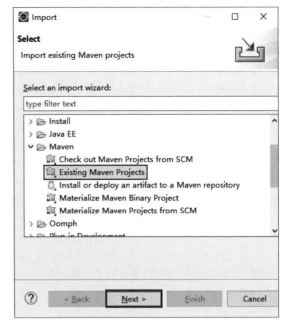

图 2.7　选择已存在 Maven 项目

（2）在弹出的对话框中，单击右侧的 Browse 按钮，如图 2.8 所示。找到上一节下载并解压完毕的项目目录，项目目录确认成功后，单击下方的 Finish 按钮完成导入，如图 2.9 所示。

图 2.8　找到项目所在目录　　　　　　　　　　图 2.9　确认导入

（3）导入完成后，Eclipse 会自动启动 Maven 下载 jar 包的操作，此时 Eclipse 右下方出现一个滚动条，显示下载进度，程序开发人员可以单击滚动条右侧的图标查看下载明细，如图 2.10 所示。

导入之后的项目结构如图 2.11 所示。

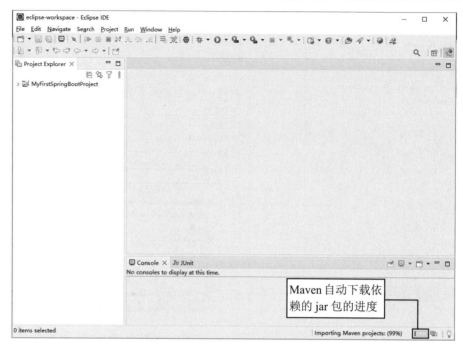

图 2.10　Maven 自动下载 jar 包

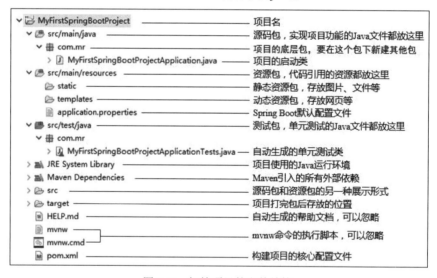

图 2.11　初始项目的文件结构

2.1.3　编写简单的跳转功能

Spring Boot 自带 Tomcat 容器，无须部署项目就可以直接启动 Web 服务。下面将演示如何编写一个简单的跳转功能，当用户访问一个网址后，页面会展示一段程序开发人员自己编写的文字。

（1）首先在 com.mr 包下创建子包 controller，然后在该子包中创建名为 HelloController 的类，如图 2.12 所示。

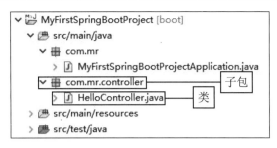

图 2.12　创建的类所在的位置

（2）打开该类文件，补充以下代码：

```
package com.mr.controller;

import org.springframework.web.bind.annotation.RequestMapping;
import org.springframework.web.bind.annotation.RestController;

@RestController
public class HelloController {
    @RequestMapping("hello")
    public String sayHello() {
        return "你好，这是我的第一个Spring Boot项目";
    }
}
```

（3）运行 com.mr 包下的 MyFirstSpringBootProjectApplication.java 文件（即项目的启动类），可以在控制台中看到如图 2.13 所示的启动日志。其中，日志 "Started MyFirstSpringBootProjectApplication in 3.045 seconds" 表示项目启动成功，耗时 3.045 秒，这样就可以在浏览器里访问 Web 服务了。

图 2.13　项目的启动日志

打开浏览器，访问 http://127.0.0.1:8080/hello 地址，就可以在页面中看到代码返回的字符串，如图 2.14 所示。

图 2.14　在浏览器中访问得到的结果

2.1.4 测试工具——Postman

Postman 是一款功能强大的网络接口测试工具，它可以模拟各种网络场景，发送各式各样的请求。Spring Boot 是一个专门编写服务器接口的框架，一些特殊场景很难用前端页面模拟，因此推荐使用 Postman 来完成复杂场景的测试工作。本节将对 Postman 的下载、启动和使用进行详解。

下载 Postman 的步骤如下。

（1）打开浏览器，输入 https://www.Postman.com/downloads/地址，网页会自动识别你的操作系统，给出适合操作系统的安装包。如图 2.15 所示，单击左侧的 Windows 64-bit 按钮。

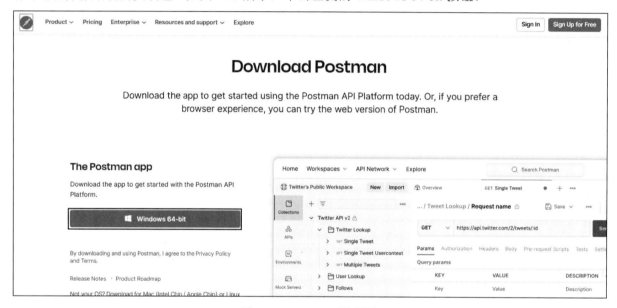

图 2.15　Postman 下载页面

（2）下载完成之后，双击安装包，软件会自动安装。安装完成后会在桌面生成如图 2.16 所示的快捷图标。

图 2.16　桌面上的 Postman 快捷图标

启动 Postman 的步骤如下。

（1）双击 Postman 快捷图标打开 Postman 后，如果弹出用于提示用户登录或注册的对话框，就单击 skip and go to the app 超链接，跳过登录。

（2）对话框显示如图 2.17 所示的主界面后，单击 New 按钮，创建新的连接测试。

（3）在弹出的如图 2.18 所示的对话框中，选择 HTTP Request 连接类型。

第 2 章 第一个 Spring Boot 程序

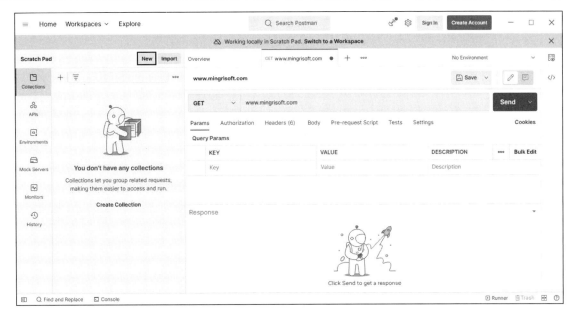

图 2.17 创建新的连接测试

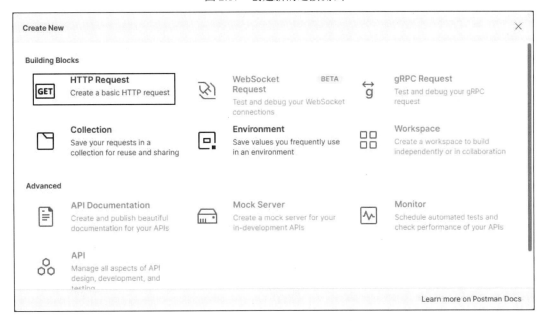

图 2.18 选择 HTTP Request 连接

（4）回到如图 2.19 所示的主界面后，程序开发人员需要先在功能面板中填写要访问的 URL 地址，再设置请求类型、请求参数等，单击 Send 按钮即可向服务器发送一条请求。服务器返回的内容会在面板底部展示。

使用 Postman 的方式如下：要使用 Postman 测试第一个 Spring Boot 程序中的连接，只需先在 URL 的位置填写 http://127.0.0.1:8080/hello，再单击右侧的 Send 按钮，即可在底部看到服务器返回的结果，如图 2.20 所示。不难发现，图 2.20 所示的结果与图 2.14 所示的用户在浏览器上看到的内容相同。

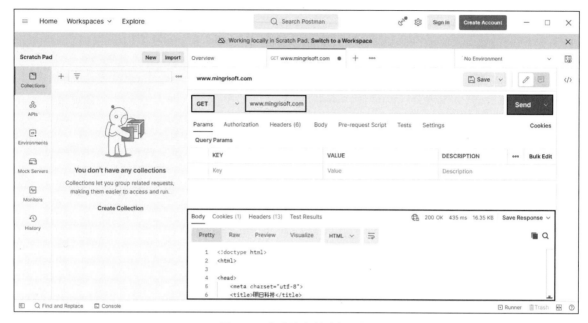

图 2.19　发送请求的功能面板

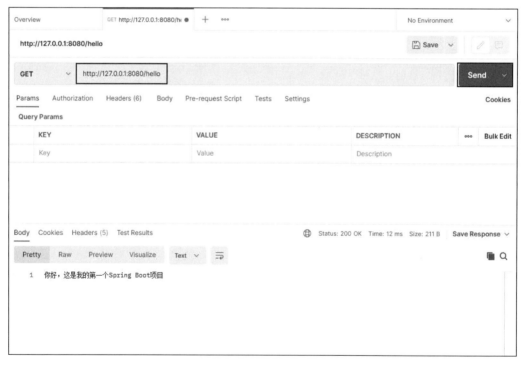

图 2.20　使用 Postman 发送请求后得到的结果

2.1.5　打包项目

Spring Boot 可以将所有依赖都打包到一个 jar 包中，只需要执行这个 jar 包就可以启动完整 Spring

Boot 项目。这为程序开发人员省去了不少配置和部署的工作。本节介绍如何在 Eclipse 环境中为 Spring Boot 项目打包。步骤如下。

（1）在项目上单击鼠标右键，依次选择 Run As/Maven install 菜单，位置如图 2.21 所示。选择之后 Maven 会自动下载并打包所需的 jar 包。

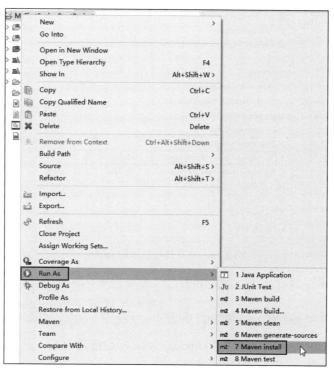

图 2.21　使用 Maven 的打包功能

（2）打包时控制台会打印大量日志，当打包程序结束时，日志中出现如图 2.22 所示的 BUILD SUCCESS 字样，表示打包成功。

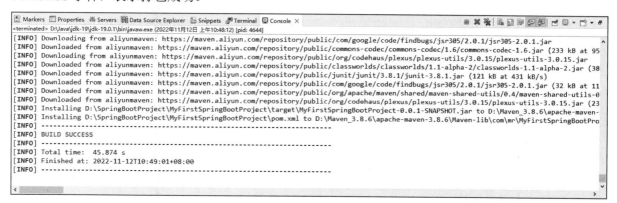

图 2.22　打包成功日志

（3）在项目上单击鼠标右键，在弹出的快捷菜单中选择 ReFresh（或按 F5 键）刷新项目，就可以在 target 文件夹下看到很多文件，其中 MyFirstSpringBootProject-0.0.1-SNAPSHOT.jar 包就是本项目打包生成的执行文件，位置如图2.23所示。

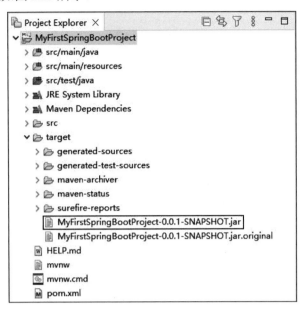

图2.23　项目打包生成的jar包

（4）将这个jar包保存到D盘根目录，再打开"命令提示符"对话框，输入以下命令：

```
d:
java -jar MyFirstSpringBootProject-0.0.1-SNAPSHOT.jar
```

命令执行结果如图2.24所示，可以看到Spring Boot项目成功启动，启动日志与Eclipse控制台中打印的日志相同。此时就能打开浏览器访问项目资源了。

图2.24　在"命令提示符"对话框中启动的效果

2.2　使用 Eclipse 创建 Spring Boot 项目

如果每次创建 Spring Boot 项目都要到官方网页下载，则不仅操作非常麻烦，而且学习成本太高。那么，如何使用 Eclipse 创建 Spring Boot 项目呢？

为了能够在 Eclipse 中创建 Spring Boot 项目，需要为 Eclipse 安装 Spring 插件。Spring 插件的英文全称是 Spring Tool Suite，简称 STS。

下面将分别介绍在 Eclipse 中安装 STS 插件和使用 STS 插件创建 Spring Boot 项目。

2.2.1　安装 STS 插件

在 Eclipse 自带的应用市场中安装 STS 插件的步骤如下。

（1）依次选择 Help/Eclipse Marketplace 菜单，打开 Eclipse 自带的应用市场，如图 2.25 所示。

（2）在应用市场中搜索"sts"，在搜索结果中找到包含"Sping Tool Suite"字样的结果，并且确认在这个结果中包含"STS"标签的插件，单击此插件的 Install 按钮，如图 2.26 所示。

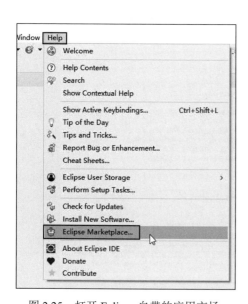

图 2.25　打开 Eclipse 自带的应用市场

图 2.26　找到并安装 STS 插件

（3）在确认安装内容的对话框中，选择所有内容后单击 Confirm 按钮，如图 2.27 所示。

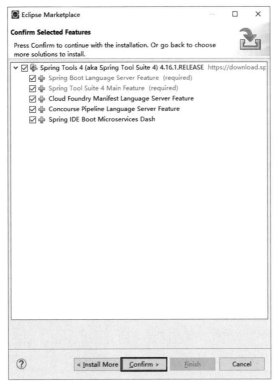

图 2.27　确认安装的内容

（4）正式安装前需要同意该插件的许可声明，选择 I accept the terms of the license agreements 单选按钮后，单击 Finish 按钮，如图 2.28 所示。

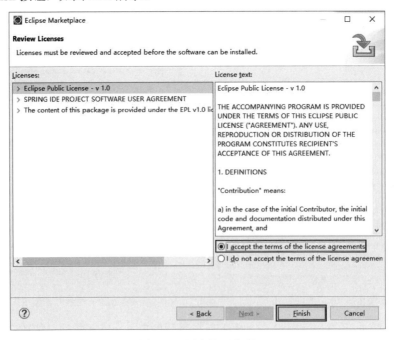

图 2.28　同意许可声明

(5)同意许可之后,应用市场的对话框会自动关闭,Eclipse 右下方会显示插件安装的进度条,如图 2.29 所示。因为 Eclipse 会从服务器上下载插件并安装,所以下载、安装的时间会很长。

图 2.29　开始自动安装

(6)安装之后会弹出如图 2.30 所示的重启 Eclipse 对话框,单击 Restart Now 按钮即可立即重启。重启之后就可以使用插件功能了。

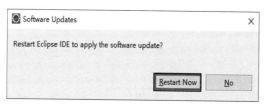

图 2.30　重启提示

2.2.2　创建 Spring Boot 项目

安装完 STS 插件并重启 Eclipse 之后,就可以在 Eclipse 中直接创建 Spring Boot 项目了。使用 Eclipse 创建 Spring Boot 项目的步骤如下。

(1)依次选择 File/New/Other 菜单,选择创建其他类型(Other)的项目。操作步骤如图 2.31 所示。

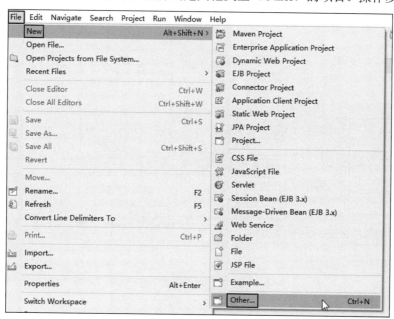

图 2.31　选择创建其他类型的项目

(2)在所有项目类型中找到 Spring Boot 类型,展开之后选择 Spring Starter Project 选项,单击 Next 按钮,如图 2.32 所示。Spring Boot 类型是 STS 插件添加的新项目类型。

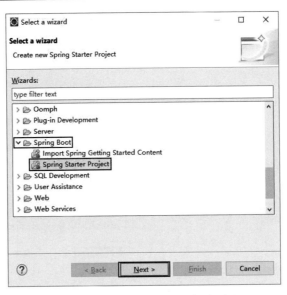

图 2.32　通过 Spring Starter 创建项目

（3）进入创建项目的界面后，Eclipse 会先连接 Spring 官网，再读取 Spring Boot 的版本以及创建项目所要填写的项，而后将网页中需要填写的内容展示在界面中。这一过程可能会因网速原因存在一定的延迟。当 Eclipse 从官网读取到所有信息后，会显示如图 2.33 所示的界面，程序开发人员可以在此界面填写之前在如图 2.1 所示的网页表单中填写过的内容。填写后单击 Next 按钮。

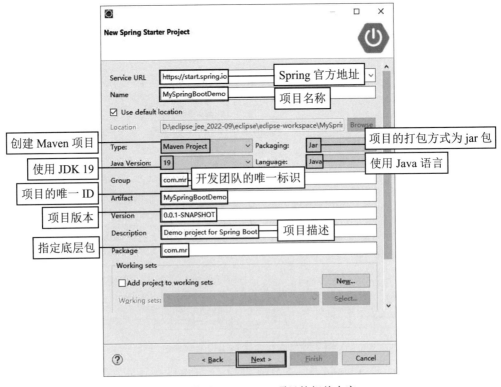

图 2.33　填写 Spring Boot 项目的相关内容

> **注意**
> 如果 Eclipse 无法连接到 Spring 官网，则会显示如图 2.34 所示的错误提示。遇到这种情况需要先关闭创建项目的对话框，然后再重复创建步骤，直到 Eclipse 可以正常显示如图 2.33 所示的内容为止。
>
>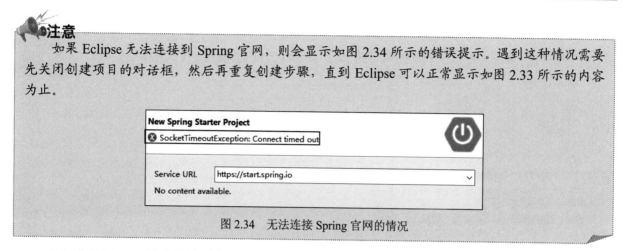
>
> 图 2.34　无法连接 Spring 官网的情况

（4）进入图 2.35 所示的界面中后，须选择 Spring Boot 的版本和依赖。版本使用默认的稳定版本即可，添加 Web 依赖只需先在搜索框里输入 web，再选择 Spring Web 依赖。如果选错依赖，可以在右侧的 Selected 分页中单击选错的依赖前面的×。添加完 Web 依赖之后，单击 Finish 按钮即可完成 Spring Boot 项目的创建。

（5）如图 2.36 所示，使用 STS 插件创建的项目与 Spring 官网创建的项目并无差别。但是，安装 STS 插件之后，Spring Boot 项目中的 application.properties 配置文件将不再是文本图标，而是变成了 Spring 的树叶图标。

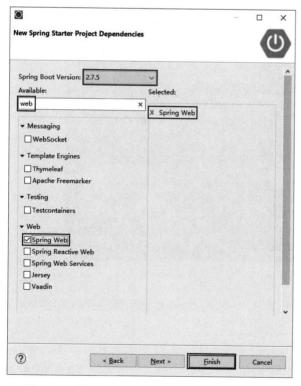

图 2.35　选择 Spring Boot 版本并添加 Web 依赖

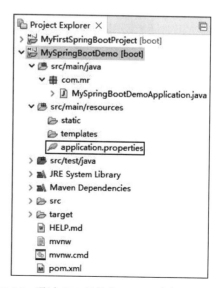

图 2.36　通过 STS 插件在 Eclipse 中创建的项目

2.3 使用IDEA编写第一个Spring Boot程序

通过第1章的学习,已经完成了IDEA的下载、安装和配置。下面将介绍使用IDEA创建Spring Boot项目的步骤。

2.3.1 添加Spring Initializr选项

通过IDEA中的Spring Initializr选项,程序开发人员即可创建Spring Boot项目。只不过,在使用IDEA创建Spring Boot项目之前,需要先向IDEA添加Spring Initializr选项。向IDEA添加Spring Initializr选项的步骤如下。

(1)双击IntelliJ IDEA的图标,打开IntelliJ IDEA后,将看到如图2.37所示的对话框。

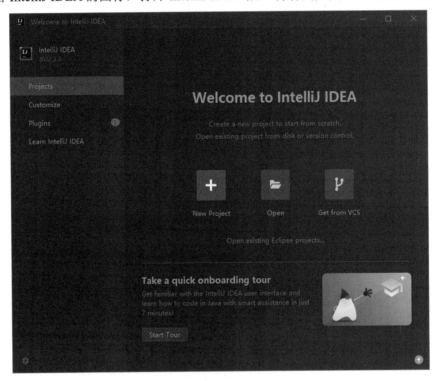

图2.37 打开IntelliJ IDEA后弹出的对话框

(2)先单击图2.37中的Plugins,再在搜索框内输入Spring Boot,而后将看到如图2.38所示的用于显示Spring Boot Helper相关信息的对话框。

(3)当单击Spring Boot Helper的Install按钮时,会弹出如图2.39所示的对话框。

(4)单击Accept按钮后,IDEA就会开始下载Spring Boot Helper。待Spring Boot Helper下载完成后,Spring Boot Helper的Install按钮会变为如图2.40所示的Restart IDE按钮。

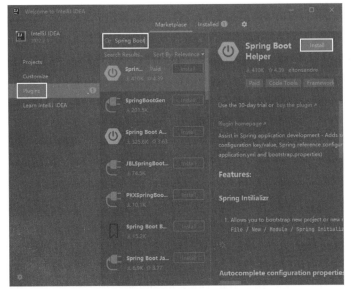

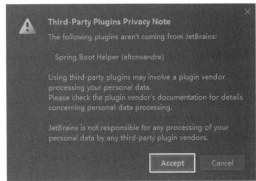

图 2.38　显示 Spring Boot Helper 相关信息的对话框　　图 2.39　Third-Party Plugins Privacy Note 对话框

（5）单击图 2.40 中的 Restart IDE 按钮后，IDEA 会弹出如图 2.41 所示的对话框。单击对话框中的 Restart 按钮，重启 IDEA。

图 2.40　Spring Boot Helper 的 Install 按钮会变为 Restart IDE 按钮　　图 2.41　单击 Restart 按钮

> **说明**
> Spring Boot Helper 虽然当下是付费的第三方插件，但是可以免费试用 30 天。

（6）待 IDEA 重启后，会弹出如图 2.42 所示的 Licenses 对话框。单击 Close 按钮，关闭 Licenses 对话框。

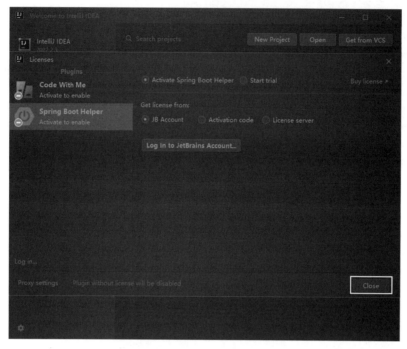

图 2.42　Licenses 对话框

（7）Licenses 对话框被关闭后，单击如图 2.43 所示的 New Peoject 按钮，先创建一个 Java 项目。

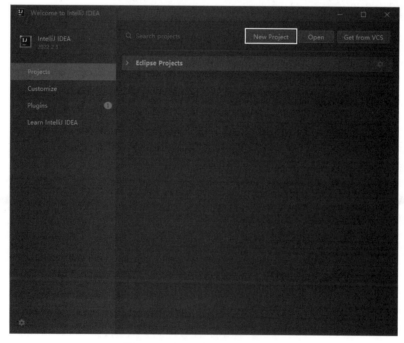

图 2.43　单击 New Peoject 按钮

（8）如图 2.44 所示，把这个 Java 项目的名称（Name）设置为 JavaProject，把这个 Java 项目的存储路径（Location）设置为 D:\IDEA\IdeaProjects，单击 Create 按钮。

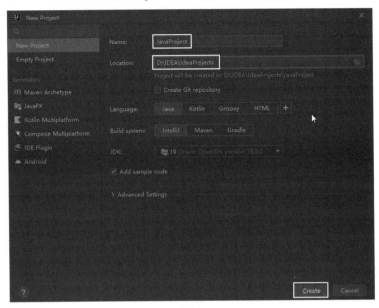

图 2.44　创建一个 Java 项目

（9）使用 IDEA 创建 Java 项目需要消耗一段时间，待 Java 项目创建完毕，IDEA 的工作区如图 2.45 所示。

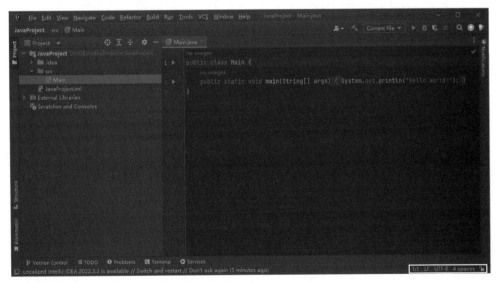

图 2.45　IDEA 的工作区

> **说明**
> 通过观察图 2.45 右下角是否有进度条，即可判断 Java 项目是否创建完毕。如果图的右下方没有进度条，那么说明 Java 项目已创建完毕。

（10）如图 2.46 所示，选择 File/Settings，打开 Settings 对话框。

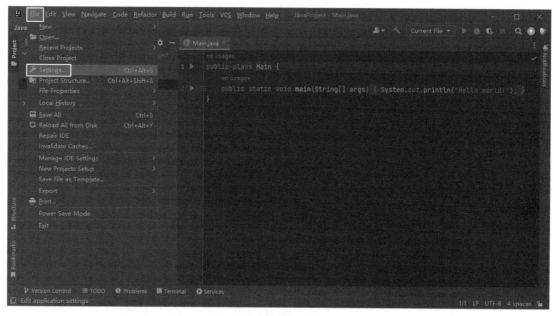

图 2.46　打开 Settings 对话框

（11）如图 2.47 所示，先找到并单击 Plugins，再在搜索输入框中输入 Spring Boot，接着选择 Spring Boot Helper，再接着单击 Apply 按钮，而后单击 OK 按钮。

图 2.47　选择 Spring Boot Helper

（12）这时 IDEA 会弹出如图 2.48 所示的对话框，其作用是提示用户是否重启 IDEA 以在插件中应用更改，单击 Restart 按钮。

图 2.48　重启 IDEA

（13）待 IDEA 重启后，会弹出如图 2.49 所示的 Licenses 对话框。单击 Close 按钮，关闭 Licenses 对话框。

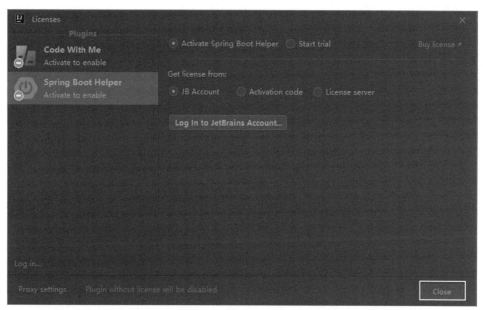

图 2.49　关闭 Licenses 对话框

（14）如图 2.50 所示，单击 Cancel 按钮，关闭 Confirm Exit 对话框。

（15）如图 2.51 所示，单击 Close 按钮，关闭 Tip of the Day 对话框。

图 2.50　关闭 Confirm Exit 对话框　　　　图 2.51　关闭 Tip of the Day 对话框

（16）如图 2.52 所示，在返回至 IDEA 的工作区后，选择 File/New/Project，打开 New Project 对话框。

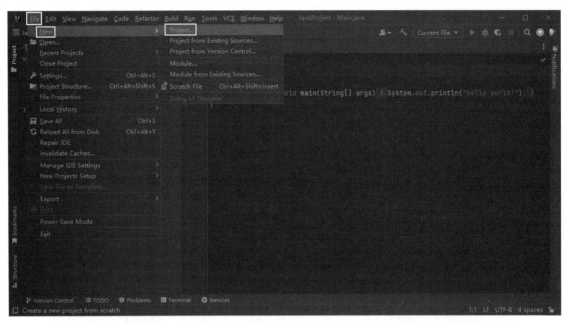

图 2.52　打开 New Project 对话框

（17）如图 2.53 所示，经过上述操作后，即可在 New Peoject 对话框中的 Generators 版块下找到 Spring Initializr 选项。

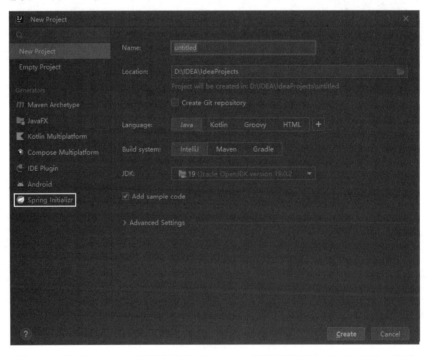

图 2.53　在 New Peoject 对话框中的 Generators 版块下找到 Spring Initializr 选项

2.3.2　使用 IDEA 创建 Spring Boot 项目

在成功地向 IDEA 添加 Spring Initializr 选项以后，即可使用 IDEA 创建 Spring Boot 项目。使用 IDEA 创建 Spring Boot 项目的步骤如下。

（1）如图 2.54 所示，在单击 Spring Initializr 选项以后，将显示用于创建 Spring Boot 项目的相关信息的界面。

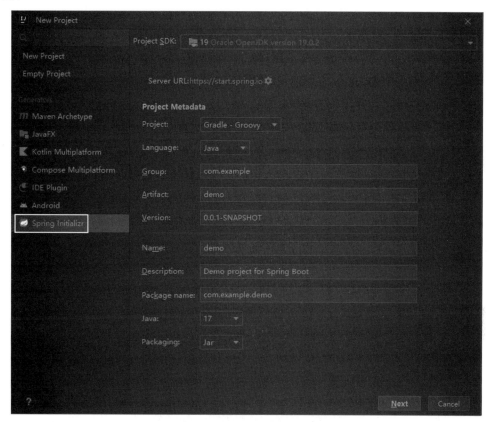

图 2.54　单击 Spring Initializr 选项

（2）根据如图 2.55 所示的内容，修改用于创建 Spring Boot 项目的相关信息，单击 Next 按钮。

> 在填写"项目的唯一 ID"（即 Artifact）时，务必注意以下两点：
> （1）英文字母须小写。
> （2）不得包含特殊字符。
> 否则，IDEA 会弹出错误提示框。

（3）如图 2.56 所示，单击并打开 Web 下拉列表后，选择 Spring Web 选项，单击 Next 按钮。

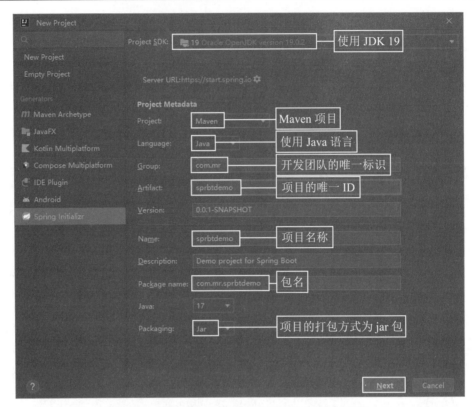

图 2.55 修改用于创建 Spring Boot 项目的相关信息

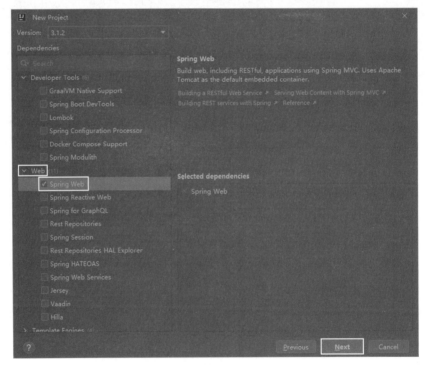

图 2.56 选择 Web 下拉列表中的 Spring Web 选项

（4）如图 2.57 所示，在确认项目的名称和项目的存储路径后，单击 Create 按钮。

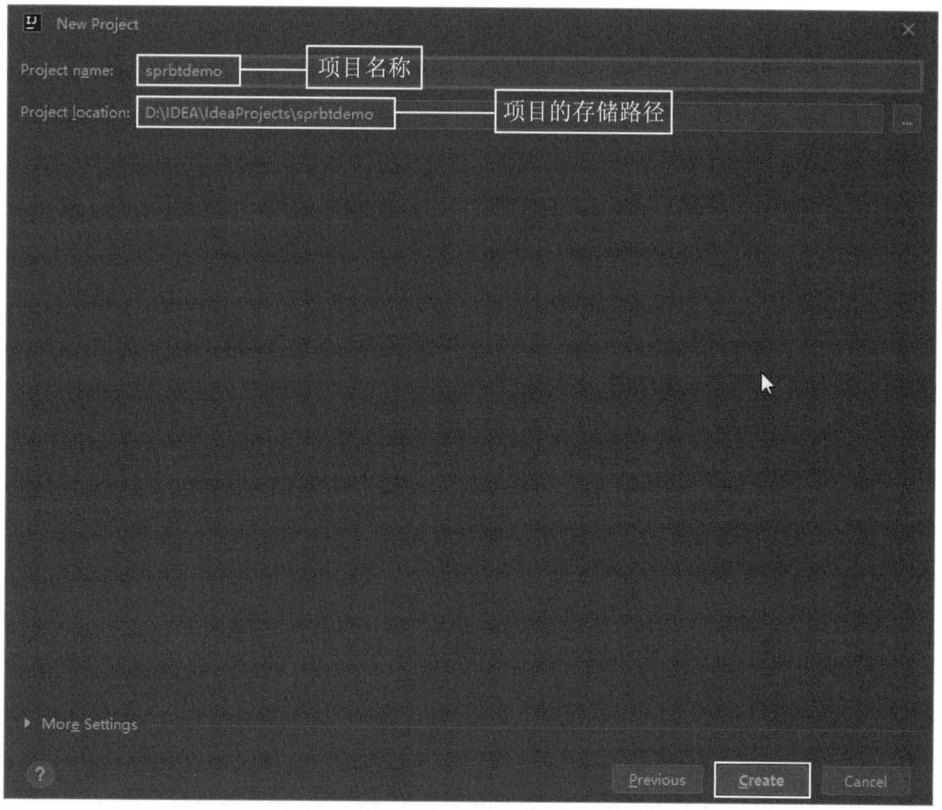

图 2.57　确认项目的名称和项目的存储路径

（5）如图 2.58 所示，单击 New Window 按钮，让名为 sprbtdemo 的 Spring Boot 项目在一个新的窗口中显示。

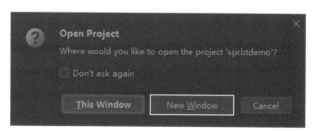

图 2.58　让名为 sprbtdemo 的 Spring Boot 项目在一个新的窗口中显示

（6）在名为 sprbtdemo 的 Spring Boot 项目马上要创建完毕时，IDEA 可能会出现闪退的情况。一旦 IDEA 出现闪退的情况，读者朋友只需重启 IDEA 即可。

（7）如图 2.59 所示，在重启 IDEA 后，把鼠标移至任务栏中的 IDEA 图标，会发现 IDEA 打开了两个窗口，左边的窗口用于显示 Java 项目，右边的窗口用于显示 Spring Boot 项目。

（8）如图 2.60 所示，在打开用于显示 Spring Boot 项目的窗口后，会发现名为 sprbtdemo 的 Spring Boot 项目已经创建完毕。

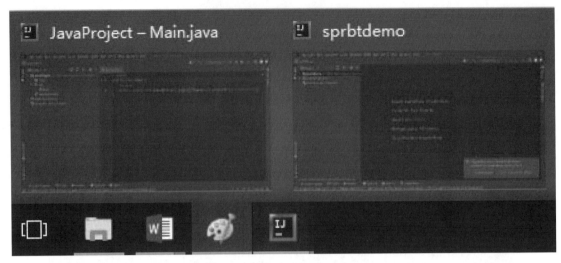

图 2.59　IDEA 打开的两个窗口

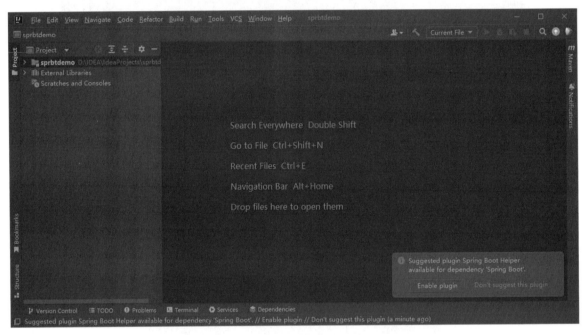

图 2.60　Spring Boot 项目创建完毕并显示在窗口里

2.3.3　使用 IDEA 编写第一个 Spring Boot 程序

如图 2.61 所示，在 IDEA 中，先打开 sprbtdemo 文件夹，再依次打开 src 文件夹及其子文件夹，即可看到 Spring Boot 项目 sprbtdemo 的项目结构。

对比图 2.61 和图 2.11，能够发现 IDEA 中 Spring Boot 项目的项目结构和 Eclipse 中 Spring Boot 项目的项目结构有些许不同。最为重要的不同在于 IDEA 的项目底层包是 com.mr.sprbtdemo，Eclipse 的项目底层包是 com.mr。明确这个不同点后，下面将在 IDEA 中实现 2.1.3 节（即"编写简单的跳转功能"）

的内容，步骤如下。

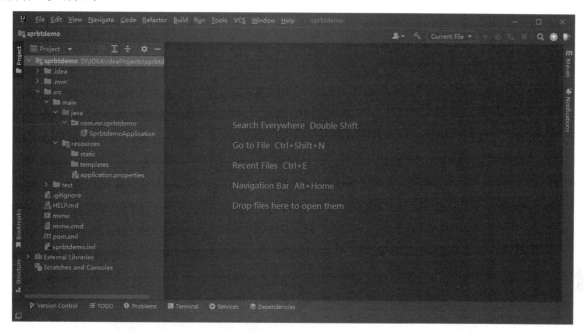

图 2.61　Spring Boot 项目 sprbtdemo 的项目结构

（1）如图 2.62 所示，在 com.mr.sprbtdemo 上单击鼠标右键，选择 New/Package。

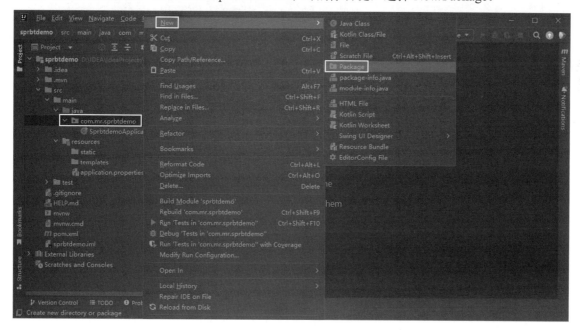

图 2.62　新建 Package

（2）在弹出 New Package 对话框后，会发现 IDEA 已自动填写了"com.mr.sprbtdemo."。根据 2.1.3 节的要求，需要在 com.mr.sprbtdemo 包下创建子包 controller。如图 2.63 所示，因为 IDEA 已自动填写

了"com.mr.sprbtdemo.",所以读者只需要手动输入"controller"并按下回车键。

图 2.63　命名 Package

（3）如图 2.64 所示，在已新建的包 controller 上单击鼠标右键，选择 New/Java Class。

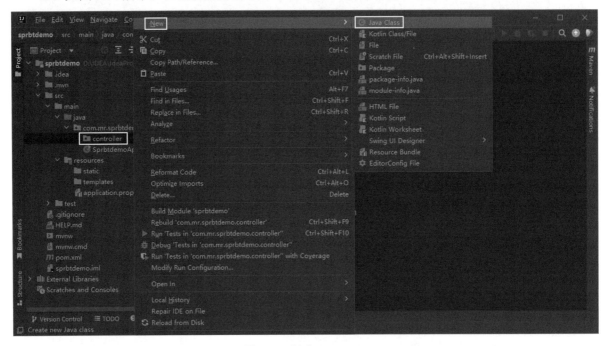

图 2.64　新建 Java Class

（4）如图 2.65 所示，在弹出 New Java Class 对话框后，输入新建 Java 类的类名（即"HelloController"）并按下回车键。

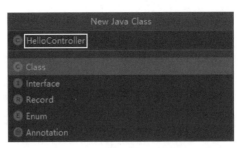

图 2.65　命名 Java Class

（5）如图 2.66 所示，在包 controller 下创建 Java 类 HelloController 后，就可以在 IDEA 的工作区中编写 2.1.3 节中用于实现跳转功能的代码了。

（6）如图 2.67 所示，在编码完毕后，会发现@RestController 和@RequestMapping 呈现红色，这是 IDEA 的错误提示。

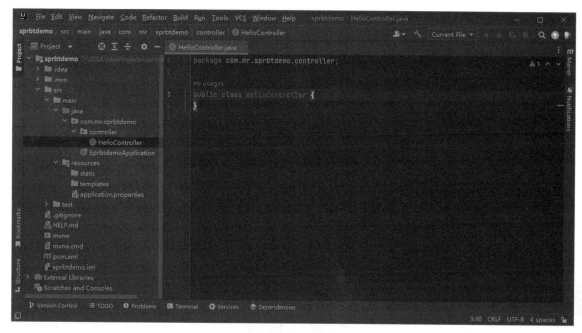

图 2.66 编写实现跳转功能的代码

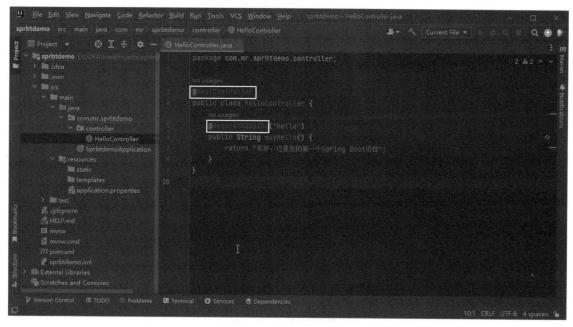

图 2.67 IDEA 出现错误提示

（7）如图 2.68 所示，把鼠标光标移至@RestController 处，IDEA 会弹出提示框。在提示框中找到并单击 Import class 后，IDEA 就会自动向当前.java 文件导入与@RestController 相对应的包，即添加"import org.springframework.web.bind.annotation.RestController;"。这时，@RestController 将呈现黄色，说明已经消除了@RestController 的错误提示。再次通过上述的操作步骤，即可消除@RequestMapping 的错误提示。

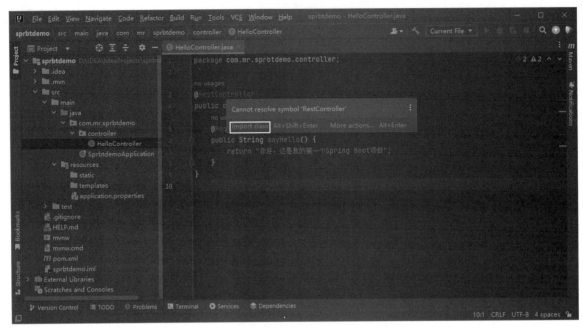

图 2.68　消除错误提示

（8）在消除@RestController 和@RequestMapping 的错误提示后，IDEA 的工作区如图 2.69 所示。

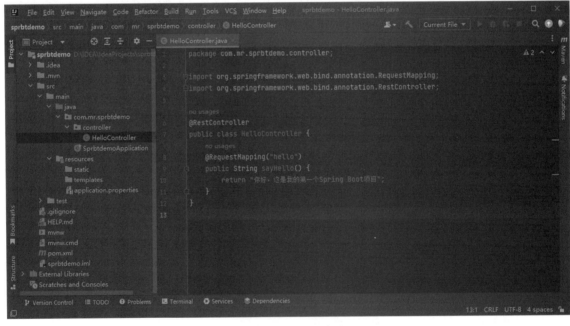

图 2.69　消除错误提示后的 IDEA 工作区

2.3.4　使用 IDEA 运行 Spring Boot 项目

编写完实现跳转功能的代码后，即可使用 IDEA 运行这个 Spring Boot 项目。使用 IDEA 运行这个

Spring Boot 项目的步骤如下。

（1）如图 2.70 所示，双击 SprbtdemoApplication（即 Spring Boot 项目 sprbtdemo 的启动类）。

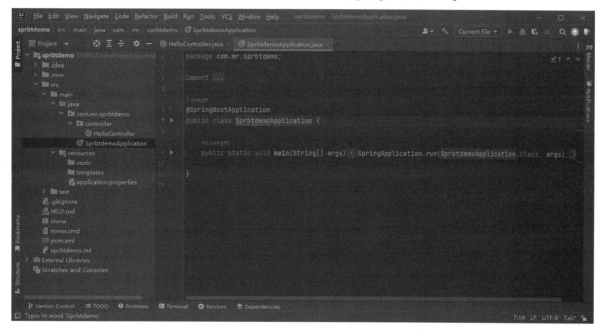

图 2.70　双击 SprbtdemoApplication

（2）如图 2.71 所示，在 IDEA 显示 SprbtdemoApplication.java 文件的空白处，单击鼠标右键，单击 Run 'SprbtdemoAppli….main()'，即可启动 Spring Boot 项目 sprbtdemo。

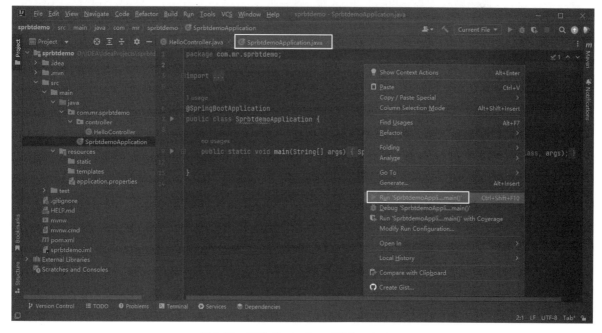

图 2.71　启动 Spring Boot 项目 sprbtdemo

（3）在第一次启动 Spring Boot 项目 sprbtdemo 时，可能会弹出如图 2.72 所示的"Windows 安全警报"对话框，确认已经选择"公用网络"后，单击"允许访问"按钮。

图 2.72 "Windows 安全警报"对话框

（4）如图 2.73 所示，成功启动 Spring Boot 项目 sprbtdemo 后，IDEA 会陆续地在控制台上打印日志。需要注意的是，日志的第三行出现错误日志（即 ERROR）。错误日志的意思是：安装了不兼容的 Apache Tomcat 原生库版本[1.2.33]，需要安装兼容的 Tomcat 版本[1.2.34]。

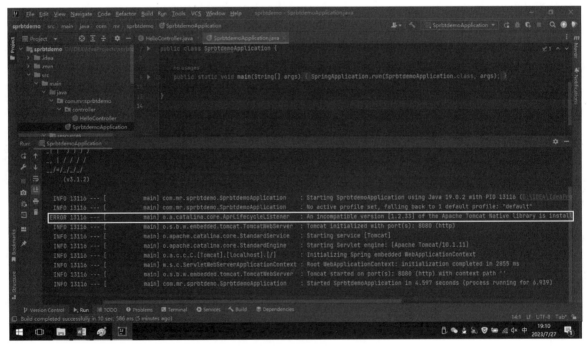

图 2.73 出现错误日志（即 ERROR）

（5）如图 2.74 所示，打开浏览器，访问 http://archive.apache.org/dist/tomcat/tomcat-connectors/native/ 地址（即 Apache 官网）。向下滚动鼠标滚轮，找到并单击"1.2.34/"超链接。

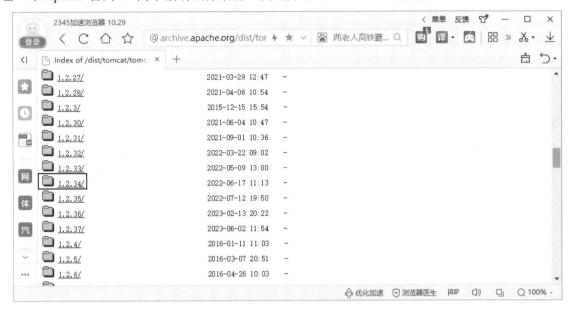

图 2.74　找到并单击"1.2.34/"超链接

（6）如图 2.75 所示，在跳转至 1.2.34 版本的页面后，找到并单击"binaries/"超链接。

图 2.75　找到并单击"binaries/"超链接

（7）如图 2.76 所示，在跳转至 binaries 目录的页面后，找到并单击 tomcat-native-1.2.34-openssl-1.1.1o-ocsp-win32-bin.zip 超链接。

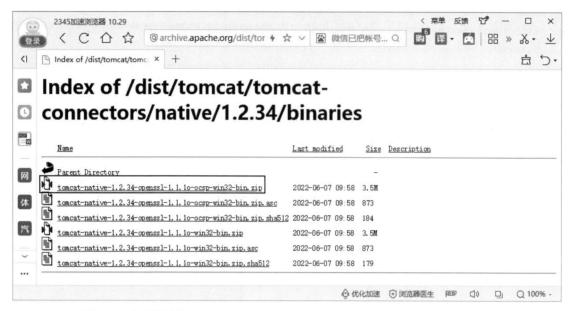

图 2.76　找到并单击 tomcat-native-1.2.34-openssl-1.1.1o-ocsp-win32-bin.zip 超链接

（8）如图 2.77 所示，在弹出"新建下载任务"对话框后，先单击"浏览"按钮，选择 Apache Tomcat 版本[1.2.34]的存储位置，再单击"下载"按钮。

图 2.77　下载 Apache Tomcat 版本[1.2.34]

（9）如图 2.78 所示，在下载之后，不解压，双击打开 tomcat-native-1.2.34-openssl-1.1.1o-ocsp-win32-bin.zip，双击打开 bin 文件夹。

图 2.78　直接打开 tomcat-native-1.2.34-openssl-1.1.1o-ocsp-win32-bin.zip

（10）如图 2.79 所示，打开 bin 文件夹后，需要明确的是，x64 文件夹里的文件适用于 64 位的 Windows 系统，openssl.exe、tcnative-1.dll 和 tcnative-1-src.pdb 这 3 个文件适用于 32 位的 Windows 系统。

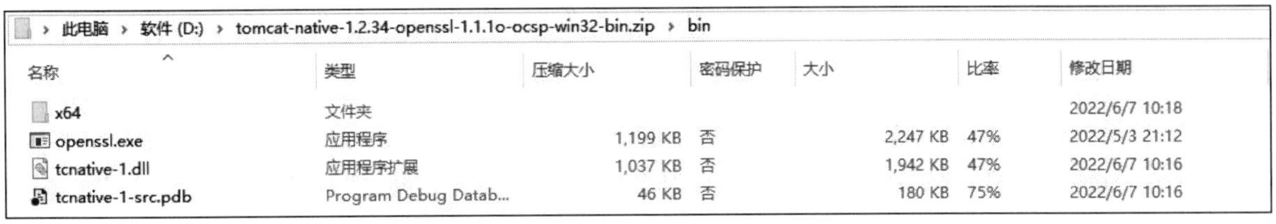

图 2.79　明确 bin 文件夹中子文件夹和各个文件的作用

（11）如图 2.80 所示，因为笔者的操作系统是 64 位的 Windows 系统，所以双击打开 x64 文件夹。

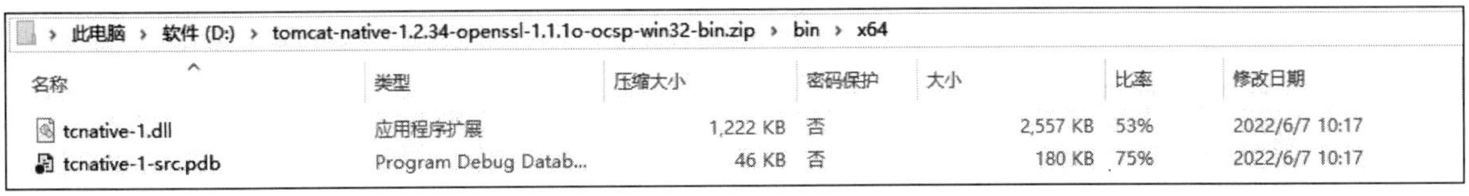

图 2.80　打开 x64 文件夹

（12）如图 2.81 所示，把 x64 文件夹中的 tcnative-1.dll 和 tcnative-1-src.pdb 这两个文件复制并粘贴到 JDK 的 bin 目录下，即 D:\Java\jdk-19\jdk-19.0.2\bin 下。

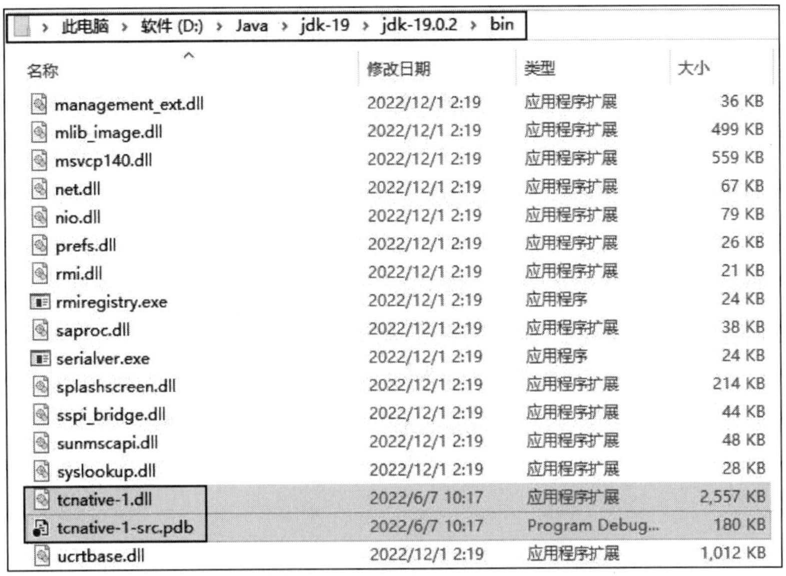

图 2.81　把 x64 文件夹中的文件复制并粘贴到 JDK 的 bin 目录下

（13）关闭正在运行的 Spring Boot 项目 sprbtdemo，按照图 2.71 所示的操作步骤，再次启动 Spring Boot 项目 sprbtdemo。如图 2.82 所示，IDEA 会重新陆续地在控制台上打印日志。通过与图 2.73 进行对比，会发现在图 2.73 中出现的错误日志（即 ERROR）已经消失了。

（14）如图 2.83 所示，打开浏览器，访问 http://127.0.0.1:8080/hello 地址，就可以在页面中看到代码返回的字符串。

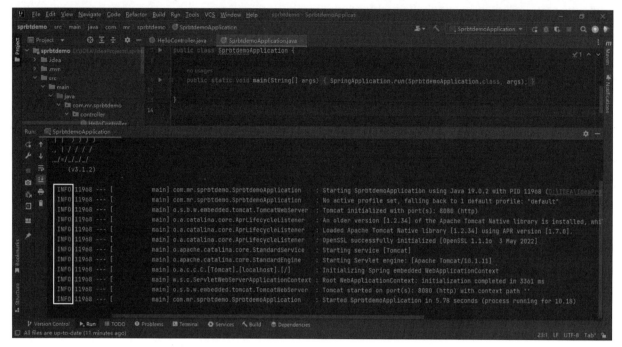

图 2.82　在图 2.73 中出现的错误日志（即 ERROR）已经消失了

图 2.83　在浏览器中看到代码返回的字符串

说明

本书第 2~10 章的实例程序是不需要添加依赖的。读者朋友如果喜欢使用 IDEA 对第 2~10 章的实例程序进行编码，可以参考本书附录的 A.1 节的内容。

第 3 章 Spring Boot 基础

因为注解在 Spring Boot 中发挥着至关重要的作用，所以为了能够快速地掌握 Spring Boot，读者须明确什么是注解和 Spring Boot 常用注解的功能及其标注位置。在 Spring Boot 容器中，存放着很多的 Bean。为此，读者须明确 Bean 是什么，并深入理解与其相关的两个过程：注入 Bean 和注册 Bean。在开发 Spring Boot 项目中，离不开"依赖"，读者须掌握如何为项目添加依赖。与此同时，读者还须掌握如何为 Spring Boot 项目中的程序元素命名。

本章的知识架构及重难点如下。

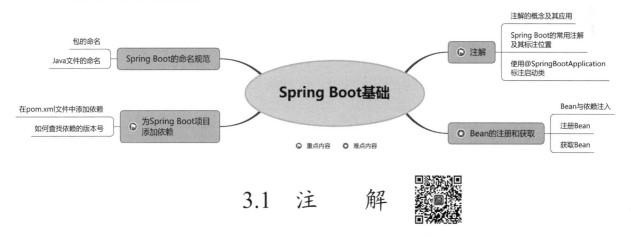

3.1 注　　解

在程序开发的过程中，注解是无处不在的。但是，注解又不是必需的；换言之，在不使用注解的情况下，也能够开发程序。只不过，掌握注解能够帮助程序开发人员深入理解框架，进而提高程序开发的效率。那么，什么是注解呢？注解的作用又有哪些呢？

3.1.1 注解的概念及其应用

在给出注解的概念之前，须明确什么是元数据。所谓元数据，指的是用于描述数据的数据。下面结合某个配置文件里的一行信息，举例说明什么是元数据。

```
<string name="app_name">AnnotionProject</string>
```

上述信息中的数据"app_name"是用于描述数据 AnnotionProject 的。也就是说，数据"app_name"就是元数据。那么，什么是注解呢？注解又被称作标注，是一种被加入源码的具有特殊语法的元数据。需要特别说明的是：

☑ 注解仅仅是元数据，和业务逻辑无关。

- ☑ 虽然注解不是程序本身，但是可以对程序做出解释。
- ☑ 应用程序中的类、方法、变量、参数、包等程序元素都可以被注解。

理解了"什么是注解"后，再来了解一下在应用程序中注解的应用体现在哪些方面：

- ☑ 在编译时进行格式检查。例如，如果被@Override 标记的方法不是父类的某个方法，编译器就会报错。
- ☑ 减少配置。依据代码的依赖性，使用注解替代配置文件。
- ☑ 减少重复工作。在程序开发的过程中，通过注解减少对某个方法的调用次数。

3.1.2 Spring Boot 的常用注解及其标注位置

Spring Boot 是一个支持海量注解的框架，其自带的常用注解如表 3.1 所示。关于这些注解的具体用法，会在本书后面的章节中予以详细介绍。

表 3.1 Spring Boot 的常用注解

注 解	标 注 位 置	功 能
@Autowired	成员变量	自动注入依赖
@Bean	方法	@Bean 用于注册 Bean，当@Bean 标注方法时，等价于在 XML 中配置 Bean
@Component	类	用于注册组件。当不清楚注册类属于哪个模块时就用这个注解
@ComponentScan	类	开启组件扫描器
@Configuration	类	声明配置类
@ConfigurationProperties	类	用于加载额外的 properties 配置文件
@Controller	类	声明控制器类
@ControllerAdvice	类	可用于声明全局异常处理类和全局数据处理类
@EnableAutoConfiguration	类	开启项目的自动配置功能
@ExceptionHandler	方法	用于声明处理全局异常的方法
@Import	类	用于导入一个或者多个@Configuration 注解标注的类
@ImportResource	类	用于加载 XML 配置文件
@PathVariable	方法参数	让方法参数从 URL 中的占位符中取值
@Qualifier	成员变量	与@Autowired 配合使用，当 Spring 容器中有多个类型相同的 Bean 时，可以用@Qualifier("name")来指定注入哪个名称的 Bean
@RequestMapping	方法	指定方法可以处理哪些 URL 请求
@RequestParam	方法参数	让方法参数从 URL 参数中取值
@Resource	成员变量	与@AutoWired 功能类似，但是有 name 和 type 两个参数，可根据 Spring 配置的 Bean 的名称进行注入
@ResponseBody	方法	表示方法的返回结果直接写入 HTTP response body 中。如果返回值是字符串，则直接在网页上显示该字符串
@RestController	类	相当于 @Controller 和 @ResponseBody 的合集，表示这个控制器下的所有方法都被@ResponseBody 标注
@Service	服务的实现类	用于声明服务的实现类
@SpringBootApplication	主类	用于声明项目主类
@Value	成员变量	动态注入，支持"#{ }"与"${ }"表达式

这些注解的编码位置是非常灵活的。当注解用于标注类、成员变量和方法时，注解的编码位置既可以在成员变量的上边，例如：

```
@Autowired
private String name;
```

又可以在成员变量的左边，例如：

```
@Autowired private String name;
```

在 Spring Boot 的常用注解中，需特别说明的是，使用@RequestParam 能够标注方法中的参数。例如：

```
@RequestMapping("/user")
@ResponseBody
public String getUser(@RequestParam Integer id) {
    return "success";
}
```

3.1.3 使用@SpringBootApplication 标注启动类

使用注解能够启动一个 Spring Boot 项目，这是因为在每一个 Spring Boot 项目中都有一个启动类（主类），并且启动类必须被@SpringBootApplication 注解标注，进而能够调用用于启动一个 Spring Boot 项目的 SpringApplication.run()方法。

在第 2 章中编写的第一个 Spring Boot 项目中，com.mr 包下的 MyFirstSpringBootProjectApplication 类就是该项目的启动类，其代码如下：

```
package com.mr;
import org.springframework.boot.SpringApplication;
import org.springframework.boot.autoconfigure.SpringBootApplication;

@SpringBootApplicatio
public class MyFirstSpringBootProjectApplication {
    public static void main(String[] args) {
        SpringApplication.run(MyFirstSpringBootProjectApplication.class, args);
    }
}
```

@SpringBootApplication 注解虽然重要，但使用起来非常简单，因为这个注解是由多个功能强大的注解整合而成的。打开@SpringBootApplication 注解的源码可以看到它被很多其他注解标注，其中最核心的 3 个注解分别是：

- ☑ @SpringBootConfiguration 注解：让项目采用基于 Java 注解的配置方式，而不是传统的 XML 文件配置。当然，如果程序开发人员写了传统的 XML 配置文件，Spring Boot 也是能够读取这些 XML 文件并识别里面的内容的。
- ☑ @EnableAutoConfiguration 注解：开启自动配置。这样 Spring Boot 在启动时就可以自动加载所有配置文件和配置类了。
- ☑ @ComponentScan 注解：启用组件扫描器。这样项目才能自动发现并创建各个组件的 Bean，包括 Web 控制器（@Controller）、服务（@Service）、配置类（@Configuration）和其他组件（@Component）。

> **注意**
> 一个项目可以有多个启动类，但这样的代码毫无意义。一个项目应该只使用一次 @SpringBootApplication 注解。

@SpringBootApplication 有一个使用要求：只能扫描底层包及其子包中的代码。底层包就是启动类所在的包。如果启动类在 com.mr 包下，其他类应该写在 com.mr 包或其子包中，否则无法被扫描器找到，就等同于无效代码。例如在图 3.1 和图 3.2 中，Controller 类所在的位置可以被扫描到。而在图 3.3 和图 3.4 中，Controller 类的位置就无法被扫描到了。

图 3.1　Controller 类在 com.mr 的子包中

图 3.2　Controller 类与启动类在同一个包中

图 3.3　Controller 类不在 com.mr 的子包中

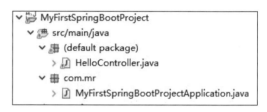

图 3.4　Controller 类不在任何包中

3.2　Bean 的注册和获取

Bean 指的是由 Spring Boot 容器管理的对象。Bean 是根据 Spring Boot 配置文件中的数据信息予以创建的。如果把 Spring Boot 容器看作是一个大工厂，那么 Bean 就相当于这个工厂生成的产品。本节要讲解的内容是在 Spring Boot 中实现 Bean 的注册和获取。

3.2.1　Bean 与依赖注入

在明确了什么是 Bean 后，还需要明确另外一个非常重要的概念：依赖注入。

依赖注入（denpendency injection，简写为 DI）是 Martin Fowler 于 2004 年在对"控制反转"进行解释时提出的。Martin Fowler 认为"控制反转"一词很晦涩，无法让人很直接地理解"到底是哪里反转了"，因此他建议使用"依赖注入"来代替"控制反转"。

在面向对象程序设计中，对象和对象之间存在一种叫作"依赖"的关系。简单来说，依赖关系就是在一个对象中需要用到另外一个对象，即对象中存在一个属性，该属性是另外一个类的对象。

例如，在一个 B 类对象中，有一个 A 类的对象 a，那么就可以说 B 类的对象依赖于对象 a。而依赖注入就是基于这种"依赖关系"而产生的。

Spring Boot 在创建一个对象的过程中，会根据"依赖关系"，把这个对象依赖的对象注入其中，这就是所谓的"依赖注入"。

掌握了 Bean 和依赖注入的概念后，再结合图 3.5 理解两个过程：一个是 Bean 的注册；另一个是 Bean 的注入。其中，Spring Boot 能够自动寻找程序开发人员已经创建好的 Bean，并将其保存在 Spring Boot 容器中，这个过程被称作 Bean 的注册。把 Spring Boot 容器中的 Bean 赋值给某个尚未被赋值的成员变量，这个过程被称作 Bean 的注入。

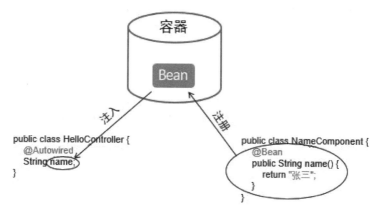

图 3.5　Bean 的注册和 Bean 的注入

当 Spring Boot 项目被启动时，Spring Boot 首先会自动扫描所有的组件，然后注册所有的 Bean，最后把这些 Bean 注入各自的使用场景当中。下面通过一个实例，演示注册 Bean 和注入 Bean 的这两个过程。

【例 3.1】将用户名注册成 Bean 并交由 Spring Boot 注入（**实例位置：资源包\TM\sl\3\1**）

（1）创建一个名为 MySpringBootDemo 的 Spring Boot 项目，项目的源码文件结构如图 3.6 所示。

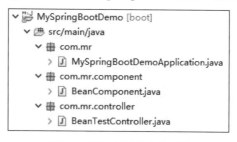

图 3.6　项目中源码文件结构

☑　com.mr.component 包下的 BeanComponent 是用于注册 Bean 的组件类，代码如下：

```
package com.mr.component;
import org.springframework.context.annotation.Bean;
import org.springframework.stereotype.Component;

@Component                              //将类注册为组件
public class BeanComponent {
    @Bean                               //将方法返回的对象注册成 Bean
    public String name() {
        return "David";
```

    }
}

BeanComponent 类被@Component 标注，表示这个类是一个组件类。类中只有一个 name()方法，并且被@Bean 标注，表示这个方法返回的对象被注册成了 Bean，并将其放到 Spring Boot 容器中。

☑ com.mr.controller 包下的 BeanTestController 是控制器类，代码如下：

```
package com.mr.controller;
import org.springframework.beans.factory.annotation.Autowired;
import org.springframework.web.bind.annotation.RequestMapping;
import org.springframework.web.bind.annotation.RestController;

@RestController
public class BeanTestController {

    @Autowired                              //找到类型为 String 的 Bean，并将其注入 name
    private String name;

    @RequestMapping("/bean")                //方法处理/bean 地址产生的请求
    public String showName() {
        return name.toString();             //将 name 的值返回给请求
    }
}
```

BeanTestController 类被@RestController 标注，表示这个类是一个负责页面跳转的控制器，会直接返字符串结果。类中的 name 属性被@Autowired 标注，表示这个属性的值由 Spring Boot 注入。showName()方法被@RequestMapping("/bean")标注，表示该方法映射"/bean"地址，并将 name 的值展示在页面中。

（2）启动项目，打开浏览器，访问 http://127.0.0.1:8080/bean 地址，可以看到如图 3.7 所示的结果。

图 3.7　网页展示的结果

页面中显示"David"，但 BeanTestController 类中没有出现任何"David"的字样，这个值是哪来的呢？"David"这个值出现在 BeanComponent 类的 name()方法的返回值中。当 Spring Boot 项目被启动时，扫描器发现了 BeanComponent 类，并在该类下发现了被@Bean 标注的方法，于是把该方法返回的对象注册成 Bean，再放到 Spring Boot 容器中。与此同时，扫描器也发现了 BeanTestController 类，发现这个类有一个 name 属性需要被注入值，Spring Boot 便在 Spring Boot 容器中查找有没有类型相同、名称匹配的 Bean，于是就找到了 name()方法返回的字符串"David"，便将"David"赋给了 name 属性。当前端发来请求时，showName()方法便将 name 的值（也就是"David"）展示在了网页中。这就是一个注册 Bean 和注入 Bean 的例子。

3.2.2　注册 Bean

注册 Bean 需要用到@Bean 注解，该注解用于标注方法，表示方法的返回值是一个即将进入 SpringBoot 容器中的 Bean。下面介绍@Bean 注解的具体用法。

1．让 Spring Boot 发现@Bean

如果想让@Bean 注解生效，那么被标注的方法所在的类必须能够被 Spring Boot 的组件扫描器扫描到。以下几个注解都可以让被标注的方法所在的类被扫描到：
- ☑ @Configuration：声明配置类。
- ☑ @Controller：声明控制器类。
- ☑ @Service：声明服务接口或类。
- ☑ @Repository：声明数据仓库。
- ☑ @Component：如果不知道类属于什么模块，就用这个注解将类声明成组件。推荐使用此注解。

如果不使用上面这 5 个注解，那么也可以用@Import 注解将@Bean 所在类的主动注册给 Spring Boot。例如，修改例 3.1，删除 BeanComponent 类上的@Component 注解，代码如下：

```
package com.mr.component;
import org.springframework.context.annotation.Bean;

public class BeanComponent {
    @Bean                                    //将方法返回的对象注册成 Bean
    public String name() {
        return "David";
    }
}
```

在 Spring Boot 项目的启动类中，通过使用@Import({com.mr.component.BeanComponent.class})声明启动类，让项目启动时自动导入 BeanComponent 类，代码如下：

```
package com.mr;

import org.springframework.boot.SpringApplication;
import org.springframework.boot.autoconfigure.SpringBootApplication;
import org.springframework.context.annotation.Import;

@SpringBootApplication
@Import({com.mr.component.BeanComponent.class})        //将 BeanComponent 类注册给 Spring Boot
public class BeanDemoApplication {
    public static void main(String[] args) {
        SpringApplication.run(BeanDemoApplication.class, args);
    }
}
```

这样，当 Spring Boot 项目被启动时，BeanComponent 类中的@Bean 也可以被注册到 Spring Boot 容器中。如果想要导入多个指定的类，@Import 的语法如下（注意圆括号和大括号的位置）：

```
@Import({A.class, B.class, C.class})
```

2．@Bean 的使用方法

@Bean 注解有很多属性，其核心源码如下：

```
public @interface Bean {
    @AliasFor("name")
    String[] value() default {};
    @AliasFor("value")
    String[] name() default {};
    boolean autowireCandidate() default true;
```

```
    String initMethod() default "";
    String destroyMethod() default AbstractBeanDefinition.INFER_METHOD;
}
```

下面分别介绍这几个属性的用法：

（1）value 和 name 这两个属性的作用是一样的，就是给 Bean 起别名，让 Spring Boot 可以区分多个类型相同的 Bean。给 Bean 起别名的语法如下：

```
@Bean("goudan")
@Bean(value = "goudan")
@Bean(name = "goudan")
@Bean(name = {"goudan", "GouDan", "Golden"})    //同时给一个 Bean 起多个别名
```

如果没有给 Bean 起任何别名的话，那么@Bean 注解会默认将方法名作为别名，例如：

```
@Bean
public String getName() {
    return "David";
}
```

上面代码等同于：

```
@Bean(name = "getName")
public String getName() {
    return "David";
}
```

（2）autowireCandidate 属性表示 Bean 是否采用默认的自动匹配机制，默认值为 true，如果将其赋值为 false，这个 Bean 就不会被默认的自动匹配机制匹配到，只能通过使用别名的方式匹配到。

【例 3.2】Leon 的名字必须通过别名注入（**实例位置：资源包\TM\sl\3\2**）

创建一个名为 MySpringBootDemo 的 Spring Boot 项目，项目的源码文件结构如图 3.8 所示。

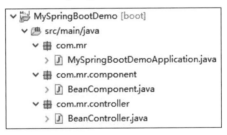

图 3.8　项目中源码文件结构

com.mr.component 包下的 BeanComponent 是用于注册 Bean 的组件类，代码如下：

```
package com.mr.component;
import org.springframework.context.annotation.Bean;
import org.springframework.stereotype.Component;

@Component
public class BeanComponent {
    @Bean
    public String name1() {
        return new String("David");
    }

    @Bean(name = "ln", autowireCandidate = false)    //放弃自动匹配
```

```
    public String name2() {
        return new String("Leon");
    }
}
```

类中创建了两个方法,返回值类型均为 String。name2()方法定义了别名,并且 autowireCandidate 的值为 false,表示 Spring 在匹配 Bean 时会自动忽略 name2()方法的返回值。下面再来看一下注入的代码。

com.mr.controller 包下的 BeanController 类是控制器类,代码如下:

```
package com.mr.controller;
import javax.annotation.Resource;
import org.springframework.web.bind.annotation.RequestMapping;
import org.springframework.web.bind.annotation.RestController;

@RestController
public class BeanController {

    @Resource
    private String name;

    @RequestMapping("bean")
    public String showName() {
        return name.toString();
    }
}
```

BeanController 类定义了一个 name 属性,该属性使用@Resource 标注,表示这个属性由 Spring 自动匹配并注入值。启动项目,打开浏览器访问 http://127.0.0.1:8080/bean 地址,看一下 name 被注入的值是什么。用户看到的结果如图 3.9 所示。

图 3.9 网页展示的结果

name 的值为"David",即使 Spring 容器中有两个 String 类型的 Bean,但值为"Leon"的 Bean 拒绝自动匹配机制,所以 name 只能得到"David"这个值。

如果想要得到"Leon"这个 Bean,就需要在注入时指定 Bean 的别名。例如使用@Resource 注解读取别名为"ln"的 Bean,关键代码如下:

```
@Resource(name = "ln")
private String name;
```

这样,name 取的值就是别名为"ln"的 Bean 的值。重启 Spring Boot 项目,并且重新访问地址 http://127.0.0.1:8080/bean 后,就可以看到网页上显示的值变成了"Leon",效果如图 3.10 所示。

图 3.10 再次访问同一地址看到的结果

(3) initMethod 属性用于指定 Bean 初始化时会调用什么方法,destroyMethod 属性用于指定 Bean 被 Spring 销毁时会调用什么方法,两个属性的值均为 Bean 对象的方法名。

3.2.3 获取 Bean

获取 Bean 就是在类中创建一个属性(可以是 private 属性),通过为属性添加注解,让 Spring Boot 为这个属性注入 Bean。可以获取 Bean 的注解有 3 个:@Autowired、@Resouce 和@Value。这 3 个注解只能在可以被扫描到的类中使用。下面分别介绍这 3 个注解的用法。

1. @Autowired

@Autowired 注解可以自动到 Spring 容器中寻找名称相同或类型相同的 Bean。例如,注册 Bean 的方法为:

```
@Bean
public String dave() {
    return "David";
}
```

获取这个 Bean 的代码可以写成:

```
@Autowired
String dave;
```

@Autowired 可以自动匹配与属性同名(即别名为"dave")的 Bean。如果匹配不到同名的 Bean,@Autowired 可以自动匹配类型相同的 Bean。例如,注册方法不变,获取 Bean 的代码为:

```
@Autowired
String name;
```

即使这么写,name 也可以获得"David"这个值,因为两者数据类型是相同的。

但要注意,当 Spring Boot 容器中仅有一个该类型的 Bean 时,@Autowired 才能匹配成功。如果存在多个该类型的 Bean,Spring 就不知道应该匹配哪个 Bean 了,项目就会抛出异常。例如,注册 Bean 的方法如下:

```
@Bean
public String dave() {
    return "David";
}

@Bean
public String ln() {
    return "Leon";
}
```

现在容器中有两个 String 类型的 Bean,然后获取 Bean 的代码为:

```
@Autowired
String name;
```

启动项目后会抛出如下异常日志:

```
Caused by: org.springframework.beans.factory.NoUniqueBeanDefinitionException: No qualifying bean of type 'java.lang.String' available: expected single matching bean but found 2: dave,ln
```

这个异常日志的意思是：程序需要自动匹配一个独立的 Bean，却找到了两个符合条件的 Bean。其中，一个 Bean 的别名叫"dave"，另一个 Bean 的别名叫"ln"。程序因为不知道哪个 Bean 是当前需要的，所以就停止了。

在这种因同时存在多个 Bean 而无法自动匹配的情况下，就需要指定 Bean 的别名以获取 Bean。指定别名有两种方式：

- ☑ 将类属性名改成 Bean 的别名。如果 Bean 的别名叫"dave"，@Autowired 标注的属性名也叫"dave"。
- ☑ 使用@Qualifier 注解。@Qualifier 注解有一个 value 属性，用于指定要获取的 Bean 的别名。可以与@Autowired 配套使用。例如，获取别名为"ln"的 Bean，代码如下：

```
@Autowired
@Qualifier("ln")
String name;
```

2．@Resource

@Resource 注解的功能与@Autowired 类似：@Resouce 注解自带 name 属性，可直接指定 Bean 的别名。其中，name 属性的默认值为空字符串，表示自动将被标注的属性名作为 Bean 的别名。例如，获取别名为"dave"的 Bean，可以有 3 种写法，第一种写法：

```
@Resource(name="dave")
String name;
```

第二种写法：

```
@Resource
String dave;          //属性名就叫 david
```

第三种写法虽然可以执行，实际与第一种写法是一样的，不推荐这样写：

```
@Resource(name="")
String dave;
```

> **注意**
> 如果使用@Autowired 注入 Object 类型的 Bean 时，抛出了 org.springframework.beans.factory.NoUniqueBeanDefinitionException:No qualifying bean of type 'java.lang.Object' available 异常，就将@Autowired 换成@Resource。

3．@Value

@Value 注解可以动态地向属性注入值。@Value 有 3 种语法，分别是：

- ☑ 注入常量值。下面的语法会让 name 的值等于"dave"这个字符串，例如：

```
@Value("dave")
String name;
```

- ☑ 注入 Bean。使用"#{Bean 别名}"格式可以注入指定别名的 Bean，其效果类似于@Resource(name="Bean 别名")，例如：

```
@Value("#{dave}")
String name;
```

- 注入配置文件中配置信息的值。使用"${配置项}"格式可以注入 application.properties 文件中指定名称的配置信息的值，例如：

```
@Value("${dave}")
String name;
```

> **注意**
> 如果配置文件中没有该项则会抛出 BeanCreationException 异常。

3.3 为 Spring Boot 项目添加依赖

在 Spring Boot 项目开发的过程中，有些依赖需要程序开发人员手动添加。因为本书把 Maven 作为项目构建工具，所以本节将对如何手动为 Maven 项目添加依赖进行讲解。

3.3.1 在 pom.xml 文件中添加依赖

pom.xml 是 Maven 构建项目的核心配置文件，程序开发人员可以在此文件中为项目添加新的依赖，新的依赖将被添加到<dependencies>标签的子标签中，添加依赖的格式如下：

```
<dependency>
    <groupId>所属团队</groupId>
    <artifactId>项目 ID</artifactId>
    <version>版本号</version>
    <scope>使用范围（可选）</scope>
</dependency>
```

> **注意**
> 在 pom.xml 文件中，<dependency>标签是<dependencies>标签的子标签。

例如，Spring Boot 项目自带的 Web 依赖和 JUnit 单元测试依赖在 pom.xml 中填写的位置如图 3.11 所示。程序开发人员只需要仿照这种格式在<dependencies>标签内部添加其他依赖，然后保存 pom.xml 文件，Maven 就会自动下载依赖中的 jar 文件并自动引入项目中。

在 pom.xml 文件中添加依赖有两点要注意的事项。

（1）直接在 pom.xml 文件中粘贴文本很有可能会将原文本的格式粘贴进来，Maven 无法自动忽略这些格式或其他非法字符，这会导致 pom.xml 校验错误。如果出现了莫名其妙的校验错误，程序开发人员需要使用 Ctrl+Z 快捷键撤回粘贴的内容。如果撤回之后仍然有校验错误，可以尝试重启 Eclipse。

为了避免出现非法字符的问题，建议读者使用 Eclipse 自带的添加依赖的功能。在 pom.xml 的代码对话框下方找到 Dependencies 分页标签，位置如图 3.12 所示。

在新的界面中单击左侧的 Add 按钮来添加依赖，位置如图 3.13 所示。

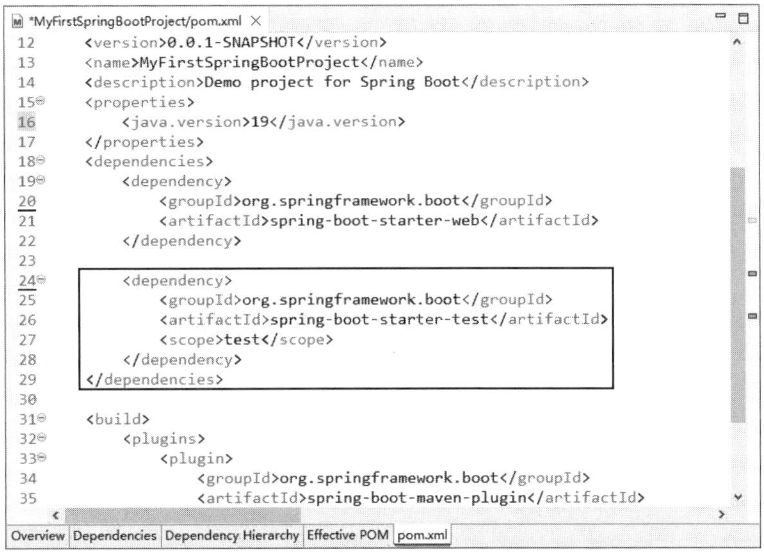

第 3 章 Spring Boot 基础

图 3.11 Spring Boot 自带的依赖及其填写的位置

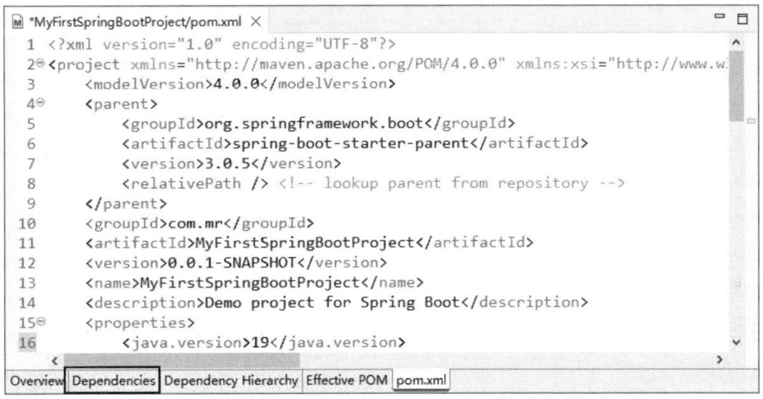

图 3.12 Dependencies 分页标签的位置

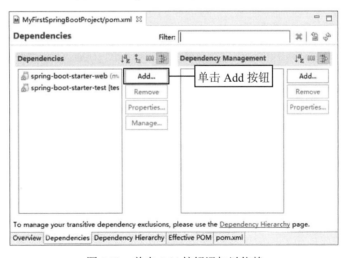

图 3.13 单击 Add 按钮添加以依赖

在弹出的窗体中填写 XML 格式中的 Group Id、Artifact Id 和 Version 这 3 个值，Scope 若无特殊要求，采用默认选择即可。填写完之后单击底部的 OK 按钮，界面如图 3.14 所示。

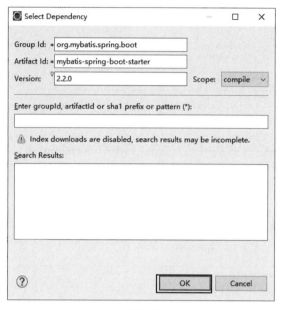

图 3.14　填写依赖内容

正确填写所有内容之后，就可以在左侧一栏看到新添加的依赖，效果如图 3.15 所示。但此时 Eclipse 尚未保存 pom.xml 文件，程序开发人员需要主动保存（按 Ctrl+S 快捷键）才能让 Maven 开始下载依赖的 jar 文件。

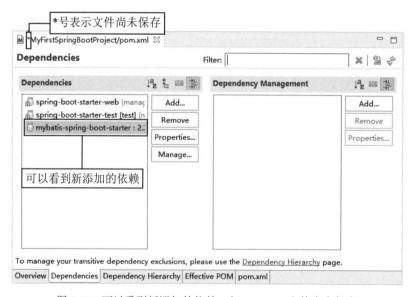

图 3.15　可以看到新添加的依赖，但 pom.xml 文件尚未保存

（2）程序开发人员添加依赖之后，pom.xml 有可能会报一些类似于"添加失败""无法识别"等的错误，这些错误可能是 Maven 项目没有自动更新引起的，程序开发人员只需要在项目上单击鼠标右键，

依次选择 Maven/Update Project 菜单手动更新项目，操作如图 3.16 所示。更新完之后错误就消失了。

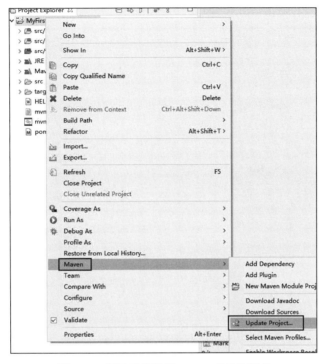

图 3.16 用于手动更新 Maven 项目的菜单

3.3.2 如何查找依赖的版本号

如果程序开发人员不知道依赖的 ID 和版本，可以到 MVNrepository 或阿里云云效 Maven 中去查找。

（1）MVNrepository 的官网地址为 https://mvnrepository.com/，查询结果如图 3.17 所示。

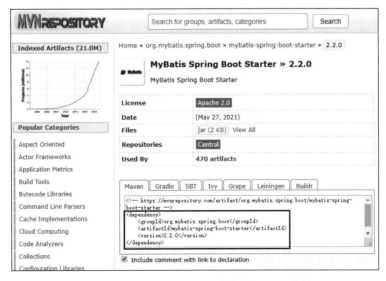

图 3.17 到 MVNrepository 中查找 Maven 依赖

（2）阿里云云效 Maven 虽然不会直接显示 XML 文本，但可以看到 groupId、artifactId 和 version 这 3 个值，效果如图 3.18 所示。

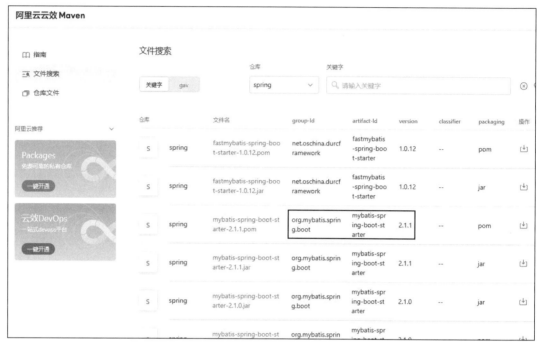

图 3.18　到阿里云云效 Maven 中查找 Maven 依赖

3.4　Spring Boot 的命名规范

Spring Boot 采用标准的 Java 编程规范，使用驼峰命名法，名称里不能有中文。使用 Spring Boot 还应遵守模块化命名规范，每一个包和类都应该在名称上体现出各自的功能。

很多项目在设计阶段会制定出一套代码命名规范，如果这套规范是完整的、清晰的、层次分明的、容易阅读的，就认为这套规范是合理的、可行的，程序开发人员应该自觉遵守。因此不同的项目组可能会有不同的命名风格。下面介绍一些比较常见的命名规范供大家参考。

3.4.1　包的命名

包的命名有两种风格。

（1）以业务场景进行分类。以业务场景名称作为包名，同一个业务场景中所使用的核心代码都要放在同一个包下。例如，将用户登录业务的相关代码都放在 com.mr.user.login 包下。该包可能包含：UserLoginController（用户登录控制器）、UserLoginService（用户登录服务）、UserLoginDTO（用户业务实体类）等 Java 文件。这样程序开发人员或者维护人员想要修改登录业务时，就可以直接在这个包下找到相关代码。

（2）以功能模块进行分类。以模块名称作为包名，所有业务场景中相同功能的代码都放在同一个包下。例如，负责页面跳转的 Controller（控制器）都放在 com.mr.controller 包下，该包可能包含：UserLoginController（用户登录控制器）、ErrorPageController（错误页控制器）等。负责处理业务的 Service（服务）都放在 com.mr.service 包下，该包可能包含 UserLoginService（用户登录服务）、ShoppingCartService（购物车服务）等。

1．配置包

配置包用于存放配置类，所有被@Configuration 标注的类都要放到配置包下。配置包可以命名为 config 或 configuration，例如：

```
com.mr.config
com.mr.configuration
```

> **注意**
> 配置包中只能存放配置类，不可以存放其他配置文件。例如 application.properties 配置文件应该放在 src/main/resources 目录下。

2．公共类包

公共类用于存放供其他模块使用的组件、工具、枚举等代码。公共类包可以命名为 common，例如：

```
com.mr.common
```

如果包中存放的都是被@Component 标注的组件类，包名也可以叫 component，例如：

```
com.mr.component
com.mr.common.component
```

如果包中存放的都是工具类，可以命名为 utils 或者 tools，例如：

```
com.mr.utils
com.mr.tools
com.mr.common.utils
com.mr.common.tools
```

如果包中存放的都是常量类，可以命名为 constant，例如：

```
com.mr.constant
com.mr.common.constant
```

3．控制器包

控制器包用于存放控制器类。控制器包可以命名为 control 或者 controller，例如：

```
com.mr.control
com.mr.controller
```

4．服务包

服务包用于存放所有实现业务的服务接口或服务类。服务包可以命名为 service，例如：

```
com.mr.service
```

如果服务包下存放的是服务接口，那么这些接口的实现类都应该放在服务包的子包当中，子包名为 impl，例如：

com.mr.service.impl

说明
impl 是实现类的意思。

5．数据库访问接口包

数据库访问接口也就是持久层接口，专门执行读写数据库的操作。持久层接口通常命名为 dao，所以包名也叫 dao，例如：

com.mr.dao

如果项目使用 MyBatis 作为持久层框架，MyBatis 会把持久层接口命名为 mapper（映射器），所以包名也可以叫 mapper，例如：

com.mr.mapper

同样，如果数据库访问接口也有具体的实现类，这些实现类都应该放在数据库访问接口包的 impl 子包下。

6．数据实体包

数据实体包的名称在编程历史上有很多版本。早期 Java EE 版本的数据实体类被统一叫作 JavaBean，常用于 JSP + Servlet + JDBC 技术当中，实体类会放在 javabean 或 bean 包下。

随着技术的发展，开源框架慢慢替代了传统的 Java EE，例如 SSH（Spring + Struts + Hibernate）整合框架开始流行，实体类就通常被叫作 POJO，所以实体类及其映射关系文件都会放在 pojo 包下。

后来 Spring 推出的 Spring MVC 框架渐渐地取代了 SSH，组建了新的 SSM（Spring + Spring MVC + MyBatis）整合框架，实体类通常会放在 model 包下。

MyBatis 框架将实体类称为 entity，所以使用 MyBatis 的项目也有可能会将实体类放在 entity 包下。实体类的映射文件可能会与实体类同在 entity 包下，也有可能会在另一个 mapper 包下。

随着业务场景越来越复杂，需求越来越细化，虽然实体类的功能没发生改变，但根据数据的来源和去处，对实体类进行了更详细的划分，不同场景的实体类可能会放在名为 po、dto、bo、vo 等的包下，这些简称具体代表什么含义会在 3.4.2 节中做详细介绍。

程序开发人员可以根据自己的项目规模、采用的技术种类来决定如何为数据实体包命名。

注意
包不能命名为 do，因为 do 是关键字。

7．过滤器包

过滤器包用于存放过滤器类，通常都命名为 filter，例如：

com.mr.filter

8. 监听器包

监听器包与过滤器包类似，专门存放监听器实现类，通常都命名为 listener，例如：

com.mr.listener

3.4.2 Java 文件的命名

Java 文件也就是项目中的源码文件，包括类、接口、枚举和注解的源码。所有 Java 文件都使用"驼峰命名法"，就是每一个单词的首字母都大写，其他字母都小写，单词之间没有下画线。每一个 Java 文件的名字都要体现其功能，通常以"业务+模块"的方式命名。例如，实现用户登录服务的 Java 文件就应该命名为 UserLoginService.java，service 后缀表示这个文件属于服务模块，user login 表示它专门用于处理用户登录业务。

下面会列出一些常见的文件命名方式供大家参考。

1. 控制器类

控制器类的名字要以"Control"或"Controller"结尾。例如，错误页面跳转控制器可以命名为 ErrorPageController。

2. 服务接口/类

服务可以是接口，也可以是类，但名字都要以"Service"结尾。例如，订单服务可以命名为 OrderService。

3. 接口的实现类

接口的实现类的名字必须以"Impl"结尾。例如，如果 OrderService（订单服务）是接口，那么它的实现类应该命名为 OrderServiceImpl。

4. 工具类

工具类就是封装了一些常用的算法、正则校验、文本格式化、日期格式化之类的方法。工具类的名称通常以"Util"结尾，很少会用"Tool"结尾。名称前半部分要体现出这是什么工具，例如字符串工具可以叫 StringUtil。

5. 配置类

被@Configuration 标注的类就是配置类，通常配置类的名字应该以"Config"或"Configuration"结尾。例如，异常页面跳转配置类可以命名为 ErrorPageConfig。

6. 组件类

被@Component 标注的类就是组件类，通常组件类的名字应该以"Component"结尾。例如，ActiveMQ 消息队列的初始化组件可以命名为 ActiveMQComponent。

7. 异步消息处理类

异步消息处理是这样一个场景：A 线程发出一条数据，B 线程会接收并处理这条数据。A 线程和 B

线程是异步执行的。异步消息处理类就是 B 线程中接收并处理数据的类，这种类的名字通常以"Handler"结尾。例如，项目中专门捕捉全局空指针异常的类可以命名为 NullPointerExceptionHandlder，只要项目触发了空指针异常，NullPointerExceptionHandlder 就会立刻执行相关的处理方法。

8. 实体类

实体类是专门用于存放数据的类，类的属性用于保存具体的值。每一个实体类都要提供无参构造方法，每一个属性都要提供 Getter/Setter 方法，除此之外，程序开发人员可以根据项目需求重写 hashCode()、equals()和 toString()方法。

实体名必须是名词。例如，颜色的实体类应该叫 Color，而不应该用形容词 Colorful。

实体名称可以直接作为类名，不同的应用场景下可以在类名后面拼接不同的后缀，例如 User、UserDTO、UserVO，这些都是用户实体类。下面为大家列出几个场景划分比较详细的后缀名供大家参考：

- ☑ PO（persistent object）持久层对象。PO 实体类的属性与数据表中的字段一一对应，通常直接用表名为实体类命名，例如 t_user 表的实体类命名为 UserPO，t_student_info 表的实体类命名为 StudentInfoPO。
- ☑ DO（data object）数据对象，与 PO 用法类似，区别是 PO 用于封装持久保存的数据（例如 MySQL 中的数据），DO 通常用于封装非持久的数据（例如 Redis 缓存中的数据）。
- ☑ DTO（data transfer object）数据传输对象，是服务模块向外传输的业务数据对象，通常用业务名做前缀。业务对象的属性不一定全来源于一张表，可能是由多张表的数据加工而成的。例如，登录模块发送的 UserDTO 对象，除了包含用户名、昵称以外，还有可能包含用户的邮箱、IP 地址、权限认证等数据，这些数据都来自不同的表，甚至来自不同的数据库。
- ☑ BO（business object）业务对象，与 DTO 类似。
- ☑ VO（view object）显示层对象，直接用于在网页上展示的数据对象，对象中包含的属性必须全部在页面中展示出来，不应该有页面不需要的数据。例如，学生成绩单可以命名为 SchoolReportVO，类中保存学生基本信息及各科成绩，像学生的兴趣爱好、家庭住址等成绩单中没有的数据不应该保存在类中。

除了上述后缀名，还有几个不推荐大家使用的后缀名：

- ☑ Bean（JavaBean 的简称）简单的实体类。Bean 的含义太广泛了，容易让学习者产生混淆。但有很多早期的项目代码中习惯用 Bean 做实体类的后缀名
- ☑ POJO（plain ordinary Java object）简易 Java 对象。与 Bean 一样，含义太广泛。上文中提到的 PO、DO、DTO、BO、VO 都属于 POJO。
- ☑ Entity，实体的直译，但很少会用 Entity 作为类名的后缀，通常用于命名包。entity 包下的所有类不管叫什么名字，都属于实体类。

说明

很多项目的实体类没有任何后缀，只用包名进行区分，这也是合理的。开发者了解这些简称的含义即可。

9. 枚举

所有枚举的名字都应该以 Enum 结尾，表明这个 Java 文件是枚举，而不是类或接口。例如，性别枚举可以命名为 GenderEnum。

3.5 实践与练习

（答案位置：资源包\TM\sl\3\实践与练习）

综合练习： 指定 People 对象初始化方法和销毁方法

创建一个名为 BeanMethodDemo 的 Spring Boot 项目，项目的源码文件结构如图 3.19 所示。与本章中的实例不同，当运行这个项目时，须使用位于 src/test/java 项目目录下的 com.mr 包中名为 BeanMethodDemoApplicationTests 的测试类。此类中被@Test 标注的方法与 main()方法的作用相同。

请读者按照如下思路和步骤编写程序。

（1）com.mr.model 包下的 People 类是一个简单的实体类，类中只有一个 name 属性用于保存用户姓名。除了构造方法，People 类还提供了 3 个方法：hello()方法是一个简单的输出内容的方法，init()是 Bean 的初始化方法，destroy()是 Bean 的销毁方法。

（2）com.mr.component 包下的 BeanComponent 是用于注册 Bean 的组件类，@Bean 在声明 name()方法时，指定在注册 People 类型的 Bean 时，先执行 People 类中名为"init"的方法，当这个 Bean 被销毁时执行 People 类中名为"destroy"的方法。

（3）在 Spring Boot 的测试类中注入 People 类型的 Bean，并执行 People 类的 hello()方法。

（4）当启动 Spring Boot 项目时，在注册 Bean 时触发 Bean 的 init()方法，并在控制台上打印"张三来了"。

（5）在 Spring Boot 项目完成启动后，程序执行 Bean 的 hello()方法，并在控制台上打印"我叫张三"。

（6）Spring Boot 项目在被终止运行时，为了销毁所有 Bean，触发 Bean 的 destroy()方法，并在控制台上打印"张三走了"。

本项目的运行结果如图 3.20 所示。

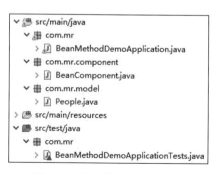

图 3.19 项目中源码文件结构

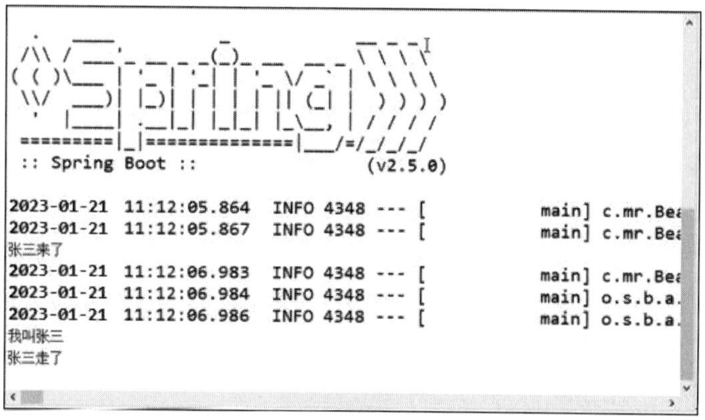

图 3.20 运行结果

第 4 章 配置 Spring Boot 项目

程序开发人员在开发 Spring Boot 项目的过程中，会发现 Spring Boot 非常好用。这是因为 Spring Boot 项目所需要的数据都在其配置文件中完成了配置。配置文件中的数据有很重要的作用。例如，如果在一个 Spring Boot 项目的配置文件中缺少关于数据库的数据，这个 Spring Boot 项目就无法连接、操作数据库。在一个 Spring Boot 项目的配置文件中，有些数据在创建这个 Spring Boot 项目时就完成了配置，有些数据则需要程序开发人员进行配置。下面就介绍程序开发人员如何对 Spring Boot 项目的配置文件中的数据进行配置。

本章的知识架构及重难点如下。

4.1 Spring Boot 项目的配置文件

当创建一个 Spring Boot 项目时，就会在其中的 src/main/resources 目录下自动创建一个如图 4.1 所示的 application.properties 文件，该文件就是这个 Spring Boot 项目的配置文件。

程序开发人员在配置 Spring Boot 项目的过程中，会在配置文件中配置该项目所需的数据信息。这些数据信息被称作"配置信息"。那么，"配置信息"都包含哪些内容呢？"配置信息"的内容非常丰富，这里仅举例予以说明。

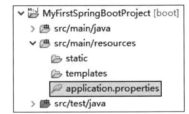

图 4.1 Spring Boot 项目中配置文件的位置

- ☑ Tomcat 服务器。
- ☑ 数据库的连接信息，即用于连接数据库的用户名和密码。
- ☑ Spring Boot 项目的启动端口。
- ☑ 第三方系统或者接口的调用密钥信息。
- ☑ 用于发现和定位问题的日志。

现回顾一下本书的第一个 Spring Boot 程序，会发现笔者并没有对这个程序做任何配置，仅编写了几行代码，这个程序就能够实现一个简单的跳转功能。其实，这就凸显了 Spring Boot 的强大之处：当创建一个 Spring Boot 项目时，有些配置信息就已经在配置文件中被配置完成了，不需要程序开发人员予以配置，这提高了开发程序的效率。以本书的第一个 Spring Boot 程序为例，这个程序如果没有配置文件或者有配置文件但其中没有配置信息，那么就不能实现简单的跳转功能。综上，在一个 Spring Boot 项目中，配置文件是至关重要的。

下面将先对配置文件的格式予以介绍。

4.1.1 配置文件的格式

Spring Boot 支持多种格式的配置文件，最常用的是 properties 格式（默认格式）和比较新颖的 yml 格式。下面将分别介绍这两种格式的特点。

1．properties 格式

properties 格式是经典的键值对文本格式。也就是说，如果某一个配置文件的格式是 properties 格式，那么这个配置文件的文本格式为键值对。键值对的语法非常简单，具体如下：

```
key=value
```

=左侧为键（key），=右侧为值（value）。在配置文件中，每个键独占一行。如果多个键之间存在层级关系，就需要使用"父键.子健"的格式予以表示。例如，在配置文件中，为一个有三层关系的键赋值的语法如下：

```
key1.key2.key3=value
```

例如，启动 Spring Boot 项目的 Tomcat 端口号为 8080，那么在这个项目的 application.properties 文件中就能够找到如下的内容：

```
server.port=8080
```

启动这个项目后，即可在控制台看到如下一行日志：

```
Tomcat started on port(s): 8080 (http) with context path ''
```

这行日志表明 Tomcat 根据配置开启的是 8080 端口。

在 application.properties 文件中，"#"被称作注释符号，用于向文件中添加注释信息。例如：

```
# Tomcat 端口
server.port=8080
```

application.properties 文件不支持中文。如果程序开发人员在 application.properties 文件中编写中文，Eclipse 会自动将其转化为 Unicode 码，将鼠标悬停在 Unicode 码上可以看到对应的中文。效果如图 4.2 所示。

application.properties 文件尽管不支持中文，但不代表不能保存中文字符。在 application.properties 文件上单击鼠标右键，依次选择 Open With/Text Editor，操作步骤如图 4.3 所示。这样，就能够以文本的形式进行编辑并插入中文字符了。只不过，这样插入的中文字符是无法被读取的。综上，在 application.properties 文件中，中文只能用于写注释。

图 4.2　在 properties 文件中编写中文会自动转为 Unicode 码

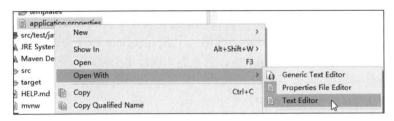

图 4.3　以文本的形式编辑 application.properties 文件

2．yml 格式

yml 是 YAML 的缩写，它是一种可读性高的用于表达数据序列化的文本格式。yml 格式的配置文件的文本格式也是键值对。只不过，键值对的语法与 Python 语言中的键值对的语法非常相似，具体如下：

```
key: value
```

英文格式的 ":" 与值之间至少有一个空格。

英文格式的 ":" 左侧为键（key），英文格式的 ":" 右侧为值（value）。需要注意的是，英文格式的 ":" 与值之间只能用空格缩进，不能用 Tab 缩进；空格数量表示各层的层级关系。例如，在配置文件中，为一个有三层关系的键赋值的语法如下：

```
key1:
 key2:
  key3: value
```

在 properties 格式的配置文件中，即使父键相同，在为每一个子健赋值时也要单独占一行，还要把父键写完整，例如：

```
com.mr.strudent.name=tom
com.mr.strudent.age=21
```

但是在 yml 格式的配置文件中，只需要编写一次父键，并保证两个子健缩进相同即可。例如，把上述 properties 格式的键值对修改为 yml 格式的键值对：

```
com:
 mr:
  student:
   name: Tom
   age: 21
```

对于 Spring Boot 项目的配置文件，不论是采用 properties 格式，还是采用 yml 格式，都由程序开发人员自行决定。但是，在同一个 Spring Boot 项目中，尽量只使用一种格式的配置文件；否则，这个 Spring Boot 项目中的 yml 格式的配置文件将被忽略掉。

4.1.2　达成约定的配置信息

虽然程序开发人员可以在配置文件中自定义配置信息，但是 Spring Boot 也有一些已经达成约定的配置信息。这些配置信息用于设置 Spring Boot 项目的一些属性，具体如下：

```
# Tomcat 使用的端口号
server.port=8088

# 配置 context-path
server.servlet.context-path=/

# 错误页地址
server.error.path=/error

# session 超时时间（分钟），默认为 30 分钟
server.servlet.session.timeout=60

# 服务器绑定的 IP 地址，如果本机不在此 IP 地址则启动失败
server.address=192.168.1.1

# Tomcat 最大线程数，默认为 200
server.tomcat.threads.max=100

# Tomcat 的 URI 字符编码
server.tomcat.uri-encoding=UTF-8
```

4.2 读取配置信息的值

程序开发人员如果已经在配置文件中保存了一些自定义的配置信息，那么在编码时应该如何读取这些配置信息的值呢？为此，Spring Boot 提供了 3 种读取方法。下面将对其分别予以介绍。

4.2.1 使用@Value 注解读取值

@Value 注解在第 3 章中介绍过，它可以向类的属性注入常量、Bean 或者配置文件中配置信息的值。使用@Value 注解读取配置信息的值的语法下：

```
@Value("${key}")
```

例如，读取 Tomcat 开启的端口号，代码如下：

```
@Value("${server.port}")
Integer port;
```

【例 4.1】读取配置文件中记录的学生信息（**实例位置：资源包\TM\sl\4\1**）

（1）创建一个 Spring Boot 项目，创建 com.mr.controller.ValueController 类。该项目的源码文件结构如图 4.4 所示。

（2）打开 application.properties 配置文件，写入以下内容：

```
com.mr.name=\u674e\u56db
com.mr.age=26
com.mr.gender=\u5973
```

这 3 行内容分别对应一个学生的姓名、年龄和性别。

（3）如图 4.4 所示，com.mr.controller 包下的 ValueController 是控制器类，在其中依次声明 name、age 和 gender 这 3 个属性。分

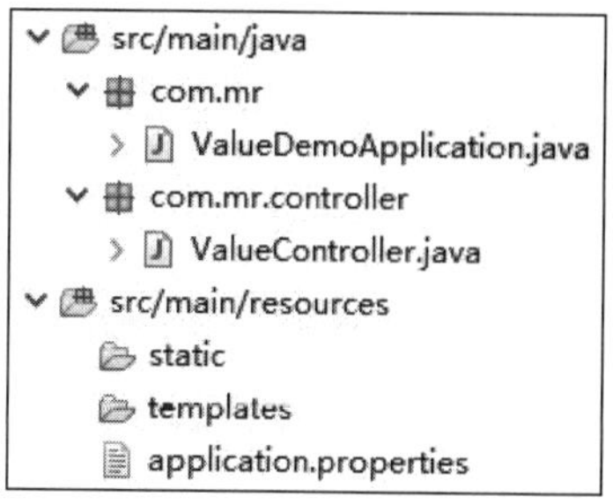

图 4.4 项目中源码文件结构

别使用@Value注解读取配置文件中的用于表示姓名、年龄和性别的配置信息的值。在getPeople()方法中映射了"/people"地址,当用户访问该地址时,会在页面上打印name、age和gender这3个属性的值。ValueController类的代码如下:

```java
package com.mr.controller;
import org.springframework.beans.factory.annotation.Value;
import org.springframework.web.bind.annotation.RequestMapping;
import org.springframework.web.bind.annotation.RestController;

@RestController
public class ValueController {
    @Value("${com.mr.name}")
    private String name;

    @Value("${com.mr.age}")
    private Integer age;

    @Value("${com.mr.gender}")
    private String gender;

    @RequestMapping("/people")
    public String getPeople() {
        StringBuilder report = new StringBuilder();
        report.append("<li>名称:" + name + "</li>");
        report.append("<li>年龄:" + age + "</li>");
        report.append("<li>性别:" + gender + "</li>");
        System.out.println(gender);
        return report.toString();
    }
}
```

(4)启动这个项目后,打开浏览器访问 http://127.0.0.1:8080/people 地址,即可看到如图4.5所示的结果。

如果使用@Value读取一个不存在的配置信息的值,例如:

图4.5 网页展示的结果

```java
@Value("${com.mr.school}")
private String school;
```

那么,启动项目后将抛出如下的异常信息:

`java.lang.IllegalArgumentException: Could not resolve placeholder 'com.mr.school' in value "${com.mr.school}"`

这个异常信息的含义是:程序无法找到与"com.mr.school"相匹配的值。因此,在使用@Value读取配置文件中的配置信息的值时,一定要确保配置信息的名称是存在的,并且是正确的。

4.2.2 使用 Environment 环境组件读取值

如果配置文件中的配置信息经常需要修改,那么为了能够读取配置信息的值,就需要使用一个更为灵活的方法,即org.springframework.core.env.Environment环境组件接口。这是因为即使Environment

第 4 章 配置 Spring Boot 项目

环境组件接口尝试读取一个不存在的配置信息的值，程序也不会抛出任何异常信息。

Environment 环境组件接口的对象是由 Spring Boot 自动创建的，程序开发人员可以直接注入并使用它。Environment 对象注入的方式如下：

```
@Autowired
Environment env;
```

Environment 环境组件接口提供了丰富的 API，下面列举几个常用的方法。

```
containsProperty(String key);
```

- ☑ key：配置文件中配置信息的名称。
- ☑ 返回值：如果配置文件存在名为 key 的配置信息，则返回 true，否则返回 false。

```
getProperty(String key)
```

- ☑ key：配置文件中配置信息的名称。
- ☑ 返回值：配置文件中 key 对应的值。如果配置文件中没有名为 key 的配置信息，则返回 null。

```
getProperty(String key, Class<T> targetType)
```

- ☑ key：配置文件中配置信息的名称。
- ☑ targetType：方法返回值封装成的类型。
- ☑ 返回值：配置文件中 key 对应的值，并封装成 targetType 类型。

```
getProperty(String key, String defaultValue);
```

- ☑ key：配置文件中配置信息的名称。
- ☑ defaultValue：默认值。
- ☑ 返回值：配置文件中 key 对应的值，如果配置文件中没有名为 key 的配置信息，则返回 defaultValue。

> **注意**
> 如果配置文件中存在某个配置信息，但等号右侧没有任何值（如"name="），那么 Environment 组件会认为这个配置信息存在，并且这个配置信息的值为空字符串。

【例 4.2】 读取配置文件中的个人信息（实例位置：资源包\TM\sl\4\2）

（1）创建一个 Spring Boot 项目，在项目的配置文件 application.properties 中，只记录姓名和所学语言这两个配置信息，代码如下：

```
com.mr.name=\u674e\u56db
com.mr.language=English
```

（2）com.mr.controller 包下的 EnvironmentDemoController 是控制器类，在该类的 env() 方法中依次读取姓名、年龄、学校和所学语言这 4 个配置信息。在配置文件中，只有第 1 个和第 4 个配置信息是存在的。对于前两个配置信息，先判断它们是否存在，再读取它们的值。对于后两个配置信息，如果它们没有值，就使用默认值。EnvironmentDemoController 类的代码如下：

```
package com.mr.controller;
import org.springframework.beans.factory.annotation.Autowired;
```

```
import org.springframework.core.env.Environment;
import org.springframework.web.bind.annotation.RequestMapping;
import org.springframework.web.bind.annotation.RestController;

@RestController
public class EnvironmentDemoController {
    @Autowired
    private Environment env;                                    //注入环境组件

    @RequestMapping("/env")
    public String env() {
        StringBuilder report = new StringBuilder();             //将在页面打印的内容
        if (env.containsProperty("com.mr.name")) {              //如果配置文件存在 com.mr.name 配置信息
            String name = env.getProperty("com.mr.name");       //取出 com.mr.name 配置信息的值
            report.append("<li>姓名: " + name + "</li>");
        }
        if (env.containsProperty("com.mr.age")) {
            int age = env.getProperty("com.mr.age", Integer.class);
            report.append("<li>年龄: " + age + "</li>");
        }
        //取出 com.mr.school 配置信息的值，如果取不到值则用默认值
        String school = env.getProperty("com.mr.school", "XX学院");
        report.append("<li>学校: " + school + "</li>");

        String subject = env.getProperty("com.mr.language", "语言");
        report.append("<li>所学语言: " + subject + "</li>");

        return report.toString();
    }
}
```

（3）启动项目后，打开浏览器访问 http://127.0.0.1:8080/env 地址，即可看到如图 4.6 所示的结果。

图 4.6 网页展示的结果

4.2.3 使用映射类的对象读取值

除了 @Value 注解和 Environment 环境组件，Spring Boot 还提供了用于声明映射类的 @ConfigurationProperties 注解。下面就对其予以介绍。

说明

用于封装配置信息的类被称作映射类。

1．映射类与配置信息的格式

因为映射类封装的是配置信息，所以映射类中的各个属性对应的是配置文件中的各个配置信息。根据配置信息的格式，还可以把配置信息进一步封装。下面将介绍配置信息的 4 种常见格式及其映射类的写法。

1）映射类的普通格式

通常一个配置信息的名称包含多个层级关系。层级关系的前几层统称为"前缀"；而层级关系的

最后一层对应的是映射类的属性名。因此，映射的普通格式如下：

前缀.属性名=值

例如，在一个配置文件中，包含如下的两个配置信息：

com.mr.people.name=zhangsan
com.mr.people.age=21

不难发现，这两个配置信息的前缀相同，都是 com.mr.people。因此，可以把这两个配置信息的前缀封装成一个 People 类；把配置信息的最后一层作为 People 类的属性名。而后为 People 类中的各个属性添加 Getter/Setter 方法。People 类的代码如下：

```java
public class People {
    private String name;
    private Integer age;
    public String getName() {
        return name;
    }
    public void setName(String name) {
        this.name = name;
    }
    public Integer getAge() {
        return age;
    }
    public void setAge(Integer age) {
        this.age = age;
    }
}
```

2）映射的数组格式

映射的数组格式与普通格式的唯一区别就是在结尾加了一对方括号，方括号内写的是数组的索引。映射的数组格式如下：

前缀.属性名[索引]=值

如果多个配置信息都符合"前缀.属性名"的格式，那么可以把这些配置信息看作同一数组中的各个元素。其中，数组的索引从 0 开始，依次递增，既不能中断，也不能重复。

例如，在一个配置文件中，包含如下的两个配置信息：

com.mr.people.array[0]=1
com.mr.people.array[1]=2

这两个配置信息可以映射为 People 类中的一个名为 array 的数组。People 类的代码如下：

```java
public class People {
    private String[] array;
    //省略 array 属性的 Getter/Setter 方法
}
```

映射的数组格式不仅可以映射为 Java 语言中的数组，还可以映射为 Java 语言中的 List 对象。因此，People 类的代码可以改写为如下形式：

```java
import java.util.List;
public class People {
    private List<String> array;
```

```
//省略 array 属性的 Getter/Setter 方法
}
```

3）映射的键值格式

映射的键值格式对应的是 Java 语言中的 Map 键值对。映射的键值格式如下：

```
前缀.属性名[键]=值
```

映射的键值格式与映射的数组格式很相似，映射的数组格式的方括号内写的是索引，映射的键值格式的方括号内写的是键。如果键是一个整数，就很容易与映射的数组格式混淆。因此，在编码时，应避免把整数作为键。

例如，在一个配置文件中，包含如下的 3 个配置信息：

```
com.mr.people.map[name]=zhangsan
com.mr.people.map[age]=21
com.mr.people.map[gender]=male
```

这 3 个配置信息可以映射为 People 类中的一个名为 map 的 Map 对象。People 类的代码如下：

```
import java.util.Map;
public class People {
    private Map<String,String> map;
    //省略 map 属性的 Getter/Setter 方法
}
```

4）映射的内部类格式

映射的内部类格式实际上就是映射的普通格式，只不过需要在配置信息的层级关系中体现出外部类与内部类的关系。映射的内部类格式如下：

```
前缀.外部类属性名.内部类属性名=值
```

例如，在配置文件中，包含如下的两个配置信息：

```
com.mr.outer.inner.name=zhangsan
com.mr.outer.inner.age=21
```

"com.mr.outer"是前缀，"inner"是外部类的一个属性名，这个属性是一个内部类对象，"name"和"age"是内部类的两个属性名。这个映射类的代码如下：

```
public class OuterClass {
    private InnerClass inner;                    //内部类对象作为外部类的属性
    public class InnerClass {                    //内部类
        private String name;                     //内部类的属性
        private Integer age;
        //省略 name 属性和 age 属性的 Getter/Setter 方法
    }
    //省略 inner 属性的 Getter/Setter 方法
}
```

2. @ConfigurationProperties 注解

上一小节介绍了映射类与配置信息的格式，本小节将介绍@ConfigurationProperties 注解的用法。@ConfigurationProperties 注解的用法有两种，下面分别予以介绍。

1）将映射类注册为组件

当@ConfigurationProperties 注解直接用于标注一个类时，表示这个类是配置信息的映射类。与此同时，映射类也被@Component 注解标注。这样，映射类才能被注册为组件，其他类才能够通过注入的方式获取映射类的对象。

@ConfigurationProperties 注解有一个 prefix 属性，这个属性用于指定映射的配置信息的前缀。只有前缀相同的配置信息才会被映射。

例如，在配置文件中，包含如下的配置信息：

```
server.port=8080
com.mr.people.name=zhangsan
com.mr.people.age=21
```

因为后两个配置信息具有相同的前缀，所以可以把这两个配置信息映射为 People 类。People 类的代码如下：

```
@Component
@ConfigurationProperties( prefix = "com.mr.people")    //映射以 com.mr.people 为前缀的配置内容
public class People {
    private String name;                                //属性与配置信息同名
    private Integer age;
    //省略 name 属性和 age 属性的 Getter/Setter 方法
}
```

其他类想要读取配置信息的值，只需要注入 People 类的对象即可。代码如下：

```
@Autowired
People someone;                                         //注入映射配置文件的 Bean
```

再通过 People 类的对象调用某个属性的 Getter 方法，就可以根据配置信息读取到这个属性的值。

2）把映射类的对象注册为 Bean

把映射类的对象注册为 Bean 的用法是 Spring Boot 推荐的用法。这种用法允许映射类不需要使用任何注解进行标注。也就是说，映射类是一个单纯的实体类。例如：一个不需要使用任何注解进行标注的 People 类。People 类的代码如下：

```
public class People {
    private String name;                                //属性与配置信息同名
    private Integer age;
    //省略 name 属性和 age 属性的 Getter/Setter 方法
}
```

那么，如何把 People 类的对象注册成 Bean 呢？创建一个组件类，在组件类中编写一个返回映射类的对象的方法，使用@ConfigurationProperties 注解标注这个方法。这时，这个方法的返回值就是 People 类的对象（即配置信息的映射类的对象）。最后，把 People 类的对象注册成 Bean。例如：

```
@Component
public class ConfigMapperComponent {
    @Bean("people")
    @ConfigurationProperties(prefix = "com.mr.people")   //映射以 com.mr.people 为前缀的配置内容
    public People getConfigMapper() {
        return new People();
    }
}
```

这样编码的优势在于程序开发人员可以为配置信息的映射类的对象的 Bean 起别名，并且统一管理所有的配置信息的映射类的对象。

> **注意**
> @ConfigurationProperties 注解的两种用法不能同时使用，否则会出现两个相同的 Bean，导致 Spring Boot 无法自动识别。

4.3 Spring Boot 支持多配置文件

虽然 application.properties 是 Spring Boot 项目默认的配置文件，但并不意味着一个 Spring Boot 项目中只能有这一个配置文件。Spring Boot 支持多配置文件，程序开发人员可以把不同类型的配置信息存储在不同的配置文件中。下面将介绍多配置文件的两种应用场景。

4.3.1 加载多个配置文件

application.properties 文件通常只用于存储 Spring Boot 项目的核心配置信息。程序开发人员自定义的静态数据需要被存储在其他的配置文件中。

那么，如何让程序在启动 Spring Boot 项目时，加载这些配置文件呢？这个问题的答案是使用 @PropertySource 注解。@PropertySource 注解需要标注在 Spring Boot 项目的启动类上。@PropertySource 注解的语法如下：

```
@PropertySource(value= {"classpath:XX.properties", " classpath:XXXX.properties " ......})
```

> **说明**
> src/main/resources 目录在 Spring Boot 中的抽象路径为"classpath"。

value 属性是字符串数组类型（注意圆括号和大括号的位置），数组中的元素为自定义配置文件的抽象地址，以 classpath:开头表示这个配置文件在当前项目的 src/main/resources 目录下。如果在 @PropertySource 注解中仅使用 value 属性，那么可以把 value 字样省略。简化的@PropertySource 注解的语法如下：

```
@PropertySource({"classpath:XX.properties", " classpath:XXXX.properties " ......})
```

例如，让程序在启动 Spring Boot 项目时加载配置文件 demo.properties。这个项目的启动类的代码如下：

```
@SpringBootApplication
@PropertySource({"classpath:demo.properties"})    //启动时加载 demo.properties 配置文件
public class DemoApplication {
    public static void main(String[] args) {
        SpringApplication.run(DemoApplication.class, args);
    }
}
```

如果自定义的配置文件在 classpath 的子目录中，例如，如图 4.7 所示，配置文件 demo.properties 在 src/main/resources 目录下的子目录 config 中，那么，让程序在启动 Spring Boot 项目时加载配置文件

demo.properties 的写法如下：

`@PropertySource({"classpath:config/demo.properties"})`

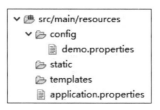

图 4.7　demo.properties 文件在 src/main/resources 下的 config 文件夹中

如果自定义的配置文件使用特殊字符编码格式，那么可以通过@PropertySource 注解的 encoding 属性指定加载这个特殊的字符编码格式。例如：配置文件 demo.properties 的编码格式是 UTF-8。那么，让程序在启动 Spring Boot 项目时加载配置文件 demo.properties 的写法如下：

`@PropertySource(value = { "classpath:demo.properties" }, encoding = "UTF-8")`

 注意

> 此时的 value 字样不能被省略，以保证和 encoding 属性区分开。

4.3.2　切换不同版本的配置文件

Spring Boot 既支持加载多个配置文件，也支持切换不同版本的配置文件。在 application.properties 文件中填写 spring.profiles.active 配置信息后，即可允许程序除了加载当前项目的 application.properties 文件，还可以激活不同版本的配置文件。这些配置文件也会在启动 Spring Boot 项目时被加载。spring.profiles.active 配置信息的语法如下：

`spring.profiles.active=suffix1, suffix2, suffix3, ……`

spring.profiles.active 可以被赋予多个值，不同的值之间用英文格式的逗号予以分割。每一个值都表示一个后缀，每一个后缀都表示一个名为 application-{suffix}.properties 的配置文件。{suffix}是由程序开发人员填写的后缀。符合此命名规则的配置文件都将处于激活状态，并且会在项目启动时被自动加载。

例如，spring.profiles.active 配置信息被赋予如下的值：

`spring.profiles.active=a, school`

在启动 Spring Boot 项目时，程序会自动加载的配置文件如图 4.8 所示。

图 4.8　项目启动时被加载的配置文件

注意
（1）配置文件的前缀名 "application-" 是固定的，"-" 字符是英文格式的减号。
（2）虽然后缀中可以有空格，但是英文格式的减号与后缀之间不允许有空格。
（3）不要把后缀{suffix}和配置文件的后缀名 ".properties" 混淆。

【例4.3】创建生产和测试两套环境的配置文件，切换两套环境后启动项目（**实例位置：资源包\TM\sl\4\3**）

（1）生产环境用于部署稳定版的程序，测试环境用于研发或测试新功能。在明确了什么是"生产环境"和"测试环境"后，创建一个 Spring Boot 项目，源码文件结构如图4.9所示。

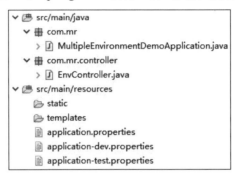

图 4.9　项目中源码文件结构

（2）图4.9中的 application.properties 文件只包含如下的配置信息：

```
spring.profiles.active=dev
```

（3）application-dev.properties 是生产环境的配置文件，是默认激活的配置文件。生产环境采用的是 8081 端口，其名称为 dev。application-dev.properties 中的配置信息如下：

```
server.port=8081
env=dev
```

（4）application-test.properties 是测试环境的配置文件。测试环境采用的是 8080 端口，其名称为 test。application-test.properties 中的配置如下：

```
server.port=8080
env=test
```

（5）com.mr.controller 包下的 EnvController 类是控制器类，向这个类注入环境组件对象。当用户提交 URL 请求时，控制器类会先根据配置文件中的 env 配置信息判断当前环境是生产环境还是测试环境，再将判断结果展示在页面中。EnvController 类的代码如下：

```
package com.mr.controller;
import org.springframework.beans.factory.annotation.Autowired;
import org.springframework.core.env.Environment;
import org.springframework.web.bind.annotation.RequestMapping;
import org.springframework.web.bind.annotation.RestController;

@RestController
public class EnvController {
```

```
@Autowired
private Environment env;

@RequestMapping("env")
public String getEnv() {
    StringBuilder report = new StringBuilder();
    report.append("当前环境=");
    String envName = env.getProperty("env");
    if ("dev".equals(envName)) {
        report.append("application-dev");
    }
    if ("test".equals(envName)) {
        report.append("application-test");
    }
    report.append("<br/>打开的端口=");
    report.append(env.getProperty("server.port"));
    return report.toString();

    }
}
```

（6）启动项目后，打开浏览器访问 http://127.0.0.1:8081/env 地址，即可看到如图4.10所示的结果。因为当前项目的默认环境为生产环境，所以要访问 8081 端口号。

（7）关闭项目，修改 application.properties 配置文件，把默认激活的环境修改为测试环境。修改后的 application.properties 文件的配置信息如下：

```
spring.profiles.active=test
```

（8）保存并重新启动项目后，访问 http://127.0.0.1:8080/env 地址，即可看到如图4.11所示的结果。因为当前项目的默认环境被修改为测试环境，所以要访问 8080 端口号。

图 4.10　开发环境配置文件被激活

图 4.11　测试环境配置文件被激活

4.4　使用@Configuration 注解声明配置类

在启动 Spring Boot 项目时，程序会自动创建很多用于配置 Spring Boot 项目的 Bean。程序开发人员可以通过配置类重写这些 Bean。Spring Boot 提供了用于声明配置类的@Configuration 注解。配置类替代了传统的 XML 配置文件，并且能够提供比 application.properties 配置文件更多、更细致的功能。只不过 application.properties 配置文件是基于文本的，容易修改；而@Configuration 注解是基于 Java 代码的。在 Spring Boot 项目被编译后，Java 代码就不能再修改了。

@Configuration 注解本身被@Component 注解标注，说明在启动 Spring Boot 项目时，@Configuration 注解可以被扫描器扫描到。

@Configuration 注解的用法与@Component 注解基本相同，下面通过一个实例来演示如何在 Spring Boot 项目中声明配置类。

【例 4.4】自定义项目的错误页面（实例位置：资源包\TM\sl\4\4）

（1）创建一个名为 ErrorPageDemo 的 Spring Boot 项目，源码文件结构如图 4.12 所示。

（2）com.mr.controller 包下的 ErrorPageController 是控制器类。在这个类中包含 3 个方法，它们分别用于处理"/404""/500"和"/hello"这 3 个地址发来的请求。其中，用于处理"/hello"地址请求的方法会故意抛出算术异常。ErrorPageController 类的代码如下：

```java
package com.mr.controller;
import org.springframework.web.bind.annotation.RequestMapping;
import org.springframework.web.bind.annotation.RestController;

@RestController
public class ErrorPageController {

    @RequestMapping("/404")
    public String to404() {
        return "哎呀，页面找不到了！去哪了呢？";
    }

    @RequestMapping("/500")
    public String to500() {
        return "页面出错了，程序员给您道歉了！";
    }

    @RequestMapping("/hello")
    public String hello() {
        int result = 1 / 0;//创造算术异常，零不可以做除数，会触发 500 错误
        return "1 除以 0 的结果是" + result;
    }
}
```

（3）启动项目后，打开浏览器访问项目中未提供映射的地址，例如 http://127.0.0.1:8081/123456，即可看到如图 4.13 所示的 404 错误页面。

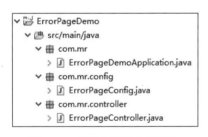

图 4.12　项目中源码文件结构

图 4.13　Spring Boot 显示默认 404 错误页面

说明

此错误页面是由 Chrome 浏览器展示的，其他浏览器可能会看到另一种风格的错误页。

（4）在浏览器中继续访问 http://127.0.0.1:8081/hello 地址，这时会触发服务器的算术异常，就会看到如图 4.14 所示的 500 错误页面。

图 4.14 Spring Boot 显示默认 500 错误页面

（5）关闭项目，回到当前项目中。在 com.mr.config 包下创建 ErrorPageConfig 类，使用 @Configuration 注解标注这个类。在这个类中创建用于返回 ErrorPageRegistrar 类的对象的方法，并把 ErrorPageRegistrar 类的对象注册成 Bean。其中，ErrorPageRegistrar 类是 Spring Boot 中用于登记错误页面的组件。重新覆盖这个 Bean，让其在触发 404 错误和 500 错误时不要显示 Spring Boot 默认的错误页面，而是跳转到控制器所映射的"/404"和"/500"地址，并交由程序开发人员决定当程序出现这些错误时会显示什么内容。ErrorPageConfig 配置类的代码如下：

```java
package com.mr.config;
import org.springframework.boot.web.server.ErrorPage;
import org.springframework.boot.web.server.ErrorPageRegistrar;
import org.springframework.boot.web.server.ErrorPageRegistry;
import org.springframework.context.annotation.Bean;
import org.springframework.context.annotation.Configuration;
import org.springframework.http.HttpStatus;

@Configuration
public class ErrorPageConfig {
    @Bean
    public ErrorPageRegistrar getErrorPageRegistrar() {
        return new ErrorPageRegistrar() { //创建错误页面登记接口的匿名实现类
            @Override
            public void registerErrorPages(ErrorPageRegistry registry) {
                //创建错误页面，当 Web 资源找不到时，跳转至/404 地址
                ErrorPage error404 = new ErrorPage(HttpStatus.NOT_FOUND, "/404");
                //创建错误页面，当底层代码出现错误或异常时，跳转至/500 地址
                ErrorPage error500 = new ErrorPage(HttpStatus.INTERNAL_SERVER_ERROR, "/500");
                registry.addErrorPages(error404, error500);//登记错误页
            }
        };
    }
}
```

HttpStatus 是 HTTP 请求状态的枚举之一。也就是说，每一个枚举项都对应一个 HTTP 请求状态。例如，HttpStatus.NOT_FOUND 定义如下：

NOT_FOUND(404, Series.CLIENT_ERROR, "Not Found"),

HttpStatus.NOT_FOUND 对应的是 HTTP 请求中的 404 状态。这种状态是一种客户端错误类型，错误原因是访问的资源不存在。在 HttpStatus 的源码中，每一个状态码都有明确的注释说明，读者可以自行查看。

（6）重启项目，在浏览器中访问 http://127.0.0.1:8081/123456 地址，即可看到如图 4.15 所示的页

面：如图4.13所示的404错误页面被替换为由控制器类中的to404()方法返回的文字内容。

（7）在浏览器中继续访问 http://127.0.0.1:8081/hello 地址，会触发服务器的算术异常，即可看到如图4.16所示的500错误页面；原先的500错误页面也被替换为由控制器类中的to500()方法返回的文字内容。

图4.15　出现404错误时，跳转至用户自定义的错误页面　　图4.16　出现500错误时，跳转至用户自定义的错误页面

4.5　实践与练习

（答案位置：资源包\TM\sl\4\实践与练习）

综合练习1：将配置文件中的信息封装成学生对象

请读者按照如下思路和步骤编写程序。

（1）创建一个名为 ConfigurationPropertiesDemo 的 Spring Boot 项目，根据如图4.17所示的结果在 application.properties 文件中存储一个学生的完整信息。

（2）com.mr.component 包下的 StudentVO 是学生信息的实体类，该类对配置文件中的配置信息做了封装。其中，"特长"被封装为 List 类型，"成绩"被封装为 Map 类型，"联系方式"则使用内部类予以封装。

（3）com.mr.component 包下的 StudentComponent 是组件类，该类中创建了学生实体类的对象。通过 @ConfigurationProperties 注解将此对象与 com.mr.student 前缀的配置信息做了映射，并把实体类对象注册成 Bean。

（4）com.mr.controller 包下的 StudentController 是控制器类，该类注入了学生实体类对象，并在处理URL请求的方法中将学生的所有信息显示在浏览器的页面中。

（5）启动项目后，打开浏览器访问 http://127.0.0.1:8080/student 地址，即可看到如图4.17所示的结果。

综合练习2：读取自定义配置文件中的静态数据

请读者按照如下思路和步骤编写程序。

（1）创建一个名为 PropertySourceDemo 的 Spring Boot 项目。

图4.17　网页展示的结果

（2）在 src/main/resources 目录下，除了 application.properties 文件外，再创建两个自定义配置文

件：people.properties 文件用于存储人员信息的静态数据；user.properties 文件用于存储用户账户的静态数据。在启动类中加载这两个自定义配置文件。

（3）com.mr.controller 包下的 PropertySourceController 是控制器类，该类注入环境组件对象。当用户访问"/env"地址时，程序会读取请求中的 name 参数值，并将其显示在浏览器的页面上。

（4）启动项目后，打开浏览器依次访问 http://127.0.0.1:8080/env 和 http://127.0.0.1:8080/env?name= 这两个地址，即可分别看到如图 4.18 和图 4.19 所示的结果。

图 4.18　不写 name 参数时得到的页面结果

图 4.19　name 参数为空时得到的页面结果

（5）在浏览器中继续访问 http://127.0.0.1:8080/env?name=people.name 地址，程序会读取到 people.properties 配置文件中的配置信息 people.name 的值，并将其显示在浏览器的页面上，如图 4.20 所示。

图 4.20　name 参数值为 people.name 时得到的页面结果

（6）在浏览器中继续访问 http://127.0.0.1:8080/env?name=com.mr.usermame 地址，程序会读取到 user.properties 配置文件中的配置信息 com.mr.usermame 的值，并将其显示在浏览器的页面上，如图 4.21 所示。

图 4.21　name 参数值为 com.mr.usermame 时得到的页面结果

第 5 章　处理 HTTP 请求

HTTP 请求是指从客户端到服务器的请求消息。对于一个 Spring Boot 项目而言，服务器就是 Spring Boot，客户端就是用户本地的浏览器。启动 Spring Boot 项目后，首先用户通过 URL 地址发送请求，然后 Spring Boot 通过解析 URL 地址处理请求，最后 Spring Boot 把处理结果返回给用户。HTTP 请求有 3 种很常见的请求类型，它们分别是 GET、POST 和 DELETE。其中，GET 表示请求从服务器获取特定资源；POST 表示在服务器上创建一个新的资源；DELETE 表示从服务器删除特定的资源。本章将介绍 Spring Boot 是如何使用注解解析 URL 地址，进而处理上述 3 种类型的 HTTP 请求的。

本章的知识架构及重难点如下。

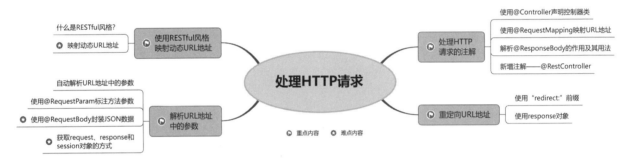

5.1　处理 HTTP 请求的注解

在开发 Spring Boot 项目的过程中，Spring Boot 的典型应用是处理 HTTP 请求。所谓处理 HTTP 请求，就是 Spring Boot 把用户通过 URL 地址发送的请求交给不同的业务代码进行处理的过程。本节将介绍 Spring Boot 提供的用于处理 HTTP 请求的常用注解及其使用方法。

5.1.1　使用@Controller 声明控制器类

Spring Boot 提供了用于声明控制器类的@Controller 注解。也就是说，在 Spring Boot 项目中，把被@Controller 注解标注的类称作控制器类。控制器类在 Spring Boot 项目中发挥的作用是处理用户发送的 HTTP 请求。Spring Boot 会把不同的用户请求交给不同的控制器进行处理，而控制器则会把处理后得到的结果反馈给用户。

说明

控制器（controller）定义了应用程序的行为，它负责对用户发送的请求进行解释，并把这些请求映射成相应的行为。

因为@Controller注解本身被@Component注解标注，所以控制器类属于组件。这说明在启动Spring Boot项目时，控制器类会被扫描器自动扫描。这样，程序开发人员就可以在控制器类中注入Bean。例如，在控制器中注入Environment环境组件，代码如下：

```
@Controller
public class TestController {
    @Autowired
    Environment env;
}
```

5.1.2 使用@RequestMapping映射URL地址

Spring Boot提供了用于映射URL地址的@RequestMapping注解。@RequestMapping注解可以标注类和方法。如果一个类或者方法被@RequestMapping注解标注，那么这个类或者方法就能够处理用户通过@RequestMapping注解映射的URL地址发送的请求。下面将首先介绍@RequestMapping注解的属性，然后介绍如何使用@RequestMapping注解映射包含层级关系的URL地址。

注意

@Controller注解要结合@RequestMapping注解一起使用。

1．@RequestMapping注解的属性

@RequestMapping有几个常用属性，下面分别对这些属性予以介绍。

1）value属性

value属性是@RequestMapping注解的默认属性，用于指定映射的URL地址。在单独使用value属性时，value属性可以被隐式调用。调用value属性的语法如下：

```
@RequestMapping("test")
@RequestMapping("/test")
@RequestMapping(value= "/test")
@RequestMapping(value={"/test"})
```

上面这4种语法所映射的URL地址均为"域名/test"。其中，域名指的是当前Spring Boot项目所在的域。如果在Eclipse中启动一个Spring Boot项目，那么域名就是127.0.0.1:8080。下面将通过一个实例演示value属性的用法。

【例5.1】通过访问指定地址进入主页（实例位置：资源包\TM\sl\5\1）

创建TestController控制器类，当用户在浏览器上访问"/index"地址时，会在页面上显示"欢迎访问我的主页"问候信息。TestController类的代码如下：

```
package com.mr.controller;
import org.springframework.stereotype.Controller;
```

```
import org.springframework.web.bind.annotation.RequestMapping;
import org.springframework.web.bind.annotation.ResponseBody;

@Controller
public class TestController {
    @RequestMapping("/index")           //映射的 URL 地址为/index
    @ResponseBody                        //直接将字符串显示在页面上
    public String test() {
        return "欢迎访问我的主页";
    }
}
```

在浏览器上访问 http://127.0.0.1:8080/index 地址，即可看到如图 5.1 所示的结果。

图 5.1　访问 http://127.0.0.1:8080/index 地址后看到的结果

说明

如果一个方法被@ResponseBody 注解标注，那么由这个方法返回的字符串将被直接显示在浏览器的页面上。@ResponseBody 注解会在 5.1.3 小节中予以介绍。

@RequestMapping 注解映射的 URL 地址可以是多层的。例如：

```
@RequestMapping("/shop/books/computer")
```

上述代码映射的完整 URL 地址是 http://127.0.0.1:8080/shop/books/computer。需要特别注意的是，这个 URL 地址中的任何一层都是不可或缺的，否则将引发 404 错误。

@RequestMapping 注解允许一个方法同时映射多个 URL 地址。其语法如下：

```
@RequestMapping(value = { "/address1", "/address2", "/address3", ....... })
```

2）method 属性

method 属性能够指定用户通过@RequestMapping 注解映射的 URL 地址发送的请求的类型。这样，使用 method 属性就能够让不同的方法处理由相同 URL 地址发送的不同类型的请求。下面将通过一个实例演示 method 属性的用法。

【例 5.2】根据请求类型显示不同的页面（**实例位置：资源包\TM\sl\5\2**）

创建 TestController 控制器类。如果由 "/index" 地址发送的请求的类型是 GET，则打印 "处理 GET 请求"；如果由 "/index" 地址发送的请求的类型是 POST 请求，则打印 "处理 POST 请求"。TestController 类的代码如下：

```
package com.mr.controller;
import org.springframework.stereotype.Controller;
import org.springframework.web.bind.annotation.RequestMapping;
import org.springframework.web.bind.annotation.RequestMethod;
import org.springframework.web.bind.annotation.ResponseBody;

@Controller
```

```
public class TestController {
    @RequestMapping(value = "/index" ,method = RequestMethod.GET)
    @ResponseBody
    public String get() {
        return "处理 GET 请求";
    }

    @RequestMapping(value = "/index" ,method = RequestMethod.POST)
    @ResponseBody
    public String post() {
        return "处理 POST 请求";
    }
}
```

使用 Postman 模拟 GET 请求和 POST 请求，即可分别看到如图 5.2 和图 5.3 所示结果。如果发送的请求既不是 GET 类型也不是 POST 类型，则会触发 405 错误，如图 5.4 所示。

图 5.2　Postman 模拟 GET 请求

图 5.3　Postman 模拟 POST 请求

图 5.4　Postman 模拟 PUT 请求，触发 405 错误

由 URL 地址发送的请求具有多种类型，详见 RequestMethod 枚举类。RequestMethod 枚举类的代码如下：

```
public enum RequestMethod {
    GET, HEAD, POST, PUT, PATCH, DELETE, OPTIONS, TRACE
}
```

3）params 属性

params 属性能够指定在用户通过@RequestMapping 注解映射的 URL 地址发送的请求中须包含哪些参数。因为 params 属性的类型是字符串数组，所以通过 params 属性能够同时指定多个参数。下面将通过一个实例演示 params 属性的用法。

【例 5.3】用户发送的请求必须包含 name 参数和 id 参数（实例位置：资源包\TM\sl\5\3）

创建 TestController 控制器类。如果在用户通过 URL 地址发送的请求中有 name 和 id 这两个参数，则交由 haveParams()方法处理，并在浏览器的页面上显示"欢迎回来~"的信息；否则，则交给 noParams()方法处理，并在浏览器的页面上显示"忘传参数了，是不？"的信息。TestController 类的代码如下：

```
package com.mr.controller;
import org.springframework.stereotype.Controller;
import org.springframework.web.bind.annotation.RequestMapping;
import org.springframework.web.bind.annotation.ResponseBody;

@Controller
public class TestController {

    @RequestMapping(value = "/index", params = { "name", "id" })
    @ResponseBody
    public String haveParams() {
        return "欢迎回来~";
    }

    @RequestMapping(value = "/index")
    @ResponseBody
    public String noParams() {
```

```
        return "忘传参数了，是不? ";
    }
}
```

使用 Postman 模拟用户通过 URL 地址发送的请求。如果在请求中包含 name 和 id 这两个参数，即可看到如图 5.5 所示的结果。否则，就会看到如图 5.6 和图 5.7 所示的结果。

图 5.5　请求中包含 name 和 id 参数

图 5.6　请求中只包含一个参数

4）headers 属性

headers 属性能够指定在用户通过@RequestMapping 注解映射的 URL 地址发送的请求中须包含哪些指定的请求头。也就是说，在一个 headers 属性中，可以包含若干个请求头。通过这些请求头，服务器能够得知客户端环境以及与请求正文相关的一些信息，例如浏览器的版本、请求参数的长度等。headers 属性在@RequestMapping 注解中的格式如下：

```
@RequestMapping(headers = {"键 1=值 1", "键 2=值 2", ......})
```

图 5.7　请求中不包含任何参数，触发 400 错误

请求头指的是 HTTP 请求中的头部信息，即用于 HTTP 通信的操作参数。

从 headers 属性在@RequestMapping 注解中的格式，能够非常清晰地看到请求头在 headers 属性中的格式：

"键=值"

【例 5.4】获取用户客户端 Cookie 中的 session id，判断用户是否为自动登录（实例位置：资源包\TM\sl\5\4）

Cookie 是某些网站为了辨别用户身份、进行 Session 跟踪而储存在用户本地终端上的数据。Cookie 会被暂时地或永久地保存在用户客户端计算机中。

对于本实例，如果用户在某个登录界面选择了"自动登录"选项，那么服务器就会将用户登录的 session id 写在浏览器的 Cookie 中。

创建 TestController 控制器类。在控制器类中编写 noParams()和 haveParams()这两个方法。如果用户通过 URL 地址发送的请求包含 headers 属性，就交由 noParams()方法处理，让用户直接进入欢迎界面；否则，就交由 haveParams()方法处理，让用户进入登录界面。TestController 类的代码如下：

```
package com.mr.controller;
import org.springframework.stereotype.Controller;
import org.springframework.web.bind.annotation.RequestMapping;
import org.springframework.web.bind.annotation.ResponseBody;

@Controller
public class TestController {

    @RequestMapping(value = "/index")
```

```
@ResponseBody
public String haveParams() {
    return "请重新登录！";
}

@RequestMapping(value = "/index", headers = { "Cookie=JSESSIONID=123456789" })
@ResponseBody
public String noParams() {
    return "欢迎回来~";
}
}
```

使用 Postman 模拟用户通过 URL 地址发送的请求。如果在请求中不包含 headers 属性，直接访问 http://127.0.0.1:8080/index 地址，即可看到如图 5.8 所示的要求用户登录的结果。如果为请求头添加 Cookie，值为 "JSESSIONID=123456789"，再访问同一地址可以看到如图 5.9 所示的结果。

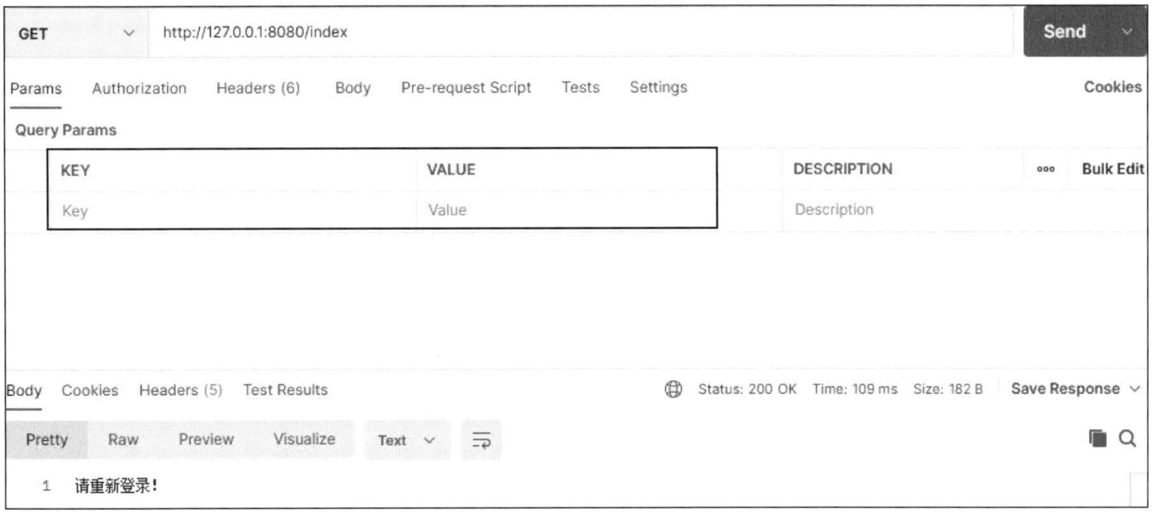

图 5.8　请求中不包含 headers 属性

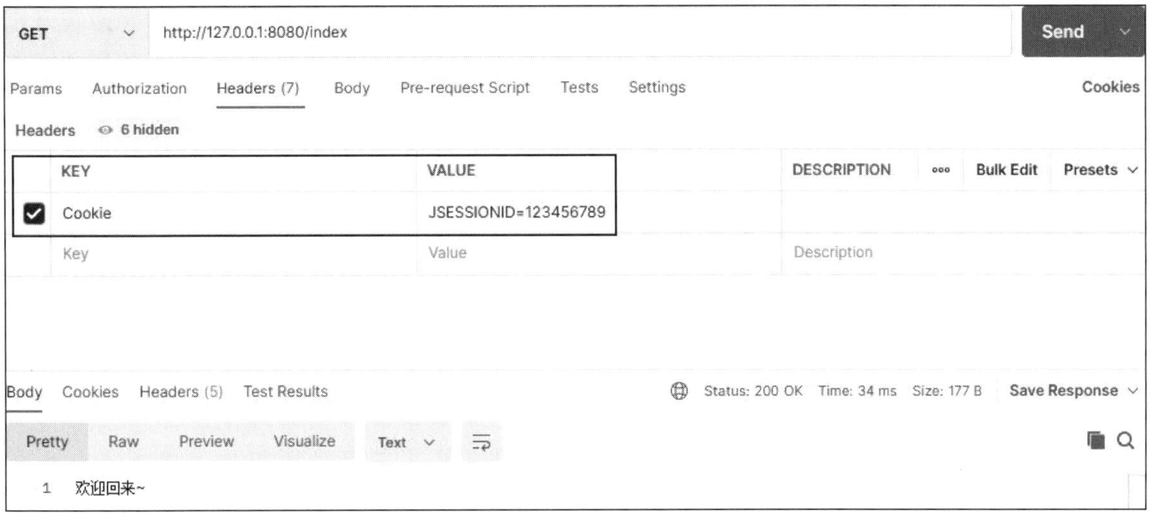

图 5.9　请求头中包含 JSESSIONID 这个 Cookie 值，用户自动登录

5）consumes 属性

consumes 属性能够指定用户通过@RequestMapping 注解映射的 URL 地址发送的请求的数据类型。其中，常见的类型有"application/json""text/html"等。下面将通过一个实例演示 consumes 属性的用法。

【例 5.5】要求用户发送的请求的数据类型必须是 JSON（**实例位置：资源包\TM\sl\5\5**）

创建 TestController 控制器类，将@RequestMapping 注解的 consumes 属性设置为"application/json"。在控制器类中编写 formatError()和 hello()这两个方法。如果用户发送的请求的数据类型是 JSON，就交由 hello()方法处理，并提示"成功进入接口"的信息；否则，就交由 formatError()方法处理，并提示"数据格式错误！"的信息。TestController 类的代码如下：

```java
package com.mr.controller;
import org.springframework.stereotype.Controller;
import org.springframework.web.bind.annotation.RequestMapping;
import org.springframework.web.bind.annotation.ResponseBody;

@Controller
public class TestController {

    @RequestMapping(value = "/index")
    @ResponseBody
    public String formatError() {
        return "数据格式错误！";
    }

    @RequestMapping(value = "/index", consumes = "application/json")
    @ResponseBody
    public String hello() {
        return "成功进入接口";
    }
}
```

使用 Postman 模拟用户通过 URL 地址发送的请求。如果直接访问 http://127.0.0.1:8080/index 地址，则会看到如图 5.10 所示的结果；如果在请求体（Body）中填写 JSON 数据，再访问上述地址就可以看到如图 5.11 所示的结果。

图 5.10　用户的请求没有任何请求体

图 5.11　用户的请求体是 JSON 格式

说明

请求体指的是客户端发送给服务器的数据。如图 5.11 所示，请求体的格式是键值对。

2．映射包含层级关系的 URL 地址

通常一个 URL 地址不只是简单的一层地址，而是根据业务分类形成的多层地址。那么，如何理解在一个 URL 地址中包含多层地址呢？例如，在某电商平台通过访问"/shop/books"地址查看图书信息；其中，"/shop"是这个电商平台的地址，"/books"表示图书类。那么，应该如何使用@RequestMapping 注解映射这个包含层级关系的 URL 地址呢？代码如下：

```
@Controlle
public class TestController {

    @RequestMapping("/shop/books")
    @ResponseBody
    public String book() {
        return "图书类";
    }
}
```

不难发现，在表示电商平台的控制器类中包含一个 book()方法。通过使用@RequestMapping 注解标注这个 book()方法，就能够实现映射一个多层的 URL 地址的功能。

如果这个电商平台还卖服装，那么就会含有表示服装类的"/clothes"地址。那么，又应该如何使用@RequestMapping 注解既映射"/shop/books"地址，又映射"/shop/clothes"地址呢？代码如下：

```
@Controller
public class TestController {

    @RequestMapping("/shop/clothes")
    @ResponseBody
    public String clothes() {
        return "服饰类";
```

```
    }
    @RequestMapping("/shop /book")
    @ResponseBody
    public String book() {
        return "图书类";
    }
}
```

不难发现,"/shop/books"和"/shop/clothes"这两个地址具有相同的上层地址"/shop"。那么,有没有什么编码方式能够优化上述代码呢?答案是使用@RequestMapping("/shop")注解标注表示电商平台的控制器类。优化后的代码如下:

```
@Controller
@RequestMapping("/shop")
public class TestController {

    @RequestMapping("/clothes")
    @ResponseBody
    public String clothes() {
        return "服饰类";
    }

    @RequestMapping("/book")
    @ResponseBody
    public String book() {
        return "图书类";
    }
}
```

> **说明**
> @RequestMapping 注解不仅可以标注方法,还可以标注类。

在访问一个多层的 URL 地址时,输入的 URL 地址必须是完整的。例如,访问 http://127.0.0.1:8080/clothes 地址看到的是如图 5.12 所示的 404 错误;只有访问 http://127.0.0.1:8080/shop/clothes 地址,才能看到如图 5.13 所示的结果。

图 5.12　只访问"/books"触发 404 错误　　　　图 5.13　访问"/shop/books"才能看到正确页面

5.1.3　解析@ResponseBody 的作用及其用法

在上文讲解的所有实例中,其中的方法都被@RequestMapping 和@ResponseBody 注解同时标注。

在掌握了@RequestMapping 注解的相关内容后，下面将介绍@ResponseBody 注解的作用。

@ResponseBody 注解的作用是把被@ResponseBody 注解标注的方法的返回值转换为页面数据。如果被@ResponseBody 注解标注的方法的返回值是字符串，页面就会显示字符串；如果被@ResponseBody 注解标注的方法的返回值是其他类型的数据，这些数据就会先被自动封装成 JSON 格式的字符串，再显示在页面中。

下面将介绍在使用@ResponseBody 注解时会遇到的另外一种情况：如果控制器类中的某个方法被@RequestMapping 注解标注，却没有被@ResponseBody 标注，那么这个方法的返回值会是什么呢？答案是即将跳转的 URL 地址。例如：

```
@Controller
public class TestController {

    @RequestMapping("/index")                    //映射"/index"地址，未标注@ResponseBody
    public ModelAndView index() {
        return new ModelAndView("/welcome");     //跳转至"/welcome"地址
    }
}
```

在上述代码中，index()方法被@RequestMapping 注解标注，却没有被@ResponseBody 标注。该方法的返回值是 org.springframework.web.servlet.ModelAndView 类型。

因为上述代码的功能是当用户访问"/index"地址时，页面就会跳转至与"/welcome"地址对应的页面，所以可以把 index()方法的返回值修改为字符串。修改后的代码如下：

```
@Controller
public class TestController {

    @RequestMapping("/index")                    //映射"/index"地址，未标注@ResponseBody
    public String index() {
        return "/welcome";                        //跳转至"/welcome"地址
    }
}
```

通过上述代码，是不是就能够实现跳转页面的功能了呢？答案是否定的。为了实现跳转页面的功能，还需要向上述代码添加用于映射"/welcome"地址的方法，并且这个方法要被@RequestMapping 和@ResponseBody 注解同时标注。添加用于映射"/welcome"地址的方法后的代码如下：

```
@Controller
public class TestController {
    @RequestMapping("/index")                    //映射"/index"地址，未标注@ResponseBody
    public String index() {
        return "/welcome";                        //跳转至"/welcome"地址
    }

    @RequestMapping("/welcome")
    @ResponseBody
    public String welcome() {                    //直接在页面中显示方法返回的字符串
        return "欢迎来到我的主页";
    }
}
```

启动项目后，打开浏览器访问 http://127.0.0.1:8080/index 地址，即可看到页面会跳转至与"/welcome"地址对应的页面，如图 5.14 所示。

图 5.14 访问"/index"地址会跳转至"/welcome"地址的页面

此外，在使用@ResponseBody 注解时还需要特别注意一个问题：@ResponseBody 注解虽然也可以标注控制器类，但是控制器类中的所有方法的返回值都会直接显示在页面上。例如，把上述代码中的@ResponseBody 注解标注在控制器类上，代码如下：

```
@Controller
@ResponseBody //将注解标注在类上
public class TestController {

    @RequestMapping("/index")
    public String index() {
        return "/welcome";
    }

    @RequestMapping("/welcome")
    public String welcome() {
        return "欢迎来到我的主页";
    }
}
```

启动项目，打开浏览器访问 http://127.0.0.1:8080/index 地址，会发现页面没有发生跳转，并且显示的结果是 index()方法的返回值，如图 5.15 所示。

图 5.15 页面显示的结果是 index()方法的返回值

5.1.4 新增注解——@RestController

@RestController 注解虽然是 Spring Boot 的新增注解，但实质上是@Controller 和@ResponseBody 这两个注解的综合体。也就是说，当控制器类同时被@Controller 和@ResponseBody 这两个注解标注时，这两个注解可以被@RestController 注解替代。这样就可以起到简化代码的作用。例如：

```
@Controller
@ResponseBody
public class TestController {
}
```

使用@RestController 注解可以简化上述代码。简化后的代码如下：

```
@RestControlle
public class TestController {
}
```

5.2 重定向 URL 地址

重定向 URL 地址是指用户通过原始的 URL 地址发送的请求指向了新的 URL 地址，并且请求中的数据不会被保留。也就是说，通过重定向 URL 地址，服务器可以把用户推送到其他网站上。下面将介绍 Spring Boot 用于实现重定向的两种方法。

5.2.1 使用"redirect:"前缀

在 5.1.3 节中，已经明确了如果控制器类中的某个方法被@RequestMapping 注解标注，却没有被@ResponseBody 标注，且这个方法的返回值是字符串，那么这个方法的作用是实现页面跳转的功能，这个方法返回的字符串表示的是即将跳转的 URL 地址。如果在即将跳转的 URL 地址的前面加上"redirect:"，就表示用户通过原始的 URL 地址发送的请求指向了这个 URL 地址。下面通过一个实例演示"redirect:"前缀的用法。

【例 5.6】使用"redirect:"前缀将请求重定向至百度首页（**实例位置：资源包\TM\sl\5\6**）

创建 TestController 控制器类。当用户访问"/bd"地址时，通过"redirect:"前缀把用户发送的请求重定向至百度首页。代码如下：

```java
package com.mr.controller;
import org.springframework.stereotype.Controller;
import org.springframework.web.bind.annotation.RequestMapping;

@Controller
public class TestController {

    @RequestMapping("/bd")
    public String bd() {
        return "redirect:http://www.baidu.com";
    }
}
```

启动项目后，打开浏览器访问 http://127.0.0.1:8080/bd 地址，浏览器会自动跳转至百度首页，并且地址栏中 URL 地址显示的也是百度首页的 URL 地址，如图 5.16 所示（原始的 URL 地址已经在地址栏中看不到了）。

图 5.16 重定向至百度首页

5.2.2 使用 response 对象

response 对象指的是 HttpServletResponse 类型的对象,可用于实现重定向 URL 的功能。那么,Spring Boot 是如何使用 response 对象实现这个功能的呢？Spring Boot 可以直接在控制器类的某个方法中创建 response 对象,通过这个对象调用 sendRedirect()方法就可以指定重定向的 URL 地址。只不过,如果这个方法具有返回值,那么上述操作会导致这个返回值失效。因此,程序开发人员通常会把这个方法的返回值的类型设置为 void。下面通过一个实例演示 response 对象的用法。

【例 5.7】使用 response 对象将请求重定向至百度首页（**实例位置：资源包\TM\sl\5\7**）

创建 TestController 控制器类。当用户访问"/bd"地址时,通过 response 对象把用户发送的请求重定向至百度首页。代码如下：

```
package com.mr.controller;
import java.io.IOException;
import javax.servlet.http.HttpServletResponse;
import org.springframework.stereotype.Controller;
import org.springframework.web.bind.annotation.RequestMapping;

@Controller
public class TestController {

    @RequestMapping("/bd")
    public void bd(HttpServletResponse response) {
        try {
            response.sendRedirect("http://www.baidu.com");
        } catch (IOException e) {
            e.printStackTrace();
        }
    }
}
```

启动项目后,打开浏览器访问 http://127.0.0.1:8080/bd 地址,即可看到如图 5.16 所示的运行结果。

5.3 解析 URL 地址中的参数

当用户通过 URL 地址发送请求时,Spring Boot 要做的第一个工作就是解析 URL 地址中的参数,从而明确这个请求需要交由控制器类中的哪个方法进行处理。下面将介绍如何使用 Spring Boot 解析 URL 地址中的参数。

5.3.1 自动解析 URL 地址中的参数

Spring Boot 能够自动解析 URL 地址中的参数,并将这些参数的值注入某个方法的参数中。想要获取 URL 地址中的参数的值,只需在这个方法中设置同类型的、同名的参数即可。

例如，URL 地址为 http://127.0.0.1:8080/index?name=tom 的请求，想要获取这个 URL 地址中的 name 参数，可以在控制器类的方法中定义 name 参数，代码如下：

```
@RequestMapping("/index")
@ResponseBody
public String test(String name) {
    System.out.println("name=" + name);
    return "success";
}
```

在 test()方法的作用下，Spring Boot 会自动将 URL 地址中参数的值注入同名的方法参数中。上面这段代码将会在控制台输出：

```
name=tom
```

使用这种自动识别 URL 地址中参数的功能时，要注意以下几点：
- ☑ Spring Boot 可以识别各种类型的 URL 地址中的参数，例如 GET、POST、PUT 等类型。
- ☑ 参数名区分大小写。
- ☑ 参数没有顺序要求，Spring Boot 会以参数名称作为识别条件。
- ☑ URL 地址中参数的数量可以与方法中参数的数量不一致，只有名称相同的参数才会被注入。
- ☑ 方法参数的类型不应采用基本数据类型。例如，整数应采用 Integer 类型，而不是 int 类型。
- ☑ 如果方法参数没有被注入值，则采用默认值；其中，引用类型默认值为 null。如果方法的某一参数的值为 null，要么是因为 URL 地址没有此参数，要么是因为参数名称不匹配。
- ☑ URL 地址的参数（Request Param）不是请求体（Request Body）。

【例 5.8】验证用户发送的账号、密码是否正确（**实例位置：资源包\TM\sl\5\8**）

创建 TestController 控制器类，当用户访问"/login"地址时需要向服务发送账号和密码。如果账号是"David"，密码是"123456"，则提示用户登录成功；否则，提示用户登录失败。代码如下：

```
package com.mr.controller;
import org.springframework.web.bind.annotation.RequestMapping;
import org.springframework.web.bind.annotation.RestController;

@RestController
public class TestController {

    @RequestMapping("/login")
    public String login(String username, String password) {
        if (username != null && password != null) {
            if ("David".equals(username) && "123456".equals(password)) {
                return username + "，欢迎回来~";
            }
        }
        return "您的账号或密码错误！";
    }
}
```

使用 Postman 模拟用户通过 URL 地址发送的请求，访问的地址为 http://127.0.0.1:8080/login。为请求设置 username 和 password 这两个参数，参数值分别为"David"和"123456"。单击 Send 按钮可以看到如图 5.17 所示的登录成功结果。如果删除 password 参数，则可以看到如图 5.18 所示的登录失败结果。如果发送的账号或密码是错误的，则可以看到如图 5.19 所示的登录失败结果。

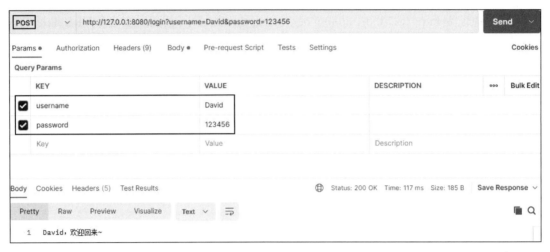

图 5.17　提示登录成功

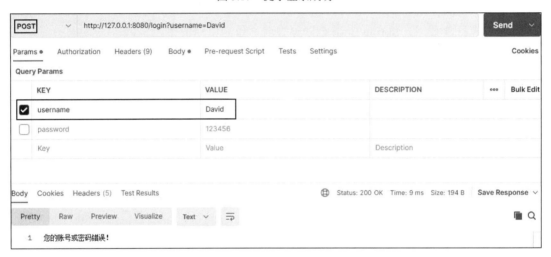

图 5.18　提示登录失败

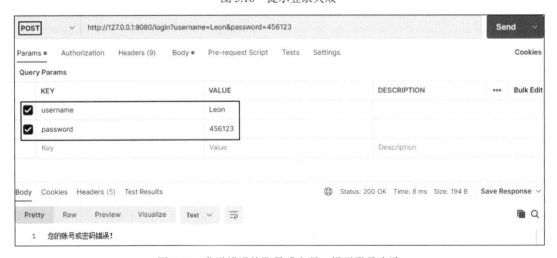

图 5.19　发送错误的账号或密码，提示登录失败

5.3.2 使用@RequestParam 标注方法参数

Spring Boot 是一个支持海量注解的框架,因此通过注解也能够解析 URL 地址中的参数。Spring Boot 中用于标注方法参数的注解就是@RequestParam 注解。它的作用是显式地指定 URL 地址中的参数与方法中的参数之间的映射关系。@RequestParam 注解的语法如下：

```
@RequestMapping("/test")
public String test(@RequestParam String value1, @RequestParam String value2) {
    return "";
}
```

为了能够深入理解@RequestParam 注解的语法，下面介绍@RequestParam 注解中的 3 个属性。

1. value 属性

@RequestParam 注解允许方法中的参数与 URL 地址中的参数不同名，value 属性用于指定 URL 地址中的参数的名称，Spring Boot 会自动将 value 属性的值注入方法参数中。value 属性是@RequestParam 注解的默认属性，可以隐式调用。value 属性的两种使用语法如下：

```
public String test(@RequestParam("n") String name) { }        //在语法格式中省略了 "value = "
public String test(@RequestParam(value = "n") String name) { } //在语法格式中没有省略 "value = "
```

在上述语法中，"n" 是 URL 地址中的参数的名称。在@RequestParam 注解的作用下，test()方法中的参数 name 就可以得到 URL 地址中的参数 n 的值。

【例 5.9】获取用户发送的 token 口令（实例位置：资源包\TM\sl\5\9）

在互联网领域内，token 用以表示指令牌。所谓指令牌，就是许可证、通行证、密码或者口令。当用户向服务器发送 token 口令时，经常把 token 缩写成 "tk" "tn" 或 "t"。创建 TestController 控制器类，将用户通过 URL 地址发送的请求中参数 tk 的值注入 login()方法的参数 token 中，打印此口令值。代码如下：

```
package com.mr.controller;
import org.springframework.web.bind.annotation.RequestMapping;
import org.springframework.web.bind.annotation.RequestParam;
import org.springframework.web.bind.annotation.RestController;

@RestController
public class TestController {

    @RequestMapping("/login")
    public String login(@RequestParam(value = "tk") String token) {
        return "前端传递的口令为：" + token;
    }
}
```

打开浏览器，访问 http://127.0.0.1:8080/login?tk=dh6wd84n 地址（参数 tk 的值可任意输入），即可看到如图 5.20 所示的结果。这说明方法中的参数 token 得到了 URL 地址中的参数 tk 的值。

图 5.20 向服务器发送 token 口令

> **说明**
> @RequestParam 注解中包含一个 name 属性。它与 value 属性的功能相同，这里不多做介绍。

2. required 属性

required 属性的作用是指定被@RequestParam 注解标注的方法参数是否必须被注入值，required 属性的默认值为 true。也就是说，对于被@RequestParam 注解标注且没有写明 "required=false" 的方法参数，一律强制把 URL 地址中的参数的值注入其中。如果 URL 地址没有此参数，就会抛出 MissingServletRequestParameterException（缺少请求参数）异常。

以下面这行代码为例，介绍 required 属性的使用方法。

```
public String test(@RequestParam(value = "n") String name) { }
```

因为 required 属性的默认值为 true，所以可以对上述代码做如下的修改。

```
public String test(@RequestParam(value = "n" , required = true) String name) { }
```

当在@RequestParam 注解中写明 "required=false" 时，需要对上面的这行代码做如下的修改。

```
public String test(@RequestParam(required = false) String name) { }
```

需要特别说明的是，对于上述的 test()方法，如果在@RequestParam 注解中写明 "required=false"，就等同于如下的不被@RequestParam 注解标注方法参数的 test()方法。

```
public String test(String name) { }
```

3. defaultValue 属性

defaultValue 属性的作用是指定方法参数的默认值。如果 URL 地址没有@RequestParam 注解指定的参数，@RequestParam 注解就会将默认值注入方法参数中。

【例 5.10】 如果用户没有发送用户名，则用 "游客" 称呼用户（**实例位置：资源包\TM\sl\5\10**）

创建 TestController 控制器类，给 login()方法中的参数 username 设定默认值（即 "游客"）。如果 URL 地址没有参数 name，则让 username 取默认值。代码如下：

```java
package com.mr.controller;
import org.springframework.web.bind.annotation.RequestMapping;
import org.springframework.web.bind.annotation.RequestParam;
import org.springframework.web.bind.annotation.RestController;

@RestController
public class TestController {

    @RequestMapping("/login")
    public String login(@RequestParam(value = "name", defaultValue = "游客") String username) {
        return username + "您好，欢迎访问 XXX 网站";
    }
}
```

打开浏览器，访问 http://127.0.0.1:8080/login?name=David，即可看到如图 5.21 所示的结果。URL 地址中的名字是什么，页面就会以什么来称呼用户。如果 URL 地址没有任何参数，即可看到如图 5.22

所示的结果，即页面会称呼用户为游客。

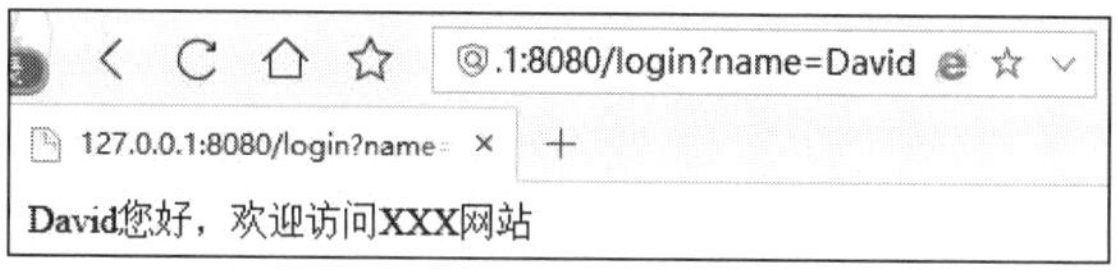

图 5.21　传的名字是什么，就会以什么来称呼用户 　　图 5.22　没传任何名字，就称呼用户为游客

5.3.3　使用@RequestBody 封装 JSON 数据

@RequestBody 注解的作用是把 URL 地址中的键值对注入方法参数中。如果 URL 地址中的键值对的数据类型是 JSON 类型，那么@RequestBody 注解可以把这个 JSON 类型的数据直接封装成实体类对象。

【例 5.11】将 URL 地址中的 JSON 数据封装成 People 类对象（**实例位置：资源包\TM\sl\5\11**）

首先，定义 URL 地址中的 JSON 数据的结构。JSON 数据中只包含两个键，分别是 id 和 name。其中，id 的值为 26，name 的值为"David"。因此，JSON 数据的结构如下：

```
{ "id": 26, "name": "David" }
```

然后，定义与 JSON 数据的结构对应的实体类。在 com.mr.model 包下创建 People 类，其中包含 id 和 name 这两个属性。People 类的代码如下：

```
package com.mr.model;
public class People {
    private Integer id;
    private String name;
    public Integer getId() {
        return id;
    }
    public void setId(Integer id) {
        this.id = id;
    }
    public String getName() {
        return name;
    }
    public void setName(String name) {
        this.name = name;
    }
}
```

People 类的属性与 JSON 数据中的字段是一一对应的。这样，就可以使用@RequestBody 注解将 JSON 数据封装成 People 类的对象。在 com.mr.controller 包下创建 TestController 控制器类，用于映射的 index()方法的参数为 People 类型，并使用@RequestBody 注解对该参数进行标注。index()方法具有返回值，返回的是 People 类型的对象中的 id 和 name 这两个属性的值。代码如下：

```
package com.mr.controller;
import org.springframework.web.bind.annotation.RequestBody;
import org.springframework.web.bind.annotation.RequestMapping;
import org.springframework.web.bind.annotation.RestController;
import com.mr.model.People;
```

```
@RestController
public class TestController {

    @RequestMapping("/index")
    public String index(@RequestBody People someone) {
        return "编号: " + someone.getId() + ", 用户名: " + someone.getName();
    }
}
```

使用 Postman 模拟用户通过 URL 地址发送的请求,访问 http://127.0.0.1:8080/index 地址,在 Postman 中设置 JSON 数据,单击 Send 按钮,即可看到如图 5.23 所示的结果。

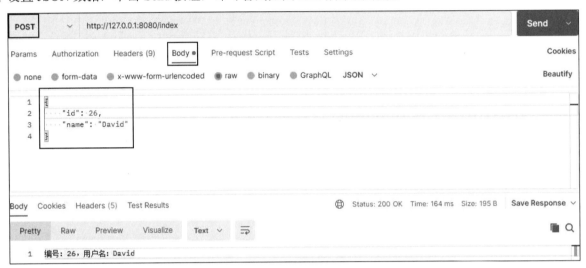

图 5.23　将 URL 地址中的 JSON 数据封装成 People 类对象

 说明

只有用户通过 URL 地址发送的是 POST 类型的请求,在这个请求中才会包含键值对。

5.3.4　获取 request、response 和 session 对象的方式

在开发 Spring Boot 项目的过程中,有非常多的程序开发人员都在通过获取 request、response 和 session 这 3 个对象解决问题。这 3 个对象的各自作用如下:

- ☑ request 对象用于从用户通过 URL 地址发送的请求中接收数据。
- ☑ response 对象用于对已经接收到的数据做出响应。
- ☑ session 对象用于保存用户通过 URL 地址发送的请求,并跟踪这个请求的操作状态。

那么,Spring Boot 是如何获取上述的 3 个对象呢?有如下两种方式。

1. 注入属性

Spring Boot 会自动创建 request 对象和 response 对象的 Bean,控制器类可以直接注入这两个 Bean。其中,request 对象的类型是 HttpServletRequest,response 对象的类型是 HttpServletResponse。通过下面

这段代码即可在控制器类中注入 request 对象和 response 对象的 Bean：

```
@Controller
public class TestController {
    @Autowired
    HttpServletRequest request;
    @Autowired
    HttpServletResponse response;
}
```

具备上述代码后，就可以直接在方法中调用 request 对象和 response 对象。通过 request 对象调用 getSession()方法，就可以获取 session 对象。其中，session 对象的类型是 HttpSession。获取 session 对象的代码如下：

```
HttpSession session= request.getSession();
```

2．注入参数

所谓注入参数，就是直接向控制器类的用于处理 HTTP 请求的方法添加 HttpServletRequest、HttpServletResponse 和 HttpSession 类型的对象（即 request、response 和 session 这 3 个对象）的过程。例如，同时在一个用于处理 HTTP 请求的方法中调用 request、response 和 session 对象。代码如下：

```
@Controller
public class TestController {
    @RequestMapping("/index")
    @ResponseBody
    public String index(HttpServletRequest request, HttpServletResponse response, HttpSession session) {
        request.setAttribute("id", "test");
        response.setHeader("Host", "www.mingrisoft.com");
        session.setAttribute("userLogin", true);
        return "";
    }
}
```

因为注入参数的方式只对参数类型有要求，对参数名称、参数顺序没有要求，所以上述用于定义 index()方法的代码可以写成下面的形式：

```
public String index( HttpServletResponse rp,HttpSession s,HttpServletRequest rq) { }
```

在实际开发中，HttpServletRequest、HttpServletResponse 和 HttpSession 类型的对象可以与其他参数一起使用。例如：

```
public String index(@RequestParam("tk") String token, HttpServletRequest rq,Integer id) {  }
```

【例 5.12】服务器返回图片（实例位置：资源包\TM\sl\5\12）

程序开发人员可以通过 response 对象向浏览器页面发送任何类型的数据，例如文字、图片、文件等。创建 TestController 控制器类，映射"/image"地址，读取 URL 地址中参数 massage 的值。通过 BufferedImage 类创建图片对象，将参数 massage 中的文字显示在图片上。TestController 类的代码如下：

```
package com.mr.controller;
import java.awt.*;
import java.awt.image.BufferedImage;
import java.io.IOException;
import javax.imageio.ImageIO;
```

```java
import javax.servlet.http.HttpServletResponse;
import org.springframework.stereotype.Controller;
import org.springframework.web.bind.annotation.RequestMapping;
import org.springframework.web.bind.annotation.ResponseBody;

@Controller
public class TestController {

    @RequestMapping("/image")
    @ResponseBody
    public void image(String massage, HttpServletResponse response) {
        //创建宽 300、高 100 的缓冲图片
        BufferedImage image = new BufferedImage(300, 100, BufferedImage.TYPE_INT_RGB);
        Graphics g = image.getGraphics();                //获取绘图对象
        g.setColor(Color.BLUE);                          //画笔为蓝色
        g.fillRect(0, 0, 300, 100);                      //覆盖图片的实心矩形
        g.setColor(Color.WHITE);                         //画笔为白色
        g.setFont(new Font("宋体", Font.BOLD, 22));       //字体
        g.drawString(massage, 10, 50);                   //将参数字符串绘制在指定坐标上
        try {
            //将绘制好的图片，写入 response 的输出流中
            ImageIO.write(image, "jpg", response.getOutputStream());
        } catch (IOException e) {
            e.printStackTrace();
        }
    }
}
```

打开浏览器，访问"http://127.0.0.1:8080/image?massage=好好学习，天天向上"地址，即可看到如图 5.24 所示的结果。如果用户修改了参数 massage 的值并再次访问，图片上就会显示用户修改后的值。

图 5.24　访问地址后看到的内容是一张图片

5.4　使用 RESTful 风格映射动态 URL 地址

5.4.1　什么是 RESTful 风格

REST 是一种软件架构规则，其全称是 representational state transfer，中文直译是表述性状态传递，可以简单地理解成"让 HTTP 请求用最简洁、最直观的方式来表达自己想要做什么"。基于 REST 构建的 API 就属于 RESTful 风格。

很多网站的 HTTP 请求中的参数都是通过 GET 方式发送的。例如，某用户访问某电商网站的

"/details"地址，想获取编号为 5678 的图书的详细信息；在传入商品编号和商品类型这两个参数后，URL 地址可能是这样的：

```
http://127.0.0.1:8080/shop/details?id=5678&item_type=book
```

如果后台服务采用的是 RESTful 风格，那么获取商品详情就不需要传入任何参数了。因此，在使用 RESTful 风格后，上述的 URL 地址可能会是这样的：

```
http://127.0.0.1:8080/shop/book/5678
```

从这个地址可以看出，商品的类型和编号从 URL 地址的参数变为了 URL 地址的其中一层。这种地址也被叫作资源地址（URI），它看起来更像是在访问一个 Web 资源而不是用户通过 URL 地址发送的请求。当下，用户在互联网上已经可以看到很多采用 RESTful 风格的网站了。

例如，在京东商城上查看具体商品的地址如下：

```
https://item.jd.com/12185501.html
```

再例如，在 GitHub 上访问某个开源软件的地址如下：

```
https://github.com/spring-projects/spring-boot
```

说明

> URI 全名为 uniform resource identifier，翻译过来叫统一资源标识符。URL 的全名为 uniform resource locator，翻译过来叫统一资源定位器。注意两者的区别。

RESTful 风格也存在一个问题：仅从 URL 地址上看不出这个请求是要查询商品还是删除商品。为此，在 REST 规则中，规定以用户通过 URL 地址发送的请求的类型来决定要执行哪种业务。例如，对于同一个 URL 地址，如果用户通过 URL 地址发送的请求为 GET 请求，则表示查询指定商品的数据；如果用户通过 URL 地址发送的请求为 POST 请求，则表示向数据库添加指定商品；如果用户通过 URL 地址发送的请求为 DELETE 请求，则表示删除指定商品。HTTP 请求包含多种类型，常用类型及其相关内容如表 5.1 所示。

表 5.1 常用 HTTP 请求的类型及其相关内容

请求类型	约定的业务	对应枚举	对应注解
GET	查询资源	RequestMethod.GET	@GetMapping
POST	创建资源	RequestMethod.POST	@PostMapping
PUT	更新资源	RequestMethod.PUT	@PutMapping
PATCH	只更新资源中一部分内容	RequestMethod.PATCH	@PatchMapping
DELETE	删除资源	RequestMethod.DELETE	@DeleteMapping

与各个 HTTP 请求类型对应的枚举用于为@RequestMapping 注解的 method 属性赋值，进而用于指定映射的是哪种类型的 HTTP 请求。例如，只映射 POST 请求的写法如下：

```
@RequestMapping(value="/index",method = RequestMethod.POST)
```

与各个 HTTP 请求类型对应的注解则是在@RequestMapping 注解的基础上延伸出来的新注解，这些注解的功能与@RequestMapping 注解相同，但只能映射固定类型的请求。例如下面这个注解：

@GetMapping(value="/index")

上述注解等同于如下的注解：

@RequestMapping(value="/index",method = RequestMethod.GET)

不是所有的浏览器都支持发送多种请求类型，例如 HTML 格式的浏览器仅支持发送 GET 请求和 POST 请求，这种浏览器对于其他类型的 HTTP 请求需要借助 JavaScript 格式的浏览器予以发送。

5.4.2 映射动态 URL 地址

服务器使用 RESTful 风格就意味着控制器类所映射的 URL 地址不是唯一的，每一个数据的 URL 地址都不同。这就需要让控制器类能够映射动态 URL 地址。Spring Boot 使用英文格式的"{}"作为动态 URL 地址中的占位符，例如"/shop/book/{type}"就表示这个 URL 地址中的"/shop/book/"是固定的，"/{type}"是动态的，该动态地址可以成功匹配下面这些地址：

```
http://127.0.0.1:8080/shop/book/music
http://127.0.0.1:8080/shop/book/FOOD
http://127.0.0.1:8080/shop/book/123456789
http://127.0.0.1:8080/shop/book/+-*_!#&$
http://127.0.0.1:8080/shop/book/{}()<>
http://127.0.0.1:8080/shop/book/数学
http://127.0.0.1:8080/shop/book/(空格)
……
```

为了解析动态 URL 地址中的占位符，Spring Boot 提供了@PathVariable 注解。@PathVariable 注解可以将 URL 相应位置的值注入方法参数。例如下面这段代码：

```
@RequestMapping(value = "/shop/{type}/{id}")
public String shop(@PathVariable String type, @PathVariable String id) { }
```

@PathVariable 注解可以将 URL 地址中与{type}占位符对应位置的值注入 shop()方法中的参数 type，将 URL 地址中与{id}对应位置的值注入 shop()方法中的参数 id。因为@PathVariable 注解会根据方法参数的名称进行匹配，所以方法参数的先后顺序不影响注入的结果。

在实际开发中，程序开发人员也可以指定方法参数对应哪个占位符，只需将@PathVariable 注解的 value 属性赋值为占位符名称即可。例如，方法参数的名称分别为 goodsType 和 goodsID，它们各自要匹配的占位符分别是{type}和{id}。代码如下：

```
@RequestMapping(value = "/shop/{type}/{id}")
public String shop(@PathVariable(value = "type") String goodsType,
    @PathVariable(value = "id") String goodsID) { }
```

因为@PathVariable 注解的 value 属性可以被隐式调用，所以上述代码可以做如下修改：

```
@RequestMapping(value = "/shop/{type}/{id}")
public String shop(@PathVariable("type") String goodsType, @PathVariable("id") String goodsID) { }
```

第 5 章 处理 HTTP 请求

【例 5.13】 使用 RESTful 风格对用户信息执行查、增、删的操作（**实例位置：资源包\TM\sl\5\13**）

服务器操作用户数据的地址为 "/user/{id}"，{id}是用户编号的占位符。服务器要实现以下几个功能：

- ☑ 如果前端向 "/user" 地址发送 GET 请求，就返回所有用户的信息。
- ☑ 如果前端向 "/user/{id}" 地址发送 GET 请求，服务器返回此 id 对应的用户信息，如果没有此 id 的数据就提示 "该用户不存在"。
- ☑ 如果前端向 "/user/{id}/{name}" 地址发送 POST 请求，就根据{id}和{name}的值创建一个新用户，然后展示当前所有用户的信息。
- ☑ 如果前端向 "/user/{id}" 地址发送 DELETE 请求，就删除此 id 的用户的数据，然后再展示当前所有用户的信息。

要实现以上几个功能，需要先准备初始数据。在 com.mr.component 包下，创建 UserComponent 组件类。在该类中创建一个用于保存初始数据的 Map 对象，并将此对象注册成 Bean。UserComponent 组件类的代码如下：

```java
package com.mr.component;
import java.util.HashMap;
import java.util.Map;
import org.springframework.context.annotation.Bean;
import org.springframework.stereotype.Component;

@Component
public class UserComponent {
    @Bean
    public Map<String, String> users() {          //创建保存用户列表数据的 Bean
        Map<String, String> map = new HashMap<>();
        map.put("01", "David");
        map.put("02", "Leon");
        map.put("03", "Steven");
        return map;
    }
}
```

有了数据之后，就可以编写控制器类了。在 com.mr.controller 包下，创建 TestController 控制器类。先在该类中注入用于保存初始数据的 Map 对象，再创建各功能的实现方法。处理两个 GET 请求的方法需要用@ResponseBody 注解。处理 POST 请求和 DELETE 请求的方法在修改完数据之后，通过重定向的方式跳转至 "/user" 地址。TestController 类的代码如下：

```java
package com.mr.controller;
import java.util.Map;
import org.springframework.beans.factory.annotation.Autowired;
import org.springframework.stereotype.Controller;
import org.springframework.web.bind.annotation.DeleteMapping;
import org.springframework.web.bind.annotation.GetMapping;
import org.springframework.web.bind.annotation.PathVariable;
import org.springframework.web.bind.annotation.PostMapping;
import org.springframework.web.bind.annotation.ResponseBody;

@Controller
public class TestController {
    @Autowired
    Map<String, String> users;                    //注入 UserComponent 提供的 Bean
```

```java
    @GetMapping("/user/{id}")                              //映射 GET 请求，表示查询
    @ResponseBody
    public String select(@PathVariable() String id) {      //根据 id 查询用户姓名
        if (users.containsKey(id)) {                       //如果用户列表中有此 id 值
            return "您好， " + users.get(id);
        }
        return "该用户不存在";
    }

    @GetMapping("/user")                                   //映射上层地址
    @ResponseBody
    public String all() {                                  //查询所有用户姓名
        StringBuilder report = new StringBuilder();
        for (String id : users.keySet()) {                 //遍历 Map 中所有编号
            String name = users.get(id);                   //根据编号取出姓名
            report.append("[" + id + ":" + name + "]");    //拼接每一个用户的数据
        }
        return report.toString();
    }

    @PostMapping("/user/{id}/{name}")                      //映射 POST 请求，表示添加
    public String add(@PathVariable String id, @PathVariable String name) {//添加新用户
        users.put(id, name);                               //在 Map 中添加新用户数据
        return "redirect:/user";                           //重定向，查看所有用户
    }

    @DeleteMapping("/user/{id}")                           //映射 DELETE 请求，表示删除
    public String delete(@PathVariable() String id) {     //删除老用户
        users.remove(id);                                  //删除 Map 中指定编号的用户
        return "redirect:/user";                           //重定向，查看所有用户
    }
}
```

使用 Postman 模拟用户通过 URL 地址发送的请求。向 http://127.0.0.1:8080/user 地址发送 GET 请求，可以看到所有初始化的用户信息，效果如图 5.25 所示。

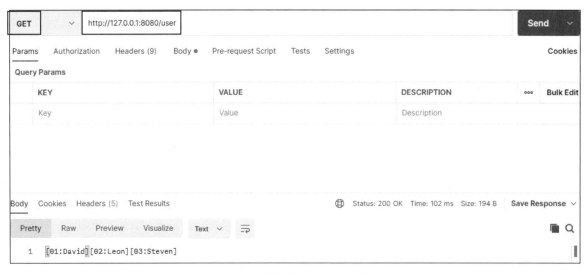

图 5.25 查询所有用户的信息

如果向 http://127.0.0.1:8080/user/02 地址发送 GET 请求，则可以看到编号为 02 的用户的信息，效果如图 5.26 所示。

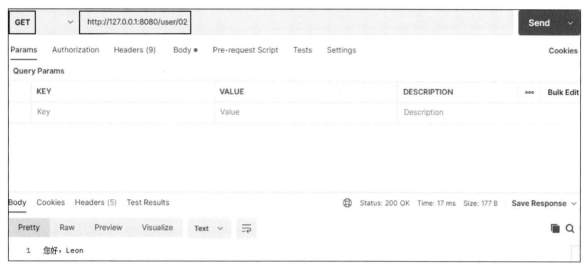

图 5.26　查看编号为 02 的用户的信息

如果向 http://127.0.0.1:8080/user/04/Jim 地址发送 POST 请求，则会创建一个编号为 04、名称为 Jim 的用户。这样，在所有用户信息中就可以看到这个新用户，效果如图 5.27 所示。

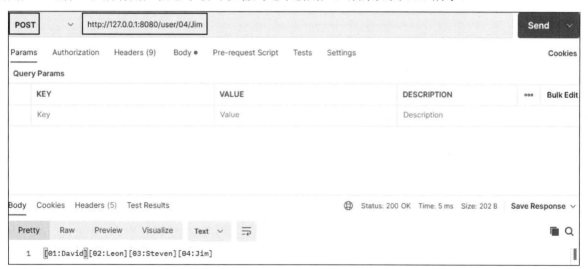

图 5.27　添加编号为 04、名称为 Jim 的用户

如果向 http://127.0.0.1:8080/user/02 地址发送 DELETE 请求，就会删除编号为 02 的用户。这样，在所有用户信息中就找不到这个用户了，效果如图 5.28 所示。

因为编号为 02 的用户已被删除，所以向 http://127.0.0.1:8080/user/02 地址发送 GET 请求后将看不到任何关于该用户的数据，效果如图 5.29 所示。

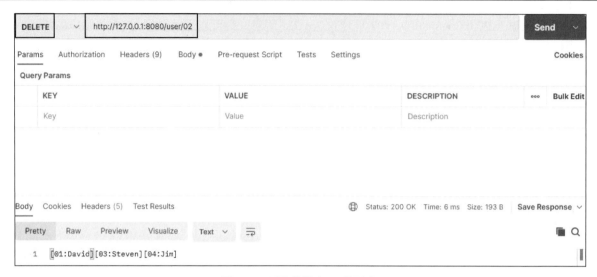

图 5.28　删除编号为 02 的用户

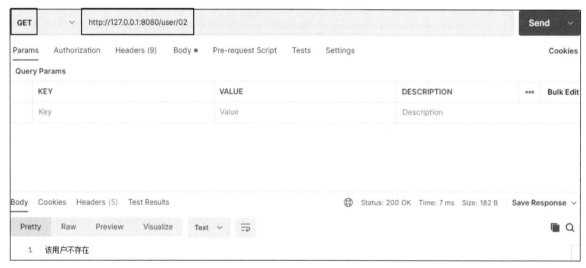

图 5.29　无法再查询到被删除的用户

5.5　实践与练习

（答案位置：资源包\TM\sl\5\实践与练习）

综合练习：访问多个地址进入同一主页

创建 TestController 控制器类，用户不论在浏览器中访问"http://127.0.0.1:8080/home""http://127.0.0.1:8080/index"或者"http://127.0.0.1:8080/main"，均可以看到如图 5.1 所示的页面。

第 6 章 过滤器、拦截器与监听器

在开发 Spring Boot 项目的过程中，程序开发人员经常需要对 HTTP 请求进行拦截和处理，以实现诸如身份验证、授权、日志记录等功能。为了实现这些功能，Spring Boot 提供了过滤器和拦截器这两个工具。此外，程序开发人员还需要使用 Spring Boot 中的监听器监听 Spring Boot 项目中的特定事件，以实现统计网站访问量、记录用户访问路径、系统启动时加载初始化信息等功能。本章将分别介绍如何配置 Spring Boot 中的过滤器、拦截器和监听器。

本章的知识架构及重难点如下。

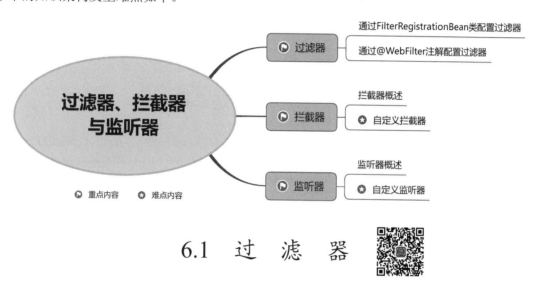

6.1 过 滤 器

Spring Boot 的过滤器用于对数据进行过滤处理。通过 Spring Boot 的过滤器，程序开发人员不仅可以对用户通过 URL 地址发送的请求进行过滤处理（例如，过滤一些错误的请求或者请求中的敏感词等），而且可以对服务器返回的数据进行过滤处理（例如，压缩响应信息等）。

从上述两个举例不难看出，Spring Boot 的过滤器非常强大。那么，如何通过编码实现过滤器呢？在开发 Spring Boot 项目的过程中，一个类如果实现了 Filter 接口，就能够实现自定义的过滤器。在 Filter 接口中，包含了如下 3 个方法。

1. 初始化方法——init()

init()方法是过滤器初始化时会调用的方法，它是 Filter 接口中的默认方法，它在 Filter 接口的实现类中可以不被重写。init()方法的语法如下：

```
public default void init(FilterConfig filterConfig) throws ServletException {}
```

2．过滤方法——doFilter()

doFilter()方法是过滤器的核心方法，程序开发人员可以在这个方法中实现过滤业务。因为 doFilter()方法是一个抽象方法，所以它在 Filter 接口的实现类中必须被重写。doFilter()方法的语法如下：

```
public void doFilter(ServletRequest request, ServletResponse response, FilterChain chain) throws IOException, ServletException;
```

在上述 doFilter()方法的语法格式中，参数 chain 表示的是过滤链对象。在这个过滤链对象 chain 中，也有一个 doFilter()方法。

需要特别说明的是，一个项目可能配置了多个过滤器，在前一个过滤器对请求完成过滤处理后，通过过滤链对象 chain 调用其中的 doFilter()方法（chain.doFilter(request, response);），即可将请求交给后一个过滤器进行过滤处理。

3．销毁方法——destroy()

destroy()方法是过滤器销毁时会调用的方法，它是 Filter 接口中的默认方法，它在 Filter 接口的实现类中可以不被重写。destroy()方法的语法如下：

```
public default void destroy() {}
```

在掌握了 Filter 接口中的 3 个方法后，下面将介绍 Spring Boot 配置过滤器的两种方法。

6.1.1 通过 FilterRegistrationBean 类配置过滤器

Spring Boot 提供了专门用于配置过滤器的 FilterRegistrationBean 类。FilterRegistrationBean 类是一个泛型类，即 FilterRegistrationBean<T>。其中，T 表示过滤器类型。因为一个项目可能同时配置多个过滤器，所以使用不同的泛型表示不同类型的过滤器，可以有效防止这些过滤器发生冲突。

FilterRegistrationBean 类的常用方法如表 6.1 所示。

表 6.1 FilterRegistrationBean 类的常用方法

返回值	方法	说明
void	addUrlPatterns(String... urlPatterns)	设置过滤的路径
void	setName(String name)	设置过滤器名称
void	setEnabled(boolean enabled)	是否启用此过滤器，默认为 true
boolean	isEnabled()	此过滤器是否已启用
void	setFilter(T filter)	设置要配置的过滤器对象
T	getFilter()	获得已配置的过滤器对象
void	setOrder(int order)	设置过滤器的优先级，值越小优先级越高，1 表示最顶级过滤器
int	getOrder()	获取过滤器优先级

【例 6.1】用过滤器检查用户是否登录（实例位置：资源包\TM\sl\6\1）

大多数网站都会要求用户登录之后再浏览网站内容，如果用户在未登录状态下直接访问网站资源，网站就会提示用户先登录。这个功能使用过滤器就可以实现。

创建 LoginFilter 登录过滤类，并实现 Filter 接口。在 doFilter()方法中，获取 session 的名为"user"

的属性。如果属性值为 null，则表示没有任何登录记录，那么就强制把请求转发至登录页面。LoginFilter 类的代码如下：

```java
package com.mr.filter;
import java.io.IOException;
import javax.servlet.Filter;
import javax.servlet.FilterChain;
import javax.servlet.ServletException;
import javax.servlet.ServletRequest;
import javax.servlet.ServletResponse;
import javax.servlet.http.HttpServletRequest;

public class LoginFilter implements Filter {
    @Override
    public void doFilter(ServletRequest request, ServletResponse response, FilterChain chain)
            throws IOException, ServletException {
        HttpServletRequest req = (HttpServletRequest) request;
        Object user = req.getSession().getAttribute("user");
        if (user == null) {
            req.getRequestDispatcher("/login").forward(request, response);
        }else {
            chain.doFilter(request, response);
        }
    }
}
```

编写完过滤器之后，再编写用于配置过滤器的 FilterConfig 类，该类使用@Configuration 注解予以标注。在 FilterConfig 类中，创建返回 FilterRegistrationBean 的 getFilter()方法。在这个方法中，创建 FilterRegistrationBean 对象，并配置 LoginFilter 过滤器，让这个过滤器过滤"/main"下的所有子路径。FilterConfig 类的代码如下：

```java
package com.mr.config;
import javax.servlet.Filter;
import org.springframework.boot.web.servlet.FilterRegistrationBean;
import org.springframework.context.annotation.Bean;
import org.springframework.context.annotation.Configuration;
import com.mr.filter.LoginFilter;

@Configuration
public class FilterConfig {
    @Bean
    public FilterRegistrationBean getFilter() {
        FilterRegistrationBean bean = new FilterRegistrationBean<>();
        bean.setFilter(new LoginFilter());
        bean.addUrlPatterns("/main/*");         //过滤"/main"下的所有子路径
        bean.setName("loginfilter");
        return bean;
    }
}
```

编写 LoginController 控制器类，"/main/index"是用户登录之后才能访问的地址，"/login"是用户登录的地址。LoginController 类的代码如下：

```java
package com.mr.controller;
import org.springframework.web.bind.annotation.RequestMapping;
import org.springframework.web.bind.annotation.RestController;
```

```
@RestController
public class LoginController {

    @RequestMapping("/main/index")
    public String index() {
        return "欢迎访问 XXXX 网站";
    }

    @RequestMapping("/login")
    public String login() {
        return "请先登录！ ";
    }
}
```

打开浏览器，访问 http://127.0.0.1:8080/main/index 地址，即可看到如图 6.1 所示页面。因为 session 中没有用户登录的记录，所以页面直接跳转到了登录页面。

图 6.1　访问主页时要求用户先登录

说明

　　session 是一种记录客户状态的机制，session 数据被保存在服务器上。

6.1.2　通过@WebFilter 注解配置过滤器

　　@WebFilter 注解可以用于快速配置过滤器，只不过@WebFilter 注解的功能没有 FilterRegistrationBean 类的功能多。使用@WebFilter 注解标注的类必须同时使用@Component 注解予以标注，否则在启动 Spring Boot 项目时会无法扫描到此过滤器类。
　　@WebFilter 注解的 urlPattern 属性表示过滤器所过滤的地址。urlPattern 属性的语法如下：

```
@WebFilter(urlPatterns= "/index")
@WebFilter(urlPatterns = { "/index", "/main", "/main/*" })
```

说明

　　@WebFilter 的 value 属性功能等同于 urlPattern 属性功能。

【例 6.2】用过滤器统计资源访问量（实例位置：资源包\TM\sl\6\2）
　　访问量指的是某个网络资源被访问的次数，访问量也可以被理解为点击率。使用过滤器可以统计某个 URL 地址的访问次数。
　　创建 CountFilter 类，实现 Filter 接口。使用@Component 注解和@WebFilter 注解标注 CountFilter 类，@WebFilter 指定映射地址为 "/vedio/710.mp4"（模拟一个在线的视频文件）。在过滤器初始化时，为上下文对象设置一个名为 "count"、值为 0 的属性，此属性用于统计访问次数。此过滤器每过滤一次请求，count 属性的值就会加 1。CountFilter 类的代码如下：

```java
package com.mr.filter;
import java.io.IOException;
import javax.servlet.Filter;
import javax.servlet.FilterChain;
import javax.servlet.FilterConfig;
import javax.servlet.ServletContext;
import javax.servlet.ServletException;
import javax.servlet.ServletRequest;
import javax.servlet.ServletResponse;
import javax.servlet.annotation.WebFilter;
import javax.servlet.http.HttpServletRequest;
import org.springframework.stereotype.Component;

@Component
@WebFilter(urlPatterns = "/vedio/710.mp4")
public class CountFilter implements Filter {

    //重写过滤器初始化方法
    @Override
    public void init(FilterConfig filterConfig) throws ServletException {
        ServletContext context = filterConfig.getServletContext();    //获取上下文对象
        context.setAttribute("count", 0);                              //计数器初始值为 0
    }

    @Override
    public void doFilter(ServletRequest request, ServletResponse response, FilterChain chain)
            throws IOException, ServletException {
        HttpServletRequest req = (HttpServletRequest) request;
        ServletContext context = req.getServletContext();              //获取上下文对象
        Integer count = (Integer) context.getAttribute("count");       //获取计数器的值
        context.setAttribute("count", ++count);                        //让计数器自增
        chain.doFilter(request, response);
    }
}
```

创建 CountController 控制器类，映射"/vedio/710.mp4"地址，显示此地址已被访问的次数。CountController 类的代码如下：

```java
package com.mr.controller;
import javax.servlet.ServletContext;
import javax.servlet.http.HttpServletRequest;
import org.springframework.web.bind.annotation.RequestMapping;
import org.springframework.web.bind.annotation.RestController;

@RestController
public class CountController {
    @RequestMapping("/vedio/710.mp4")
    public String index(HttpServletRequest request) {
        ServletContext context = request.getServletContext();
        Integer count = (Integer) context.getAttribute("count");
        return "当前访问量：" + count;
    }
}
```

打开浏览器，访问 http://127.0.0.1:8080/vedio/710.mp4 地址，即可看到如图 6.2 所示的页面。每次刷新该页面，访问量都会递增。即使重启浏览器后再次访问该地址，仍然可以看到累计的访问量。

图 6.2 不断刷新地址，访问量随之递增

6.2 拦 截 器

Spring Boot 的拦截器用于拦截用户请求并做相应的处理。例如，验证用户是否登录、日志记录、权限管理等。本节将介绍两项内容：拦截器概述及其实现过程，如何自定义拦截器。

6.2.1 拦截器概述

如图 6.3 所示，拦截器可以在控制器类中的方法被执行前和被执行后对请求做一些处理。因此，拦截器可以按照程序开发人员设定的条件中断请求。多个拦截器可以组成一个拦截链，链中任何一个拦截器都能中断请求，同时整个拦截链也会中断。

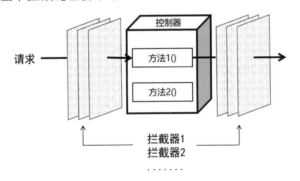

图 6.3 拦截器基于面向切面编程

通过比较过滤器和拦截器，会发现过滤器和拦截器都可以对 HTTP 请求做一些处理。那么，过滤器和拦截器的区别是什么呢？触发时机不同。具体如下：

- ☑ 拦截器可以在控制器类中的方法被执行前和被执行后对请求做一些处理。
- ☑ 过滤器对用户通过 URL 地址发送的请求进行预处理，对服务器返回的数据进行后处理。

明确了过滤器和拦截器的异同后，下面将介绍如何通过编码实现拦截器。在开发 Spring Boot 项目的过程中，一个类如果实现了 HandlerInterceptor 接口，就能够实现自定义的拦截器。在 HandlerInterceptor 接口中，包含了如下 3 个方法。

1．preHandle()方法

preHandle()方法会在控制器类中的方法被执行之前、对请求进行处理时被执行，preHandle()方法的语法如下：

```
boolean preHandle(HttpServletRequest request, HttpServletResponse response, Object handler) throws Exception
```

在上述语法中，request 和 response 表示的分别是请求对象和响应对象；handler 表示的是请求的处理程序对象，在通常情况下，handler 对象是用于封装方法的 HandlerMethod 对象。因此，可以通过 handler 对象的类型知晓请求将进入控制器类中的哪个方法。但是在个别情况下，handler 对象也有可能是用于处理静态资源的 ResourceHttpRequestHandler 对象。因此，在转换 handler 对象的类型之前应先对 handler 对象的类型进行判断。

preHandle()方法的返回值是一个布尔值。如果该方法的返回值是 true，则表示请求通过，控制器类中的方法可以继续执行；如果该方法的返回值是 false，则表示请求被中断，控制器类中的方法不会被执行。

2．postHandle()方法

postHandle()方法会在控制器类中的方法被执行之后、对请求进行处理时被执行，postHandle()方法的语法如下：

```
void postHandle(HttpServletRequest request, HttpServletResponse response, Object handler, @Nullable ModelAndView modelAndView) throws Exception
```

3．afterCompletion()方法

afterCompletion()方法在整个请求结束之后被执行，afterCompletion()方法的语法如下：

```
afterCompletion(HttpServletRequest request, HttpServletResponse response, Object handler, @Nullable Exception ex)
```

在掌握了 HandlerInterceptor 接口中的 3 个方法后，下面将介绍自定义拦截器的实现过程。

6.2.2 自定义拦截器

下面编码实现一个自定义拦截器，这个拦截器用于捕捉一个请求依次被 preHandle()方法、postHandle()方法和 afterCompletion()方法处理的事件。实现自定义拦截器的步骤如下。

（1）创建自定义的 MyInterceptor 拦截器类，实现 HandlerInterceptor 接口。在 preHandle()方法中输出请求将要进入的控制器类的一个方法，并读取请求中 value 参数的值；在控制器类处理完请求后，利用拦截器查看一下请求中 value 参数值是否发生了变化。MyInterceptor 类的代码如下：

```
package com.mr.interceptor;
import javax.servlet.http.HttpServletRequest;
import javax.servlet.http.HttpServletResponse;
import org.springframework.lang.Nullable;
import org.springframework.web.method.HandlerMethod;
import org.springframework.web.servlet.HandlerInterceptor;
import org.springframework.web.servlet.ModelAndView;

public class MyInterceptor implements HandlerInterceptor {
    public boolean preHandle(HttpServletRequest request, HttpServletResponse response, Object handler)
            throws Exception {
        if (handler instanceof HandlerMethod) {            //如果是 HandlerMethod 对象
            HandlerMethod method = (HandlerMethod) handler;
            System.out.println("（1）请求访问的方法是：" + method.getMethod().getName() + "()");
            Object value = request.getAttribute("value");  //读取请求的某个属性，默认为 null
            System.out.println("执行方法前：value=" + value);
            return true;
```

```
            }
            return false;
        }
        public void postHandle(HttpServletRequest request, HttpServletResponse response, Object handler,
                @Nullable ModelAndView modelAndView) throws Exception {
            Object value = request.getAttribute("value");            //执行完请求，再读取此属性
            System.out.println("（2）执行方法后：value=" + value);
        }
        public void afterCompletion(HttpServletRequest request, HttpServletResponse response, Object handler,
                @Nullable Exception ex) throws Exception {
            request.removeAttribute("value");
            System.out.println("（3）整个请求都执行完毕，再此做一些资源释放工作");
        }
}
```

（2）创建 InterceptorConfig 类，配置 MyInterceptor 拦截器，让其拦截所有地址。InterceptorConfig 类的代码如下：

```
package com.mr.config;
import org.springframework.context.annotation.Configuration;
import org.springframework.web.servlet.config.annotation.InterceptorRegistration;
import org.springframework.web.servlet.config.annotation.InterceptorRegistry;
import org.springframework.web.servlet.config.annotation.WebMvcConfigurer;
import com.mr.interceptor.MyInterceptor;

@Configuration
public class InterceptorConfig implements WebMvcConfigurer {
    @Override
    public void addInterceptors(InterceptorRegistry registry) {
        InterceptorRegistration regist = registry.addInterceptor(new MyInterceptor());
        regist.addPathPatterns("/**");                              //拦截所有地址
    }
}
```

> **说明**
>
> "/*" 表示匹配一层地址，例如 "/login" "/add" 等；"/**" 表示匹配多层地址，例如 "/add/user" "/add/goods" 等。

（3）创建 TestController 控制器类，映射 "/index" 地址和 "/login" 地址，并在处理 "/login" 地址的方法中为请求的 value 参数赋值。TestController 类的代码如下：

```
package com.mr.controller;
import javax.servlet.http.HttpServletRequest;
import org.springframework.web.bind.annotation.RequestMapping;
import org.springframework.web.bind.annotation.RestController;

@RestController
public class TestController {

    @RequestMapping("/index")
    public String index() {
        return "欢迎访问XXXX网站";
    }
```

```
@RequestMapping("/login")
public String login(HttpServletRequest request) {
    request.setAttribute("value", "登录前在这里保存了一些属性值");//向请求中插入一个属性值
    return "请先登录";
}
```

打开浏览器，先访问 http://127.0.0.1:8080/index 地址，即可看到如图 6.4 所示的页面。

图 6.4　http://127.0.0.1:8080/index 地址的页面

此时拦截器会拦截请求，并在控制台中打印如图 6.5 所示的结果，可以看出拦截器的 3 个方法都执行了。因为请求中没有 value 属性的值，所以 value 属性被读取的值是 null。

```
2022-11-27 00:27:39.416  INFO 10896 --- [           main] w.s.c.S
2022-11-27 00:27:40.000  INFO 10896 --- [           main] o.s.b.w
2022-11-27 00:27:40.018  INFO 10896 --- [           main] com.mr.
2022-11-27 00:27:56.092  INFO 10896 --- [nio-8080-exec-1] o.a.c.c
2022-11-27 00:27:56.092  INFO 10896 --- [nio-8080-exec-1] o.s.web
2022-11-27 00:27:56.094  INFO 10896 --- [nio-8080-exec-1] o.s.web
（1）请求访问的方法是：index()
执行方法前：value=null
（2）执行方法后：value=null
（3）结束事件
```

图 6.5　控制台打印的日志

再访问 http://127.0.0.1:8080/login 地址，即可看到如图 6.6 所示的页面。

图 6.6　http://127.0.0.1:8080/login 地址的页面

此时拦截器依然会再次拦截请求，控制台会继续打印如图 6.7 所示的内容，可以看出在请求进入 login() 前，请求的 value 参数依然是 null，但请求被 login() 方法处理后，value 参数就有了新的值。这个值就是从 login() 方法中获得的。

```
2022-11-27 00:27:40.018  INFO 10896 --- [           main] com.mr.S
2022-11-27 00:27:56.092  INFO 10896 --- [nio-8080-exec-1] o.a.c.c
2022-11-27 00:27:56.092  INFO 10896 --- [nio-8080-exec-1] o.s.web.
2022-11-27 00:27:56.094  INFO 10896 --- [nio-8080-exec-1] o.s.web.
（1）请求访问的方法是：index()
执行方法前：value=null
（2）执行方法后：value=null
（3）结束事件
（1）请求访问的方法是：login()
执行方法前：value=null
（2）执行方法后：value=登录前在这里保存了一些属性值
（3）结束事件
```

图 6.7　控制台打印的日志

6.3 监 听 器

在开发 Spring Boot 项目的过程中,监听器用于监听并处理指定的事件。在一个 Spring Boot 项目中,可以包含一个或者多个监听器。如果一个 Spring Boot 项目包含多个监听器,那么这些监听器的类型既可以是相同的,也可以是不同的。本节将介绍 Spring Boot 监听接口和监听器的实现过程。

6.3.1 监听器概述

监听器不像过滤器和拦截器那样需要配置,程序开发人员自定义的监听器类只需实现特定的监听接口并用@Component 注解予以标注即可生效。Spring Boot 中主要包含以下 8 个监听接口。

1．ServletRequestListener 接口

ServletRequestListener 接口可以监听请求的初始化与销毁,接口包含以下 2 个方法。
- requestInitialized(ServletRequestEvent sre):请求初始化时触发。
- requestDestroyed(ServletRequestEvent sre):请求被销毁时触发。

2．HttpSessionListener 接口

HttpSessionListener 接口可以监听 session 的创建与销毁,接口包含以下 2 个方法。
- sessionCreated(HttpSessionEvent se):session 已经被加载及初始化时触发。
- sessionDestroyed(HttpSessionEvent se):session 被销毁后触发。

3．ServletContextListener 接口

ServletContextListener 接口可以监听上下文的初始化与销毁,接口包含以下 2 个方法。
- contextInitialized(ServletContextEvent sce):上下文初始化时触发。
- contextDestroyed(ServletContextEvent sce):上下文被销毁时触发。

4．ServletRequestAttributeListener 接口

ServletRequestAttributeListener 接口可以监听请求属性发生的增、删、改事件,接口包含以下 3 个方法。
- attributeAdded(ServletRequestAttributeEvent srae):请求添加新属性时触发。
- attributeRemoved(ServletRequestAttributeEvent srae):请求删除旧属性时触发。
- attributeReplaced(ServletRequestAttributeEvent srae):请求修改旧属性时触发。

5．HttpSessionAttributeListener 接口

HttpSessionAttributeListener 接口可以监听 session 属性发生的增、删、改事件,接口包含以下 3 个方法。
- attributeAdded(HttpSessionBindingEvent se):session 添加新属性时触发。

- attributeRemoved(HttpSessionBindingEvent se)：session 删除旧属性时触发。
- attributeReplaced(HttpSessionBindingEvent se)：session 修改旧属性时触发。

6．ServletContextAttributeListener 接口

ServletContextAttributeListener 接口可以监听上下文属性发生的增、删、改事件，接口包含以下 3 个方法。

- attributeAdded(ServletContextAttributeEvent scae)：上下文添加新属性时触发。
- attributeRemoved(ServletContextAttributeEvent scae)：上下文删除旧属性时触发。
- attributeReplaced(ServletContextAttributeEvent scae)：上下文修改旧属性时触发。

7．HttpSessionBindingListener 接口

HttpSessionBindingListener 接口可以为开发者自定义的类添加 session 绑定监听，当 session 保存或移除此类的对象时触发此监听。接口包含以下 2 个方法。

- valueBound(HttpSessionBindingEvent event)：当 session 通过 setAttribute()方法保存对象时，触发该对象的此方法。
- valueUnbound(HttpSessionBindingEvent event)：当 session 通过 removeAttribute()方法移除对象时，触发该对象的此方法。

8．HttpSessionActivationListener 接口

HttpSessionActivationListener 接口可以为开发者自定义的类添加序列化监听，当保存在 session 中的自定义类对象被序列化或反序列化时触发此监听。此监听通常会配合 HttpSessionBindingListener 监听一起使用。接口包含以下 2 个方法。

- sessionWillPassivate(HttpSessionEvent se)：自定义对象被序列化之前触发。
- sessionDidActivate(HttpSessionEvent se)：自定义对象被反序列化之后触发。

> **说明**
> 对象变成字节序列的过程被称为序列化，例如将内存中的对象保存到硬盘文件中，这个过程也被称为 passivate、钝化、持久化；字节序列变成对象的过程被称为反序列化，例如从文件中读取数据并封装成一个对象并保存在内存中，这个过程也被称为 activate、活化。

6.3.2 自定义监听器

开发一个面向公网的网站，必须能够记录每一个请求的来源和行为。服务器可以通过监听器在请求刚一创建时记录请求的特征。所谓请求的特征，指的是请求的 IP、session id 和请求访问的 URL 地址等信息。下面将介绍一个自定义监听器的实现过程，这个监听器用于监听每一个前端请求的 URL、IP 和 session id。

> **说明**
> session id 是由服务器随机生成的，每个 session 的 session id 都不一样。但只要用户不关闭浏览器，用户的 session id 就不会改变。

（1）创建自定义的 MyRequestListener 监听器类，该类通过实现 ServletRequestListener 接口来监听请求的初始化事件。使用@Component 注解标注 MyRequestListener 监听器类，以保证 Spring Boot 可以扫描到此监听器。

（2）在 MyRequestListener 监听器类的监控方法中，一旦请求被初始化，就把请求的 IP 地址、session id 和 URL 打印在控制台上；如果请求销毁，则在控制台中提示请求已被销毁。MyRequestListener 类的代码如下：

```java
package com.mr.listener;

import javax.servlet.ServletRequestEvent;
import javax.servlet.ServletRequestListener;
import javax.servlet.http.HttpServletRequest;
import org.springframework.stereotype.Component;

@Component
public class MyRequestListener implements ServletRequestListener {  //请求监听
    public void requestInitialized(ServletRequestEvent sre) {
        HttpServletRequest request = (HttpServletRequest) sre.getServletRequest();
        String ip = request.getRemoteAddr();                    //获取请求的 IP
        String url = request.getRequestURL().toString();        //获取请求访问的地址
        String sessionID = request.getSession().getId();        //获取 session id

        System.out.println("前端请求的 IP 地址为：" + ip);
        System.out.println("前端请求的 URL 地址为：" + url);
        System.out.println("前端请求的 session id 为：" + sessionID);
    }

    public void requestDestroyed(ServletRequestEvent sre) {
        HttpServletRequest request = (HttpServletRequest) sre.getServletRequest();
        String sessionID = request.getSession().getId();
        System.out.println("session id 为" + sessionID + "的请求已销毁");
    }
}
```

（3）创建 WelcomeController 控制器类，映射"/index"地址，代码如下：

```java
package com.mr.controller;
import org.springframework.web.bind.annotation.RequestMapping;
import org.springframework.web.bind.annotation.RestController;

@RestController
public class WelcomeController {
    @RequestMapping("/index")
    public String index() {
        return "欢迎访问 XXXX 网站";
    }
}
```

打开浏览器，访问 http://127.0.0.1:8080/index 地址，即可看到如图 6.8 所示的页面。

图 6.8　http://127.0.0.1:8080/index 地址的页面

此时，可以在控制台上看到如图 6.9 所示的内容，即获取并打印了请求的 URL、IP 和 session id。

```
2022-11-27 00:37:21.083  INFO 2108 --- [           main] o.a.c.c.
2022-11-27 00:37:21.083  INFO 2108 --- [           main] w.s.c.Se
2022-11-27 00:37:21.633  INFO 2108 --- [           main] o.s.b.w.
2022-11-27 00:37:21.651  INFO 2108 --- [           main] com.mr.S
前端请求的IP地址为: 127.0.0.1
前端请求的URL地址为: http://127.0.0.1:8080/index
前端请求的session id为: EDD8B65FA178AF7FBCF669EE4764F5C7
2022-11-27 00:37:33.700  INFO 2108 --- [nio-8080-exec-1] o.a.c.c.
2022-11-27 00:37:33.700  INFO 2108 --- [nio-8080-exec-1] o.s.web.
2022-11-27 00:37:33.703  INFO 2108 --- [nio-8080-exec-1] o.s.web.
session id为EDD8B65FA178AF7FBCF669EE4764F5C7的请求已销毁
```

图 6.9　控制台打印请求的 URL、IP 和 session id

6.4　实践与练习

（答案位置：资源包\TM\sl\6\实践与练习）

综合练习 1：让同一个请求经过 3 个过滤器

为 Spring Boot 项目配置多个过滤器时，可以通过为@Bean 起别名的方式来防止 Bean 冲突，也可以使用 FilterRegistrationBean 的泛型来防止 Bean 冲突。请读者按照如下思路和步骤编写程序。

（1）创建 FirstFilter、SecondFilter 和 ThirdFilter 这 3 个过滤器，每个过滤器只会在控制台打印如图 6.10 所示的一行文字。

（2）创建 FilterConfig 类来配置这 3 个过滤器，每一个配置方法中都会指定 FilterRegistrationBean 的泛型，泛型为各过滤器类型。

（3）编写 CountController 控制器类，映射“/index”地址。

（4）打开浏览器，访问 http://127.0.0.1:8080/main/index 地址，可以在控制台中看到如图 6.10 所示的内容，在日志的最下方能够看到用户提交一个请求后，3 个过滤器都给出了回应。说明请求依次进入了这 3 个过滤器。

```
  .   ____          _            __ _ _
 /\\ / ___'_ __ _ _(_)_ __  __ _ \ \ \ \
( ( )\___ | '_ | '_| | '_ \/ _` | \ \ \ \
 \\/  ___)| |_)| | | | | || (_| |  ) ) ) )
  '  |____| .__|_| |_|_| |_\__, | / / / /
 =========|_|==============|___/=/_/_/_/
 :: Spring Boot ::                (v2.7.5)

2022-11-27 00:09:28.086  INFO 12132 --- [           main] com.mr.SpringBootDemoApplication         : Starting SpringBootDemoApplication using Java
2022-11-27 00:09:28.089  INFO 12132 --- [           main] com.mr.SpringBootDemoApplication         : No active profile set, falling back to 1 defa
2022-11-27 00:09:29.342  INFO 12132 --- [           main] o.s.b.w.embedded.tomcat.TomcatWebServer  : Tomcat initialized with port(s): 8080 (http)
2022-11-27 00:09:29.345  INFO 12132 --- [           main] o.a.catalina.core.AprLifecycleListener   : Loaded Apache Tomcat Native library [1.2.33]
2022-11-27 00:09:29.345  INFO 12132 --- [           main] o.a.catalina.core.AprLifecycleListener   : APR capabilities: IPv6 [true], sendfile [true
2022-11-27 00:09:29.346  INFO 12132 --- [           main] o.a.catalina.core.AprLifecycleListener   : APR/OpenSSL configuration: useAprConnector [f
2022-11-27 00:09:29.353  INFO 12132 --- [           main] o.a.catalina.core.AprLifecycleListener   : OpenSSL successfully initialized [OpenSSL 1.1
2022-11-27 00:09:29.371  INFO 12132 --- [           main] o.apache.catalina.core.StandardService   : Starting service [Tomcat]
2022-11-27 00:09:29.372  INFO 12132 --- [           main] org.apache.catalina.core.StandardEngine  : Starting Servlet engine: [Apache Tomcat/9.0.6
2022-11-27 00:09:29.506  INFO 12132 --- [           main] o.a.c.c.C.[Tomcat].[localhost].[/]       : Initializing Spring embedded WebApplicationCo
2022-11-27 00:09:29.506  INFO 12132 --- [           main] w.s.c.ServletWebServerApplicationContext : Root WebApplicationContext: initialization co
2022-11-27 00:09:30.103  INFO 12132 --- [           main] o.s.b.w.embedded.tomcat.TomcatWebServer  : Tomcat started on port(s): 8080 (http) with c
2022-11-27 00:09:30.116  INFO 12132 --- [           main] com.mr.SpringBootDemoApplication         : Started SpringBootDemoApplication in 2.486 se
2022-11-27 00:09:39.253  INFO 12132 --- [nio-8080-exec-1] o.a.c.c.C.[Tomcat].[localhost].[/]       : Initializing Spring DispatcherServlet 'dispat
2022-11-27 00:09:39.253  INFO 12132 --- [nio-8080-exec-1] o.s.web.servlet.DispatcherServlet        : Initializing Servlet 'dispatcherServlet'
2022-11-27 00:09:39.254  INFO 12132 --- [nio-8080-exec-1] o.s.web.servlet.DispatcherServlet        : Completed initialization in 1 ms
进入过滤器1
进入过滤器2
进入过滤器3
```

图 6.10　前端提交请求，3 个过滤器都给出了回应

综合练习 2：拦截高频访问

高频访问是指某一个用户访问某一个接口的频率超出真实用户的操作极限。例如某用户在"双十一"抢购特价商品时，仅在 1 秒内就提交了 100 次下单请求。高频访问通常都是由网络爬虫机器人技术实现的，如果服务器不能及时发现并拦截这种"入侵行为"，则会极大地消耗系统资源甚至导致服务器崩溃。每一个 session 都有一个独立的 session id，开发者可以统计每一个 session id 的访问频率或者 session 时间间隔来决定是否拒绝对方的请求。请读者按照如下思路和步骤编写程序。

（1）创建 MyInterceptor 作为高频访问的拦截器类，实现 HandlerInterceptor 接口。在 preHandle() 方法中首先获得上下文对象，然后将拦截到的 session 的 session id 作为键、session 的访问时间作为值保存在上下文中。如果相同的 session id 再次提交请求，则比对两次请求的间隔时间是否大于 1 秒，如果小于或等于 1 秒则认为请求过于频繁，拒绝对方请求继续执行。

（2）InterceptorConfig 类用于配置拦截器，让后者拦截所有地址，但为了方便验证拦截器功能，排除了"/index"地址。

（3）TestController 是控制器类，提供两个可访问地址："/time"用于显示当前时间，但访问过于频繁会被拦截；"/index"模拟显式主页，不会被拦截。

（4）打开浏览器，输入 http://127.0.0.1:8080/time 地址，可以看到当前时间，此时连续单击浏览器的刷新按钮，制造高频访问场景，可以看到 Eclipse 控制台打印如图 6.11 所示的结果。

图 6.11　拦截器阻止用户高频访问

第 7 章 Service 层

在实际开发中，Service 层主要负责业务模块的逻辑应用设计。在设计 Service 层的过程中，首先设计接口，然后设计接口的实现类。通常情况下，Service 层用于封装项目中一些通用的业务逻辑，这么做的好处是有利于业务逻辑的独立性和重复利用性。因此，为了处理一个 Spring Boot 项目中的业务逻辑，Service 层是不可或缺的。本章将介绍如何使用 Spring Boot 的相关技术实现 Service 层。

本章的知识架构及重难点如下。

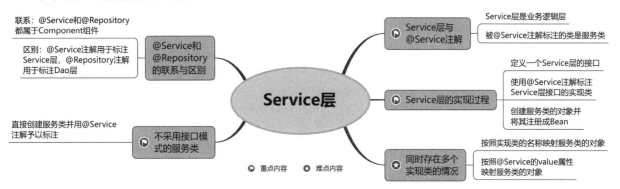

7.1　Service 层与@Service 注解

Spring Boot 中的 Service 层是业务逻辑层，其作用是处理业务需求，封装业务方法，执行 Dao 层中用于访问、处理数据的操作。Service 层通常由一个接口和这个接口的实现类组成。其中，Service 层的接口可以在 Controller 层中被调用，用于实现数据的传递和处理；Service 层的实现类须使用@Service 注解予以标注。

说明

（1）Dao 层介于 Service 层和数据库之间，用于访问、操作数据库中的数据。Dao 层通常由 Dao 接口、Dao 实现类和 Dao 工厂类这 3 个部分组成。在 Dao 接口中，定义了一系列用于访问、操作数据库中数据的方法。在 Dao 实现类中，实现了 Dao 接口中的方法。Dao 工厂类的作用是返回一个 Dao 实现类的对象。

（2）Controller 层的作用是通过调用 Service 层的接口，控制各个业务模块的业务流程。Controller 层通过解析用户通过 URL 地址发送的请求，调用不同的 Service 层的接口以处理这个请求，把处理结果返回给客户端。

在 Spring Boot 中，把被@Service 注解标注的类称作服务类。@Service 注解属于 Component 组件，可以被 Spring Boot 的组件扫描器扫描到。当启动 Spring Boot 项目时，服务类的对象会被自动地创建，并被注册成 Bean。

7.2 Service 层的实现过程

大多数的 Spring Boot 项目采用接口模式实现 Service 层。那么，在实际开发中，如何实现 Service 层呢？如图 7.1 所示，Service 层的实现过程如下。

（1）定义一个 Service 层的接口，在这个接口中定义用于传递和处理数据的方法。例如，定义一个 Service 层的接口 ProductService，代码如下：

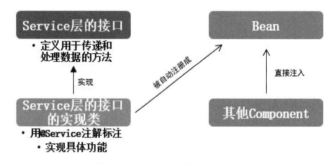

图 7.1 Service 层的实现过程

```
public interface ProductService {
    ……//省略用于传递和处理数据的方法
}
```

（2）定义一个 Service 层的接口的实现类，使用@Service 注解予以标注。这个实现类的作用有两个：一个是实现 Service 层的接口中的业务方法；另一个是执行 Dao 层中用于访问、处理数据的操作。例如，使用@Service 注解标注实现 ProductService 接口的 ProductServiceImpl 类，代码如下：

```
@Service
public class ProductServiceImpl implements ProductService {
    ……//省略用于实现接口的业务方法和用于执行访问、处理数据的操作的代码
}
```

（3）在服务类的对象被自动地创建并被注册成 Bean 之后，其他 Component 组件即可直接注入这个 Bean。

7.3 同时存在多个实现类的情况

在上一节中，通过简单的示例只演示了一个 Service 层的接口存在一个实现类的情况。但是在实际开发中，一个 Service 层的接口可能会针对多种业务场景而存在多个实现类。本节将介绍如何处理 Spring Boot 中的"一个 Service 层的接口同时存在多个实现类"的情况。

7.3.1 按照实现类的名称映射服务类的对象

使用@Service 注解标注一个 Service 层的接口的实现类，这个实现类被称作服务类，这个实现类的

对象被称作服务类的对象。服务类的对象会被自动地创建，并被注册成 Bean。

综上所述，Bean 的名称就是实现类的名称。需要注意的是，实现类的名称的首字母要大写，Bean 的名称的首字母是小写的。

例如，使用@Service 注解标注实现 Service 接口的 ServiceImpl 类，代码如下：

```
@Service
public class ServiceImpl implements Service {  }
```

在上述代码中，实现类的名称是 ServiceImpl。因为 Bean 的名称就是实现类的名称，所以 Bean 的名称是 serviceImpl。因此，上述代码就等同于如下的用于注册 Bean 的代码：

```
@Bean("serviceImpl")
public Service createBean() {
    return new ServiceImpl();
}
```

这样，其他 Component 组件即可通过指定 Bean 的名称的方式注入与服务类的对象对应的 Bean。代码如下：

```
@Autowired
Service serviceImpl;
```

上述代码等同于如下的代码：

```
@Autowired
@Qualifier("serviceImpl")
Service impl;
```

掌握了以上内容后，下面编写一个实例来演示如何按照实现类的名称映射服务类的对象的方式来处理"一个 Service 层的接口同时存在多个实现类"的情况。

【例 7.1】 为翻译服务创建英译汉、法译汉实现类（**实例位置：资源包\TM\sl\7\1**）

首先，在 com.mr.service 包下创建 TranslateService 翻译服务接口，接口中只定义一个翻译方法。代码如下：

```
package com.mr.service;
public interface TranslateService {
    String translate(String word);
}
```

然后，在 com.mr.service.impl 包下创建 English2ChineseImpl 英译汉类，并实现 TranslateService 接口，同时使用@Service 注解标注此类。在实现的翻译方法中，如果用户传入的单词是"Good morning"（不区分大小写），则返回中文"早上好"；如果传入其他内容，则返回"我还没有学会这个短句，你可以举例说明吗？"的提示信息。English2ChineseImpl 类的代码如下：

> **说明**
>
> 此实例仅演示最简单的翻译过程，详细的中英对照词库需要程序开发人员自行补充。

```
package com.mr.service.impl;
import org.springframework.stereotype.Service;

@Service
public class English2ChineseImpl implements TranslateService {
```

```
    @Override
    public String translate(String word) {
        if ("Good morning".equalsIgnoreCase(word)) {
            return "Good morning -> 早上好";
        }
        return "我还没有学会这个短句,你可以举例说明吗? ";
    }
}
```

接着,在 com.mr.service.impl 包下创建 French2ChineseImpl 法译汉类,并实现 TranslateService 接口,同时使用@Service 标注此类。在实现的翻译方法中,如果用户传入的单词是"bonjour"(不区分大小写),则返回中文"早上好";如果传入其他内容,则返回"我还没有学会这个短句,你可以举例说明吗?"的提示信息。French2ChineseImpl 类的代码如下:

```
package com.mr.service.impl;
import org.springframework.stereotype.Service;

@Service
public class French2ChineseImpl implements TranslateService {

    @Override
    public String translate(String word) {
        if ("bonjour".equalsIgnoreCase(word)) {
            return "bonjour -> 早上好";
        }
        return "我还没有学会这个短句,你可以举例说明吗? ";
    }
}
```

最后,创建 TranslateController 控制器类,分别创建两个服务类的对象,并分别按照两个实现类的名称(但首字母小写)映射这两个服务类的对象,使用@Autowired 注解自动注入这两个服务类的对象。如果客户端访问的是"/english"地址,就将发来的参数交由负责英译汉的服务处理;如果访问的是"/french"地址,就将发来的参数交由负责法译汉的服务处理。TranslateController 类的代码如下:

```
package com.mr.controller;
import org.springframework.beans.factory.annotation.Autowired;
import org.springframework.web.bind.annotation.RequestMapping;
import org.springframework.web.bind.annotation.RestController;
import com.mr.service.TranslateService;

@RestController
public class TranslateController {
    @Autowired
    TranslateService english2ChineseImpl;    //英译汉服务

    @Autowired
    TranslateService french2ChineseImpl;     //法译汉服务

    @RequestMapping("/english")
    public String english(String word) {
        return english2ChineseImpl.translate(word);
    }

    @RequestMapping("/french")
    public String french(String word) {
        return french2ChineseImpl.translate(word);
    }
}
```

使用 Postman 模拟用户通过 URL 地址发送的请求。访问 http://127.0.0.1:8080/english 地址，并添加 word 参数，参数值为 Good morning。发送请求后，即可看到如图 7.2 所示的结果，服务器将 Good morning 翻译成了"早上好"。

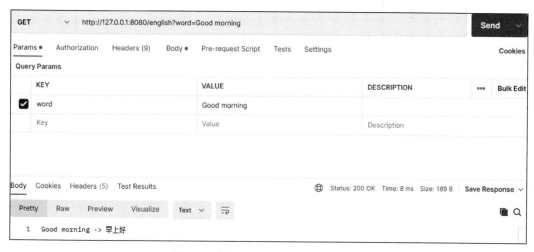

图 7.2　访问英译汉服务后得到的结果

将访问地址改为 http://127.0.0.1:8080/french，word 参数值改为 bonjour。发送请求后，即可看到如图 7.3 所示的结果，服务器将 bonjour 翻译成了"早上好"。

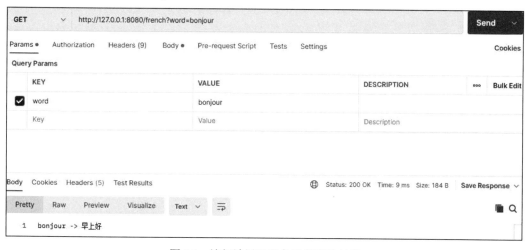

图 7.3　访问法译汉服务后得到的结果

7.3.2　按照@Service 的 value 属性映射服务类的对象

在@Service 注解中，只包含一个 value 属性。value 属性是@Service 注解的默认属性，它的两种语法格式如下：

```
@Service("id")              //在语法格式中省略了"value ="
@Service(value = "id")      //在语法格式中没有省略"value ="
```

为 value 属性赋值后，就相当于在创建与服务类的对象对应的 Bean 时确定了 Bean 的名称。因此，上述的语法格式等同于如下的用于注册 Bean 的代码：

```
@Bean("id")
public Service createBean() {
    return new ServiceImpl();
}
```

这样，其他 Component 组件即可通过指定 Bean 的名称的方式注入与服务类的对象对应的 Bean。代码如下：

```
@Autowired
Service id;
```

上述代码等同于如下的代码：

```
@Autowired
@Qualifier("id")
Service impl;
```

掌握了以上内容后，下面编写一个实例演示如何按照@Service 的 value 属性映射服务类的对象的方式来处理"一个 Service 层的接口同时存在多个实现类"的情况。

【例 7.2】 为考试成绩服务创建升序排列和降序排列实现类（**实例位置：资源包\TM\sl\7\2**）

首先，在 com.mr.service 包下创建 TranscriptsService 考试成绩服务接口，接口中只定义一个排序方法，参数为 List 类型的对象。TranscriptsService 接口的代码如下：

```
package com.mr.service;
import java.util.List;

public interface TranscriptsService {
    void sort(List<Double> score);
}
```

然后，在 com.mr.service.impl 包下创建 ASCTranscriptsServiceImpl 升序排列成绩类，并实现 TranslateService 接口，同时使用@Service 注解标注此类。在实现的排序方法中，调用 Collections 类的 sort()方法按照升序重新排列列表中的成绩。ASCTranscriptsServiceImpl 类的代码如下：

```
package com.mr.service.impl;
import java.util.Collections;
import java.util.List;
import org.springframework.stereotype.Service;

@Service("asc")
public class ASCTranscriptsServiceImpl implements TranscriptsService {

    @Override
    public void sort(List<Double> score) {
        Collections.sort(score);//对 List 升序排序，默认排序规则
    }
}
```

接着，在 com.mr.service.impl 包下再创建 DESCTranscriptsServiceImpl 降序排列成绩类，并实现 TranslateService 接口，同时使用@Service 注解标注此类。因为 Collections 类的 sort()方法默认的排列方式是升序，所以想要实现降序排列需要自定义排序器。为此，创建 Comparator 排序器接口的匿名对象，当对集合中的两个元素进行比较时，如果前面的元素大于后面的元素，就让排序方法返回-1，以此表示值大的元素已经在前面了；如果前面的元素小于后面的元素，就让排序方法返回 1，以此表示让后面

的元素往前排，进而保证值大的元素在前面；如果前面的元素等于后面的元素，就让排序方法返回 0，以此表示这两个元素的顺序保持不变。DESCTranscriptsServiceImpl 类的代码如下：

```java
package com.mr.service.impl;
import java.util.Collections;
import java.util.Comparator;
import java.util.List;
import org.springframework.stereotype.Service;

@Service("desc")
public class DESCTranscriptsServiceImpl implements TranscriptsService {

    @Override
    public void sort(List<Double> score) {
        Collections.sort(score, new Comparator<Double>() {      //自定义降序排序器
            @Override
            public int compare(Double o1, Double o2) {
                if (o1 > o2) return -1;                         //因为值大的元素已经在有面了，所以 o1 和 o2 的顺序保持不变
                if (o1 < o2) return 1;                          //调整 o1 和 o2 的顺序，即 o2 排在 o1 的前面
                return 0;                                       //不调整 o1 和 o2 的顺序
            }
        });
    }
}
```

最后，创建 TranscriptsController 控制器类，分别创建两个用于排序的服务类的对象。其中，用于负责升序排列的服务类的对象使用@Qualifier("asc")注解予以标注，以表示注入的是名称为 asc 的 Bean；负责降序排列的服务类的对象直接被命名为"desc"，@Autowired 注解会自动寻找名称为"desc"并且类型相同的 Bean 予以注入。如果前端向"/asc"地址发送成绩数据，则按照升序排列列表中的成绩；如果前端向"/desc"地址发送成绩数据，则按照降序排列列表中的成绩。TranscriptsController 类的代码如下：

```java
package com.mr.controller;
import java.util.ArrayList;
import java.util.List;
import org.springframework.beans.factory.annotation.Autowired;
import org.springframework.beans.factory.annotation.Qualifier;
import org.springframework.web.bind.annotation.RequestMapping;
import org.springframework.web.bind.annotation.RestController;
import com.mr.service.TranscriptsService;

@RestController
public class TranscriptsController {
    @Autowired
    @Qualifier("asc")
    TranscriptsService asc;                                     //注入升序实现类

    @Autowired
    TranscriptsService desc;                                    //注入降序实现类

    @RequestMapping("/asc")
    public String asc(Double class1, Double class2, Double class3) {
        List<Double> list = new ArrayList<>(List.of(class1, class2, class3));   //根据 3 个参数值创建 List
        asc.sort(list);                                         //服务对象对成绩排序
        StringBuilder sb = new StringBuilder();
        list.stream().forEach(e -> sb.append(e + " "));         //List 每一个对象都拼接到字符串中
        return sb.toString();
    }
```

```
@RequestMapping("/desc")
public String desc(Double class1, Double class2, Double class3) {
    List<Double> list = new ArrayList<>(List.of(class1, class2, class3));
    desc.sort(list);
    StringBuilder sb = new StringBuilder();
    list.stream().forEach(e -> sb.append(e + " "));
    return sb.toString();
}
```

使用 Postman 模拟用户通过 URL 地址发送的请求。访问 http://127.0.0.1:8080/asc 地址，先添加 class1、class2 和 class3 这 3 个参数并为其赋值，再发送请求，而后返回的结果将以升序的方式予以排列，效果如图 7.4 所示。

图 7.4　访问 http://127.0.0.1:8080/asc 地址得到升序排列的结果

在 class1、class2 和 class3 这 3 个参数及其值保持不变的情况下，访问 http://127.0.0.1:8080/desc 地址，发送请求后返回的结果将以降序的方式予以排列，效果如图 7.5 所示。

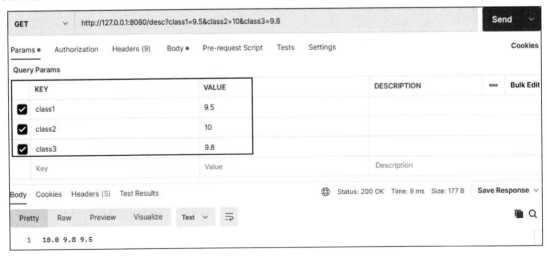

图 7.5　访问 http://127.0.0.1:8080/desc 地址得到降序排列的结果

7.4 不采用接口模式的服务类

在实际开发中，一些功能非常简单的服务可以不采用接口模式，直接创建服务类并用@Service注解予以标注即可。下面编写一个实例来演示如何使用不采用接口模式的服务类。

【例7.3】 校验前端发送的名称是否为中文名称（**实例位置：资源包\TM\sl\7\3**）

在com.mr.service包下直接创建VerifyService校验服务类，并用@Service注解予以标注。在这个服务类中，提供了一个方法，用来校验指定字符串是不是由2～4个中文字符组成的。VerifyService类的代码如下：

```java
package com.mr.service;
import org.springframework.stereotype.Service;

@Service
public class VerifyService {
    public boolean chineseName(String name) {
        String match = "^[\\u4e00-\\u9fa5]{2,4}$";    //中文字符区间正则表达式
        if (name != null) {
            return name.matches(match);
        }
        return false;
    }
}
```

创建VerifyController控制器类，创建VerifyService服务类的对象，并使用@Autowired注解自动注入与服务类的对象对应的Bean。当客户端发来一个名称时，通过VerifyService服务类的对象调用校验方法，判断该名称是否为有效的中文名称，并返回校验结果。VerifyController类的代码如下：

```java
package com.mr.controller;
import org.springframework.beans.factory.annotation.Autowired;
import org.springframework.web.bind.annotation.RequestMapping;
import org.springframework.web.bind.annotation.RestController;
import com.mr.service.VerifyService;

@RestController
public class VerifyController {
    @Autowired
    VerifyService verify;                            //校验服务

    @RequestMapping("/verify/name")
    public String name(String name) {
        if (verify.chineseName(name)) {
            return "中文名称检验通过";
        }
        return "这不是一个有效的中文名称";
    }
}
```

使用Postman模拟用户通过URL地址发送的请求。访问http://127.0.0.1:8080/verify/name地址，并添加name参数，name参数的值为"David"。因为David都是英文字母，所以发送请求后会看到如图7.6

所示的结果。

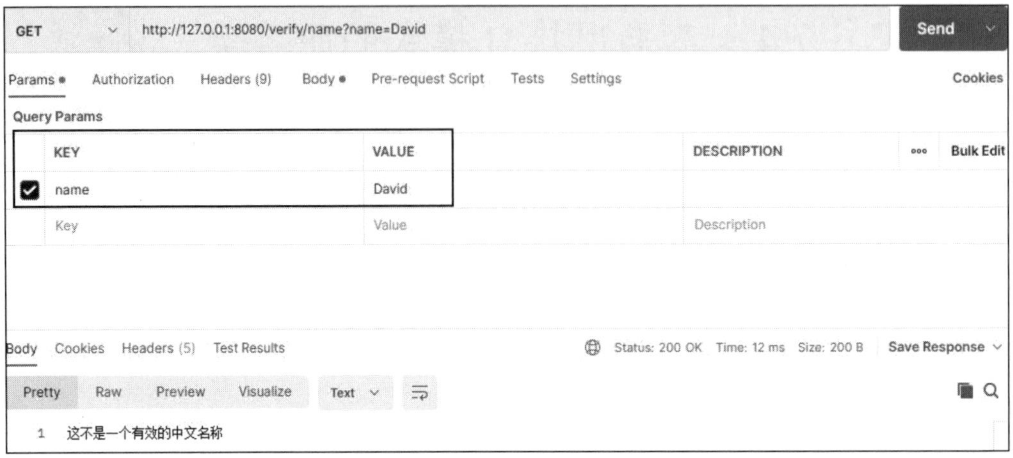

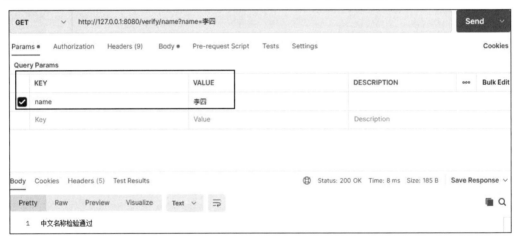

图 7.6　发送英文名称校验失败

将 name 参数的值修改为"李四"后，再次发送请求，即可看到如图 7.7 所示的结果。

图 7.7　发送中文名称校验通过

7.5　@Service 和@Repository 的联系与区别

在 Spring Boot 中，@Repository 注解可以标注任何类。被@Repository 注解标注的类用于执行与数据库相关的操作，并支持自动处理在操作数据库的过程中产生的异常。

与@Service 注解相同，@Repository 注解也属于 Component 组件，可以被 Spring Boot 的组件扫描器扫描到。也就是说，如果一个类被@Component 注解标注，就可以使用@Service 注解、@Repository 注解或者其他 Component 组件替代@Component 注解。

虽然@Service 注解和@Repository 注解都是针对不同的使用场景所采取的特定功能化的注解组件，

但是@Service 注解用于标注 Service 层（即业务逻辑层），@Repository 注解用于标注 Dao 层（即数据库访问层）。这样，在实际开发中，程序开发人员仅从字面上就能够判断出某个服务是业务服务，还是数据库服务。

7.6 实践与练习

（答案位置：资源包\TM\sl\7\实践与练习）

综合练习：创建用户服务，校验用户账号和密码是否正确

请读者按照如下思路和步骤编写程序。

（1）在 com.mr.service 包下创建 UserService 用户服务接口，接口中只定义一个校验方法。

（2）在 com.mr.service.impl 包下创建 UserServiceImpl 类，并实现 UserService 接口，同时使用 @Service 注解予以标注。在实现的方法中，如果用以表示用户名的参数的值为"mr"，并且用以表示密码的参数的值为"123465"，那么校验方法返回 true；否则，返回 false。

（3）创建 LoginController 控制器类，注入 UserService 类型的 Bean，映射"/login"地址，将客户端传来的用户名和密码交给 UserService 类型的 Bean 进行校验。如果校验成功，就返回"登录成功"；如果校验失败，就返回"用户名或密码错误。"

（4）使用 Postman 模拟用户通过 URL 地址发送的请求，访问 http://127.0.0.1:8080/login 地址，并添加 username 和 password 这两个参数，它们的值分别为"mr"和"123456"，发送请求后即可看到如图 7.8 所示的结果。

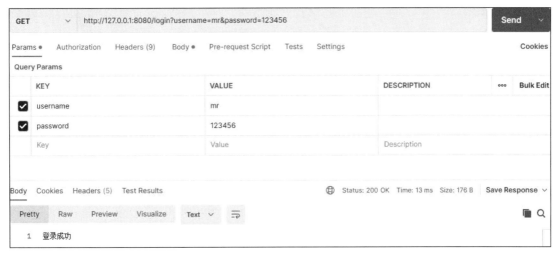

图 7.8　向服务器发送正确的账号和密码后返回的结果

第 8 章 日志的操作

很多程序开发人员在刚学习 Java 语言时，习惯使用 System.out.println()语句打印程序的运行状态。虽然 System.out 还提供了更灵活的 print()方法和 printf()方法，但不推荐大家使用 System.out 来打印日志。因为每一条 System.out 语句都是独立运行的，一旦项目开发完成，当需要取消所有调试日志时，程序开发人员只能将 System.out 语句一条一条地注释掉。这样的工作既耗费精力，又容易出现纰漏。为了让程序开发人员快速、简单地控制程序日志，日志框架应运而生。Spring Boot 支持绝大多数的日志框架，本章将介绍如何使用 Spring Boot 默认的日志框架来操作日志。

本章的知识架构及重难点如下。

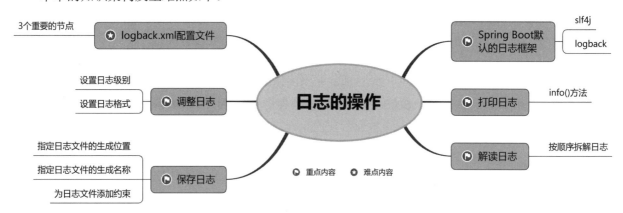

8.1 Spring Boot 默认的日志框架

Spring Boot 支持很多种日志框架。通常情况下，这些日志框架是由一个日志抽象层和一个日志实现层搭建而成的。日志抽象层是为记录日志提供的一套标准且规范的框架，其作用在于为记录日志提供接口。日志实现层是由日志抽象层实现的框架。

在 Spring Boot 中，常见的日志抽象层有 jcl（jakarta commons logging）、slf4j（simple logging facade for java）、jboss-logging 等；常见的日志实现层有 log4j、jul（java.util.logging）、log4j2、logback 等。Spring Boot 默认使用的日志抽象层是 slf4j，默认使用的日志实现层是 logback。

那么，Spring Boot 为什么把由 slf4j 和 logback 搭建而成的日志框架作为默认的日志框架呢？slf4j 是当下主流的日志抽象层。使用 slf4j 可以非常灵活地通过占位符执行参数占位的操作，这样不仅可以简化代码，而且可以让代码具有更好的可读性。logback 是由 slf4j 实现的框架。虽然 logback 和 log4j 都是由 Ceki Gülcü 编写的框架，但是 logback 比 log4j 拥有更多的特性和更好的性能。因此，logback

已基本替代了 log4j，并成为当下主流的日志实现层。

需要特别说明的是，在实际开发中，当执行记录日志的操作时，不应该调用日志实现层的方法，而应该调用日志抽象层的方法。

8.2 打印日志

打印日志指的是在控制台上打印日志文本，它是使用 slf4j + logback 日志框架执行记录日志操作的基本功能。在上文中，已经介绍了当执行记录日志的操作时，应该调用日志抽象层的方法，即 slf4j 的方法。因为 slf4j 实质上是一个接口，所以在使用 slf4j 记录日志时，需要先使用 import 关键字导入实现 slf4j 的日志框架，再调用 slf4j 被这个日志框架实现的方法。下面将介绍 slf4j 的使用方法。

在使用 slf4j 打印日志时，需要创建日志对象，创建日志对象的语法如下：

```
Logger log = LoggerFactory.getLogger(所在类.class);
```

Logger 是 slf4j 提供的接口，Logger 的对象必须通过 LoggerFactory 工厂类中的 getLogger()方法予以创建，getLogger()方法的参数为当前类的 class 对象。例如，在 People 类里创建日志对象，那么 getLogger()方法的参数就要写成 People.class，示例代码如下：

```
import org.slf4j.Logger;
import org.slf4j.LoggerFactory;
public class People {
    Logger log = LoggerFactory.getLogger(People.class);
}
```

创建日志对象的标准语法应该把 Logger 的对象修饰为 private static final，以防止 Logger 的对象被其他外部类修改。创建日志对象的标准语法如下：

```
private static final Logger log = LoggerFactory.getLogger(所在类.class);
```

如果 Logger 的对象不是用 private static final 修饰的，则可以把 getLogger()方法的参数写成 getClass()方法，即让当前类去填写 class 对象。创建日志对象的另一种语法如下：

```
Logger log = LoggerFactory.getLogger(getClass());
```

> **注意**
>
> Spring Boot 依赖的很多包中都有名为 Logger 和 LoggerFactory 的接口或类。在创建日志对象时，须使用 import 关键字导入 org.slf4j 包下的 Logger 接口。如果担心导错包，就把 Logger 接口的出处写完整。创建日志对象的语法如下：
>
> ```
> org.slf4j.Logger log = org.slf4j.LoggerFactory.getLogger(所在类.class);
> ```

使用 slf4j 打印日志所需的核心方法是 info()，info()方法的语法如下：

```
void info(String msg)
```

msg 表示的是要打印的字符串，info()方法的使用方法与 System.out.println(msg)类似。每调用一次 info()方法，都会打印一行独立的日志内容。

info()方法具有多种重载方法,因此支持向日志内容添加动态参数的功能。info()方法的重载形式如下:

```
void info(String format, Object param)
void info(String format, Object param1, Object param2)
void info(String format, Object... arguments)
```

format 表示的是要打印的日志内容,param、param1、param2 表示的都是向日志内容传入的参数,arguments 是不定长参数。

当向日志内容传入参数时,在 format 表示的日志内容中须使用英文格式的"{}",英文格式的"{}"将作为参数的占位符。在打印日志时,向日志内容传入的参数的值会自动替换英文格式的"{}"。如果在 format 表示的日志内容中有多个"{}",则会按照"{}"的先后顺序依次与向日志内容传入的参数进行对应。

例如,username 的值为"张三",orderId 的值为 123456789,现在把这两个变量传入日志内容中,那么以下两种使用 info()方法的写法所打印的日志内容是完全相同的。

```
log.info("您的用户名为" + username + ",您的订单号为:" + orderId);
log.info("您的用户名为{},您的订单号为:{}",username, orderId);
```

上述两种使用 info()的方法所打印的日志内容均为:

```
您的用户名为张三,您的订单号为:123456
```

如果想要在打印的日志内容中显示空的"{}"字符,就需要在参数占位符"{}"的前面使用转义字符"\\"。例如:

```
log.info("您的用户名为{},您的订单号为:\\{}",username, orderId);
```

上述代码打印的日志内容为:

```
您的用户名为张三,您的订单号为:{}
```

下面编写一个实例演示如何使用 info()方法把客户端向服务器发送的参数打印到日志内容中。

【**例 8.1**】在日志内容中打印客户端向服务器发送的参数(**实例位置:资源包\TM\sl\8\1**)

创建 TestController 控制器类,当用户访问"/index"地址时,服务器获取由客户端发送的参数 value1 和 value2,并将这两个参数打印到日志内容中。TestController 类的代码如下:

```java
package com.mr.controller;
import org.slf4j.Logger;
import org.slf4j.LoggerFactory;
import org.springframework.web.bind.annotation.RequestMapping;
import org.springframework.web.bind.annotation.RestController;

@RestController
public class TestController {
    private static final Logger log = LoggerFactory.getLogger(TestController.class);

    @RequestMapping("/index")
    public String index(String value1, String value2) {
        log.info("进入 index()方法");
        log.info("value1={},value2={}", value1, value2);
        return "欢迎来到 XXXX 网站";
    }
}
```

使用 Postman 模拟用户通过 URL 地址发送的请求。访问 http://127.0.0.1:8080/index 地址，并向服务器发送参数 value1 和 value2，如图 8.1 所示。

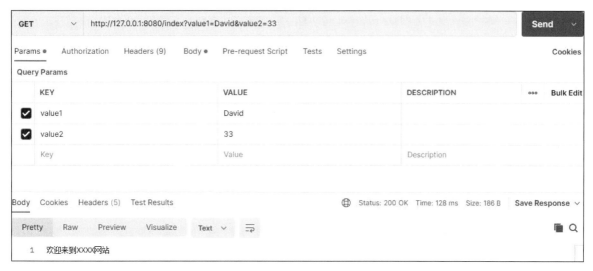

图 8.1　向服务器发送参数

在 Eclipse 的控制台上已经打印的日志内容也会发生变化。如图 8.2 所示，在已经打印的日志内容的末尾处会继续打印客户端向服务器发送的参数。

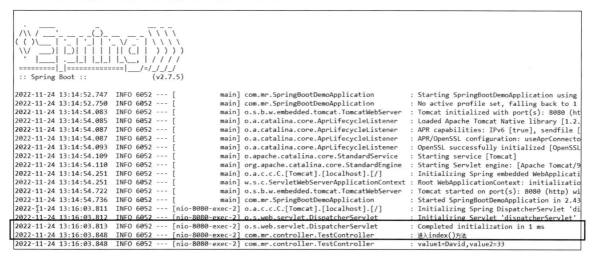

图 8.2　在日志内容中打印客户端向服务器发送的参数

8.3　解读日志

在实际开发中，不仅要掌握如何打印日志，而且要掌握如何解读日志。Spring Boot 使用默认的日志框架打印的日志虽然会包含很多内容，但时常也会出现日志文本内容过长的情况。下面通过一行示例介绍如何解读日志内容。

例如，下面是名为 LogDemoApplication 的 Spring Boot 项目在启动时打印的日志中的一行：

```
2022-11-23 15:04:56.183  INFO 8364 --- [main] com.mr.LogDemoApplication : Started LogDemo1Application in 1.627 seconds
```

上述日志可以按顺序拆解为以下几个部分：

- ☑ 2022-11-23 15:04:56.183：打印日志的具体时间，打印本示例的日志的时间为 2022 年 11 月 23 日 15 时 4 分 56 秒 183 毫秒。
- ☑ INFO：打印的日志的级别，本示例的日志的级别为 INFO。
- ☑ 8364：当前项目的进程编号（PID），可以在 Windows 任务管理器中查看本示例所属项目的进程编号，如图 8.3 所示。

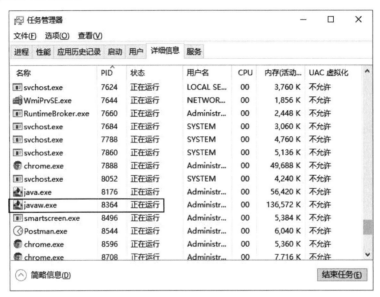

图 8.3　在任务管理器中查看进程编号

- ☑ ---：Spring Boot 默认的日志框架在日志内容中使用的分隔符号，无实际意义。
- ☑ [main]：打印日志的线程名称，打印本示例的日志的线程名称为主线程。线程不是进程，虽然一个进程可以同时拥有多个线程，但一个线程只归属于一个进程。
- ☑ com.mr.LogDemoApplication：日志是由项目中的哪个类打印出来的。需要说明的是，如果类名过长，就会被简写。例如下面这个类：

```
org.springframework.boot.web.embedded.tomcat.TomcatWebServer
```

因为上述示例中的类名过长，所以上述示例在日志内容中可以被简写为：

```
o.s.b.w.embedded.tomcat.TomcatWebServer
```

- ☑ Started LogDemo1Application in 1.627 seconds：启动项目所消耗的时间。启动本示例所属的项目共耗时 1.627 秒。

8.4 保存日志

正式发布的项目通常都不会把日志内容打印在控制台上，而是把日志内容保存到文件中。这样，程序开发人员就可以随时查看任何时间段的日志内容。但是，日志文件不能过大，避免降低日志文件的使用效率。本节将先介绍如何把日志内容保存到文件中，再介绍如何为日志文件添加约束。

8.4.1 指定日志文件的生成位置

在 Spring Boot 项目的 application.properties 配置文件中，通过添加 logging.file.path 配置项，即可指定日志文件的生成位置。

如果想在当前项目根目录下的某个文件夹中生成日志文件，那么日志文件的生成位置将使用抽象路径。

例如，在当前项目根目录下的 dir 文件夹中生成日志文件，logging.file.path 配置项的写法如下：

logging.file.path=dir

如果想在某个本地磁盘下的某个文件夹中生成日志文件，那么日志文件的生成位置将使用详细路径。例如，将生成的日志文件保存到本地 D 盘下的 dir 文件夹中，logging.file.path 配置项的写法如下：

logging.file.path=D:\\dir

> 说明
> （1）在生成日志文件的过程中会自动创建路径中不存在的文件夹。
> （2）配置文件支持"\\"和"/"这两个路径分隔符。

8.4.2 指定日志文件的生成名称

在 Spring Boot 项目的 application.properties 配置文件中，通过添加 logging.file.name 配置项，既可以指定日志文件的生成名称，也可以指定这个日志文件的生成位置。如果添加了 logging.file.name 配置项，那么 logging.file.path 配置项就会失效。

例如，在当前项目的根目录下生成一个名为 test.log 的日志文件，logging.file.name 配置项的写法如下：

logging.file.name=test.log

再例如，在本地 D 盘下生成一个名为 test.log 的日志文件，logging.file.name 配置项的写法如下：

logging.file.name=D:\\test.log

在实际开发中，虽然 logging.file.name 配置项的优先级大于 logging.file.path 配置项，但是 logging.file.name 配置项可以引用 logging.file.path 配置项的值。

例如，在 logging.file.path 配置项指定的地址下生成一个名为 test.log 的日志文件，logging.file.name

配置项的写法如下：

```
logging.file.name=${logging.file.path}\\test.log
```

8.4.3 为日志文件添加约束

随着项目的长时间运行，日志内容会越来越多，日志文件也会越来越庞大。日志文件过大不仅挤占硬盘资源，而且会降低日志文件的可读性。为此，logback 提供了很多用于约束日志文件的配置，这些配置能够保证日志文件可控、可归档。下面将介绍 logback 中的几个常用的约束。

1．指定日志文件的最大保存天数

程序开发人员可以设定日志文件的最大保存天数，从日志文件的生成之日开始计算，如果超过了最大保存天数，就会删除日志文件。

用于设定日志文件的最大保存天数的配置项是 logging.logback.rollingpolicy.max-history，这个配置项的值为最大保存天数。

例如，自动删除保存天数超过 7 天的日志文件，logging.logback.rollingpolicy.max-history 配置项的写法如下：

```
logging.logback.rollingpolicy.max-history=7
```

2．指定日志文件的最大容量

如果日志内容频繁打印，那么可能不到一天就会生成庞大的日志文件。因此，不仅要在时间上对日志文件做出限制，还要在容量上对日志文件做出限制。通过 logging.logback.rollingpolicy.max-file-size 配置项，即可设定日志文件的最大容量。这个配置项的值以 1KB、1MB、1GB 为单位，具体的单位可由程序开发人员自己设定。

例如，将日志文件的最大容量设为 12KB，logging.logback.rollingpolicy.max-file-size 配置项的写法如下：

```
logging.logback.rollingpolicy.max-file-size=12KB
```

如果日志文件超出了最大容量限制，日志框架就会将超出最大容量之前的日志内容打包成压缩包，超出最大容量之后的日志内容会生成新的日志文件。

在实际开发中，可以把压缩包中的日志文件称作归档文件或者历史文件，并且压缩包与新生成的日志文件被保存在同一目录下。

3．指定归档文件的名称格式

logback 支持由程序开发人员自行指定归档文件的名称格式，Spring Boot 把这个归档文件默认命名为如下的名称格式：

```
${LOG_FILE}.%d{yyyy-MM-dd}.%i.gz
```

这个名称格式表示的含义是"原日志文件名.当前日期.打包序号.gz"。其中，打包序号从 0 开始递增，logback 支持打包 zip 格式的压缩包。

4. 启动项目自动压缩日志文件

如果项目运行一段时间后需要降低日志文件的最大容量限制，但是已经生成的日志文件已经大大超出了新的最大容量限制，那么这时就需要使用 logging.logback.rollingpolicy.clean-history-on-start 配置项让项目在启动时对原有日志文件做压缩归档操作。该配置项的值为布尔值，默认为 false，表示不启用此功能。启用该配置项的写法如下：

```
logging.logback.rollingpolicy.clean-history-on-start=true
```

8.5 调整日志

Spring Boot 记录的日志内容非常详细，但是有些项目并不需要这么详细的数据，过多的日志内容不仅会降低系统性能，还会对硬盘存储造成不小的压力。本节将介绍如何通过设置日志的级别和修改日志格式这两种方式调整日志内容。

8.5.1 设置日志级别

slf4j 中包含 5 种日志级别，它们分别是：
- ERROR：错误日志。
- WARN：警告日志，warning 的缩写。
- INFO：信息日志，通常指的是体现程序运行过程中值得强调的粗粒度信息，它是 Spring Boot 默认采用的日志级别。
- DEBUG：调试日志，指的是程序运行过程中的细粒度信息。
- TRACE：追踪日志，指的是一些给代码做提示、定位的信息，精细地展现代码当前的运行状态。

不同级别的日志代表的信息不同，重要性也不同。例如，ERROR 级别的日志是最重要的，程序开发人员必须第一时间阅读错误日志，并及时维护程序，确保程序的稳定运行；而 DEBUG 级别的日志就是程序开发人员在开发过程中用于调试程序的依据。

因此，slf4j 为这 5 种日志级别设置了优先级，优先级越高的级别越重要。这 5 种日志级别的优先级按照从高到低的顺序排列如下：

```
ERROR > WARN > INFO > DEBUG > TRACE
```

INFO 级别是 Spring Boot 默认采用的日志级别。因此，所有 DEBUG 级别和 TRACE 级别的日志都不会打印。如果想要修改日志级别，需要在 application.properties 配置文件中设置 logging.level 配置项，logging.level 配置项的语法如下：

```
logging.level.[包或类名]=级别
```

在上述语法中，[包或类名]是一个动态的参数，表示项目中一个完整的包名或类名。需要特别说明的是，设置的日志级别仅对此类或此包下的所有类生效。

【例 8.2】把控制器包下的所有类的日志级别都设为 DEBUG 级别（**实例位置：资源包\TM\sl\8\2**）

创建控制器 TestController 类，如果用户访问“/index”地址，则依次打印 TRACE、DEBUG、INFO、WARN、ERROR 级别的测试日志。TestController 类的代码如下：

```
package com.mr.controller;
import org.slf4j.Logger;
import org.slf4j.LoggerFactory;
import org.springframework.web.bind.annotation.RequestMapping;
import org.springframework.web.bind.annotation.RestController;

@RestController
public class TestController {
    private static final Logger log = LoggerFactory.getLogger(TestController.class);

    @RequestMapping("/index")
    public String index() {
        log.trace("测试日志");
        log.debug("测试日志");
        log.info("测试日志");
        log.warn("测试日志");
        log.error("测试日志");
        return "打印日志测试";
    }
}
```

在 application.properties 配置文件中，将控制器包下的所有类的日志级别都设为 DEBUG 级别，logging.level 配置项的写法如下：

```
logging.level.com.mr.controller=debug
```

启动项目，在浏览器中访问 http://127.0.0.1:8080/index 地址，在 Eclipse 控制台上会打印如图 8.4 所示的日志内容。

```
:: Spring Boot ::                (v2.7.5)

2022-11-24 13:28:34.806  INFO 4440 --- [           main] com.mr.SpringBootDemoApplication         : Starting SpringBootDemoApplication using Jav
2022-11-24 13:28:34.809  INFO 4440 --- [           main] com.mr.SpringBootDemoApplication         : No active profile set, falling back to 1 def
2022-11-24 13:28:36.189  INFO 4440 --- [           main] o.s.b.w.embedded.tomcat.TomcatWebServer  : Tomcat initialized with port(s): 8080 (http)
2022-11-24 13:28:36.196  INFO 4440 --- [           main] o.a.catalina.core.AprLifecycleListener   : Loaded Apache Tomcat Native library [1.2.33]
2022-11-24 13:28:36.196  INFO 4440 --- [           main] o.a.catalina.core.AprLifecycleListener   : APR capabilities: IPv6 [true], sendfile [tru
2022-11-24 13:28:36.198  INFO 4440 --- [           main] o.a.catalina.core.AprLifecycleListener   : APR/OpenSSL configuration: useAprConnector [
2022-11-24 13:28:36.206  INFO 4440 --- [           main] o.a.catalina.core.AprLifecycleListener   : OpenSSL successfully initialized [OpenSSL 1.
2022-11-24 13:28:36.223  INFO 4440 --- [           main] o.apache.catalina.core.StandardService   : Starting service [Tomcat]
2022-11-24 13:28:36.224  INFO 4440 --- [           main] org.apache.catalina.core.StandardEngine  : Starting Servlet engine: [Apache Tomcat/9.0.
2022-11-24 13:28:36.348  INFO 4440 --- [           main] o.a.c.c.C.[Tomcat].[localhost].[/]       : Initializing Spring embedded WebApplicationC
2022-11-24 13:28:36.348  INFO 4440 --- [           main] w.s.c.ServletWebServerApplicationContext : Root WebApplicationContext: initialization c
2022-11-24 13:28:36.805  INFO 4440 --- [           main] o.s.b.w.embedded.tomcat.TomcatWebServer  : Tomcat started on port(s): 8080 (http) with
2022-11-24 13:28:36.819  INFO 4440 --- [           main] com.mr.SpringBootDemoApplication         : Started SpringBootDemoApplication in 2.46 se
2022-11-24 13:29:28.320  INFO 4440 --- [nio-8080-exec-1] o.a.c.c.C.[Tomcat].[localhost].[/]       : Initializing Spring DispatcherServlet 'dispa
2022-11-24 13:29:28.320  INFO 4440 --- [nio-8080-exec-1] o.s.web.servlet.DispatcherServlet        : Initializing Servlet 'dispatcherServlet'
2022-11-24 13:29:28.322  INFO 4440 --- [nio-8080-exec-1] o.s.web.servlet.DispatcherServlet        : Completed initialization in 2 ms
2022-11-24 13:29:28.353  INFO 4440 --- [nio-8080-exec-1] com.mr.controller.TestController         : 测试日志
2022-11-24 13:29:28.353  WARN 4440 --- [nio-8080-exec-1] com.mr.controller.TestController         : 测试日志
2022-11-24 13:29:28.353 ERROR 4440 --- [nio-8080-exec-1] com.mr.controller.TestController         : 测试日志
```

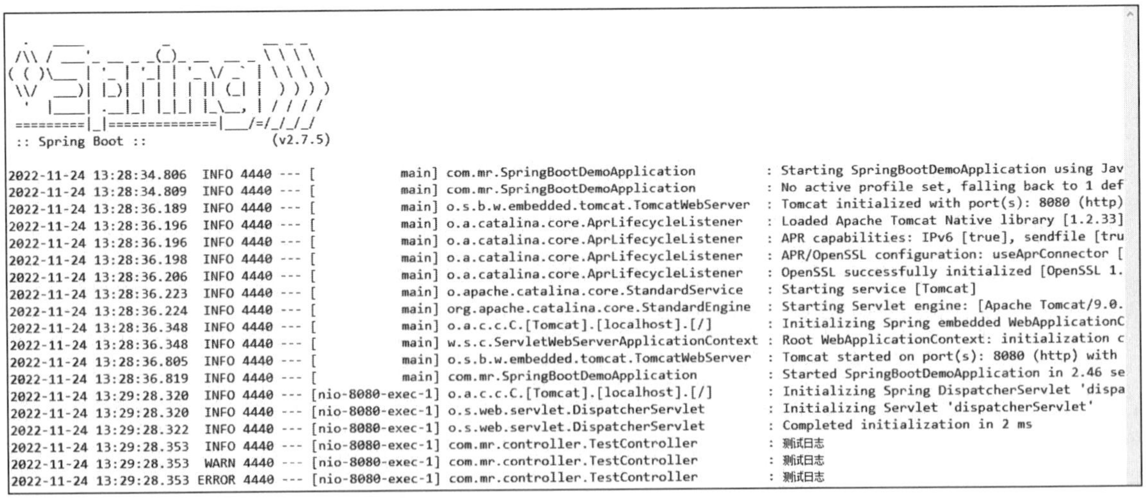

图 8.4　在 Eclipse 控制台上打印的日志内容

如图 8.4 所示，最后 3 行的日志内容如下：

```
2022-11-24 13:29:28.353    INFO 4440 --- [nio-8080-exec-1] com.mr.controller.TestController    : 测试日志
2022-11-24 13:29:28.353   WARN 4440 --- [nio-8080-exec-1] com.mr.controller.TestController    : 测试日志
```

```
2022-11-24 13:29:28.353 ERROR 4440 --- [nio-8080-exec-1] com.mr.controller.TestController         : 测试日志
```

可以看到这 3 行日志内容是由 TestController 控制器类打印的，日志级别依次为 INFO、WARN 和 ERROR。因为在配置文件中设置的日志级别为 DEBUG 级别，所以 DEBUG 级别的日志内容和优先级更低的 TRACE 级别的日志内容就被屏蔽掉了。

8.5.2 设置日志格式

Spring Boot 在控制台上打印的每一行日志都非常长，这是因为 Spring Boot 默认采用的 logback 日志格式包含的信息非常多。logback 日志格式如下：

```
%date{yyyy-MM-dd HH:mm:ss.SSS} %5level ${PID} --- [%15.15t] %-40.40logger{39} : %m%n
```

对上述的 logback 日志格式的解读如下：
- ☑ %date{yyyy-MM-dd HH:mm:ss.SSS}：打印日志的详细时间，格式为"年-月-日 时:分:秒.毫秒"。
- ☑ %5level：日志的级别，长度为 5 字符。
- ☑ ${PID}：打印日志的进程号。
- ☑ %15.15t：%t 表示打印日志的线程名，15.15 表示最短和最长均为 15 个字符。
- ☑ %-40.40logger{39}：% logger 表示打印日志的类名，-40.40 表示左对齐最短和最长均为 40 个字符，{39}表示将完整类名自动调整到 39 个字符以内。
- ☑ %m：具体的日志的内容。
- ☑ %n：换行符。

说明

对 logback 日志格式的更多解读详见官方的样式说明，官方地址：https://logback.qos.ch/manual/layouts.html。

Spring Boot 可以分别为控制台和日志文件设置独立的日志格式，用于设置控制台的日志格式的配置项为 logging.pattern.console，用于设置日志文件的日志格式的配置项为 logging.pattern.file。

例如，把 Spring Boot 在控制台上打印的日志格式设置为"X 年 X 月 X 日时 X 分 X 秒 X 毫秒[级别:X][类名：X] --- 具体日志内容"，同时将日志写入 logs/demo.log 日志文件中，格式为详细的英文日志。那么，在 application.properties 配置文件中须添加如下的配置项及其内容：

```
logging.pattern.console=%date{yyyy\u5E74MM\u6708dd\u65E5H\u65F6mm\u5206ss\u79D2SSS\u6BEB\u79D2}[\u7EA7\u522B:%level][\u7C7B\u540D\uFF1A:%logger{15s}] --- %m%n
logging.pattern.file=%date{yyyy-MM-dd HH:mm:ss.SSS}[%level][${PID}][%t]%logger : %m%n
logging.file.path=logs
logging.file.name=${logging.file.path}\\demo.log
```

需要特别说明的是，在 application.properties 配置文件中的中文字符需要使用转义字符予以表示。

启动 Spring Boot 项目后，即可看到在控制台上打印如图 8.5 所示的日志内容，其格式符合通过 logging.pattern.console 配置项进行的设置。

刷新 Spring Boot 项目后，打开根目录下的 logs 文件夹中的 demo.log 文件，即可看到如图 8.6 所示内容，其格式符合通过 logging.pattern.file 配置项进行的设置。

```
  .   ____          _            __ _ _
 /\\ / ___'_ __ _ _(_)_ __  __ _ \ \ \ \
( ( )\___ | '_ | '_| | '_ \/ _` | \ \ \ \
 \\/  ___)| |_)| | | | | || (_| |  ) ) ) )
  '  |____| .__|_| |_|_| |_\__, | / / / /
 =========|_|==============|___/=/_/_/_/
 :: Spring Boot ::                (v2.5.2)

2022年11月24日11时15分42秒764毫秒[级别:INFO][类名: :com.mr.LogDemo5Application] --- Starting LogDemo5Application using Java 11 o
2022年11月24日11时15分42秒766毫秒[级别:INFO][类名: :com.mr.LogDemo5Application] --- No active profile set, falling back to defau
2022年11月24日11时15分43秒654毫秒[级别:INFO][类名: :org.springframework.boot.web.embedded.tomcat.TomcatWebServer] --- Tomcat ini
2022年11月24日11时15分43秒664毫秒[级别:INFO][类名: :org.apache.catalina.core.StandardService] --- Starting service [Tomcat]
2022年11月24日11时15分43秒664毫秒[级别:INFO][类名: :org.apache.catalina.core.StandardEngine] --- Starting Servlet engine: [Apach
2022年11月24日11时15分43秒729毫秒[级别:INFO][类名: :org.apache.catalina.core.ContainerBase.[Tomcat].[localhost].[/]] --- Initial
2022年11月24日11时15分43秒730毫秒[级别:INFO][类名: :org.springframework.boot.web.servlet.context.ServletWebServerApplicationCont
2022年11月24日11时15分44秒058毫秒[级别:INFO][类名: :org.springframework.boot.web.embedded.tomcat.TomcatWebServer] --- Tomcat sta
2022年11月24日11时15分44秒065毫秒[级别:INFO][类名: :com.mr.LogDemo5Application] --- Started LogDemo5Application in 1.666 seconds
```

图 8.5　控制台打印的日志

```
demo.log
2022-11-24 11:15:42.764[INFO][7916][main]com.mr.LogDemo5Application : Starting LogDemo5Application using Java 11
2022-11-24 11:15:42.766[INFO][7916][main]com.mr.LogDemo5Application : No active profile set, falling back to def
2022-11-24 11:15:43.654[INFO][7916][main]org.springframework.boot.web.embedded.tomcat.TomcatWebServer : Tomcat i
2022-11-24 11:15:43.664[INFO][7916][main]org.apache.catalina.core.StandardService : Starting service [Tomcat]
2022-11-24 11:15:43.664[INFO][7916][main]org.apache.catalina.core.StandardEngine : Starting Servlet engine: [Apa
2022-11-24 11:15:43.729[INFO][7916][main]org.apache.catalina.core.ContainerBase.[Tomcat].[localhost].[/] : Initi
2022-11-24 11:15:43.730[INFO][7916][main]org.springframework.boot.web.servlet.context.ServletWebServerApplicatio
2022-11-24 11:15:44.058[INFO][7916][main]org.springframework.boot.web.embedded.tomcat.TomcatWebServer : Tomcat s
2022-11-24 11:15:44.065[INFO][7916][main]com.mr.LogDemo5Application : Started LogDemo5Application in 1.666 secon
```

图 8.6　日志文件中记录的日志

8.6　logback.xml 配置文件

在 Spring Boot 把 logback 作为日志框架的日志实现层后，Spring Boot 就能够支持通过 logback.xml 配置文件细化 logback 的功能。

如果 logback.xml 配置文件和 application.properties 配置文件都被存储在 resources 目录下，那么 logback.xml 配置文件的优先级将高于 application.properties 配置文件的优先级。也就是说，如果 logback.xml 配置文件和 application.properties 配置文件同时存在，Spring Boot 就会采用 logback.xml 配置文件中的配置。

在 logback.xml 配置文件中，有 3 个重要的节点。下面分别介绍这 3 个重要的节点。

☑ configuration 节点：logback.xml 配置文件的根节点。

☑ appender 节点：被直译为“附加器”，专门用于配置输出组件，是根节点的子节点。

☑ root 节点：可用于设置日志级别，是根节点的子节点。

下面编写一个实例演示如何通过 logback.xml 配置文件细化 logback 的功能。

【例 8.3】通过 logback.xml 细化 logback 的功能：在控制台上打印日志的同时生成日志文件（**实例位置：资源包\TM\sl\8\3**）

在项目的 src/main/resources 目录下创建 logback.xml 配置文件，在配置文件中声明两个 appender 节点，一个用于配置生成日志文件，一个用于配置在控制台上打印日志。

首先，用于配置生成日志文件的 appender 节点需要使用 RollingFileAppender 类和 TimeBasedRollingPolicy 类实现滚动策略，让 logback 把当前时间作为日志文件的名称，并指定日志的保存天数为 1 天。

然后，用于配置在控制台上打印日志的 appender 节点需要使用 ConsoleAppender 类，在 encoder 子节点中设置日志格式。

最后，在 root 节点中采用配置好的两个 appender 节点，并将日志级别设置为 INFO。

logback.xml 配置文件中的具体内容如下：

```xml
<?xml version="1.0" encoding="UTF-8"?>
<configuration>
    <!-- 日志文件配置 -->
    <appender name="MyFileConfig" class="ch.qos.logback.core.rolling.RollingFileAppender">
        <!-- 设置滚动策略 -->
        <rollingPolicy class="ch.qos.logback.core.rolling.TimeBasedRollingPolicy">
            <!-- 日志文件名称的格式 -->
            <fileNamePattern>logs/log.%d{yyyy-MM-dd}.log</fileNamePattern>
            <maxHistory>1</maxHistory> <!-- 日志文件保存 1 天 -->
        </rollingPolicy>
        <encoder>
            <!-- 文件中的日志内容格式 -->
            <pattern>%date{yyyy-MM-dd HH:mm:ss.SSS}[%level][${PID}][%t]%logger : %m%n
            </pattern>
        </encoder>
    </appender>

    <!-- 在控制台打印配置 -->
    <appender name="MyConsoleCobfig" class="ch.qos.logback.core.ConsoleAppender">
        <!-- 输出的格式 -->
        <encoder>
            <pattern>%d{yyyy-MM-dd HH:mm:ss.SSS}[%level]%logger{36} --- %msg%n</pattern>
        </encoder>
    </appender>

    <root level="INFO"><!-- 输出的 INFO 级别日志 -->
        <appender-ref ref="MyFileConfig" /> <!-- 采用上面配置好的组件 -->
        <appender-ref ref="MyConsoleCobfig" />
    </root>
</configuration>
```

启动 Spring Boot 项目后，即可看到在控制台上打印如图 8.7 所示的日志内容，其格式符合 logback.xml 配置文件进行的设置。

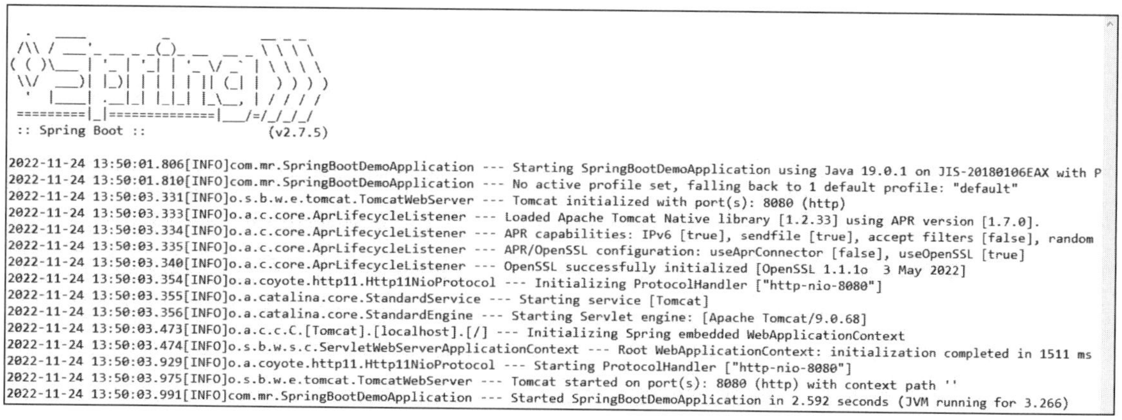

图 8.7 在控制台上打印的日志内容

刷新项目后，可以在根目录下的 logs 文件夹中看到一个以当前日期命名的日志文件。打开这个日志文件，即可看到如图 8.8 所示的日志内容。不难发现，在日志文件中记录的日志内容与在控制台上打印的日志内容一致。

```
log.2022-11-24.log ×
 1 2022-11-24 13:50:01.806[INFO][788][main]com.mr.SpringBootDemoApplication : Starting SpringBootDemoApplication
 2 2022-11-24 13:50:01.810[INFO][788][main]com.mr.SpringBootDemoApplication : No active profile set, falling bac
 3 2022-11-24 13:50:03.331[INFO][788][main]org.springframework.boot.web.embedded.tomcat.TomcatWebServer : Tomcat
 4 2022-11-24 13:50:03.333[INFO][788][main]org.apache.catalina.core.AprLifecycleListener : Loaded Apache Tomcat
 5 2022-11-24 13:50:03.334[INFO][788][main]org.apache.catalina.core.AprLifecycleListener : APR capabilities: IPv
 6 2022-11-24 13:50:03.335[INFO][788][main]org.apache.catalina.core.AprLifecycleListener : APR/OpenSSL configura
 7 2022-11-24 13:50:03.340[INFO][788][main]org.apache.catalina.core.AprLifecycleListener : OpenSSL successfully
 8 2022-11-24 13:50:03.354[INFO][788][main]org.apache.coyote.http11.Http11NioProtocol : Initializing ProtocolHan
 9 2022-11-24 13:50:03.355[INFO][788][main]org.apache.catalina.core.StandardService : Starting service [Tomcat]
10 2022-11-24 13:50:03.356[INFO][788][main]org.apache.catalina.core.StandardEngine : Starting Servlet engine: [A
11 2022-11-24 13:50:03.473[INFO][788][main]org.apache.catalina.core.ContainerBase.[Tomcat].[localhost].[/] : Ini
12 2022-11-24 13:50:03.474[INFO][788][main]org.springframework.boot.web.servlet.context.ServletWebServerApplicat
13 2022-11-24 13:50:03.929[INFO][788][main]org.apache.coyote.http11.Http11NioProtocol : Starting ProtocolHandler
14 2022-11-24 13:50:03.975[INFO][788][main]org.springframework.boot.web.embedded.tomcat.TomcatWebServer : Tomcat
15 2022-11-24 13:50:03.991[INFO][788][main]com.mr.SpringBootDemoApplication : Started SpringBootDemoApplication
16
```

图 8.8　在日志文件中记录的日志内容

8.7　实践与练习

（答案位置：资源包\TM\sl\8\实践与练习）

综合练习 1：在项目的 logs 文件夹下保存日志文件

创建一个 Spring Boot 项目，在 application.properties 配置文件中添加相应的配置后，启动项目。项目启动后，刷新项目，可以看到根目录下出现 logs 文件夹。打开 logs 文件夹下的日志文件 spring.log，查验在日志文件中的日志内容与在控制台上打印的日志内容是否相同？

综合练习 2：若 logs 文件夹下日志文件超出 2KB 则打包成 zip 压缩包

指定一个 Spring Boot 项目的日志文件的最大容量为 2KB。如果日志内容超过最大容量，则将其打包成 zip 压缩包，并存储与日志文件所在的目录下。压缩包的命名格式为：当前日期[打包序号].zip。

启动项目后，先在浏览器中访问 http://127.0.0.1:8080/index 地址，再刷新项目，查验是否在这个项目的根目录下创建了 logs 文件夹，并将日志文件打包成 zip 压缩包？

第 9 章　JUnit 单元测试

JUnit 是 Java 语言中的一个测试框架。JUnit 不仅能够通过注解识别测试方法，而且能够通过断言检查测试结果。在实际开发中，通过为 Spring Boot 项目中的所有方法编写单元测试，使得在项目发生错误时，程序开发人员能够在单元测试的帮助下快速定位错误并修复错误。本章将先介绍 JUnit 与单元测试，再介绍由 JUnit 提供的注解，而后介绍由 JUnit 提供的断言。

本章的知识架构及重难点如下。

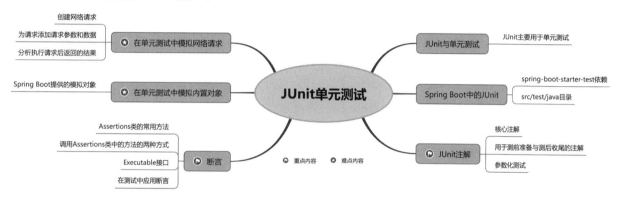

9.1　JUnit 与单元测试

JUnit 是一个开源的测试框架，它虽然可以用于测试大多数编程语言的应用程序，但特别适合用于测试 Java 语言的应用程序。对于 Java 应用程序而言，方法通常被视作最小的测试单元，JUnit 可以在不改变被测试的类的前提下，测试这个类中的方法。因此，JUnit 是 Java 程序开发人员使用率非常高的一个测试框架。

在实际开发中，由于 JUnit 提供了用于识别测试方法的注解和用于检查测试结果的断言，使得程序开发人员更容易创建和运行测试。JUnit 的测试结果具有很高的可信度；通过测试结果，程序开发人员既能够确保应用程序正常且有效地运行，又能够及时地发现代码中的错误。

软件测试一般分为 4 个阶段，即单元测试、集成测试、系统测试和验收测试。JUnit 主要用于单元测试。单元测试又称模块测试，是对应用程序的各个模块进行正确性检验的测试工作。单元测试一般分为两类：功能测试和手动测试。其中，功能测试用于检查一个模块是否能够执行其预定的功能；手动测试是为了验证一个模块能否按预期工作。对于一个大型项目而言，单元测试的工作量非常大，这时就需要使用能够减少单元测试工作量的 JUnit。

9.2 Spring Boot 中的 JUnit

在 Spring Boot 项目的 spring-boot-starter-test 依赖中，已经包含了 JUnit。每一个 Spring Boot 项目都自带 src/test/java 目录，该目录专门用于存放单元测试类。例如，图 9.1 中的 SpringBootDemoApplicationTests 类就是 SpringBootDemo 项目的单元测试类。

因为 Spring Boot 在部署项目时不会部署 src/test/java 目录下的文件，所以程序开发人员可以在这个包下随意创建测试类。打开图 9.1 中的 SpringBootDemoApplicationTests 类，可以看到这个类被 @SpringBootTest 注解标注着，并且这个类中的 contextloads() 方法被 @Test 注解标注着，这说明 SpringBootDemoApplicationTests 类为 SpringBootDemo 项目的单元测试类，contextloads() 方法为 JUnit 单元测试的方法。如图 9.2 所示，在 SpringBootDemoApplicationTests.java 文件的空白处单击鼠标右键，依次选择 Run As/JUnit Test，即可运行 JUnit 单元测试的方法，即启动单元测试。

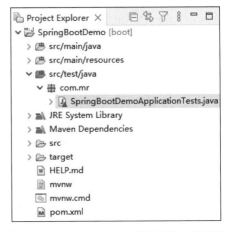

图 9.1 SpringBootDemo 项目的单元测试类

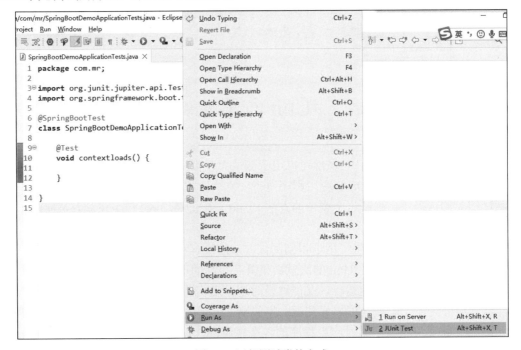

图 9.2 运行测试类的方式

启动单元测试后，在图 9.2 的左侧会弹出 JUnit 测试对话框。因为在 contextloads() 方法中没有编写任何代码，所以会默认为测试通过。如图 9.3 所示，绿色进度条表示测试通过；SpringBootDemoApplicationTests

类下的 contextloads()方法运行耗时 0.494 秒，既没有发生错误，也没有触发异常。

下面对 contextloads()方法进行编码，使 contextloads()方法在运行时触发某些异常。

例如，在 contextloads()方法中填写如下的两行代码，使 contextloads()方法在运行时触发算术异常：

```
int a=0;
int b=1/a;
```

再次启动单元测试，即可看到如图 9.4 所示效果。红色进度条表示测试未通过，在下方的追踪报告中指出 contextloads()方法触发了除数为 0 的算术异常。

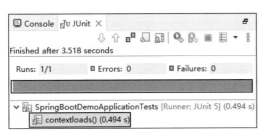

图 9.3　单元测试通过

图 9.4　单元测试未通过

9.3　JUnit 注解

因为 Spring Boot 已经包含了 JUnit，所以 JUnit 提供的注解能够在 Spring Boot 项目中得以运用。本节将介绍如何在 Spring Boot 项目中使用 JUnit 注解。

9.3.1　核心注解

@SpringBootTest 注解用于标注测试类，@Test 注解用于标注测试方法。只不过，@SpringBootTest 注解是由 Spring Boot 提供的；@Test 注解是由 JUnit 提供的。本节将分别介绍这两个注解。

1. @SpringBootTest 注解

@SpringBootTest 注解由 Srping Boot 提供，用于标注测试类。该注解可以让测试类在启动时自动装配 Spring Boot，这就意味着在测试类中不仅可以注入 Spring Boot 中的 Controller、Service、配置文件等组件，还可以注入由 Spring Boot 提供的一些场景模拟对象，例如模拟 HttpServletRequest、HttpSession 等对象。

2. @Test 注解

@Test 注解由 JUnit 提供，用于标注测试方法。被标注的测试方法类似于 main()方法，是运行测试类的入口方法。在一个测试类中，可以有多个测试方法。这些测试方法会按照从上到下的顺序依次被执行。

例如，在测试类 UnitTestApplicationTests 中定义了 test1()和 test2()这两个测试方法，这两个测试方法分别用于在控制台上打印不同的日志，代码如下：

```
@SpringBootTest
class UnitTestApplicationTests {
    private static final Logger log = LoggerFactory.getLogger(UnitTestApplicationTests.class);

    @Test
    void test1() {
        log.info("第 1 个测试方法");
    }

    @Test
    void test2() {
        log.info("第 2 个测试方法");
    }
}
```

运行上述测试类，即可看到在控制台上打印如图 9.5 所示的日志。在日志的最下方，可以看到两个测试方法打印的日志。同时，在 JUnit 对话框中可以看到两个测试方法都通过了测试，都被正常地执行了，如图 9.6 所示。

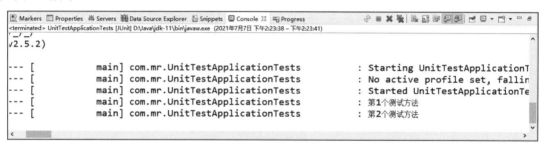

图 9.5　在控制台上打印日志

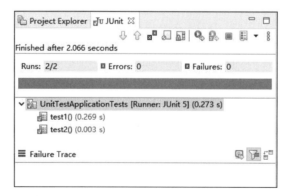

图 9.6　JUnit 显示两个测试方法都正常运行

下面通过一个实例演示如何在测试类中注入 Bean。

【例 9.1】 测试用户登录验证服务（实例位置：资源包\TM\sl\9\1）

在 com.mr.service 包下，创建用户服务接口 UserService。在这个接口中，只定义了一个验证用户名和密码的 check()方法，用户服务接口 UserService 的代码如下：

```
package com.mr.service;
public interface UserService {
    boolean check(String username, String password);
}
```

在 com.mr.service.impl 包下，创建用户服务接口 UserService 的实现类 UserServiceImpl。在这个类中，重写用户服务接口 UserService 中的 check()方法，如果用户名为"mr"、密码为"123456"，则通过验证。实现类 UserServiceImpl 的代码如下：

```
package com.mr.service.impl;
import org.springframework.stereotype.Service;
import com.mr.service.UserService;
@Service
public class UserServiceImpl implements UserService {
    @Override
    public boolean check(String username, String password) {
        return "mr".equals(username) && "123456".equals(password);
    }
}
```

在测试类 SpringBootDemoApplicationTests 中注入 UserService 对象，在测试方法 contextLoads()中直接调用 UserService 对象的 check()方法。首先，对用户名"mr"、密码"123546"进行测试，通过日志把验证结果打印在控制台上。然后，对用户名"admin"、密码"admin"进行测试，通过日志把验证结果打印在控制台上。测试类的代码如下：

```
package com.mr;
import org.JUnit.jupiter.api.Test;
import org.slf4j.Logger;
import org.slf4j.LoggerFactory;
import org.springframework.beans.factory.annotation.Autowired;
import org.springframework.boot.test.context.SpringBootTest;
import com.mr.service.UserService;

@SpringBootTest
class SpringBootDemoApplicationTests {

    private static final Logger log = LoggerFactory.getLogger(SpringBootDemoApplicationTests.class);

    @Autowired
    private UserService user;                           //注入用户服务

    @Test
    void contextLoads() {
        String username1 = "mr", password1 = "123456";      //第一组测试用例
        log.info("测试用例 1：{},{}", username1, password1);
        log.info("验证结果：{}", user.check(username1, password1));

        String username2 = "admin", password2 = "admin";    //第二组测试用例
        log.info("测试用例 2：{},{}", username2, password2);
```

```
        log.info("验证结果：{}", user.check(username2, password2));
    }
}
```

运行上述测试类，即可看到在控制台上打印如图9.7所示的日志。在日志的末尾处，打印了两组用户名、密码的验证结果。这说明在测试类中可以注入接口的实现类对象，并能够验证实现类的代码是否可以被正常地执行。

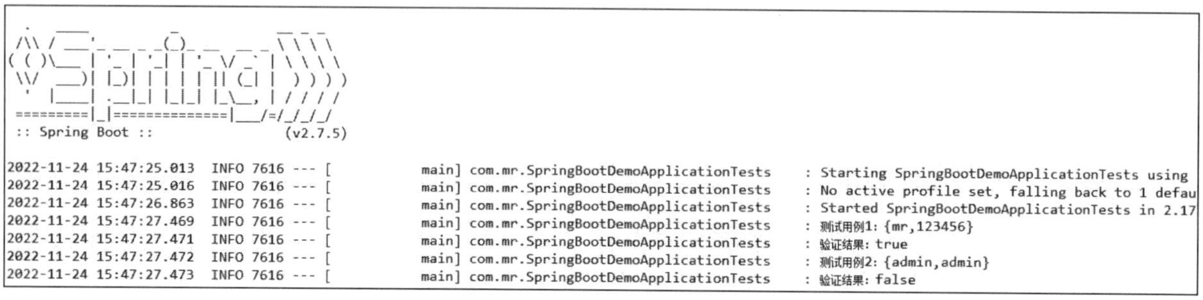

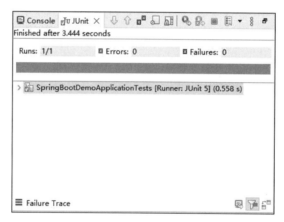

图9.7　在控制台上打印日志

因为在测试过程中没有出现异常或者错误，所以 JUnit 对话框显示了如图9.8所示的"测试通过"的结果。

图9.8　JUnit 测试通过

9.3.2　用于测前准备与测后收尾的注解

JUnit 不仅允许在测试之前执行一些准备性质的代码，还允许在测试之后执行一些收尾性质的代码。为此，JUnit 提供了@BeforeEach 注解和@AfterEach 注解、@BeforeAll 注解和@AfterAll 注解这4个注解。本节将分别介绍这4个注解。

1．@BeforeEach 注解和@AfterEach 注解

这两个注解用于标注方法，并且只能在测试类中使用。被@BeforeEach 注解标注的方法会在测试之前被执行，被@AfterEach 注解标注的方法会在测试之后被执行。被这两个注解标注的方法就相当于测试之前的准备方法和测试之后的收尾方法。@BeforeEach 注解和@AfterEach 注解的使用方式如下：

```
@BeforeEach
void beforeTest () {}

@AfterEach
void afterTest() {}

@Test
void test() {}
```

如果为@BeforeEach 注解或者@AfterEach 注解标注的方法添加类型为 TestInfo 的参数，那么 JUnit 将为这个参数注入一个当前测试的信息对象。程序开发人员可以通过调用这个参数获得测试方法、测试类等信息。

```
@BeforeEach
void beforeTest (TestInfo testInfo) {}

@AfterEach
void afterTest(TestInfo testInfo) {}
```

注意

> 不要将@BeforeEach 注解或者@AfterEach 注解标注在@Test 方法上。

2．@BeforeAll 注解和@AfterAll 注解

这两个注解也用于标注方法，但与@BeforeEach 注解和@AfterEach 注解有以下 3 点不同之处：

- ☑ 被@BeforeAll 注解标注的方法会在所有测试之前被执行，并且只执行一次；而被@BeforeEach 注解标注的方法会在每个测试之前被执行。@AfterAll 与@AfterEach 同理。
- ☑ 被@BeforeAll 注解和@AfterAll 注解标注的方法必须使用 static 修饰，否则测试类将无法正常工作。
- ☑ 被@BeforeAll 注解和@AfterAll 注解标注的方法不能添加类型为 TestInfo 的参数。

下面通过一个实例演示如何使用上述 4 种注解。

【例 9.2】在测试开始前执行初始化方法，在测试结束后执行释放资源方法（实例位置：资源包\TM\sl\9\2）

在测试类 SpringBootDemoApplicationTests 中，首先创建 init()静态方法，并使用@BeforeAll 注解予以标注；然后，创建 release()静态方法，并使用@AfterAll 注解予以标注。在这两个方法中使用 System.out 打印测试启动和测试结束的提示信息。接着，分别创建被@BeforeEach 注解标注的 beforeTest()方法、被@AfterEach 注解标注的 afterTest()方法，以及被@Test 注解标注的 loginTest()方法、registerTest()方法。这些方法将用于模拟测试场景。测试类 SpringBootDemoApplicationTests 的代码如下：

```
package com.mr;
import org.JUnit.jupiter.api.AfterAll;
import org.JUnit.jupiter.api.AfterEach;
import org.JUnit.jupiter.api.BeforeAll;
import org.JUnit.jupiter.api.BeforeEach;
import org.JUnit.jupiter.api.Test;
import org.slf4j.Logger;
import org.slf4j.LoggerFactory;
import org.springframework.boot.test.context.SpringBootTest;
```

```java
@SpringBootTest
class SpringBootDemoApplicationTests {
    private static final Logger log = LoggerFactory.getLogger(SpringBootDemoApplicationTests.class);

    @BeforeAll
    static void init() {
        System.out.println("*****测试启动，开始加载初始化数据*****");
    }

    @AfterAll
    static void release() {
        System.out.println("*****测试结束，释放所有资源*****");
    }

    @BeforeEach
    void beforeTest() {
        log.info("--准备执行测试方法--");
    }

    @AfterEach
    void afterTest() {
        log.info("--测试方法结束--");
    }

    @Test
    void loginTest() {
        log.info("开始执行登录功能测试");
    }

    @Test
    void registerTest() {
        log.info("开始执行注册功能测试");
    }
}
```

运行上述测试类，即可看到在控制台上打印如图 9.9 所示的日志。不难发现，被@BeforeAll 注解标注的方法会在启动 Spring Boot 项目之前被执行，被@AfterAll 标注的方法会在所有测试结束后才被执行。

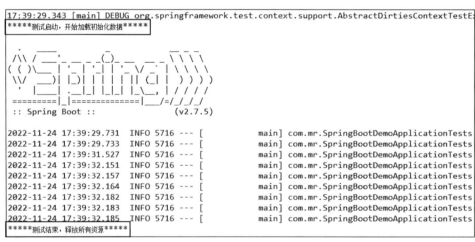

图 9.9 被@BeforeAll 注解和@AfterAll 注解标注的方法打印的日志

9.3.3 参数化测试

参数化测试允许测试人员提前设定多组测试用例（相当于用于测试的数据），让测试方法自动调取这些测试用例，达到自动完成多次测试的效果。如果使用参数化测试，就不能使用@Test 注解标注方法了，而是要使用@ParameterizedTest 注解标注方法。同时，必须为测试方法设定参数源，参数源就是测试人员设定好的测试数据。

JUnit 为设定参数源提供了 3 种注解，它们分别是@ValueSource 注解、@MethodSource 注解和@EnumSource 注解。下面将分别介绍@ParameterizedTest 注解和 3 种用于设定参数源的注解。

1．@ParameterizedTest 注解

该注解用于标注测试方法，表示这个方法将做参数化测试。@ParameterizedTest 注解具有一个 name 属性，这个属性可以为做参数化测试的方法指定别名。

例如，把做参数化测试的方法命名为"算法性能测试"，代码如下：

```
@ParameterizedTest(name = "算法性能测试")
```

注意

@ParameterizedTest 注解必须配合其他参数源注解一同使用。

2．@ValueSource 注解

该注解会把一组参数的值设定为测试方法的参数源。其中，每一个参数的值都会让测试方法单独执行一次。@ValueSource 注解具有很多属性，关于各个属性的说明如表 9.1 所示。

表 9.1 @ValueSource 注解各个属性的说明

值 类 型	属性的定义	示　　例
byte	byte[] bytes() default {};	@ValueSource(bytes = { 1, 2, 3 })
int	int[] ints() default {};	@ValueSource(ints = { 1, 2, 3 })
long	long[] longs() default {};	@ValueSource(longs = { 1L, 2L, 3L })
float	float[] floats() default {};	@ValueSource(floats = { 1.2F, 4.9F })
double	double[] doubles() default {};	@ValueSource(doubles = { 3.1415926, 541.362 })
char	char[] chars() default {};	@ValueSource(chars = { 'a', 'b', 'c'})
boolean	boolean[] booleans() default {};	@ValueSource(booleans = {true, false})
String	String[] strings() default {};	@ValueSource(strings = {"张三", "李四"})
Class	Class<?>[] classes() default {};	@ValueSource(classes = {Object.class, People.class})

注意

@ValueSource 注解仅适用于在测试方法中只有一个参数的场景。

【例9.3】测试判断素数算法的执行效率（实例位置：资源包\TM\sl\9\3）

在测试类 SpringBootDemoApplicationTests 中，创建测试方法 test(int num)，并使用@ParameterizedTest()注解予以标注。在测试方法中，编写用于判断 num 是否为素数的代码，并分别以 3、4、149、1269、1254797 这 5 个数字作为参数验证代码的执行效率。测试类 SpringBootDemoApplicationTests 的代码如下：

```
package com.mr;
import org.JUnit.jupiter.params.ParameterizedTest;
import org.JUnit.jupiter.params.provider.ValueSource;
import org.slf4j.Logger;
import org.slf4j.LoggerFactory;
import org.springframework.boot.test.context.SpringBootTest;

@SpringBootTest
class SpringBootDemoApplicationTests {
    private static final Logger log = LoggerFactory.getLogger(SpringBootDemoApplicationTests.class);

    @ParameterizedTest()
    @ValueSource(ints = { 3, 4, 149, 1269, 1254797 })
    void test(int num) {
        int sqrt = (int) Math.sqrt(num);//获取平方根
        for (int i = 2; i <= sqrt; i++) {
            if (num % i == 0) {
                log.info("{}不是素数", num);
                return;
            }
        }
        log.info("{}是素数", num);
    }
}
```

运行上述测试类，即可看到在控制台上打印如图 9.10 所示的日志。不难看出，3、4、149、1269、1254797 这 5 个数字都被校验过，说明测试方法 test(int num)被执行了 5 次。

图 9.10　在控制台上打印的日志

在如图 9.11 所示的追踪报告中，可以看到测试方法 test(int num)分别计算这 5 个数字是否为素数所消耗的时间。通过消耗的时间，就能够直观地看到测试方法 test(int num)在传入不同数字后的执行效率。

图 9.11 查看测试方法在传入不同数字后的执行效率

3. @MethodSource 注解

该注解会把静态方法的返回值设定为测试方法的参数源。@MethodSource 注解只具有一个 value 属性，这个属性用于指定作为参数源的静态方法的名称。作为参数源的静态方法的返回值类型为 java.util.stream.Stream 类型。

例如，使用@ValueSource 注解设定参数源的代码如下：

```
@ParameterizedTest()
@ValueSource(ints = { 10, 20, 30 })
void test(int a) { }
```

上述代码可被修改为如下的使用@MethodSource 注解设定参数源的代码：

```
@ParameterizedTest()
@MethodSource("getInt")               //使用 getInt()的返回值作为参数
void test(int a) {}

static Stream<Integer> getInt() {     //提供参数集合的方法
    return Stream.<Integer>of(10, 20, 30);   //向 Stream 添加元素
}
```

在上述代码中，Stream 对象中的元素都是 Integer 类型，并且每一次都向测试方法传入一个参数的值。这里需要特别说明一下，如果 Stream 对象中的元素都是 org.JUnit.jupiter.params.provider.Arguments 类型，就可以同时向测试方法传入多个参数的值。

例如，使用 org.JUnit.jupiter.params.provider.Arguments 类型的 Stream 对象同时向测试方法传入"姓名"和"年龄"这两个参数的值，代码如下：

```
static Stream<Arguments> getNameAge() {
    return Stream.<Arguments>of(        //向 Stream 添加元素，元素类型为 Arguments
        Arguments.of("张三", 18),        //向 Arguments 添加元素
        Arguments.of("李四", 21),
        Arguments.of("王五", 22)
    );
}

@ParameterizedTest()
```

```
@MethodSource("getNameAge")                    //将 getNameAge()方法的返回值作为参数源
void test(String name, int age) {
    log.info("姓名：{}，年龄：{}", name, age);
}
```

4．@EnumSource 注解

该注解与@ValueSource 注解的用法相似，会把枚举中的枚举项设定为测试方法的参数源，测试方法会自动遍历枚举中的所有枚举项。

【例 9.4】把季节枚举设定为测试方法的参数源（**实例位置：资源包\TM\sl\9\4**）

首先在 com.mr.common 包下，创建季节枚举 SeasonEnum，并设定 4 个季节的枚举项。季节枚举 SeasonEnum 的代码如下：

```
package com.mr.common;
public enum SeasonEnum {
    SPRING, SUMMER, AUTUMN, WINTER;
}
```

然后在测试类 SpringBootDemoApplicationTests 中创建测试方法 test()，方法参数为季节枚举 SeasonEnum 中的枚举项。使用@EnumSource 注解标注测试方法，并将@EnumSource 注解的 value 属性赋值为季节枚举 SeasonEnum 的 class 对象。测试类 SpringBootDemoApplicationTests 的代码如下：

```
package com.mr;
import org.JUnit.jupiter.params.ParameterizedTest;
import org.JUnit.jupiter.params.provider.EnumSource;
import org.slf4j.Logger;
import org.slf4j.LoggerFactory;
import org.springframework.boot.test.context.SpringBootTest;
import com.mr.common.SeasonEnum;

@SpringBootTest
class SpringBootDemoApplicationTests {
    private static final Logger log = LoggerFactory.getLogger(SpringBootDemoApplicationTests.class);

    @ParameterizedTest
    @EnumSource(SeasonEnum.class)
    void test(SeasonEnum season) {
        log.info("现在处于的季节是：{}", season);
    }
}
```

运行上述测试类，即可看到在控制台上打印如图 9.12 所示的日志。因为在季节枚举 SeasonEnum 中有 4 个枚举项，所以测试方法 test()执行了 4 次，并且每次获取的枚举项都不同。

```
  .   ____          _            __ _ _
 /\\ / ___'_ __ _ _(_)_ __  __ _ \ \ \ \
( ( )\___ | '_ | '_| | '_ \/ _` | \ \ \ \
 \\/  ___)| |_)| | | | | || (_| |  ) ) ) )
  '  |____| .__|_| |_|_| |_\__, | / / / /
 =========|_|==============|___/=/_/_/_/
 :: Spring Boot ::                (v2.7.5)

2022-11-25 09:38:06.652  INFO 3372 --- [           main] com.mr.SpringBootDemoApplicationTests    : Starting SpringBootDemoApplicationTests
2022-11-25 09:38:06.655  INFO 3372 --- [           main] com.mr.SpringBootDemoApplicationTests    : No active profile set, falling back to
2022-11-25 09:38:08.561  INFO 3372 --- [           main] com.mr.SpringBootDemoApplicationTests    : Started SpringBootDemoApplicationTests
2022-11-25 09:38:09.172  INFO 3372 --- [           main] com.mr.SpringBootDemoApplicationTests    : 现在处于的季节是: SPRING
2022-11-25 09:38:09.200  INFO 3372 --- [           main] com.mr.SpringBootDemoApplicationTests    : 现在处于的季节是: SUMMER
2022-11-25 09:38:09.211  INFO 3372 --- [           main] com.mr.SpringBootDemoApplicationTests    : 现在处于的季节是: AUTUMN
2022-11-25 09:38:09.222  INFO 3372 --- [           main] com.mr.SpringBootDemoApplicationTests    : 现在处于的季节是: WINTER
```

图 9.12　在控制台上打印的日志

9.4 断言

"断言"一词来自逻辑学,英文叫 assert,表示为了断定某件事一定成立而做出的陈述。在计算机领域中,断言指的是在测试过程中,测试人员对场景提出一些假设,通过断言来捕捉这些假设。例如,在测试用户登录的过程中,测试人员断言前端发来的用户名一定是"张三"。如果前端发来的是"张三",那么假设成立,且单元测试可以通过;如果前端发来的是"李四",那么假设不成立,且单元测试不会通过。

断言与异常处理的机制不同。如果断言发现某个假设不成立,程序就不会在控制台上打印异常日志,而是把单元测试的结果标记为失败状态。但是,程序开发人员可以在追踪报告中清晰地看到哪些假设不成立,以及假设不成立的原因是什么。

JUnit 提供了很多与断言相关的工具类,其中最核心的是 org.JUnit.jupiter.api.Assertions 类,本节将围绕此类介绍如何在单元测试中设置断言。

9.4.1 Assertions 类的常用方法

JUnit 提供了非常多的断言工具类,为了方便程序开发人员调用这些断言工具类,JUnit 把绝大多数断言工具类的方法都集中到 Assertions 类中。Assertions 类的常用方法如表 9.2 所示,这些方法都是静态方法。

表 9.2 Assertions 类的常用方法

方 法	说 明
assertDoesNotThrow(Executable executable)	断言可执行的代码不会触发任何异常
assertThrows(Class<T> expectedType, Executable executable)	断言可执行代码会触发 expectedType 类型异常
assertArrayEquals(Object[] expected, Object[] actual)	断言两个数组(包括数组中的元素)完全相同
assertEquals(Object expected, Object actual)	断言两个参数相同
assertNotEquals(Object unexpected, Object actual)	断言两个参数不同
assertNull(Object actual)	断言条件对象为 null
assertNotNull(Object actual)	断言条件对象不为 null
assertSame(Object expected, Object actual)	断言两个参数引用同一个对象
assertNotSame(Object unexpected, Object actual)	断言两个参数引用不同对象
assertTrue(boolean condition)	断言条件为 true
assertFalse(boolean condition)	断言条件为 false
assertTimeout(Duration timeout, Executable executable)	断言可执行的代码运行时间不会超过 timeout 规定的时间
fail(String failureMessage)	让断言失败,参数为提示的失败信息

说明

关于 Assertions 类的更多方法,详见官方在线文档:https://junit.org/junit5/docs/current/api/org.junit.jupiter.api/org/junit/jupiter/api/Assertions.html。

9.4.2 调用 Assertions 类中的方法的两种方式

在 Java 代码中，通常使用 import 语句导入一个类。例如，使用 import 语句导入 Assertions 类的代码如下：

```
import org.JUnit.jupiter.api.Assertions;
```

导入 Assertions 类后，就可以在类中直接调用 Assertions 类的各种方法。例如：在测试方法 contextLoads() 中，直接调用 Assertions 类的 assertTrue() 方法。代码如下：

```
@Test
void contextLoads() {
    Assertions.assertTrue(1 < 2);
}
```

因为 Assertions 类中的方法都是静态方法，所以有时会使用 import static 语句直接导入方法。例如，在测试方法 contextLoads() 中，使用 import static 语句直接导入 Assertions.assertTrue() 方法。代码如下：

```
import static org.JUnit.jupiter.api.Assertions.assertTrue;
```

使用上述这种方式导入 Assertions 类中的 assertTrue() 方法后，就可以在测试方法 contextLoads() 中直接调用此方法。代码如下：

```
@Test
void contextLoads() {
    assertTrue(1 < 2);
}
```

9.4.3 Executable 接口

在表 9.2 中，有很多方法都使用了 Executable 类型的参数。本小节将对 Executable 类型的参数予以介绍。

Executable 位于 org.JUnit.jupiter.api.function 包中，是接口类型。Executable 接口的定义如下：

```
@FunctionalInterface
public interface Executable {
    void execute() throws Throwable;
}
```

从上述代码可以看出 Executable 接口是一个函数式接口。在实际开发中，JUnit 推荐使用 lambda 表达式创建 Executable 对象。例如，使用 lambda 表达式断言除数为 0 时不会触发任何异常的代码如下：

```
Assertions.assertDoesNotThrow(() -> {
    int a = 0;
    int b = 1 / a;
});
```

在上述代码中，因为接口方法没有参数，所以要使用 lambda 表达式的无参形式。又因为当 a 作为分母时必然会触发算术异常，所以断言上述代码 "不会触发任何异常" 的结果是 false。由于断言的结果为 false，导致单元测试的结果是未通过测试。

9.4.4 在测试中应用断言

掌握了 Assertions 类的相关内容后,下面通过两个实例演示一下如何在测试中应用断言。

【例9.5】 验证开发者编写的升序排序算法是否正确(**实例位置:资源包\TM\sl\9\5**)

首先在 com.mr.common 包下创建数组工具类 ArrayUtil,在这个类中创建 sort()方法,在这个方法中编写冒泡排序以实现对 int 数组进行升序排列的功能。其中,ArrayUtil 类需要使用@Component 注解予以标注。ArrayUtil 类的代码如下:

```java
package com.mr.common;
import org.springframework.stereotype.Component;

@Component
public class ArrayUtil {
    public void sort(int arr[]) {
        for (int i = 0, length = arr.length; i < length; i++) {
            for (int j = 0; j < length - i - 1; j++) {
                if (arr[j] < arr[j + 1]) {
                    int tmp = arr[j];
                    arr[j] = arr[j + 1];
                    arr[j + 1] = tmp;
                }
            }
        }
    }
}
```

然后编写测试类SpringBootDemoApplicationTests,在测试方法sortTest()中创建一个乱序的int数组,先备份这个数组,再分别利用 JDK 自带的 Arrays 类和上述已经编写的 ArrayUtil 类对备份前和备份后的这两个数组进行排序,接着输出这两个数组的排序结果,而后断言这两个数组的排序结果是一致的。测试类 SpringBootDemoApplicationTests 的代码如下:

```java
package com.mr;
import java.util.Arrays;
import org.JUnit.jupiter.api.Assertions;
import org.JUnit.jupiter.api.Test;
import org.slf4j.Logger;
import org.slf4j.LoggerFactory;
import org.springframework.beans.factory.annotation.Autowired;
import org.springframework.boot.test.context.SpringBootTest;
import com.mr.common.ArrayUtil;

@SpringBootTest
class SpringBootDemoApplicationTests {
    private static final Logger log = LoggerFactory.getLogger(SpringBootDemoApplicationTests.class);
    @Autowired
    ArrayUtil arrayUtil;

    @Test
    void sortTest() {
        int a[] = { 15, 23, 68, 41, 85, 34, 57, 90 };
        int b[] = Arrays.copyOf(a, a.length);        //复制原数组
        arrayUtil.sort(a);                           //利用开发者写的工具排序
        Arrays.sort(b);                              //使用 JDK 自带的工具类排序
```

```
        log.info("来自开发者排序结果：{}", a);        //打印两个数组中的值
        log.info("来自 JDK 的排序结果：{}", b);
        Assertions.assertArrayEquals(a, b);            //断言两个数组排序结果一样
    }
}
```

运行上述测试类，即可看到如图 9.13 所示的测试结果，即未通过测试。在如图 9.13 所示的追踪报告中，能够知晓未通过测试的原因是断言失败；断言失败的原因是两个数组的第一个元素就不一样，一个是 90，另一个是 15。结合图 9.14 所示的日志内容，会发现程序开发人员误把排序算法编写成了降序排序。

图 9.13 测试失败

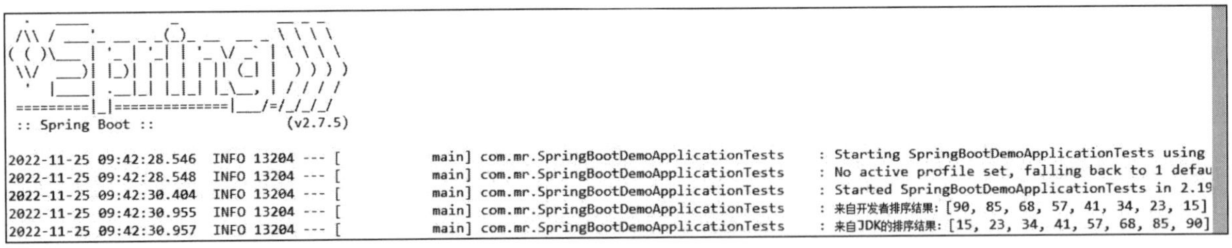

图 9.14 在控制台上打印日志

【例 9.6】验证用户登录方法是否完善（实例位置：资源包\TM\sl\9\6）

假设需求文档要求用户登录方法在验证账号和密码是否正确后，需要将账号和密码封装成用户对象，并予以返回。也就是说，在验证用户登录方法的过程中不应触发异常，且返回的对象不应是 null。

首先在 com.mr.dto 包下编写用户类 User，在用户类 User 中包含账号和密码这两个属性，用户类 User 的关键代码如下：

```
package com.mr.dto;
public class User {
    private String username;
    private String password;
```

```
    //省略构造方法和属性的 Getter/Setter 方法
}
```

然后在 com.mr.service 包下创建用户服务接口 UserService，指定用 login()方法来验证账号和密码。用户服务接口 UserService 的代码如下：

```
package com.mr.service;
import com.mr.dto.User;
public interface UserService {
    User login(String username, String password);
}
```

接着在 com.mr.service.impl 包中创建用户服务实现类 UserServiceImpl，如果传入的账号是"red-apple"、传入的密码是"135246"，则返回用于封装账号和密码的用户对象，否则返回 null。用户服务实现类 UserServiceImpl 的代码如下：

```
package com.mr.service.impl;
import org.springframework.stereotype.Service;
import com.mr.dto.User;
import com.mr.service.UserService;

@Service
public class UserServiceImpl implements UserService {
    @Override
    public User login(String username, String password) {
        if ("red-apple".equals(username) && "135246".equals(password)) {
            return new User(username, password);
        } else {
            return null;
        }
    }
}
```

最后编写测试类 SpringBootDemoApplicationTests。在测试类 SpringBootDemoApplicationTests 中，先注入用户服务接口的 Bean，再编写测试用例，其中包含正确数据、错误数据和类型不符的数据，而后编写参数化测试方法，使用已经设定好的参数源，断言用户服务接口中的 login()方法不会触发异常，并且 login()方法的返回值也不会是 null。测试类 SpringBootDemoApplicationTests 的代码如下：

```
package com.mr;
import java.util.stream.Stream;
import org.JUnit.jupiter.api.Assertions;
import org.JUnit.jupiter.params.ParameterizedTest;
import org.JUnit.jupiter.params.provider.Arguments;
import org.JUnit.jupiter.params.provider.MethodSource;
import org.springframework.beans.factory.annotation.Autowired;
import org.springframework.boot.test.context.SpringBootTest;
import com.mr.dto.User;
import com.mr.service.UserService;

@SpringBootTest
class SpringBootDemoApplicationTests {
    @Autowired
    UserService service;                        //用户服务

    //测试方法的参数源
    static private Stream<Arguments> mockUserAndPassword() {
        return Stream.of(
```

```
                    Arguments.of("red-apple", "135246"),
                    Arguments.of("lily", "大美女"),
                    Arguments.of(null, null),
                    Arguments.of(135246, 579468)
            );
    }

    @ParameterizedTest
    @MethodSource("mockUserAndPassword")
    void login(String username, String password) {
        Assertions.assertDoesNotThrow(() -> {        //断言登录方法不会出现任何异常
            User user = service.login(username, password);
            Assertions.assertNotNull(user);          //断言登录方法不会返回 null 结果
        });
    }
}
```

运行上述测试类，即可看到如图 9.15 所示的测试结果，即测试未通过。测试方法被执行了 4 次；其中，1 次测试通过，1 出现错误，2 次断言失败。

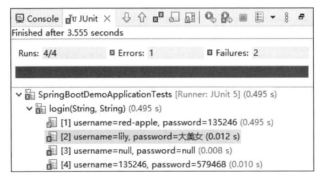

图 9.15　测试未通过

选择出现错误的第 4 次测试，可以看到在追踪报告中显示如下的日志：

org.JUnit.jupiter.api.extension.ParameterResolutionException: Error converting parameter at index 0: No implicit conversion to convert object of type java.lang.Integer to type java.lang.String

上述日志表示在测试过程中强制将整数类型的参数传递给字符串类型参数。也就是说，造成此错误的原因是第 4 组数据使用的是 int 值，而在用户服务实现类中没有提供校验 int 值的方法。

选择出现断言失败的第 2 次或第 3 次测试，可以看到在追踪报告中显示如下的日志：

org.opentest4j.AssertionFailedError: Unexpected exception thrown: org.opentest4j.AssertionFailedError: expected: not <null>

上述日志表示虽然断言此处不会出现 null，但是在程序中出现了 null。也就是说，造成断言失败的原因是程序开发人员没有严格按照需求文档的要求编写代码。

9.5　在单元测试中模拟内置对象

内置对象指的是 Servlet 的内置对象。在实际开发中，Servlet 常用的内置对象有 4 个，它们分别是 request 对象（请求对象）、response 对象（应答对象）、session 对象（会话对象）和 application 对象（上下文对象)。虽然程序开发人员使用 Spring Boot 可以自动注入这些对象,但是测试人员不能直接创建这些对象。为了解决这个问题,Spring Boot 为测试人员提供了一系列的模拟对象,这些模拟对象如表 9.3 所示。

表 9.3 Spring Boot 提供的模拟对象及其说明

类　　名	说　　明	用于实现内置对象的 Servlet 接口
MockHttpServletRequest	模拟 request 对象	HttpServletRequest
MockHttpServletResponse	模拟 response 对象	HttpServletResponse
MockHttpSession	模拟 session 对象	HttpSession
MockServletContext	模拟 application 对象	ServletContext

下面通过一个实例演示如何在单元测试中模拟内置对象。

【例 9.7】 在单元测试中仿造用户登录的 session 记录(**实例位置:资源包\TM\sl\9\7**)

在 com.mr.controller 包下创建控制器类 UserController,在该类中创建用于查看购物车的 viewShoppingcart()方法。当用户访问"/shoppingcar"地址时,服务器将检查当前用户是否已经登录。如果用户已经登录,服务器就会将用户名记录在 session 的 user 属性中;如果用户未登录,服务器就会提醒用户先登录再查看。UserController 类的代码如下:

```
package com.mr.controller;
import javax.servlet.http.HttpSession;
import org.springframework.web.bind.annotation.RequestMapping;
import org.springframework.web.bind.annotation.RestController;

@RestController
public class UserController {

    @RequestMapping("/shoppingcar")
    public String viewShoppingcart(HttpSession session) {
        String username = (String) session.getAttribute("user");    //获取当前会话的用户名
        if (username == null) {                                      //如果用户不存在
            return "请您先登录! ";
        }
        return username + "您好,正在转入您的购物车页面";
    }
}
```

在 com.mr 包下,创建测试类 UnitTest9ApplicationTests。在测试类中,使用@Autowired 注解分别注入模拟 session 对象和控制器类对象。在测试方法 contextLoads()中,调用控制器类中用于查看购物车的方法,并把模拟 session 对象当作参数予以传入。在传入模拟 session 对象前,需仿造一份登录数据。测试类 UnitTest9ApplicationTests 的代码如下:

```
package com.mr;
import org.junit.jupiter.api.Test;
import org.slf4j.Logger;
import org.slf4j.LoggerFactory;
import org.springframework.beans.factory.annotation.Autowired;
import org.springframework.boot.test.context.SpringBootTest;
import org.springframework.mock.web.MockHttpSession;
import com.mr.controller.UserController;
```

```
@SpringBootTest
class UnitTest9ApplicationTests {
    private static final Logger log = LoggerFactory.getLogger(UnitTest9ApplicationTests.class);

    @Autowired
    MockHttpSession session;                                    //模拟会话对象
    @Autowired
    UserController controller;

    @Test
    void contextLoads() {
        session.setAttribute("user", "张三");                   //向会话中设置已登录的用户名
        String result = controller.viewShoppingcart(session);
        log.info("controller 返回的结果：{}", result);
    }
}
```

运行上述测试类，即可看到在控制台上打印如图 9.16 所示的日志。在日志中显示用户处于已登录的状态，并把仿造的用户名打印在日志中。

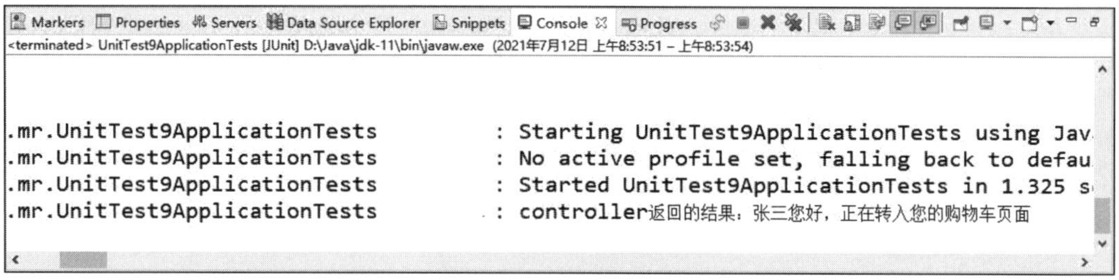

图 9.16 控制台打印的日志

9.6 在单元测试中模拟网络请求

在单元测试中，虽然对于一些功能可以通过模拟 Servlet 内置对象予以实现，但是对于一些特殊的功能须通过访问指定 URL 地址才能予以实现。为此，Spring Boot 为测试人员提供了模拟网络请求的方法。

9.6.1 创建网络请求

想要模拟网络请求，需要先创建网络请求。创建网络请求需要执行以下 3 个操作。

（1）注入 WebApplicationContext 接口对象（网络程序上下文对象）。关键代码如下：

```
@Autowired
WebApplicationContext webApplicationContext;
```

（2）通过 MockMvcBuilders 工具类在上下文中仿造一个入口点，这个入口点被封装成了 MockMvc 对象。关键代码如下：

```
MockMvc mvc = MockMvcBuilders.webAppContextSetup(webApplicationContext).build();
```

（3）通过 MockMvc 对象创建一个网络请求。例如，使用创建的网络请求访问"/index"地址，关键代码如下：

```
mvc.perform(MockMvcRequestBuilders.get("/index"));
```

该示例演示了如何向服务器发送 GET 请求。此外，MockMvcRequestBuilders 类还提供了用于向服务器发送 POST 请求的 post()方法、用于向服务器发送 PUT 请求的 put()方法、用于向服务器发送 PATCH 请求的 patch()方法和用于向服务器发送 DELETE 请求的 delete()方法。

9.6.2 为请求添加请求参数和数据

用于向服务器发送请求的方法会返回一个 MockHttpServletRequestBuilder 对象，通过这个对象可以为请求添加请求参数和数据。

当为请求添加参数时，需调用 param()方法。例如，为请求添加 name 参数和 age 参数，关键代码如下：

```
mvc.perform(MockMvcRequestBuilders.post("/index"))
    .param("name", "李四")
    .param("age", "32")
);
```

当为请求添加数据时，需调用 content()方法。只不过，在调用 content()方法前，须调用 contentType()方法指定数据的格式。例如，向服务器发送 JSON 格式的数据，关键代码如下：

```
mvc.perform(MockMvcRequestBuilders.post("/index"))
    .contentType(MediaType.APPLICATION_JSON)
    .content("{\"name\":\"李四\",\"age\":\"32\"}")
);
```

当既要为请求添加参数，又要为请求添加数据时，可以将上述两段代码写成如下的代码：

```
mvc.perform(MockMvcRequestBuilders.get("/index"))
    .param("name", "李四")
    .param("age", "32")
    .contentType(MediaType.APPLICATION_JSON)
    .content("{\"name\":\"李四\",\"age\":\"32\"}")
);
```

9.6.3 分析执行请求后返回的结果

在执行完请求后，perform()方法会返回一个 ResultActions 类型的结果对象。通过对这个对象进行操作，可以进一步分析服务器返回的结果。ResultActions 是一个接口，提供了如表 9.4 所示的 3 个方法。

表9.4 ResultActions 接口中的方法及其说明

方 法	说 明
andDo(ResultHandler handler)	为结果添加处理器
andExpect(ResultMatcher matcher)	为结果设置断言，如果断言失败，会导致整个测试失败
andReturn()	将结果封装成 MvcResult 对象

下面将介绍如何使用 ResultActions 接口中的 3 个方法。

使用 andDo()方法可以在用户访问"/index"地址后，在控制台上打印服务器返回的信息，关键代码如下：

```
mvc.perform(MockMvcRequestBuilders.get("/index"))
    .andDo(MockMvcResultHandlers.print()    //添加结果处理器，打印服务器返回的信息
    );
```

成功访问后，会在控制台上打印如下的信息，根据这些信息即可分析程序的运行过程：

```
MockHttpServletRequest:
      HTTP Method = GET
      Request URI = /index
       Parameters = {}
          Headers = []
             Body = <no character encoding set>
    Session Attrs = {}

Handler:
             Type = com.mr.controller.TestController
           Method = com.mr.controller.TestController#index()

Async:
    Async started = false
     Async result = null

Resolved Exception:
             Type = null

ModelAndView:
        View name = null
             View = null
            Model = null

FlashMap:
       Attributes = null

MockHttpServletResponse:
           Status = 200
    Error message = null
          Headers = [Content-Type:"text/plain;charset=UTF-8", Content-Length:"7"]
     Content type = text/plain;charset=UTF-8
             Body = success
    Forwarded URL = null
    Redirected URL = null
          Cookies = []
```

使用 andExpect()方法可以在用户访问"/index"地址后，为服务器返回的信息添加断言，关键代码如下：

```
mvc.perform(MockMvcRequestBuilders.get("/index"))
    .andExpect(MockMvcResultMatchers.status().isOk())               //断言请求可以正常完成，即状态码为 200
    .andExpect(MockMvcResultMatchers.content().string("success"))   //断言服务器返回的值是 success
    .andExpect(MockMvcResultMatchers.content().contentType(MediaType.APPLICATION_JSON));//断言服务器返回的内容
类型是 JSON
```

使用 andReturn()方法，可以把服务器返回的信息封装成 MvcResult 对象，关键代码如下：

```
MvcResult result = mvc.perform(MockMvcRequestBuilders.get("/index")).andReturn();
```

MvcResult 是一个接口，使用 MvcResult 接口中的方法，即可获得由服务器返回的指定信息。MvcResult 接口提供的方法如表 9.5 所示。

表 9.5　MvcResult 接口中的方法及其说明

方　　法	返回值类型	说　　明
getAsyncResult()	Object	获取异步执行的结果
getAsyncResult(long timeToWait)	Object	在等待 timeToWait 毫秒之后，获取异步执行的结果
getFlashMap()	FlashMap	获取 Spring MVC 的 FlashMap 对象
getHandler()	Object	返回执行的处理程序
getInterceptors()	HandlerInterceptor[]	返回拦截器
getModelAndView()	ModelAndView	获取 Spring MVC 的 ModelAndView 对象
getRequest()	MockHttpServletRequest	返回网络请求对象
getResolvedException()	Exception	返回处理程序触发且解析成功的异常
getResponse()	MockHttpServletResponse	返回网络相应对象

9.7　实践与练习

（答案位置：资源包\TM\sl\9\实践与练习）

综合练习 1：在测试方法运行前后打印方法名称

请读者按照如下思路和步骤编写程序。

（1）在测试类中创建 beforeTest()方法，使用@BeforeEach 注解予以标注，为 beforeTest()方法添加 TestInfo 类型参数，在 beforeTest()方法中调用 TestInfo 的 getTestMethod()方法，获取测试方法的名称并将其打印到日志中。

（2）在测试类中创建 afterTest()方法，使用@AfterEach 注解予以标注，同样为 afterTest()方法添加 TestInfo 类型参数，并将测试方法的名称打印到日志中。

（3）创建两个测试方法，即 test1()方法和 test2()方法，每个测试方法仅打印一行日志。

（4）运行测试类。这时，可以看到在控制台上打印出如图 9.17 所示的日志。在日志末尾的 6 行记录中，前 3 行日志分别由 beforeTest()方法、test1()方法和 afterTest()方法予以打印，后 3 行日志分别由 beforeTest()方法、test2()方法和 afterTest()方法予以打印。

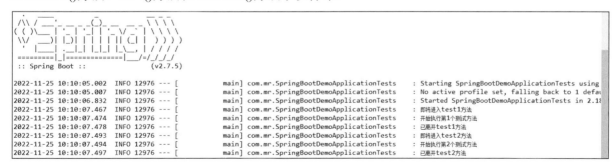

图 9.17　综合练习 1 中控制台打印的日志

综合练习 2：设计多组用例来测试用户登录验证功能

请读者按照如下思路和步骤编写程序。

（1）在测试类中创建测试方法 check(String username, String password)，使用@ParameterizedTest()注解予以标注。在测试方法中验证 username 和 password 是否为正确的用户名和密码（假定正确的用户名为"David"，正确的密码为"246351"）。

（2）在测试类中创建 getUsers()方法，把用于封装账号和密码的用户对象作为 getUsers()方法的返回值。getUsers()方法的返回值也是测试方法的参数源。创建三组测试用例，一组正确的账号和密码，两组错误的账号和密码。

（3）运行测试类，即可看到在控制台上打印出如图 9.18 所示的日志。可以看到账号为"David"、密码为"246351"的这组测试用例的测试结果为验证通过，其他两组测试用例的测试结果均为验证失败。

图 9.18　综合练习 2 中控制台打印的日志

第 10 章 异常处理

异常处理在实际开发中是至关重要的。对于一个完整的项目，必须设计出尽可能多的异常处理方案。传统的 Java 程序都是用 try-catch 语句捕捉异常，而 Spring Boot 项目采用了全局异常的概念——所有方法均将异常抛出，并且专门安排一个类统一拦截并处理这些异常。这样做的好处是可以把用于异常处理的代码单独存储在一个全局异常处理类中。如果未来需要修改异常处理方案，就可以直接在这个全局异常处理类中进行修改。

本章的知识架构及重难点如下。

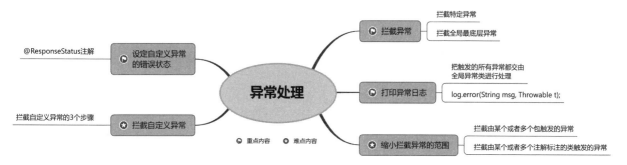

10.1 拦截异常

软件开发行业有句俗话："只有你想不到的，没有用户做不到的。"这句俗话的意思是，即使程序开发人员处理了尽可能多的异常，用户也会搞出各种意料之外的异常，例如用户在政治面貌一栏中填写的是"五官端正"等。如果一个 Spring Boot 项目没有对这些五花八门的异常进行拦截，那么这些异常就会触发最底层异常，导致 HTTP 500 错误。因为正式上线的 Spring Boot 项目是不允许显示 HTTP 500 错误页面的，所以程序开发人员必须对最底层的异常进行拦截。下面将介绍拦截特定异常和拦截全局最底层异常。

10.1.1 拦截特定异常

为了拦截异常，Spring Boot 提供了两个注解，即@ControllerAdvice 注解和@ExceptionHandler 注解。其中，@ControllerAdvice 注解用于标注类，把被@ControllerAdvice 注解标注的类称作全局异常处理类；@ExceptionHandler 注解用于标注方法，把被@ExceptionHandler 注解标注的方法用于处理特定异常。使用@ControllerAdvice 注解和@ExceptionHandler 注解拦截特定异常的语法如下：

```
@ControllerAdvice
class 类{
    @ExceptionHandler(被拦截的异常类)
    处理方法(){ }
}
```

在@ExceptionHandler 注解中，有一个 Class 数组类型的 value 属性。通过设置 value 属性，既能够指定拦截一种类型的异常，又能够指定拦截多种类型的异常。

使用@ExceptionHandler 注解拦截一种类型的语法如下：

```
@ExceptionHandler(异常类.class)
```

使用@ExceptionHandler 注解拦截多种类型的语法如下：

```
@ExceptionHandler({异常类 1.class, 异常类 2.class, 异常类 3.class, ......})
```

例如，当用户向服务器发送请求时，触发了数组下标越界异常，使用@ControllerAdvice 注解和@ExceptionHandler 注解对数组下标越界异常进行拦截的代码如下：

```
@ControllerAdvice                                              //标注该类为全局异常处理类
public class GlobalExceptionHandler {
    @ExceptionHandler(ArrayIndexOutOfBoundsException.class)    //拦截数组下标越界异常
    @ResponseBody                                              //把返回值内容直接展示在页面中
    public String catchException() {
        return "触发了数组下标越界异常！";                        //在页面上显示的字符串
    }
}
```

因为@ControllerAdvice 注解本质上相当于一个增强版的@Controller 注解，所以在使用@ResponseBody 注解标注处理异常的方法后，这个方法就能够直接将处理结果返回到客户端的页面上。这样，用户就会在浏览器中看到"触发了数组下标越界异常！"的字样。

10.1.2　拦截全局最底层异常

当一个 Spring Boot 项目没有对用户触发的异常进行拦截时，用户触发的异常就会触发最底层异常。在实际开发中，程序开发人员必须对最底层异常进行拦截。

拦截全局最底层异常的方式非常简单，只需在全局异常处理类中单独写一个"兜底"的处理异常的方法，并使用@ExceptionHandler(Exception.class)注解予以标注。

下面通过一个实例演示如何拦截全局最底层异常。

【例 10.1】拦截意料之外的异常（**实例位置：资源包\TM\sl\10\1**）

编写一个数学运算服务器，用户通过 URL 地址传入两个数字，服务器会把这两个数字相除后的结果显示在用户的浏览器页面上。需要注意的是，在除法运算中存在一种特殊情况，即除数不能为 0。如果除数为 0，那么将无法执行除法运算。

创建控制器类 ExceptionController，当用户访问"/division"地址时，需传入 a 和 b 这两个参数及其参数值。其中，a 为被除数，b 为除数。服务器会把相除后结果返回至客户端。ExceptionController类的代码如下：

```
package com.mr.controller;
import org.springframework.web.bind.annotation.RequestMapping;
```

```
import org.springframework.web.bind.annotation.RestController;

@RestController
public class ExceptionController {

    @RequestMapping("/division")
    public String division(Integer a, Integer b) {
        return String.valueOf(a / b);
    }
}
```

在 com.mr.exception 包下，编写全局异常处理类 GlobalExceptionHandler。该类有一个 nullPointerExceptionHandler()方法，用来拦截并处理空指针异常，如果用户少传了一个参数就会引发此异常。该类还有一个 exceptionHandler()方法，用来拦截并处理全局最底层异常；也就是说，除了空指针异常，其他异常都交给 exceptionHandler()方法进行拦截并处理。GlobalExceptionHandler 类的代码如下：

```
package com.mr.exception;

import org.springframework.web.bind.annotation.ControllerAdvice;
import org.springframework.web.bind.annotation.ExceptionHandler;
import org.springframework.web.bind.annotation.ResponseBody;

@ControllerAdvice
@ResponseBody
public class GlobalExceptionHandler {
    @ExceptionHandler(NullPointerException.class)
    public String nullPointerExceptionHandler() {
        return "{\"code\":\"400\",\"msg\":\"缺少参数！\"}";
    }

    @ExceptionHandler(Exception.class)
    public String exceptionHandler() {
        return "{\"code\":\"500\",\"msg\":\"服务器发生错误！\"}";
    }
}
```

启动项目后，打开浏览器，访问 http://127.0.0.1:8080/division?a=10&b=2 地址，即可看到如图 10.1 所示的页面。在页面上显示的是 10 除以 2 的结果，即 5。

图 10.1　在页面上显示 10 除以 2 的结果

如果访问 http://127.0.0.1:8080/division 地址，就会由于缺失参数导致空指针异常，这时将看到如图 10.2 所示的页面。

图 10.2　由于缺失参数导致空指针异常

如果在 URL 地址中不缺失参数，但是把 b 参数的值设为 0，就会引发 ArithmeticException 算术异常。因为在全局异常处理类 GlobalExceptionHandler 中没有用于拦截并处理 ArithmeticException 算术异常的方法，所以 ArithmeticException 算术异常会被全局最底层异常拦截并处理。例如，访问 http://127.0.0.1:8080/division?a=10&b=0 地址，即可看到如图 10.3 所示的页面。

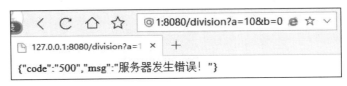

图 10.3　算术异常触发全局最底层异常

10.2　打印异常日志

Java 语言的异常处理通过 try-catch 语句中的 catch 语句既能够捕捉具体的异常对象，又能够在控制台上打印异常日志。例如，使用 try-catch 语句在找不到文件时打印异常日志，try-catch 语句中的 catch 语句的代码如下：

```
catch (FileNotFoundException e) {
    System.out.println("你读取的文件找不到！");
    e.printStackTrace();
}
```

与 Java 语言的异常处理不同，Spring Boot 会把触发的所有异常都交由全局异常类进行处理。那么，Spring Boot 应该如何处理具体的异常对象呢？可以将具体的异常对象注入用于拦截并处理异常的方法的参数中，其语法如下：

```
@ControllerAdvice
class 类{
    @ExceptionHandler(被拦截的异常类)
    处理方法(被拦截的异常类 e) { }
}
```

在上述语法中，处理方法中的参数 e 就是 Spring Boot 需要处理的异常对象。在处理方法中，可在控制台上打印异常对象 e 的日志。Spring Boot 推荐使用 slf4j 打印异常日志，在控制台上打印异常日志的语法如下：

```
log.error(String msg, Throwable t);
```

- ☑　msg：与异常相关的提示信息。
- ☑　t：异常对象。

下面通过一个实例演示 Spring Boot 是如何拦截并处理具体的异常对象并在控制台上打印这个异常对象的日志的。

【例 10.2】在控制台上打印异常对象的日志（实例位置：资源包\TM\sl\10\2）

创建控制器类 ExceptionController，在映射"/index"地址的方法中设置 name 和 age 参数，这两个参数都被@RequestParam 注解标注，以表示它们是必须传值的参数。若客户端未给参数传值，则会引发 MissingServletRequestParameterException 异常（缺少参数异常）。ExceptionController 类的代码如下：

```java
package com.mr.controller;
import org.springframework.web.bind.annotation.RequestMapping;
import org.springframework.web.bind.annotation.RequestParam;
import org.springframework.web.bind.annotation.RestController;

@RestController
public class ExceptionController {

    @RequestMapping("/index")
    public String index(@RequestParam String name, @RequestParam Integer age) {
        return "您登记的信息——姓名："+ name +"，年龄" + age;
    }
}
```

在 com.mr.exception 包下，编写全局异常处理类 GlobalExceptionHandler。该类有一个用于拦截并处理缺少参数异常的 MSRPExceptionHandler() 方法，在这个方法的参数中注入 MissingServletRequestParameterException 异常的对象。服务器在拦截缺少参数异常后，不仅要把与异常相关的提示信息返回给客户端，还要把异常日志打印在控制台上。GlobalExceptionHandler 类的代码如下：

```java
package com.mr.exception;
import org.slf4j.Logger;
import org.slf4j.LoggerFactory;
import org.springframework.web.bind.MissingServletRequestParameterException;
import org.springframework.web.bind.annotation.ControllerAdvice;
import org.springframework.web.bind.annotation.ExceptionHandler;
import org.springframework.web.bind.annotation.ResponseBody;

@ControllerAdvice
public class GlobalExceptionHandler {
    private static final Logger log = LoggerFactory.getLogger(GlobalExceptionHandler.class);

    @ExceptionHandler(MissingServletRequestParameterException.class)
    @ResponseBody
    public String MSRPExceptionHandler(MissingServletRequestParameterException e) {
        log.error("缺少参数", e); //记录异常信息，并在控制台打印异常日志
        return "{\"code\":\"400\",\"msg\":\"缺少参数\"}";
    }
}
```

启动项目后，打开浏览器，访问 http://127.0.0.1:8080/index?name=张三&age=25 地址，即可看到如图 10.4 所示的页面。

图 10.4　显示没有触发异常的页面

如果访问"http://127.0.0.1:8080/index?name=张三"地址，就会由于缺失了 age 参数导致缺少参数

异常，这时会看到如图 10.5 所示的页面。

图 10.5　由于缺失了 age 参数导致缺少参数异常

此时在 Eclipse 控制台上也会看到详细的如图 10.6 所示的异常日志。

图 10.6　在控制台上打印异常日志

10.3　缩小拦截异常的范围

被 @ControllerAdvice 注解标注的类会默认拦截所有被触发的异常。不过，通过设置 @ControllerAdvice 注解的属性值，能够缩小拦截异常的范围。本节将分别介绍两种缩小拦截异常的范围的方式。

10.3.1　拦截由某个或者多个包触发的异常

在@ControllerAdvice 注解中，有一个 value 属性。通过设置 value 属性，既能够指定拦截 Spring Boot 项目中由某个包触发的异常，又能够指定拦截 Spring Boot 项目中由多个包触发的异常。

使用@ControllerAdvice 注解拦截 Spring Boot 项目中由某个包触发的异常的语法如下：

```
@ControllerAdvice("包名")                    //只在一个包中有效
```

上述代码等价于如下的代码：

```
@ControllerAdvice(value = "包名")
```

使用@ControllerAdvice 注解拦截 Spring Boot 项目中由多个包触发的异常的语法如下：

```
@ControllerAdvice({"包名1", "包名2", "包名3"})    //同时指定多个包
```

在@ControllerAdvice 注解中，还有一个 basePackages 属性，其功能与 value 属性的功能相同。

下面通过一个实例演示如何拦截 Spring Boot 项目中由某个或者多个包触发的异常。

【例10.3】 只拦截由 com.mr.controller2 包触发的异常（**实例位置：资源包\TM\sl\10\3**）

在项目中创建两个 controller 包。其中，com.mr.controller1 包存储的是用于执行首页跳转操作的控制器类，com.mr.controller2 包存储的是用于执行注册服务操作的控制器类。

IndexController 类是负责执行首页跳转操作的控制器类，该类用于映射"/index"地址的方法有一个 name 参数，该参数被@RequestParam 注解标注。若客户端未给参数传值，则会引发缺少参数异常。IndexController 类的代码如下：

```
package com.mr.controller1;
import org.springframework.web.bind.annotation.RequestMapping;
import org.springframework.web.bind.annotation.RequestParam;
import org.springframework.web.bind.annotation.RestController;

@RestController
public class IndexController {

    @RequestMapping("/index")
    public String division(@RequestParam String name) {
        return name + "您好，欢迎来到XXXX网站";
    }
}
```

UserController 类是负责执行用户注册操作的控制器类，该类用于映射"/register"地址的方法同样有一个 name 参数，该参数也被@RequestParam 注解标注。UserController 类的代码如下：

```
package com.mr.controller2;
import org.springframework.web.bind.annotation.RequestMapping;
import org.springframework.web.bind.annotation.RequestParam;
import org.springframework.web.bind.annotation.RestController;

@RestController
public class UserController {

    @RequestMapping("/register")
    public String register(@RequestParam String name) {
        return "注册成功，您的用户名为" + name;
    }
}
```

在 com.mr.exception 包下，编写全局异常处理类 GlobalExceptionHandler，该类被@ControllerAdvice 注解标注。通过对@ControllerAdvice 注解的 value 属性进行设置，拦截由 com.mr.exception 包触发的异

常。GlobalExceptionHandler 类的代码如下：

```
package com.mr.exception;
import org.springframework.web.bind.annotation.ControllerAdvice;
import org.springframework.web.bind.annotation.ExceptionHandler;
import org.springframework.web.bind.annotation.ResponseBody;

@ControllerAdvice("com.mr.controller2") //只拦截.mr.controller2 包中发生的异常
public class GlobalExceptionHandler {

    @ExceptionHandler(Exception.class)
    @ResponseBody
    public String exceptionHandler() {
        return "{\"code\":\"500\",\"msg\":\"服务器发生错误，请联系管理\"}";
    }
}
```

启动项目后，在浏览器中访问 http://127.0.0.1:8080/register?name=David 地址，即可看到如图 10.7 所示的页面。

图 10.7　显示注册成功的页面

如果访问 http://127.0.0.1:8080/register 地址，就会触发缺少参数异常。因为 UserController 类被存储在 com.mr.controller2 包下，所以由 UserController 类触发的异常会被全局异常处理类拦截，并显示如图 10.8 所示的页面。

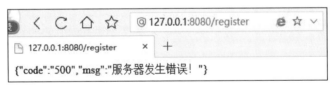

图 10.8　显示缺少参数异常被拦截后的页面

如果访问 http://127.0.0.1:8080/index?name=David 地址，即可看到如图 10.9 所示的首页欢迎语。

图 10.9　显示首页欢迎语的页面

如果访问 http://127.0.0.1:8080/index 地址，就会引发缺少参数异常。但是，因为 IndexController 类不在 com.mr.controller2 包下，所以由 IndexController 类触发的异常不会被全局异常处理类拦截，这样就看到如图 10.10 所示的页面。

图 10.10　显示缺少参数异常没有被拦截的页面

10.3.2　拦截由某个或者多个注解标注的类触发的异常

如果一个 Spring Boot 项目的所有控制器类都被存储在一个包下，那么通过设置@ControllerAdvice 注解的 annotations 属性，既能够指定拦截由某个注解标注的类触发的异常，又能够指定拦截由多个注解标注的类触发的异常。

使用@ControllerAdvice 注解拦截 Spring Boot 项目中由某个注解标注的类触发的异常的语法如下：

```
@ControllerAdvice(annotations = 注解名.class)          //拦截所有被"@注解名"标注的类触发的异常
```

使用@ControllerAdvice 注解拦截 Spring Boot 项目中由多个注解标注的类触发的异常的语法如下：

```
@ControllerAdvice(annotations = { 注解名1.class, 注解名2.class })   //同时拦截所有被这两个注解标注的类触发的异常
```

下面通过一个实例演示如何拦截 Spring Boot 项目中由某个标注的类触发的异常。

【例 10.4】拦截所有被@RestController 注解标注的类触发的异常（**实例位置：资源包\TM\sl\10\4**）

把一个 Spring Boot 项目中用于执行首页跳转操作的控制器类和用于执行登录服务操作的控制器类都存储在 com.mr.controller 包下。

IndexController 类是负责执行首页跳转操作的控制器类，使用@Controller 注解予以标注。IndexController 类的代码如下：

```
package com.mr.controller;
import org.springframework.stereotype.Controller;
import org.springframework.web.bind.annotation.RequestMapping;
import org.springframework.web.bind.annotation.RequestParam;
import org.springframework.web.bind.annotation.ResponseBody;

@Controller
public class IndexController {

    @RequestMapping("/index")
    @ResponseBody
    public String index(@RequestParam String name) {
        return name + "您好，欢迎来到 XXXX 网站";
    }
}
```

UserController 类是负责执行登录服务操作的控制器类，使用@RestController 注解予以标注。UserController 类的代码如下：

```
package com.mr.controller;
import org.springframework.web.bind.annotation.RequestMapping;
```

```
import org.springframework.web.bind.annotation.RequestParam;
import org.springframework.web.bind.annotation.RestController;

@RestController
public class UserController {

    @RequestMapping("/login")
    public String login(@RequestParam String name) {
        return "您输入的姓名为: " + name;
    }
}
```

在 com.mr.exception 包下，编写全局异常处理类 GlobalExceptionHandler，该类被@ControllerAdvice 注解标注。通过对@ControllerAdvice 注解的 annotations 属性进行设置，拦截所有被@RestController 注解标注的类触发的异常。

```
package com.mr.exception;
import org.springframework.web.bind.MissingServletRequestParameterException;
import org.springframework.web.bind.annotation.ControllerAdvice;
import org.springframework.web.bind.annotation.ExceptionHandler;
import org.springframework.web.bind.annotation.ResponseBody;
import org.springframework.web.bind.annotation.RestController;

@ControllerAdvice(annotations = RestController.class) //只拦截@RestController 标注的类
public class GlobalExceptionHandler {

    @ExceptionHandler(MissingServletRequestParameterException.class)
    @ResponseBody
    public String negativeAgeExceptionHandler() {
        return "{\"code\":\"400\",\"msg\":\"缺少参数！\"}";
    }
}
```

启动项目后，在浏览器中访问 http://127.0.0.1:8080/login?name=David 地址，即可看到如图 10.11 所示的页面。

图 10.11　显示登录成功的页面

如果访问 http://127.0.0.1:8080/login 地址，就会引发缺少参数异常。因为 UserController 类使用了@RestController 注解予以标注，所以由 UserController 类触发的异常会被全局异常处理类拦截，并显示如图 10.12 所示的页面。

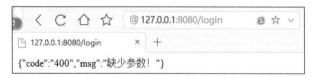

图 10.12　显示缺少参数异常被拦截的页面

如果访问 http://127.0.0.1:8080/index?name=David 地址，即可看到如图 10.13 所示的首页欢迎语。

如果访问 http://127.0.0.1:8080/index 地址，就会引发缺少参数异常。但是，因为 IndexController 类没有被@RestController 注解标注，所以由 IndexController 类触发的异常不会被全局异常处理类拦截，这样就看到如图 10.14 所示的页面。

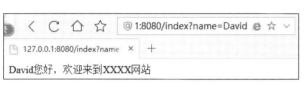

图 10.13　显示首页欢迎语的页面

图 10.14　显示缺少参数异常没有被拦截的页面

10.4　拦截自定义异常

功能多、业务多的项目都会编写自定义异常，以便及时处理一些不符合业务逻辑的数据。全局异常处理类同样支持拦截自定义异常。要想拦截自定义异常，须执行如下 3 个步骤。

（1）创建自定义异常类，这个类须继承 RuntimeException 运行时异常类，并重写父类的构造方法。
（2）创建全局异常处理类，用于拦截自定义的异常。
（3）创建控制器类，指定自定义异常的触发条件。

下面通过一个实例演示如何拦截一个自定义异常。这个自定义异常的适用场景如下。

商品价格是从 0 开始计数的，虽然不会出现负数，但 "负数价格" 确实符合 Java 语法。因此，"负数价格" 是一种逻辑上的异常数据。为了拦截由 "负数价格" 触发的异常，程序开发人员可以自定义一个 "负数价格" 异常。服务器一旦发现用户把价格写成了负数，就会拦截 "负数价格" 异常。

【例 10.5】拦截 "负数价格" 异常（**实例位置：资源包\TM\sl\10\5**）

在 com.mr.exception 包下创建 NegativePriceException 类，用以表示自定义的 "负数价格" 异常类。该类继承了 RuntimeException 运行时异常类，并重写了父类构造方法。NegativePriceException 类的代码如下：

```
package com.mr.exception;
public class NegativePriceException extends RuntimeException {
    public NegativePriceException(String message) {
        super(message);
    }
}
```

创建全局异常处理类 GlobalExceptionHandler，拦截全局的 "负数价格" 异常。GlobalExceptionHandler 类的代码如下：

```
package com.mr.exception;
import org.springframework.web.bind.annotation.ControllerAdvice;
import org.springframework.web.bind.annotation.ExceptionHandler;
import org.springframework.web.bind.annotation.ResponseBody;
```

```
@ControllerAdvice
public class GlobalExceptionHandler {

    @ExceptionHandler(NegativePriceException.class)
    @ResponseBody
    public String negativePriceExceptionHandler(NegativePriceException e) {
        return "{\"code\":\"400\",\"msg\":\"价格不能为负：" + e.getMessage() + "\"}";
    }
}
```

创建控制器类 ExceptionController，用于映射"/index"地址的方法有一个 price 参数。如果客户端传入的 price 参数的值小于 0，就会触发自定义的"负数价格"异常。ExceptionController 类的代码如下：

```
package com.mr.controller;

import org.springframework.web.bind.annotation.RequestMapping;
import org.springframework.web.bind.annotation.RestController;
import com.mr.exception.NegativePriceException;

@RestController
public class ExceptionController {
    @RequestMapping("/index")
    public String index(int price) {
        if (price < 0) {
            throw new NegativePriceException("price=" + price);
        }
        return "您输入的价格为：" + price;
    }
}
```

启动项目后，在浏览器中访问 http://127.0.0.1:8080/index?price=25 地址，即可看到如图 10.15 所示的页面。

如果访问 http://127.0.0.1:8080/index?price=-6 地址，就会由于传入的价格是负数导致"负数价格"异常。这时就会显示如图 10.16 所示的以 JSON 格式显示错误状态和异常原因的页面。

图 10.15 正常显示价格的页面

图 10.16 以 JSON 格式显示错误状态和异常原因的页面

10.5 设定自定义异常的错误状态

在拦截自定义异常时，如果没有编写全局异常处理类，服务器会返回默认的错误状态。比较常见的错误状态包括 400 错误（错误的请求）、404 错误（资源不存在）和 500 错误（代码无法继续执行）。默认情况下，大部分自定义异常都会让服务器返回 500 错误。但是，如果程序开发人员设定了自定义异常的错误状态，那么服务器在拦截此异常时就会返回设定的错误状态。

程序开发人员使用@ResponseStatus 注解即可设定自定义异常的错误状态。@ResponseStatus 注解的 value 属性和 code 属性均可用于设定自定义异常的错误状态。使用@ResponseStatus 注解设定自定义异常的错误状态的关键代码如下：

```
@ResponseStatus(HttpStatus.OK)                          //200，正常响应
@ResponseStatus(HttpStatus.BAD_REQUEST)                 //400，错误的请求
@ResponseStatus(HttpStatus.NOT_FOUND)                   //404，无法找到资源
@ResponseStatus(HttpStatus.INTERNAL_SERVER_ERROR)       //500，服务器代码无法继续执行
```

在实际开发中，@ResponseStatus 注解用于标注异常类，其语法格式如下：

```
@ResponseStatus(HttpStatus.指定状态)
class 异常类{ }
```

【例 10.6】让负数年龄触发 400 错误（实例位置：资源包\TM\sl\10\6）

在 com.mr.exception 包下创建负数年龄异常类 NegativeAgeException，该类继承 RuntimeException 运行时异常类，并重写父类的构造方法。使用@ResponseStatus 注解标注该类，并设定在触发自定义异常时的错误状态为 HttpStatus.BAD_REQUEST（即 400 错误）。NegativeAgeException 类的代码如下：

```
package com.mr.exception;
import org.springframework.http.HttpStatus;
import org.springframework.web.bind.annotation.ResponseStatus;

@ResponseStatus(HttpStatus.BAD_REQUEST)                 //HTTP 400 状态，错误的请求
public class NegativeAgeException extends RuntimeException {
    private static final long serialVersionUID = 1L;

    public NegativeAgeException(String message) {
        super(message);
    }
}
```

创建 ExceptionController 控制器类，用于映射"/index"地址的方法有一个 age 参数，如果客户端传入的 age 参数的值小于 0，就创建 NegativeAgeException 异常对象，并抛出这个异常对象。ExceptionController 类的代码如下：

```
package com.mr.controller;
import org.slf4j.Logger;
import org.slf4j.LoggerFactory;
import org.springframework.web.bind.annotation.RequestMapping;
import org.springframework.web.bind.annotation.RestController;

import com.mr.exception.NegativeAgeException;

@RestController
public class ExceptionController {
    private static final Logger log = LoggerFactory.getLogger(ExceptionController.class);

    @RequestMapping("/index")
    public String index(int age) {
        if (age < 0) {
            NegativeAgeException e = new NegativeAgeException("age=" + age);//创建异常对象
            throw e;                                                        //抛出此异常
        }
        return "您输入的年龄为：" + age;
    }
}
```

启动项目后，在浏览器中访问 http://127.0.0.1:8080/index?age=-6 地址，因为传入的年龄是负数，所以会触发负数年龄异常。又因为本实例没有编写全局异常处理类，所以会显示如图 10.17 所示的错误页面。在这个错误页面上，显示的错误状态是 400 错误，错误类型为 Bad Request，与在 NegativeAgeException 类中设定的错误状态一致。

图 10.17　负数异常导致进入默认错误页面

10.6　实践与练习

（答案位置：资源包\TM\sl\10\实践与练习）

综合练习：拦截缺失参数引发的空指针异常

请读者按照如下思路和步骤编写程序。

（1）编写控制器类 ExceptionController，判断客户端发送的 name 参数的值是不是"David"。如果客户端发送的 name 参数的值是"David"，那么客户端就显示欢迎语；否则，客户端就提示登录。

（2）在 com.mr.exception 包下，编写全局异常处理类 GlobalExceptionHandler，该类的 nullPointerExceptionHandler()方法用于拦截空指针异常。若发生此异常，则服务器以 JSON 格式返回异常代码和异常原因。

（3）启动项目后，打开浏览器访问 http://127.0.0.1:8080/index?name=David 地址，即可看到如图 10.18 所示的欢迎页面。

（4）如果将访问地址改成 http://127.0.0.1:8080/index，即可看到如图 10.19 所示的以 JSON 格式显示错误状态和异常原因的页面。

　　　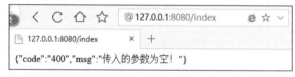

图 10.18　欢迎页面　　　　　　　　　图 10.19　以 JSON 格式显示错误状态和异常原因的页面

第 2 篇 进阶篇

本篇详解 Spring Boot 的进阶内容，包括 Thymeleaf 模板引擎、JSON 解析库、WebSocket 长连接、上传与下载等内容。学习完本篇，读者能够掌握更高级的 Spring Boot 开发技术及其实现原理和实现过程。

进阶篇

- **Thymeleaf 模板引擎**：在明确 Spring Boot 遵循"前后端分离"的设计理念后，掌握 Spring Boot 如何使用 Thymeleaf 模板引擎实现动态网页技术

- **JSON 解析库**：在明确 JSON 是什么后，使用 JSON 解析库实现 JavaBean 和以"键：值"结构保存的 JSON 数据的相互转换

- **WebSocket 长连接**：在学习 WebSocket 长连接后，掌握 Spring Boot 如何实现客户端和服务端互相发送数据信息的功能

- **上传与下载**：在学习 org.springframework.web.multipart.MultipartFile 接口和 HttpServletResponse 输出流后，掌握 Spring Boot 如何实现上传文件和下载文件功能

第 11 章　Thymeleaf 模板引擎

Spring Boot 遵循"前后端分离"的设计理念。所谓的"前后端分离"中的前端指网页端、客户端，后端指服务器端。后端只提供服务接口，前端只有通过访问后端接口才能获取到数据。此外，前端还要完成页面的布局、渲染等工作。如果想让前端获取的数据可以根据用户的操作而发生变化，就需要使用动态网页技术。为此，Spring Boot 采用了 Web 模板引擎技术。Thymeleaf 是 Spring Boot 官方推荐使用的模板引擎。本章将介绍 Thymeleaf 及其使用方法。

本章的知识架构及重难点如下。

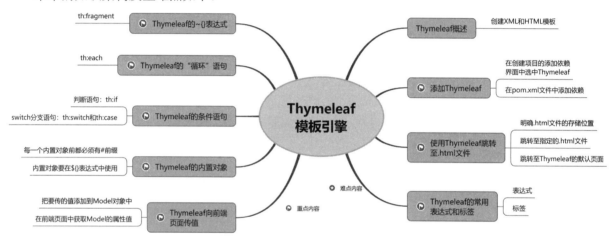

11.1　Thymeleaf 概述

Thymeleaf 是一个 Java 模板引擎，适用于 Web 开发和独立环境的服务器端。那么，什么是模板引擎呢？模板引擎是为了使用户界面与业务数据分离而生成的特定文本格式的文档，常用的文本格式有 HTML、XML 等。

Thymeleaf 的主要目标是提供一种可以被浏览器正确显示的、格式良好的模板创建方式。在实际开发中，程序开发人员可以使用 Thymeleaf 创建 XML 和 HTML 模板。所谓 XML 和 HTML 模板，指的是格式良好的.html 文件。也就是说，Thymeleaf 把.html 文件作为模板。与编写逻辑代码相比，程序开发人员只需要把标签属性添加到.html 文件中，即可执行预先制定好的逻辑。

Thymeleaf 具有如下两个特点：

☑　Thymeleaf 在有网络、无网络的环境下都可以运行。Thymeleaf 可以直接在浏览器中打开并查看静态页面。Thymeleaf 可以通过向 HTML 标签中添加其他属性实现数据渲染。

☑ Thymeleaf 具有"开箱即用"的特性。Thymeleaf 直接以.html 的格式予以显示。Thymeleaf 可以使前后端很好地分离。

> **说明**
> 如何理解"开箱即用"？即在设计好模板以后，把模板直接套入.html 文件的对应位置以实现向.html 文件添加数据的功能。这样，就不需重新设计.html 文件，进而提供.html 文件的复用性。

11.2 添加 Thymeleaf

Thymeleaf 需要手动添加到 Spring Boot 项目中。添加 Thymeleaf 的方式有两种，第一种是在创建项目的添加依赖界面中选择 Thymeleaf，位置如图 11.1 所示。

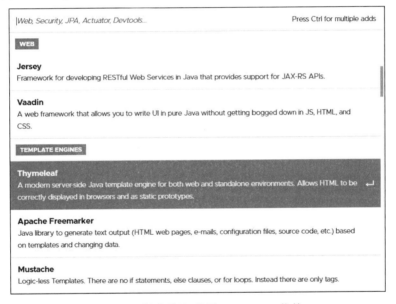

图 11.1　创建项目时添加 Thymeleaf 依赖

第二种是在已创建好的项目的 pom.xml 文件中添加以下依赖：

```xml
<dependency>
    <groupId>org.springframework.boot</groupId>
    <artifactId>spring-boot-starter-thymeleaf</artifactId>
</dependency>
```

添加依赖时不用写明版本号，因为 Spring Boot 项目的 Parent POM（父项目模型）已经将所有常用的依赖版本都设定好了，Maven 会自动获取并填补版本号。

> **说明**
> 本书第 11～18 章的实例程序是需要添加依赖的。读者朋友如果喜欢使用 IDEA 对第 11～18 章的实例程序进行编码，则可以参考本书附录中 A.2 节的内容。

11.3 使用 Thymeleaf 跳转至.html 文件

在前面章节的实例中，控制器都是直接返回字符串，或者是跳转至其他 URL 地址。如果想让控制器跳转至项目中的某个.html 文件，就需要使用 Thymeleaf 了。本节将介绍使用 Thymeleaf 跳转至.html 文件。

11.3.1 明确.html 文件的存储位置

Spring Boot 项目中所有页面文件都要放在 src/main/resources 目录的 templates 文件夹下。页面可能需要加载一些静态文件，例如图片、JS 文件等，静态文件需要放在与 templates 同级的 static 文件夹下。这两个文件夹的位置如图 11.2 所示。

> **说明**
> templates 文件夹和 static 文件夹内部都可以创建子文件夹。

11.3.2 跳转至指定的.html 文件

图 11.2 网页文件及静态资源文件存放位置

前面曾介绍了两种控制器注解：@Controller 和@RestController。@Controller 中的方法如果返回字符串，则默认访问返回值对应的地址。如果项目添加了 Thymeleaf 依赖则会改变此处跳转的逻辑，Thymeleaf 会根据返回的字符串值，寻找 templates 文件夹下同名的网页文件，并跳转至该网页文件。例如，如图 11.3 所示，如果方法的返回值为"login"，Thymeleaf 在 templates 文件夹下发现了 login.html 文件，则会让其请求跳转至该文件。如果方法返回值没有对应的.html 文件，则会抛出 TemplateInputException 异常。

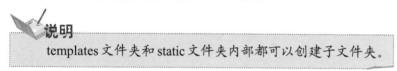

图 11.3 返回值名称即.html 文件的名称（不包含后缀名）

> **注意**
> （1）想要实现此功能的控制器，必须用@Controller 标注，不能使用@RestController。
> （2）templates 文件夹下的.html 文件无法通过 URL 地址直接访问，只能通过 Controller 类跳转。
> （3）.html 文件可以放在 static 文件夹下，这样.html 文件就是静态页面，可以直接通过 URL 地址访问，但无法获得动态数据。

11.3.3 跳转至 Thymeleaf 的默认页面

在不指定项目主页和错误页跳转规则的前提下，Thymeleaf 模板会默认将 index.html 当作项目的默认主页，将 error.html 当作项目默认错误页。如果发生的异常没有被捕捉，就自动跳转至 error.html。

> **注意**
> 默认的 index.html 和 error.html 必须在 templates 文件夹根目录下。

【例 11.1】为项目添加默认首页（**实例位置：资源包\TM\sl\11\1**）

在 templates 文件夹下创建 index.html。index.html 的代码如下：

```html
<!DOCTYPE html>
<html>
<head>
<meta charset="UTF-8">
<title>Insert title here</title>
</head>
<body>
    <h1>这是 Thymeleaf 默认的首页</h1>
</body>
</html>
```

创建 IndexController 控制器类，如果用户访问"/login"地址，则必须传入 name 参数。IndexController 类的代码如下：

```java
package com.mr.controller;
import org.springframework.web.bind.annotation.RequestMapping;
import org.springframework.web.bind.annotation.RequestParam;
import org.springframework.web.bind.annotation.RestController;
@RestController
public class IndexController {

    @RequestMapping("/login")
    public String login(@RequestParam String name) {
        return "您输入的用户名为：" + name;
    }
}
```

启动项目后，打开浏览器访问 http://127.0.0.1:8080 地址，可以看到如图 11.4 所示的默认首页。
访问地址 http://127.0.0.1:8080/login?name=David 可以看到控制器返回如图 11.5 所示页面。

图 11.4　默认首页　　　　　　图 11.5　正常的请求会返回正常的页面结果

11.4　Thymeleaf 的常用表达式和标签

Thymeleaf 提供了许多独有的标签，程序开发人员可以利用这些标签让页面显示动态的内容。Thymeleaf 也提供了几个表达式用来为标签赋值。本节将介绍一些常用的表达式和标签。

11.4.1　表达式

Thymeleaf 有 4 种常用的表达式，分别用于不同场景，下面分别介绍。

1．读取属性值

后端向前端发送的数据都会放在 Model 对象中，存放格式类似键值结构，就是"属性名:属性值"的结构。在页面中可以利用*{}表达式通过属性名获得 Model 中属性值。表达式语法如下：

```
*{属性名}
```

例如，获取属性名为 name 的值：

```
*{name}
```

2．读取对象

如果后端向前端发送的不是一个具体值，而是一个对象（例如日期对象、集合对象等），想要调用该对象中的属性或方法，必须使用${}表达式。表达式语法如下：

```
${对象}
${对象.属性}
${对象.方法()}
```

${对象}获得的是对象，而不是一个具体值，所以需要配合遍历、定义变量等标签一起使用。${对象.方法()}获得的是该对象方法的返回值。

3．封装地址

如果想要在 Thymeleaf 标签中赋值具体的 URL 地址，需要用到@{}表达式。表达式语法如下：

```
@{/URL 地址}
```

使用该表达式可以为标签定义跳转地址。

4．插入片段

插入片段表达式的功能类似 JSP 中的<jsp:include>标签，允许程序开发人员将 A 页面中的代码插入到 B 页面中。表达式语法如下：

`~{创建片段的文件名::片段名}`

该表达式必须配合 th:fragment 标签，在定义完代码片段之后使用。注意该表达式的写法比较特殊，"创建片段的文件名"是代码片段所在文件的抽象名称，例如代码片段定义在 src/main/resources/templates/top/head.html 页面文件中，文件名应该写为"top/head"，不包含根目录名和后缀名。"片段名"为 th:fragment 标签定义的名称。表达式中间有两个冒号而不是一个。

11.4.2 标签

很多表达式都需要配合标签一起使用，Thymeleaf 提供的标签非常多，基本满足了所有动态页面的需求。表 11.1 中列出了一些常用的标签，想要使用这些标签，就必须先在页面顶部导入标签，代码如下：

`<html xmlns:th="http://www.thymeleaf.org">`

导入之后就可以把 Thymeleaf 的标签以标签属性的形式写在 HTML 各元素之中。

表 11.1　Thymeleaf 常用标签

标　　签	功　　能	示　　例
th:action	设置表单提交地址	`<form th:action="@{/register}"></form>`

th:case	th:switch 标签的子标签，分支项	`<div th:switch="*{language}">`
		　`<p th:case="zn">你好</p>`
		　`<p th:case="en">Hello</p>`
		`</div>`

th:each	循环、遍历、迭代	`<div th:each="integer:${list}">`
		　`<p th:text="${integer.intValue()}"></p>`
		`</div>`

th:fragment	定义代码片段	`<div th:fragment="okBtn">`
		　`<input type="button" value="OK" />`
		`</div>`

th:id	设置 id	`<div th:id="test"/>`
th:if	判断	`<div th:if="*{name}==张三"></div>`
th:include	嵌入代码片段，替换掉原标签里的内容	`<div th:include="~{top/head::okBtn}"></div>`
th:object	获取对象	`<div th:object="user"></div>`
th:onclick	点击事件	`<input type="button" value="登录" th:onclick="login()" />`
th:remove	删除某个属性	`<div th:remove="all">删除所有属性</div>`
th:replace	引入代码片段，替换掉整个标签	`<div th:replace="~{top/head::okBtn}"></div>`

th:selected	下拉框的选择状态	`<select>`
		　`<option>1</option>`
		　`<option th:selected="true">2</option>`
		`</select>`

th:src	图片地址	`<img th:src="@{/img/logo.png}" />`

续表

标签	功能	示例
th:style	设置样式	`<div th:style="*{mystyle}"></div>`
th:switch	分支判断	详见 th:case
th:text	设置文本	`<p th:text="*{name}"></p>`
th:unless	th:if 标签的取反结果	`<div th:unless="*{name}==李四"></div>`
th:utext	替换文本，支持超文本	`<p th:utext="*{value}"></p>`
th:value	给属性赋值	`<input type="text" th:value="999999" />`

th:with	定义局部变量	`<div th:with="age=18">`
		　　`<p th:text="*{age}">`
		`</div>`

11.5　Thymeleaf 向前端页面传值

Thymeleaf 从后端向前端页面传值的语法比 JSP 技术简洁许多。本章将介绍使用 Thymeleaf 向前端页面传值的两步操作。

11.5.1　把要传的值添加到 Model 对象中

Model 是 org.springframework.ui 包下的接口，用法类似 Map 键值对。Model 接口提供的接口如表 11.2 所示。

表 11.2　Model 接口的方法

方法	说明
addAttribute(String attributeName,　　@Nullable Object attributeValue)	添加属性，attributeName 为属性名，attributeValue 为属性值。属性名不能为 null，属性值可以为 null
addAttribute(Object attributeValue)	添加属性，attributeValue 是属性值，方法会自动生成属性名，通常为首字母小写的属性值类型名称，例如字符串的属性名为 string
addAllAttributes(Collection<?> attributeValues)	将 attributeValues 集合中的所有值都添加为属性
addAllAttributes(Map<String, ?> attributes)	将 attributes 键值对中的所有键都作为属性名，值为对应的属性值
mergeAttributes(Map<String, ?> attributes)	将 attributes 中所有属性复制到 Model 中，同名属性不会被覆盖
containsAttribute(String attributeName)	判断 Model 中是否存在名为 attributeName 的属性
getAttribute(String attributeName)	获取名为 attributeName 的属性值
asMap()	将属性按照键值关系封装成 Map 对象并返回

程序开发人员只需为 Controller 的跳转方法添加 Model 参数，然后把要传给前端的值保存成 Model 的属性，Thymeleaf 可以自动读取 Model 里的属性值，并将其写入前端页面中。例如，把用户名"张三"传输给前端，可以参照如下代码：

```
@RequestMapping("/index")
public String show(Model model) {
    model.addAttribute("name", "张三");
    return "index";
}
```

11.5.2 在前端页面中获取 Model 的属性值

前端读取 Model 的属性值时需要用到*{}或${}表达式。如果读取基本数据类型或字符串，就用*{}，例如*{name}即可读取 Model 中名为 name 的属性值。

【例 11.2】在前端页面显示用户的 IP 地址等信息（实例位置：资源包\TM\sl\11\2）

创建 ParameterController 控制器类，为映射"/index"的方法添加 Model 参数和 HttpServletRequest 参数。获取发送请求的 IP 地址、请求类型，以及请求头中的浏览器类型，将这些数据都保存在 Model 的属性中，最后跳转至 main.html。ParameterController 类的代码如下：

```
package com.mr.controller;
import javax.servlet.http.HttpServletRequest;
import org.springframework.stereotype.Controller;
import org.springframework.ui.Model;
import org.springframework.web.bind.annotation.RequestMapping;

@Controller
public class ParameterController {
    @RequestMapping("/index")
    public String index(Model model, HttpServletRequest request) {
        model.addAttribute("ip", request.getRemoteAddr());              //记录请求 IP 地址
        model.addAttribute("method", request.getMethod());              //记录请求类型
        String brow = "未知";
        String userAgent = request.getHeader("User-Agent").toLowerCase(); //读取请求头
        if (userAgent.contains("chrome")) {                             //如果包含谷歌浏览器名称
            brow = "谷歌浏览器";
        } else if (userAgent.contains("firefox")) {                     //如果包含火狐浏览器名称
            brow = "火狐浏览器";
        }
        model.addAttribute("brow", brow);                               //记录浏览器识别结果
        return "main";
    }
}
```

在 main.html 中获取 Model 中的 IP 地址、请求类型和浏览器类型的值，展示在页面中。代码如下：

```
<!DOCTYPE html>
<html xmlns:th="http://www.thymeleaf.org">
<head>
<meta charset="UTF-8">
</head>
<body>
    <p th:text="'您的 IP 地址：'+${ip}"></p>
    <p th:text="'您提供的方式：'+${method}"></p>
    <p th:text="'您使用的浏览器：'+${brow}"></p>
</body>
</html>
```

启动项目后，分别打开不同的浏览器访问 http://127.0.0.1:8080/index 地址。使用谷歌浏览器，看到的页面如图 11.6 所示。使用火狐浏览器，看到的页面如图 11.7 所示。

图 11.6　谷歌浏览器的访问结果　　　　图 11.7　火狐浏览器的访问结果

如果 Model 的属性是一个实体类对象，则需要通过 ${} 表达式读取这个对象中的值。通常用下面两种语法来读取：

```
${Model 属性名.对象的属性}
${Model 属性名.对象的方法()}
```

语法中引用的是 Model 中保存的属性名，而不是对象的具体类型名称。

除了这两种语法外，还有一种语法可以先将对象定义为一个变量，然后再通过 *{} 表达式直接读取对象的属性值，语法如下：

```
<div th:object="${Model 属性名}">
    <p th:text="*{对象的属性名}"></p>
</div>
```

【例 11.3】用 3 种方式显示人员信息（实例位置：资源包\TM\sl\11\3）

首先创建人员实体类，类中包含姓名、年龄和性别 3 个属性，同时要包含构造方法和属性的 Getter/Setter 方法。实体类的关键代码如下：

```
package com.mr.dto;
public class People {
    private String name;      //姓名
    private Integer age;      //年龄
    private String sex;       //性别

    //此处省略构造方法和属性的 Getter/Setter 方法
}
```

创建 PeopleController 控制器类，为映射"/index"的方法添加 Model 参数。创建 People 实体类对象，保存在 Model 中，最后跳转至 main.html 页面。PeopleController 类代码如下：

```
package com.mr.controller;
import org.springframework.stereotype.Controller;
import org.springframework.ui.Model;
import org.springframework.web.bind.annotation.RequestMapping;
import com.mr.dto.People;

@Controller
public class PeopleController {

    @RequestMapping("/info")
    public String info(Model model) {
        People ple = new People("David", 26, "Male");
        model.addAttribute("player", ple);
```

```
        return "main";
    }
}
```

编写 main.html 文件,分别使用${对象.属性}、${对象.方法()}和${对象} 3 种表达式获取人员信息,并展示在页面中,代码如下:

```
<!DOCTYPE html>
<html xmlns:th="http://www.thymeleaf.org">
<head>
<meta charset="UTF-8">
</head>
<body>
    <p>--------对象.属性----------</p>
    <div>
        <p th:text="'姓名:'+${player.name}"></p>
        <p th:text="'年龄:'+${player.age}"></p>
        <p th:text="'性别:'+${player.sex}"></p>
    </div>
    <p>--------对象.方法---------</p>
    <div>
        <p th:text="'姓名:'+${player.getName()}"></p>
        <p th:text="'年龄:'+${player.getAge()}"></p>
        <p th:text="'性别:'+${player.getSex()}"></p>
    </div>
    <p>-----先获取对象,再读取属性-----</p>
    <div th:object="${player}">            <!-- 先获取对象 -->
        <p th:text="'姓名:'+*{name}"></p>   <!-- 再读取属性 -->
        <p th:text="'年龄:'+*{age}"></p>
        <p th:text="'性别:'+*{sex}"></p>
    </div>
</body>
</html>
```

启动项目后,打开浏览器访问 http://127.0.0.1:8080/info 地址,可以看到如图 11.8 所示页面,3 种读取对象的表达式语法均可获取相同的数据。

图 11.8　3 种表达式均可获取对象数据

11.6 Thymeleaf 的内置对象

除了在 11.4 节中介绍的表达式和标签，Thymeleaf 还提供了一些内置对象，程序开发人员可以直接调用这些对象的方法。Thymeleaf 提供的内置对象如表 11.3 所示。

表 11.3 Thymeleaf 提供的内置对象

对象	说明	对象	说明
#request	可直接代替 HttpServletRequest 对象	#lists	list 工具类
#session	可直接代替 HttpSession 对象	#maps	map 工具类
#aggregates	聚合操作工具类	#numbers	数字工具类
#arrays	数组工具类	#objects	一般对象工具类
#bools	布尔类型工具类	#sets	set 工具类
#calenders	日历工具类	#strings	字符串工具类
#dates	日期工具类		

> **注意**
> （1）每一个内置对象前都必须有#前缀，除了#request 和#session，其他对象名称末尾均有小写 s。
> （2）内置对象要在${}表达式中使用。

> **说明**
> 受篇幅限制，本节将不介绍更多内置对象及其方法用法，感兴趣的读者可以到 Thymeleaf 官方查看详细资料。
> 官方地址：https://www.thymeleaf.org/index.html。
> 2.1 版本说明文档：https://www.thymeleaf.org/doc/tutorials/2.1/usingthymeleaf.html。
> 3.0 版本说明文档：https://www.thymeleaf.org/doc/tutorials/3.0/thymeleafspring.html。

【例 11.4】读取当前登录的用户名并写入要展示的消息（实例位置：资源包\TM\sl\11\4）

创建 IndexController 控制器类，在映射方法中添加 HttpServletRequest 和 HttpSession 参数，向 HttpServletRequest 写入要展示的消息，向 HttpSession 写入当前登录的用户名，代码如下：

```
package com.mr.controller;
import javax.servlet.http.HttpServletRequest;
import javax.servlet.http.HttpSession;
import org.springframework.stereotype.Controller;
import org.springframework.web.bind.annotation.RequestMapping;

@Controller
public class IndexController {
    @RequestMapping("/index")
    public String index(HttpServletRequest request, HttpSession session) {
        request.setAttribute("message", "欢迎访问XXXX网站");    //发送一条消息
        session.setAttribute("user", "David");                //记录当前登录的用户名
```

```
        return "index";
    }
}
```

在 index.html 中使用#session 就可以直接从 HttpSession 中读取用户名，用#request 直接从 HttpServletRequest 中读取消息，代码如下：

```
<!DOCTYPE html>
<html xmlns:th="http://www.thymeleaf.org">
<head>
<meta charset="UTF-8">
</head>
<body>
    <p th:text="'您好，' + ${#session.getAttribute('user')}" />
    <p th:text="${#request.getAttribute('message')}" />
</body>
</html>
```

启动项目后，打开浏览器访问 http://127.0.0.1:8080/index 地址，可以看到如图 11.9 所示结果，HttpServletRequest 和 HttpSession 中的数据可以正常读出。

图 11.9　Thymeleaf 读取请求和会话中的数据

11.7　Thymeleaf 的条件语句

Java 的条件语句有两种：if 判断语句和 switch 分支语句，Thymeleaf 模板引擎也提供了这两种语句，可以显示或隐藏网页中的一些特殊内容。

th:if 是 Thymeleaf 的判断语句，支持如表 11.4 所示的比较运算符。

表 11.4　Thymeleaf 支持的比较运算符

运算符	英文替代符	说明
>	gt	大于
>=	ge	大于或等于
==	eq	等于
<	lt	小于
<=	le	小于或等于
!=	ne	不等于

例如，如果后端发送的 num 是 100，就显示"您充值的金额为 100"，前端的代码如下：

```
<div th:if="*{num} == 100">
    <p>您充值的金额为 100</p>
</div>
```

上述代码也可以写成英文替代符号形式：

```
<div th:if="*{num} eq 100">
    <p>您充值的金额为100</p>
</div>
```

如果后端发送的 num 不等于 100，则不会显示 th:if 标签内的任何内容。

如果 th:if 需要同时判断多个条件，可以使用如表 11.5 所示的逻辑运算符。

表 11.5 Thymeleaf 支持的逻辑运算符

运 算 符	说　　明	运 算 符	说　　明
and	并且	or	或者

例如，如果后端发送的 name 是张三，并且 age 大于或等于 18，则显示"张三-成年人"，代码如下：

```
<div th:if="*{name} == 张三 and age >= 18 ">
    <p>张三-成年人</p>
</div>
```

逻辑运算符中没有取反运算，因为 Thymeleaf 使用 th:unless 标签来取 th:if 标签的反结果，相当于 Java 里 else 语句的效果。例如，后端发送的 age 如果大于或等于 18 则显示成年人，小于 18 则显示未成年人，代码如下：

```
<div th:if="age >= 18 ">
    <p>成年人</p>
</div>
<div th:unless="age >= 18 ">
    <p>未成年人</p>
</div>
```

【例 11.5】判断某个人是否是成年人（实例位置：资源包\TM\sl\11\5）

创建 IndexController 控制器类，为映射"/index"的方法添加 Model 参数，分别将该参数的 name（姓名）属性赋值为"Leon"、age（年龄）属性赋值为 17，最后跳转至 main.html 页面。IndexController 类的代码如下：

```
package com.mr.controller;
import org.springframework.stereotype.Controller;
import org.springframework.ui.Model;
import org.springframework.web.bind.annotation.RequestMapping;

@Controller
public class IndexController {

    @RequestMapping("/index")
    public String index(Model model) {
        model.addAttribute("name", "Leon");
        model.addAttribute("age", 17);
        return "main";
    }
}
```

在 main.html 中获取 Model 的 name 和 age 属性，如果姓名不为空，则判断年龄是否小于 18 岁，小于 18 岁则这个人是未成年人，否则这个人是成年人。代码如下：

```html
<!DOCTYPE html>
<html xmlns:th="http://www.thymeleaf.org">
<head>
<meta charset="UTF-8">
</head>
<body>
    <div th:if="*{name}!=null">                <!-- 如果名称有效 -->
        <p th:text="*{name}" />
        <p th:if="*{age}<18">未成年人</p>       <!-- 如果年龄小于 18 岁 -->
        <p th:unless="*{age}<18">成年人</p>     <!-- 如果年龄不小于 18 岁 -->
    </div>
</body>
</html>
```

启动项目后，打开浏览器访问 http://127.0.0.1:8080/index 地址，可以看到如图 11.10 所示结果。

图 11.10　前端判断 Leon 是未成年人

除了判断语句，Thymeleaf 还支持 switch 分支语句，需要用到 th:switch 和 th:case 这两个标签，其语法如下：

```html
<div th:switch="*{属性名}">
    <div th:case="值 1"> </div>
    <div th:case="值 2"> </div>
    ……
</div>
```

如果 th:switch 读出的属性值与某个 th:case 的值相等，就会显示该 th:case 标签中的内容。

11.8　Thymeleaf 的"循环"语句

虽然 Java 常用的循环语句有 while 循环语句和 for 循环语句，但是 Thymeleaf 中的循环语句既不是 while，也不是 for，而是 th:each。可以把 th:each 理解为遍历、迭代的意思。

th:each 的语法比较特殊，比较像 Java 语言中的 foreach 循环。th:each 只能读取后端发来的队列对象（常用 List 类型），然后遍历队列中的所有元素，每取出一个元素就会将其保存在一个临时的循环变量中，其语法如下：

```html
<div th:each="临时变量:${队列对象}">
    <div th:text="${临时变量.属性}"></div>
    <div th:text="${临时变量.方法()}"></div>
</div>
```

类似的 foreach 语法如下：

```
List list = new ArrayList();
```

```
for (Object o : list) {
    o.getClass();
}
```

Thymeleaf 可以自动创建一个遍历状态变量，该变量名称为"临时变量名称+Stat"，调用${临时变量 Stat.index}可获得遍历的行索引，第一行的索引为0。例如，遍历人员列表的行索引：

```
<div th:each="people:${list}">
    <div th:text="'当前为第' + ${peopleStat.index} + '行'"></div>
</div>
```

【例 11.6】 打印存储在队列里的人员的姓名、年龄和性别（**实例位置：资源包\TM\sl\11\6**）

首先创建人员实体类，类中包含姓名、年龄和性别 3 个属性，同时要包含构造方法和属性的 Getter/Setter 方法。实体类的关键代码如下：

```
package com.mr.dto;
public class People {
    private String name;      //姓名
    private Integer age;      //年龄
    private String sex;       //性别

    //此处省略构造方法和属性的 Getter/Setter 方法
}
```

然后创建 IndexController 控制器类，创建 4 个 People 对象并保存在 List 队列中，将队列保存在 Model 中，跳转至 main.html 页面。IndexController 类的代码如下：

```
package com.mr.controller;
import java.util.ArrayList;
import java.util.List;
import org.springframework.stereotype.Controller;
import org.springframework.ui.Model;
import org.springframework.web.bind.annotation.RequestMapping;
import com.mr.dto.People;

@Controller
public class IndexController {

    @RequestMapping("/index")
    public String index(Model model) {
        List<People> list=new ArrayList<>();
        list.add(new People("David", 26, "Male"));
        list.add(new People("Leon", 17, "Male"));
        list.add(new People("Rose", 21, "Female"));
        list.add(new People("Steven", 34, "Male"));
        model.addAttribute("peoples", list);
        return "main";
    }
}
```

在 main.html 中使用 th:each 标签遍历人员队列，并将每个人员的数据保存在 people 变量中，在页面中打印每个人员的姓名、年龄和性别数据，代码如下：

```
<!DOCTYPE html>
<html xmlns:th="http://www.thymeleaf.org">
<head>
<meta charset="UTF-8">
```

```
</head>
<body>
    <div th:each="people:${peoples}">
        <a th:text="${peopleStat.index + 1} + '号'"></a>
        <a th:text="'，姓名：' + ${people.name}"></a>
        <a th:text="'，年龄：' + ${people.age}"></a>
        <a th:text="'，性别：' + ${people.sex}"></a>
    </div>
</body>
</html>
```

启动项目后，打开浏览器访问 http://127.0.0.1:8080/index 地址，可以看到如图 11.11 所示的页面，每一行都会打印一个人员的全部信息，页面中展示的全部信息均由后端提供，打印顺序与 List 中的保存顺序相同。

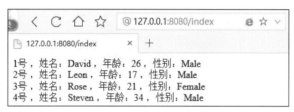

图 11.11　循环打印人员名单中的所有数据

11.9　Thymeleaf 的 ~{} 表达式

很多网站的页面会共用同一个页面内容。例如，网站头部的菜单、网站底部的声明，有些网站还会共用两侧的广告栏。这些被多个页面重复使用的页面板块通常会被单独保存成一个 .html 文件。为了能够把 .html 文件嵌入其他页面中，Thymeleaf 提供了 ~{} 表达式，被插入的片段必须通过 th:fragment 标签定义。

下面通过一个实例演示如何在主页插入头页面和脚页面。

【例 11.7】在主页插入顶部的登录菜单和底部的声明页面（实例位置：资源包\TM\sl\11\7）

首先要创建 3 个 .html 文件，index.html 为主页，bottom 文件夹下的 foot.html 为所有网页共用的底部页面，top 文件夹下的 head.html 为所有网页共用的底部页面。3 个文件的位置如图 11.12 所示。

在 head.html 文件中，创建"登录"和"注册"两个超链接，并使用 th:fragment 将最外层的 div 定义为"login"代码片段，这样其他页面通过嵌入"login"就可以展示此顶部页面。head.html 的代码如下：

图 11.12　3 个 .html 文件的位置

```
<html xmlns:th="http://www.thymeleaf.org">
<head>
<meta charset="UTF-8">
</head>
<div th:fragment="login">
    <div style="float: right">
```

```html
            <a href="#">登录</a>  <a href="#">注册</a>
        </div>
    </div>
</html>
```

在 foot.html 文件中，模拟展示一行简易的声明文字，然后将最外层的 div 定义为 "foot" 代码片段，其他页面通过嵌入 "foot" 就可以展示此底部页面。foot.html 的代码如下：

```html
<html xmlns:th="http://www.thymeleaf.org">
<head>
<meta charset="UTF-8">
</head>
<div th:fragment="foot">
    <div style="width: 100%; position: fixed; bottom: 0px; text-align: center;">
        <p>联系我们 XXXX 公司 公安备案 XXXXXXXXXX</p>
    </div>
</div>
</html>
```

在 index.html 主页文件中，通过 th:include 标签插入刚才写好的顶部和底部。例如~{top/head::login} 是插入顶部片段的表达式，其含义为：此处插入的代码片段来自 top 目录下的 head.html 文件，代码片段的名称为 login。~{bottom/foot::foot} 同理。th:fragment 标签定义的代码片段是什么，就会在 th:include 内显示什么。index.html 的代码如下：

```html
<!DOCTYPE html>
<html xmlns:th="http://www.thymeleaf.org">
<head>
<meta charset="UTF-8">
</head>
<body>
    <div th:include="~{top/head::login}"></div>
    <br> <br>
    <div style="text-align: center">
        <h1>欢迎来到 XXXX 网站</h1>
    </div>
    <br> <br>
    <div th:include="~{bottom/foot::foot}"></div>
</body>
</html>
```

编写完所有 .html 文件后，创建一个简单 Controller 类以跳转至主页，代码如下：

```java
@Controller
public class IndexController {
    @RequestMapping("/index")
    public String index() {
        return "index";
    }
}
```

启动项目后，打开浏览器访问 http://127.0.0.1:8080/index 地址，可以看到如图 11.13 所示的页面。页面中部的 "欢迎来到 XXXX 网站" 文字是 index.html 自己提供的，但顶部的登录与注册超链接则是嵌入的 head.html 页面内容，底部的文字是嵌入的 foot.html 页面内容。

第 11 章 Thymeleaf 模板引擎

图 11.13　嵌入顶部页面和底部页面的效果

11.10　实践与练习

（答案位置：资源包\TM\sl\11\实践与练习）

综合练习 1：为首页和登录页面编写.html 文件，并实现跳转逻辑

请读者按照如下思路和步骤编写程序。

（1）在 templates 文件夹下创建 hello.html 文件，在 user 子文件夹下创建 login.html 文件，位置如图 11.14 所示。

（2）创建 IndexController 控制器类，如果用户访问"/index"地址则跳转至 hello.html，如果访问"/login"地址则跳转至 user 文件夹下的 login.html。

图 11.14　网页文件的位置

（3）启动项目后，打开浏览器访问 http://127.0.0.1:8080/index 地址，即可看到如图 11.15 所示页面。单击页面中的"进入登录界面"超链接，即可打开如图 11.16 所示的页面。

图 11.15　显示 hello.html 页面内容

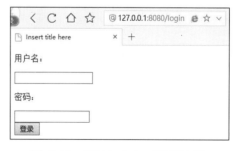

图 11.16　显示 login.html 页面内容

综合练习 2：判断季节并展示结果

请读者按照如下思路和步骤编写程序。

（1）创建 IndexController 控制器类，添加 Model 参数，将 season 属性赋值为 "autumn"，跳转至

main.html 页面。

（2）在 main.html 中把 th:switch 标签的 season 属性的值设置为季节名称，如果有相同的季节名称，则显示该季节的中文。

（3）启动项目后，打开浏览器访问 http://127.0.0.1:8080/index 地址，即可看到如图 11.17 所示的页面。

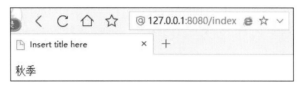

图 11.17　季节判断结果为秋季

第 12 章

JSON 解析库

在当下流行的前后端分离的项目中，传递数据是不可或缺的。为了保证在传递数据的过程中不丢失信息，就需要一种让前端和后端都识别的传递数据的格式，这种传递数据的格式就是 JSON。其中，前端需要的是以"键：值"结构保存的 JSON 数据，后端需要的是 JavaBean。为了满足前后端的需求，JSON 解析库应运而生。本章不仅会介绍两种 JSON 解析库，还会介绍如何使用这两种 JSON 解析库实现 JavaBean 和以"键：值"结构保存的 JSON 数据的相互转换。

本章的知识架构及重难点如下。

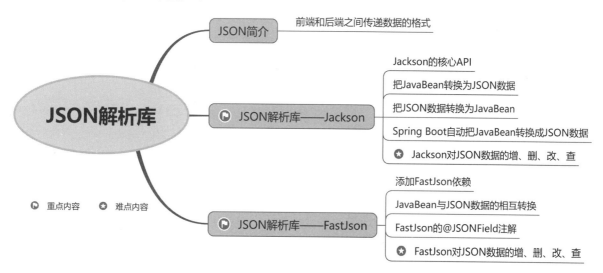

12.1 JSON 简介

JSON，全称是 JavaScript Object Notation，是一种轻量级的数据交换格式。所谓数据交换格式，指的是前端和后端之间传递数据的格式。

那么，何谓"轻量级"呢？即与 XML 相比，JSON 是轻量级的。在 JSON 流行之前，传递数据的常用格式是 XML 超文本语言。由于 XML 的格式非常严谨，导致 XML 的文本有些冗余。例如，使用 XML 传递"name 为 David"这个数据，格式如下：

```
<?xml version="1.0" encoding="UTF-8"?>
<name>
    David
</name>
```

使用 JSON 传递 "name 为 David" 这个数据，格式如下：

`{ "name" : "David"}`

通过对比上述两个格式，就凸显了 JSON 的优势。JSON 通过简洁的语法不仅可以节约用于传递数据的资源，而且不会在传递数据的过程中丢失信息。下面将介绍 JSON 的基本语法格式。

JSON 是一个字符串，其中的数据都是以"键：值"结构保存的。对于上文中的{ "name" : "David"}，name 是键，"David"是值。一个 JSON 可以同时保存多个"键：值"，例如：

`{"id" : 710, "name" : "David", "age" : 26 , "sex" : "Male"}`

为了让 JSON 的层次更加清晰，很多工具都会把上述 JSON 格式化为如下的形式：

```
{
    "id": 710,
    "name": "David",
    "age": 26,
    "sex": "Male"
}
```

需要说明的是，JSON 中的值不仅可以是具体的数字或者字符串，也可以是数组或者对象。

在"键：数组"结构中，一个键可以对应一个数组，例如：

`{ "array": [1, 2, 3, 4] }`

在"键：对象"结构中，一个键可以对应另一个 JSON 数据，例如：

`{"people" : {"id" : 710, "name" : "David", "age" : 26 , "sex" : "Male"} }`

综上，关于 JSON 的基本语法格式总结如下：

- ☑ 一个完整的 JSON 必须从"{"开始，到"}"结束。
- ☑ 值可以是对象、数组、数字、字符串或者 true、false、null。JSON 区分大小写。
- ☑ 键和值用英文格式的冒号予以分隔。不同的"键：值"之间使用英文格式的逗号予以分隔。
- ☑ 字符串前后必须有英文格式的引号，单引号或双引号都可以，推荐使用双引号。数字不用加引号。
- ☑ 数组前后必须有英文格式的方括号，数组内部的元素用英文格式的逗号予以分隔。
- ☑ JSON 中的空格符、换行符、制表符只有美观效果，并无其他含义。

对于一个前后端分离的 Spring Boot 项目而言，前端需要的是以"键：值"结构保存的 JSON 数据，后端需要的是 JavaBean。那么，如何处理 JSON 数据以满足前后端的需求呢？这就需要使用 JSON 解析库以实现序列化和反序列化的功能。所谓序列化，指的是把 JavaBean 转化为以"键：值"结构保存的 JSON 数据。所谓反序列化，指的是把以"键：值"结构保存的 JSON 数据转化为 JavaBean。

下面将介绍当下常用的两种 JSON 解析库，一种是 Spring Boot 内置的 Jackson，另一种是由阿里巴巴开发的 FastJson。

12.2 JSON 解析库——Jackson

Jackson 不仅是一个基于 Java 语言的、开源的 JSON 解析库，也是 Spring Boot 默认使用的 JSON

解析库。为什么 Spring Boot 会默认使用 Jackson 呢？这是因为在 spring-boot-starter-web 依赖包中已经依赖了 Jackson 的依赖包（即 jackson-databind）。

在实际开发中，Jackson 功能丰富、安全可靠并且具有比较好的兼容性，这让程序开发人员可以很方便地实现 JavaBean 和以"键：值"结构保存的 JSON 数据的相互转换。本节将先介绍 Jackson 的核心 API，再介绍如何在 Spring Boot 项目中使用 Jackson。

12.2.1 Jackson 的核心 API

Spring Boot 默认使用的 Jackson 具有两个常用类，它们分别是 JsonNode 节点类和 ObjectMapper 映射器类。本节将详细介绍这两个类的 API。

1. JsonNode 节点类

JsonNode 类位于 com.fasterxml.jackson.databind 包下。所谓的节点，就是在以"键：值"结构保存的 JSON 数据中的一个独立的、完整的数据结构。JsonNode 既可以是一个值，也可以是一个数组或者一个对象。JsonNode 在以"键：值"结构保存的 JSON 数据中的位置关系如图 12.1 所示。

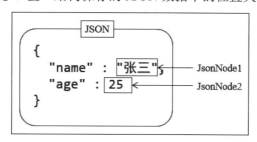

图 12.1　JsonNode 在以"键：值"结构保存的 JSON 数据中的位置关系

JsonNode 本身是一个抽象类，拥有对应各种类型节点的子类，JsonNode 及其子类的继承关系如下：

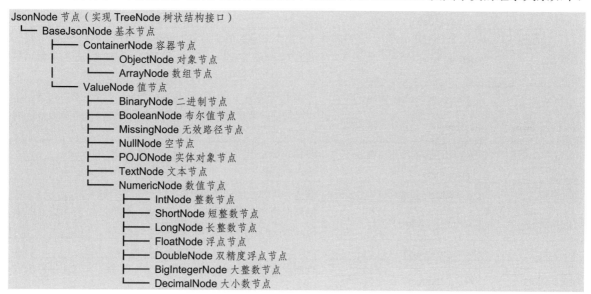

说明

在实际开发中,并不是每一个节点类都会用到,读者了解 JsonNode 及其子类的继承关系即可。

JsonNode 类提供了大量 API 供程序开发人员使用,这些 API 也被其子类继承或者重写。JsonNode 类常用的 API 及其说明如表 12.1 所示。

表 12.1 JsonNode 类常用 API 及其说明

返 回 值	方 法	说 明
JsonNode	get(String fieldName)	用于访问对象节点的指定字段的值,如果此节点不是对象、没有指定字段名的值或没有这样名称的字段,则返回 null
JsonNode	get(int index)	访问数组节点的指定索引位置上的值,如果此节点不是数组节点则返回 null。如果索引<0 或索引>=size()则返回 null
JsonNodeType	getNodeType()	获取子节点的类型
boolean	isArray()	判断此节点是否为数组节点
boolean	isObject()	判断此节点是否为对象节点
int	size()	获取此节点的键值对的个数
ObjectNode	deepCopy()	深度复制,相当于克隆节点对象
Iterator<String>	fieldNames()	获取 JSON 对象中的所有键
Iterator<JsonNode>	elements()	如果该节点是 JSON 数组或对象节点,则访问此节点的所有值节点,对于对象节点,不包括字段名(键),只包括值,对于其他类型的节点,返回空迭代器
boolean	has(int index)	检查此节点是否为数组节点并存在指定的索引
boolean	has(String fieldName)	检查此节点是否为对象节点并包含指定属性的值
int	asInt()	尝试将此节点的值转换为 int 类型,布尔值 false 转换为 0,true 转换为 1。如果不能转换为 int 类型就返回默认值 0,不会引发异常
int	asInt(int defaultValue)	同 asInt(),只不过节点值无法转换为 int 类型则返回 defaultValue
boolean	asBoolean()	尝试将此节点的值转换为布尔值。整数 0 映射为 false,其他整数映射为 true;字符串"true"和"false"映射到相应的值。如果无法转换为布尔值则默认返回值 false,不会引发异常
boolean	asBoolean(boolean defaultValue)	同 asBoolean(),如果节点的值无法解析成布尔值则返回 defaultValue
abstract String	asText()	如果是字符节点则返回此节点的字符串值,如果是值节点则返回空字符串
String	asText(String defaultValue)	同 asText(),若节点值为 null 则会返回 defaultValue
double	asDouble()	类似 asInt()
double	asDouble(double defaultValue)	类似 asInt(int defaultValue)
BigInteger	bigIntegerValue()	返回此节点的整数值的 BigInteger 对象,如果无法解析成有效 BigInteger 对象,则返回 BigInteger.ZERO
boolean	booleanValue()	返回此节点的布尔值,如果无法解析成布尔值,则返回 false
BigDecimal	decimalValue()	返回此节点的浮点值的 BigDecimal 对象,如果无法解析成有效 BigDecimal 对象,则返返回 BigDecimal.ZERO

续表

返回值	方法	说明
double	doubleValue()	返回此节点的浮点值，如果无法解析成浮点值，则返回 0.0
int	intValue()	返回此节点的整数值，如果无法解析成整数值，则返回 0
Number	numberValue()	返回此节点的数值对象，如果无法解析成数值对象，则返回 null
String	textValue()	返回节点的字符串值，非字符串值则返回 null，不会进行转换
String	toString()	返回 JSON 节点的字符串形式，所以节点都紧密排列成一行
String	toPrettyString()	返回 JSON 节点格式化之后的字符串形式，每个节点都占一行，适合阅读

在表 12.1 中，出现了一个 ObjectNode 对象节点。ObjectNode 对象节点是 JsonNode 中比较常用的一个子类。如果以"键：值"结构保存的 JSON 数据中的某个节点也是一个以"键：值"结构保存的 JSON 数据，那么这个节点就用 ObjectNode 表示。ObjectNode 类的常用 API 及其说明如表 12.2 所示。

表 12.2 ObjectNode 类常用 API 及其说明

返回值	方法	说明
ObjectNode	put(String fieldName, String value)	将指定的键值对放入节点中，如果键已经存在就更新值，value 可以为 null。该方法有很多重载形式，支持其他类型的值
ArrayNode	putArray(String fieldName)	创建新的 ArrayNode 子节点，fieldName 作为此节点的字段值
ObjectNode	putNull(String fieldName)	创建新的 NullNode 子节点，fieldName 作为此节点的字段值
ObjectNode	putObject(String fieldName)	创建新的 ObjectNode 子字节，fieldName 作为此节点的字段值
ObjectNode	remove(Collection<String> fieldNames)	同时删除多个字段
JsonNode	remove(String fieldName)	删除指定的字段，返回被删除的节点
ObjectNode	removeAll()	清空所有字段
JsonNode	replace(String fieldName, JsonNode value)	将 fieldName 字段对应的节点替换成新的 value 节点。字段存在时更新，不存在时新增。最后返回原节点对象
JsonNode	set(String fieldName, JsonNode value)	功能同 replace() 方法，但返回值为新节点对象
JsonNode	setAll(Map<String,? extends JsonNode> properties)	同时设置多个节点
JsonNode	setAll(ObjectNode other)	解析 other 对象，为节点添加（或更新）other 对象的所有属性值

在表 12.2 中，出现了一个 ArrayNode 数组节点。ArrayNode 数组节点也是 JsonNode 中的一个常用子类，甚至 JsonNode 提供的个别方法就是专门为 ArrayNode 数组节点设计的。ArrayNode 类的常用 API 及其说明如表 12.3 所示。

表 12.3 ArrayNode 类常用 API 及其说明

返回值	方法	说明
ArrayNode	add(String v)	将值 v 添加到数组节点的末尾。该方法有多种重载形式，支持添加其他类型的值
ArrayNode	addAll(ArrayNode other)	将另一个数组节点拼接到本数据节点的末尾
ArrayNode	addArray()	在末尾创造一个新的 ArrayNode 子节点

续表

返回值	方法	说明
ArrayNode	addNull()	在末尾创造一个新的 NullNode 子节点
ObjectNode	addObject()	在末尾创造一个新的 ObjectNode 子节点
JsonNode	get(int index)	获取指定索引位置的节点对象
ArrayNode	insert(int index, String v)	在指定索引位置插入 v 值，该方法有多种重载形式，支持插入其他类型的值
ArrayNode	insertArray(int index)	在指定索引位置插入数组节点
ArrayNode	insertNull(int index)	在指定索引位置插入 Null 节点
JsonNode	remove(int index)	删除指定索引位置的节点
ArrayNode	removeAll()	清空所有节点
JsonNode	set(int index, JsonNode value)	将指定索引位置的节点替换成新的 value 节点
int	size()	返回数组节点的元素个数

2. ObjectMapper 映射器类

ObjectMapper 映射器类既可以把 JavaBean 映射成以"键：值"结构保存的 JSON 数据，也可以把以"键：值"结构保存的 JSON 数据封装成 JavaBean。ObjectMapper 的作用如图 12.2 所示。

```
public class People {
    String name;
    Integer age;
}

People p = new People("张三", 25);         ObjectMapper        {
                                                               "name" : "张三",
                                                               "age" : 25
         JavaBean                                              }
                                                              JSON
```

图 12.2　ObjectMapper 实现 JavaBean 和以"键：值"结构保存的 JSON 数据的相互转换

因为 Spring Boot 在启动时会自动创建 ObjectMapper 类的 Bean，所以程序开发人员只需注入 ObjectMapper 类的 Bean 即可使用 ObjectMapper 类的常用 API。注入 ObjectMapper 类的 Bean 的代码如下：

```
@Autowired
ObjectMapper mapper;
```

ObjectMapper 类的常用 API 及其说明如表 12.4 所示。

表 12.4　ObjectMapper 类常用 API 及其说明

返回值	方法	说明
T	convertValue(Object fromValue, Class<T> toValueType)	将 Java 对象（如 POJO、List、Map、Set 等）解析成 JSON 节点对象
JsonNode	readTree(byte[] content)	将字节数组封装成 JSON 节点对象
JsonNode	readTree(File file)	将本地 JSON 文件封装成 JSON 节点对象
JsonNode	readTree(InputStream in)	将字节输入流封装成 JSON 节点对象
JsonNode	readTree(String content)	将 JSON 字符串封装成 JSON 节点对象

续表

返回值	方法	说明
JsonNode	readTree(URL source)	将 source 地址提供的 JSON 内容封装成 JSON 节点对象
T	readValue(byte[] src, Class\<T\> valueType)	将 JSON 类型的字符串的字节数组转换为 Java 对象
T	readValue(File src, Class\<T\> valueType)	将本地 JSON 内容的文件封装成 Java 对象
T	readValue(InputStream src, Class\<T\> valueType)	将字节输入流中的 JSON 内容封装成 Java 对象
T	readValue(Reader src, Class\<T\> valueType)	将字符输入流中的 JSON 内容封装成 Java 对象
T	readValue(String content, Class\<T\> valueType)	将 JSON 类型的字符串 content 封装成 Java 对象；如果 content 为空或者为 null 则会报错；valueType 为封装成的结果类型，通常为程序开发人员编写的实体类
T	readValue(URL src, Class\<T\> valueType)	将 src 地址提供的 JSON 内容封装成 Java 对象
T	treeToValue(TreeNode n, Class\<T\> valueType)	将 JSON 树节点对象转换为 Java 对象（如 POJO、List、Set、Map 等）。TreeNode 树节点是整个 JSON 节点对象模型的根接口
void	writeValue(File resultFile, Object value)	将 Java 对象序列化并输出到指定文件中
void	writeValue(OutputStream out, Object value)	将 Java 对象序列化并输出到指定字节输出流中
void	writeValue(Writer w, Object value)	将 Java 对象序列化并输出到指定字符输出流中
byte[]	writeValueAsBytes(Object value)	将 Java 对象转换为字节数组
String	writeValueAsString(Object value)	将 value 对象解析成 JSON 格式字符串，value 的属性名为键，属性值为值。如果 value 为 nulll，则方法返回的也是 null；如果 value 的某个属性的值为 null，则以"键：值"结构保存的 JSON 数据中对应的值也为 null

12.2.2 把 JavaBean 转换为 JSON 数据

ObjectMapper 类的 writeValueAsString()方法可以自动把 JavaBean 转换为以"键：值"结构保存的 JSON 数据。JavaBean 的属性名、Map 的键会转换为以"键：值"结构保存的 JSON 数据的字段名，JavaBean 的属性值、Map 的值就是 JSON 的字段值。下面介绍几个不同的转换场景。

1. 把属性值不为 null 的 JavaBean 转换为 JSON 数据

在实际开发中，可以把 JavaBean 称为实体类的对象。需要说明的是，在把 JavaBean 转换为以"键：值"结构保存的 JSON 数据之前，被转换的实体类必须定义构造方法，并为实体类的所有属性提供 Getter/Setter 方法。例如，有一个 People 类，这个 People 类的代码如下：

```
public class People {
    private String name;         //姓名
    private Integer age;         //年龄
    //构造方法
```

```
public People() {}
public People(String name, Integer age) {this.name = name; this.age = age;}
//属性的 Getter/Setter 方法
public String getName() {return name;}
public void setName(String name) {this.name = name;}
public Integer getAge() {return age;}
public void setAge(Integer age) {this.age = age;}
}
```

创建 People 对象之后，先为姓名和年龄赋值，再调用 ObjectMapper 类的 writeValueAsString()方法把 People 对象转换为以"键：值"结构保存的 JSON 数据，代码如下：

```
People p = new People("David",26);
String json = mapper.writeValueAsString(p);
```

变量 json 的值如下所示，注意数字值没有双引号：

```
{"name":"David","age":26}
```

2. 把属性值为 null 的 JavaBean 转换为 JSON 数据

如果没有为实体类的属性赋值，这些属性就会采用所属类型的默认值。其中，引用类型的默认值为 null。ObjectMapper 类的 writeValueAsString()方法可以自动将 Java 中的 null 转换为 JSON 中的 null。例如，创建 People 对象，但不为属性赋值，调用 ObjectMapper 类的 writeValueAsString()方法把 People 对象转换为以"键：值"结构保存的 JSON 数据，代码如下：

```
People p = new People();
String json = mapper.writeValueAsString(p);
```

变量 json 的值如下所示，注意 null 值也没有双引号：

```
{"name":null,"age":null}
```

如果 writeValueAsString()方法转换的对象是 null，writeValueAsString()方法就会返回"null"字符串。为了验证此效果，将 writeValueAsString()方法返回的 JSON 分别与 null 值和"null"字符串相比较，代码如下：

```
String json = mapper.writeValueAsString(null);
System.out.println(json);
System.out.println(json == null);
System.out.println("null".equals(json));
```

控制台打印的结果如下：

```
null
false
true
```

从这个结果可以看出，json 不是 null 对象，而是"null"字符串。

3. 把 List、Set 或 Map 对象转换为 JSON 数据

ObjectMapper 不仅能自动转换 JavaBean，还能自动转换 List、Set 和 Map 对象。

转换 Map 对象的效果与转换 JavaBean 的效果相同，转换后的以"键：值"结构保存的 JSON 数据保留了 Map 对象原有的键值结构。例如，创建一个 Map 对象，保存不同类型的值，把 Map 对象转

换成 JSON 数据，代码如下：

```
Map map = new HashMap();
map.put("name", "David");
map.put("age", 26);
map.put("time", new java.util.Date());
String json = mapper.writeValueAsString(map);
```

变量 json 的值如下：

```
{"name":"David","time":"2022-11-26T01:54:50.295+00:00","age":26}
```

Set 对象和 List 对象转换后得到的不是对象类型的 JSON 数据，而是数组类型的 JSON 数据。例如，创建一个 Set 对象，保存不同类型的值，把 Set 对象转换成 JSON 数据，代码如下：

```
Set set=new HashSet();
set.add("David");
set.add(26);
set.add(new java.util.Date());
String json = mapper.writeValueAsString(set);
```

变量 json 的值如下：

```
["David","2022-11-26T01:58:07.256+00:00",26]
```

很明显这是一个 JSON 数组，Set 对象中的每一个值都是数组中的一个元素。

【例 12.1】账号或密码错误时返回 JSON 格式错误信息（**实例位置：资源包\TM\sl\12\1**）

说明

后端向前端返回的错误日志采用 JSON 格式，日志包含错误码和错误信息两个内容。

创建 ErrorMessage 类作为错误信息实体类，类中有错误码和错误信息两个属性。同时为 ErrorMessage 类创建几个静态常量属性，保存特定的错误日志。代码如下：

```
package com.mr.dto;
public class ErrorMessage {
    public static final ErrorMessage PASSWORD_ERROR = new ErrorMessage(100, "账号或密码错误");
    public static final ErrorMessage NOT_FOUND = new ErrorMessage(404, "访问的资源不存在");

    private Integer code;      //错误编码
    private String message;    //错误信息

    //此处省略构造方法和属性的 Getter/Setter 方法
}
```

创建 ErrorController 控制器类，注入 ObjectMapper 类型的 Bean。映射"/login"地址的方法获取请求中的用户名和密码参数，如果用户名和密码正确就跳转至 user.html，否则就将 ErrorMessage.PASSWORD_ERROR 转换为以"键：值"结构保存的 JSON 数据并返回。ErrorController 类的代码如下：

```
package com.mr.controller;
import java.io.IOException;
import javax.servlet.http.HttpServletResponse;
import org.springframework.beans.factory.annotation.Autowired;
```

```java
import org.springframework.stereotype.Controller;
import org.springframework.ui.Model;
import org.springframework.web.bind.annotation.RequestMapping;
import com.fasterxml.jackson.databind.ObjectMapper;
import com.mr.dto.ErrorMessage;

@Controller
public class ErrorController {

    @Autowired
    ObjectMapper mapper;                                              //注入 ObjectMapper 类型的 Bean

    @RequestMapping("/login")
    public String login(String username, String password, Model model, HttpServletResponse response)
            throws IOException {
        if ("dave".equals(username) && "246531".equals(password)) {   //如果账号和密码正确
            model.addAttribute("user", username);                     //保存账号
            return "user";                                            //跳转至 user.html
        } else {
            //将错误信息对象转换为以 "键 : 值" 结构保存的 JSON 数据
            String json = mapper.writeValueAsString(ErrorMessage.PASSWORD_ERROR);
            response.setContentType("application/json;charset=UTF-8");//设置响应头
            response.getWriter().write(json);                         //响应流打印字符串
            return null;
        }
    }
}
```

在 user.html 中，简单地展示用户名即可。user.html 的代码如下：

```html
<!DOCTYPE html>
<html xmlns:th="http://www.thymeleaf.org">
<head>
<meta charset="UTF-8">
</head>
<body>
    <p th:text="'您好，'+*{user}"></p>
</body>
</html>
```

启动项目后，访问 http://127.0.0.1:8080/login?username=dave&password=246531 地址，即发送了正确的账号和密码，可看到如图 12.3 所示的欢迎页面。

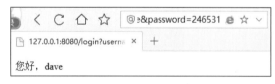

图 12.3　发送正确的账号、密码后可以进入欢迎页面

打开谷歌浏览器，如果请求中的账号或密码错误，则会看到如图 12.4 所示的错误日志。

图 12.4　发送错误账号或密码后返回错误日志

打开谷歌浏览器,如果请求未发送账号或密码,同样会给出如图 12.5 所示的错误日志。

图 12.5　缺失账号或密码也会返回错误日志

12.2.3　把 JSON 数据转换为 JavaBean

ObjectMapper 类的 readValue(String content, Class<T> valueType)方法可以把以"键:值"结构保存的 JSON 数据转换为 JavaBean。其中,content 参数为以"键:值"结构保存的 JSON 数据,valueType 为转换之后的类型,它既可以是实体类的所属类型,也可以是 Map、Set 或者 List 类型。如果以"键:值"结构保存的 JSON 数据无法与 valueType 的类型相匹配,就会抛出 com.fasterxml.jackson.core.JsonParseException 异常。

如果以"键:值"结构保存的 JSON 数据包含多种类型节点,那么默认情况下会把数组节点转换为 java.util.ArrayList 类型,把对象节点转换为 java.util.LinkedHashMap 类型。

例如,用户为手机充话费,前端将向后端发送如下的 JSON 数据:

```
{
    "phoneNumber":"1234567890",
    "amounts":100,
    "date":"2022-11-27 12:00:00"
}
```

根据这个 JSON 数据设计对应的充值详单类 RechargeData,RechargeData 类的代码如下:

```
public class RechargeData {
    private String phoneNumber;    //充值电话号码
    private Double amounts;         //充值金额
    private String date;            //充值日期
    //此处省略构造方法和属性的 Getter/Setter 方法
}
```

调用 readValue()方法以根据 JSON 数据创建出充值详单类的对象,代码如下:

```
String json = "{\"phoneNumber\":\"1234567890\",\"amounts\":100,\"date\":\"2022-11-27 12:00:00\"}";
RechargeBill recharge = mapper.readValue(json, RechargeBill.class);
```

这样就把 JSON 数据封装到了 recharge 对象中。

【例 12.2】把 JSON 数据中的员工信息封装成员工实体类(实例位置:资源包\TM\sl\12\2)

后端接收一条如下的由前端发送的 JSON 数据:

```
{
    "id": 100,
    "name": "David",
    "time": [
        "2022-11-28 17:59:40",
        "2022-11-28 18:02:04"
    ]
}
```

这条 JSON 数据包含员工编号、员工姓名和员工打卡时间列表。针对这条 JSON 数据设计对应的员工实体类 Employee，Employee 的代码如下：

```java
public class Employee {
    private Integer id;                              //员工编号
    private String name;                             //员工姓名
    private Set<String> time = new HashSet<>();      //打卡时间列表
    //此处省略构造方法和属性的 Getter/Setter 方法
}
```

创建完实体类之后再创建控制器类，首先要注入 ObjectMapper 对象，然后映射 "/list" 地址以接收传入的 JSON 数据。因为 JSON 数据比较大，通常是以请求体的方式传入，所以参数要用@RequestBody 注解进行标注。接收到 JSON 之后使用 ObjectMapper 对象将其封装成 Employee 员工实体类，最后跳转至 employees.html 页面进行展示。控制器类的代码如下：

```java
package com.mr.controller;
import org.springframework.beans.factory.annotation.Autowired;
import org.springframework.stereotype.Controller;
import org.springframework.ui.Model;
import org.springframework.web.bind.annotation.*;
import com.fasterxml.jackson.core.JsonProcessingException;
import com.fasterxml.jackson.databind.*;
import com.mr.dto.Employee;

@Controller
public class WorkerController {
    @Autowired
    private ObjectMapper mapper;

    @RequestMapping("/list")
    public String car(@RequestBody String json, Model model)
            throws JsonMappingException, JsonProcessingException {
        Employee emp = mapper.readValue(json, Employee.class);
        model.addAttribute("emp", emp);
        return "employees";
    }
}
```

employees.html 使用 Thymeleaf 模板引擎将后端发来的数据依次展示在页面中，代码如下：

```html
<!DOCTYPE html>
<html xmlns:th="http://www.thymeleaf.org">
<head>
<meta charset="UTF-8">
</head>
<body>
    <div th:object="${emp}">
        <p th:text="'员工编号：'+*{id}"></p>
        <p th:text="'员工姓名：'+*{name}"></p>
        <div>
            <p>打卡时间：</p>
            <li th:each="time:${emp.time}"><a th:text="${time}"></a></li>
        </div>
    </div>
</body>
</html>
```

启动项目后，使用 Postman 模拟由前端发送的请求，向 http://127.0.0.1:8080/list 地址发送 JSON 数据，即可看到如图 12.6 所示的结果。后端成功解析了 JSON 数据，将其封装成了员工实体类并展示在页面中。

图 12.6　后端将 JSON 数据封装成员工实体类并展示在页面中

12.2.4　Spring Boot 自动把 JavaBean 转换成 JSON 数据

因为 Spring Boot 默认添加 Jackson 依赖，所以被@RestController 注解标注的控制器类中的方法不仅可以返回 String 类型的值，还可以返回实体类的所属类型、Map、List、Set 等众多类型的值。在跳转页面时，Spring Boot 会自动调用 Jackson 的 API 把控制器类中的方法的返回值转换成对应的以"键：值"结构保存的 JSON 数据，并将 JSON 数据展示在页面中。

例如，创建一个包含各种类型值的 Map 对象，让控制器类中的方法返回此 Map 对象，代码如下：

```
@RestController
public class IndexController {
    @RequestMapping("/index")
    public Map index() throws ParseException {
        Map<String, Object> map = new HashMap<>();            //准备转换为 JSON 的键值对
        map.put("name", "张三");                              //字符串类型
        map.put("age", 25);                                   //数字类型
        map.put("now", new Date());                           //对象类型
        map.put("arr", new String[] { "123456", "987654" });  //数组类型
        map.put("list", List.of("item1", "item2"));           //列表类型
        map.put("set", Set.of("item1", "item2"));             //集合类型
        Map<String, String> information = new HashMap<>();
        information.put("qq", "1234567890");
        information.put("email", "zhangsan@david.com");
        map.put("information", information);                  //键值对类型
        return map;
    }
}
```

如果方法返回的是字符串，就会将字符串的文本内容展示在页面中。如果返回的是对象，Spring Boot 会先把该对象转换为以"键：值"结构保存的 JSON 数据，再把 JSON 数据展示在页面中。上述代码将在谷歌浏览器上展示如图 12.7 所示的内容。

图 12.7　Map 对象被自动转换为以"键：值"结构保存的 JSON 数据

此外，Jackson 还提供了许多注解可供程序开发人员设置 JavaBean 和以"键：值"结构保存的 JSON 数据之间的映射关系。例如更换某个属性在 JSON 中显示的名称、让某些属性不显示在 JSON 中。部分注解如表 12.5 所示。

表 12.5　Jackson 提供的部分注解

注　　解	说　　明
@JsonProperty	作用于属性，给属性起别名。该属性转换为字符串后会使用别名作为字段名
@JsonAutoDetect	作用于实体类，设定发现属性的机制，例如只发现 public 属性、可以发现所有属性等
@JsonIgnore	作用于属性，忽略此属性
@JsonIgnoreProperties	作用于实体类，可指定忽略该类多个属性
@JsonIgnoreType	用于实体类，表示该类被忽略
@JsonInclude	可作用于实体类和属性，用于忽略 NULL 值、空内容
@JsonFormat	可作用于实体类和属性，可以指定属性采用的日期格式和时区等
@JsonUnwrapped	可作用于实体类和属性，可以取消以"键：值"结构保存的 JSON 数据中的层级关系，让所有数据都在同一层显示

说明

更多 Jackson 注解详见官方说明文档，地址是 https://github.com/FasterXML/jackson-annotations/wiki/Jackson-Annotations。

为了明确 Jackson 注解的使用方法，读者可以尝试使用表 12.5 中的注解完成本章的实践与练习。

12.2.5　Jackson 对 JSON 数据的增、删、改、查

除了可以把 JSON 数据封装成 JavaBean，还可以对 JSON 数据进行增、删、改、查操作。为此，Jackson 提供了大量的 API。本节将以下面的 JSON 数据为例介绍几个简单操作。

```
{
    "name":"Leon",
    "age":17,
    "qq":[ "123987546", "159346287" ],
    "scores":{"math":90, "english":85}
}
```

1. 查询指定的字段

查询指定字段的值实际上就是读取 JSON 节点，需要使用 ObjectNode 提供的 readTree(String content) 方法，获取 JsonNode 节点对象后再调用 get(String fieldName) 方法获取指定字段名称的节点对象，再调用 asText() 方法获取其文本内容（或调用返回其他类型的方法）。

例如，获取 JSON 数据中此人的姓名，代码如下：

```
String json = "{\"name\":\"Leon\",\"age\":17,\"qq\":[\"123987546\",\"159346287\"],"
        + "\"scores\":{\"math\":90,\"english\":85}}";
JsonNode root = mapper.readTree(json);              //获取根节点对象
JsonNode nameNode = root.get("name");               //获取 "name" 节点
String name = nameNode.asText();                    //获取节点中的文本值
System.out.println(name);
```

控制台打印的结果如下：

```
Leon
```

因为 JsonNode 很多方法的返回值都是 JsonNode 对象本身，所以上面的代码可以简写成如下方式：

```
String name = mapper.readTree(json).get("name").asText();   //获取指定字段的文本值
System.out.println(name);
```

读取数组对象，需要使用 get(int index) 获取指定索引位置的节点，例如，读取 Leon 的 QQ 列表中第一个 QQ 号码，代码如下：

```
String json = "{\"name\":\"Leon\",\"age\":17,\"qq\":[\"123987546\",\"159346287\"],"
        + "\"scores\":{\"math\":90,\"english\":85}}";
JsonNode root = mapper.readTree(json);              //获取根节点对象
String firstQQ = root.get("qq").get(0).asText();    //读取 "qq" 数组节点中第一个索引值
System.out.println(firstQQ);
```

控制台打印的结果如下：

```
123987546
```

读取 JSON 中的对象子节点，可以直接使用 get(String fieldName).get(String fieldName) 的方式，例如，读取 Leon 的数学成绩，代码如下：

```
String json = "{\"name\":\"Leon\",\"age\":17,\"qq\":[\"123987546\",\"159346287\"],"
        + "\"scores\":{\"math\":90,\"english\":85}}";
JsonNode root = mapper.readTree(json);              //获取根节点对象
int englishScore = root.get("scores").get("english").asInt();  //获取 "scores" 中的 "english"，以整型形式返回
System.out.println(englishScore);
```

控制台打印的结果如下：

```
85
```

2. 增加数据

对象节点和数组节点增加数据的方式不一样：对象节点增加数据时，需要使用 ObjectNode 类提供的 put(String fieldName, String v) 方法或 set(String fieldName, JsonNode value) 方法；数组节点增加数据时，需要使用 ArrayNode 类提供的 add(String v) 方法或 insert(int index, String v) 方法。

如果想要为 JSON 中添加一个性别数据（这属于在对象节点中添加一个新字段），可以使用如下方

式：

```
String json = "{\"name\":\"Leon\",\"age\":17,\"qq\":[\"123987546\",\"159346287\"],"
        + "\"scores\":{\"math\":90,\"english\":85}}";
ObjectNode root = (ObjectNode) mapper.readTree(json);    //获取根节点对象
root.put("sex", "Male");                                  //插入性别为 Male 的数据
System.out.println(root.toString());
```

控制台打印的结果如下：

```
{"name":"Leon","age":17,"qq":["123987546","159346287"],"scores":{"math":90,"english":85},"sex":"Male"}
```

可以看出原 JSON 中多了一个性别为 Male 的数据。如果要在 Leon 的 QQ 列表中添加一个新 QQ 号（这属于在数组节点中添加一个新节点），可以使用如下方式：

```
String json = "{\"name\":\"Leon\",\"age\":17,\"qq\":[\"123987546\",\"159346287\"],"
        + "\"scores\":{\"math\":90,\"english\":85}}";
JsonNode root = mapper.readTree(json);                    //获取根节点对象
ArrayNode qqlist = (ArrayNode) root.get("qq");            //获取 QQ 数组节点
qqlist.add("000000000");                                  //在数组末尾添加新值
System.out.println(root.toString());
```

控制台打印的结果如下：

```
{"name":"Leon","age":17,"qq":["123987546","159346287","000000000"],"scores":{"math":90,"english":85}}
```

3．修改数据

不管是对象节点还是数组节点，都推荐使用 set()方法修改数据。例如，将"Leon"的名字改为"Leon"，将 QQ 列表中第二个 QQ 号改为 999999999，代码如下：

```
String json = "{\"name\":\"Leon\",\"age\":17,\"qq\":[\"123987546\",\"159346287\"],"
        + "\"scores\":{\"math\":90,\"english\":85}}";
JsonNode root = mapper.readTree(json);                    //获取根节点对象
ObjectNode objNode = (ObjectNode) root;                   //转换为对象节点
objNode.set("name", new TextNode("Leon"));                //修改"name"字段
ArrayNode qqlist = (ArrayNode) root.get("qq");            //获取 QQ 数组节点
qqlist.set(1, new TextNode("999999999"));                 //修改索引为 1 的值
System.out.println(root.toString());
```

控制台打印的结果如下：

```
{"name":"Leon","age":17,"qq":["123987546","999999999"],"scores":{"math":90,"english":85}}
```

4．删除数据

对象节点删除数据时使用 remove(String fieldName)方法，数组节点删除数据时使用 remove(int index)方法。例如，删除 JSON 中的年龄数据，删除 QQ 列表中第一个 QQ 号，代码如下：

```
String json = "{\"name\":\"Leon\",\"age\":17,\"qq\":[\"123987546\",\"159346287\"],"
        + "\"scores\":{\"math\":90,\"english\":85}}";
JsonNode root = mapper.readTree(json);                    //获取根节点对象
ObjectNode objNode = (ObjectNode) root;                   //转换为对象节点
objNode.remove("age");                                    //删除"age"字段
ArrayNode qqlist = (ArrayNode) root.get("qq");            //获取 QQ 数组节点
qqlist.remove(0);                                         //删除索引为 0 的值
System.out.println(root.toString());
```

控制台打印的结果如下:

```
{"name":"Leon","qq":["159346287"],"scores":{"math":90,"english":85}}
```

12.3　JSON 解析库——FastJson

FastJson 是由阿里巴巴技术团队推出的开源 JSON 解析库。因为其语法非常简洁,所以受到许多程序开发人员的青睐。FastJson 经常被拿来与 Jackson 做比较,两者都是优秀的 JSON 解析库,FastJson 的主要用户集中在国内,国外的程序开发人员选择 Jackson 的居多。FastJson 和 Jackson 的对比如表 12.6 所示。

表 12.6　FastJson 与 Jackson 的对比

特　　性	FastJson	Jackson
上手难易度	简单	难
执行效率	一般	高
功能	一般	丰富
稳定性	一般	高
社区语言	中文/英文	英文

总结一下,Jackson 更像是一个精密的仪器,无论从功能上还是效率上都是无可挑剔的,在场景复杂、业务量大的项目中 Jackson 是更加明智的选择。FastJson 更像是一个简单易用的小工具,更适合处理一些简单的业务场景。也就是说,在数据量小、并发量小的项目中 FastJson 要比 Jackson 好用。

12.3.1　添加 FastJson 依赖

FastJson 不是 Spring Boot 自带的 JSON 解析库,因此需要手动添加,读者可在已创建好的 Spring Boot 项目的 pom.xml 文件中添加如下依赖:

```xml
<dependency>
    <groupId>com.alibaba</groupId>
    <artifactId>fastjson</artifactId>
    <version>1.2.9</version>
</dependency>
```

FastJson 可以更换成最新版本,最新版本的版本号可到阿里云云效 Maven 查询:https://maven.aliyun.com/mvn/search。

12.3.2　JavaBean 与 JSON 数据的相互转换

FastJson 用于转换 JavaBean 与 JSON 数据的语法非常简单,以至于官方文档只给了如下两行代码:

```
String text = JSON.toJSONString(obj);                       //序列化
VO vo = JSON.parseObject("{...}", VO.class);                //反序列化
```

☑ obj：被转换的对象。
☑ VO：与 JSON 数据对应的实体类。

上述的两种转换语法看上去与 Jackson 的很像，但 FastJson 的 toJSONString()方法和 parseObject()方法均为静态方法。也就是说，程序开发人员可以直接调用这两个方法。

此外，在官方文档的目录中也给出了许多其他示例。例如，想要在转换过程中指定日期的格式，可以使用如下语法：

```
JSON.toJSONStringWithDateFormat(date, "yyyy-MM-dd HH:mm:ss.SSS")
```

JSON.toJSONString()方法默认把 JavaBean 转换为 JSON 对象，如果想把 JavaBean 转换成 JSON 数组，可以使用如下语法：

```
String array = JSON.toJSONString(obj, SerializerFeature.BeanToArray);
```

说明

> FastJson 官方文档地址：https://github.com/alibaba/fastjson/wiki/Quick-Start-CN。

【例 12.3】接收前端发来的 JSON 数据，返回 JSON 登录结果（实例位置：资源包\TM\sl\12\3）

用户在前端登录时会向后端发送 JSON 格式的登录信息，其中包含 username 和 password。创建控制器，接收到以"键：值"结构保存的 JSON 数据后使用 FastJson 将其转换为 Map 对象，取出其中的 username 和 password 的值，如果账号为"mr"、密码为"123456"，就返回{"code":"200","message":"登录成功"}，否则返回{"code":"500","message":"账号或密码错误"}。控制器类代码如下：

```java
package com.mr.controller;
import java.util.HashMap;
import java.util.Map;
import org.springframework.web.bind.annotation.RequestBody;
import org.springframework.web.bind.annotation.RequestMapping;
import org.springframework.web.bind.annotation.RestController;
import com.alibaba.fastjson.JSON;

@RestController
public class LoginController {

    @RequestMapping("/login")
    public String login(@RequestBody String json) {
        //将请求体中的字符串以 JSON 格式读取并转换为 Map 键值对象
        Map loginDate = JSON.parseObject(json, Map.class);
        String username = loginDate.get("username").toString();    //读取 JSON 中的账号
        String password = loginDate.get("password").toString();    //读取 JSON 中的密码
        Map<String, String> result = new HashMap<>();              //创建响应结果键值对
        String code = "";                                          //返回的响应码
        String message = "";                                       //响应信息
        if ("mr".equals(username) && "123456".equals(password)) {  //如果是指定的账号和密码
            code = "200";                                          //记录登录成功的响应码和信息
            message = "登录成功";
        } else {
            code = "500";                                          //记录登录失败的响应码和信息
            message = "账号或密码错误";
```

```
        }
        result.put("code", code);                    //响应结果记录响应码和信息
        result.put("message", message);
        return JSON.toJSONString(result);             //将键值对象转换为以"键:值"结构保存的JSON数据并返回
    }
}
```

启动项目后，使用 Postman 模拟由前端发送的请求。如果发送正确的账号和密码，则可以看到如图 12.8 所示结果。如果发送错误的账号或密码，则看到如图 12.9 所示的结果。

图 12.8 发送正确的账号和密码后可以看到登录成功的结果

图 12.9 发送错误的账号或密码后看到的结果为无法登录

12.3.3 FastJson 的@JSONField 注解

FastJson 提供的@JSONField 注解可以让程序开发人员定制序列化规则，也就是修改 JavaBean 与 JSON 数据的映射关系。@JSONField 注解可以用于声明类、属性或方法，其定义如下：

```
@Retention(RetentionPolicy.RUNTIME)
@Target({ ElementType.METHOD, ElementType.FIELD, ElementType.PARAMETER })
public @interface JSONField {
    int ordinal() default 0;                         //序列化或反序列化的顺序
```

```
    String name() default "";              //字段的别名
    String format() default "";             //日期格式
    boolean serialize() default true;       //是否被序列化
}
```

以上列出的都是@JSONField注解的常用属性，下面将分别介绍这些属性。

1. 为属性设置别名

给属性设置别名的方式有两种：第一种是在类属性上定义别名。例如，为 Log 类的 id 属性定义别名 "code"，代码如下：

```
public class Log {
    @JSONField(name="code")
    private String id;
    public String getId() {return id;}
    public void setId(String id) {this.id = id;}
}
```

第二种方式就是在属性的 Getter/Setter 方法上定义别名，代码如下：

```
public class Log {
    private String id;
    @JSONField(name="code")
    public String getId() {return id;}
    @JSONField(name="code")
    public void setId(String id) {this.id = id;}
}
```

不管采用哪种方式，都会让 Log 对象的 id 属性值以 "code" 为字段名予以显示，例如：

```
Log log=new Log();
log.setId("404");
System.out.println(JSON.toJSONString(log));
```

控制台打印的结果如下：

```
{"code":"404"}
```

2. 设置日期格式

如果@JSONField 标注的是 java.util.Date 类型的属性，就可以定义该属性序列化时的日期格式，例如：

```
public class Log {
    @JSONField(format = "yyyy-MM-dd HH:mm:ss")
    public Date create;
}
```

当 Log 对象被转换为 JSON 数据时，会自动按照@JSONField 注解定义的日期格式进行转换：

```
Log log = new Log();
log.create = new Date();
System.out.println(JSON.toJSONString(log));
```

控制台打印的结果如下：

```
{"create":"2022-11-27 15:03:38"}
```

3. 设置被忽略的属性

@JSONField 注解可以定义哪些属性不会被转换成 JSON 数据。例如，设置 Log 类的 id 属性不被转换为 JSON 数据，代码如下：

```
public class Log {
    @JSONField(serialize = false)              //id 属性不会被序列化
    public String id;
    public String message;
}
```

在 Log 对象转换为 JSON 数据的过程中，会自动忽略 id 属性，代码如下：

```
Log log = new Log();
log.id = "404";
log.message = "找不到资源";
System.out.println(JSON.toJSONString(log));
```

控制台打印的结果如下：

```
{"message":"找不到资源"}
```

4. 设置属性在 JSON 数据中的顺序

@JSONField 注解中的 ordinal 属性可以定义不同属性被转换后在 JSON 数据中的排列顺序。其中，排列第一位对应的是 0，值越大越靠后。例如，让 Log 类先显示 id，再显示 message，而后显示 create，代码如下：

```
public class Log {
    @JSONField(ordinal = 1)                    //在中间显示
    public String message;
    @JSONField(ordinal = 2, format = "yyyyMMdd")   //最后显示
    public Date create;
    @JSONField(ordinal = 0)                    //率先显示
    public String id;

    public Log(String message, Date create, String id) {
        this.message = message;
        this.create = create;
        this.id = id;
    }
}
```

创建 Log 对象，先使用构造方法进行赋值，再转换为 JSON 数据，代码如下：

```
Log log = new Log("找不到资源", new Date(), "404");
System.out.println(JSON.toJSONString(log));
```

控制台打印的结果如下：

```
{"id":"404","message":"找不到资源","create":"20221127"}
```

12.3.4 FastJson 对 JSON 数据的增、删、改、查

FastJson 也有一套对 JSON 数据进行增、删、改、查的 API。FastJson 同样将 JSON 数据分成了"对

象"和"数组"两种形式,把对象节点封装成 JSONObject 类,把数组节点封装成 JSONArray 类。把 JSON 数据转换为 FastJson 对象的语法如下:

```
JSONObject obj = JSON.parseObject(json);      //获取 JSON 数据的对象节点
JSONArray arr = JSON.parseArray(json);        //获取 JSON 数据的数组节点
```

JSONObject 类提供的常用方法及其说明如表 12.7 所示,JSONArray 类提供的常用方法及其说明如表 12.8 所示。

表 12.7 JSONObject 类的常用方法

返 回 值	方 法	说 明
boolean	isEmpty()	JSON 是否为空
int	size()	JSON 中的字段数量
boolean	containsKey(Object key)	JSON 中是否存在 key 字段
boolean	containsValue(Object value)	JSON 中是否存在 value 值
Object	get(Object key)	获取 key 字段的值,可强转换为其他类型
JSONObject	getJSONObject(String key)	获取 key 字段的值,封装成对象节点
JSONArray	getJSONArray(String key)	获取 key 字段的值,封装成数组节点
T	getObject(String key, Class<T> clazz)	获取 key 字段的值,封装成 clazz 类型
Boolean	getBoolean(String key)	获取 key 字段的值,封装成 Boolean 类型
byte[]	getBytes(String key)	获取 key 字段的值,封装成字节数组
boolean	getBooleanValue(String key)	获取 key 字段的值,封装成 boolean 类型
Byte	getByte(String key)	获取 key 字段的值,封装成 Byte 类型
byte	getByteValue(String key)	获取 key 字段的值,封装成 byte 类型
Short	getShort(String key)	获取 key 字段的值,封装成 Short 类型
short	getShortValue(String key)	获取 key 字段的值,封装成 short 类型
Integer	getInteger(String key)	获取 key 字段的值,封装成 Integer 类型
int	getIntValue(String key)	获取 key 字段的值,封装成 int 类型
Long	getLong(String key)	获取 key 字段的值,封装成 Long 类型
long	getLongValue(String key)	获取 key 字段的值,封装成 long 类型
Float	getFloat(String key)	获取 key 字段的值,封装成 Float 类型
float	getFloatValue(String key)	获取 key 字段的值,封装成 float 类型
Double	getDouble(String key)	获取 key 字段的值,封装成 Double 类型
double	getDoubleValue(String key)	获取 key 字段的值,封装成 double 类型
BigDecimal	getBigDecimal(String key)	获取 key 字段的值,封装成超大小数类型
BigInteger	getBigInteger(String key)	获取 key 字段的值,封装成超大整数类型
String	getString(String key)	获取 key 字段的值,以字符串形式返回
Date	getDate(String key)	获取 key 字段的值,封装成 java.util.Date 类型
Object	put(String key, Object value)	添加 key 字段、value 值,如果 key 已存在就更新 value 值。返回更新之后的 value 值
JSONObject	fluentPut(String key, Object value)	功能同 put 方法,返回值为对象节点本身
void	putAll(Map<? extends String, ? extends Object> m)	同时添加(或更新)多个字段和值

续表

返回值	方法	说明
JSONObject	fluentPutAll(Map<? extends String,? extends Object> m)	功能同 putAll 方法，返回值为对象节点本身
void	clear()	清空所有字段和值
JSONObject	fluentClear()	功能同 clear 方法，返回值为对象节点本身
Object	remove(Object key)	删除 key 字段及其对应的值，返回被删除的值
JSONObject	fluentRemove(Object key)	功能同 remove 方法，返回值为对象节点本身
Set<String>	keySet()	获取所有字段的集合
Collection<Object>	values()	获取所有值的集合
Object	clone()	创建对象节点的副本
String	toJSONString()	返回以"键：值"结构保存的 JSON 数据

表 12.8　JSONArray 类的常用方法

返回值	方法	说明
boolean	isEmpty()	判断数组是否为空
int	size()	数组的长度
boolean	contains(Object o)	数组是否包含 o 这个值
Iterator<Object>	iterator()	返回数组迭代器
Object[]	toArray()	转换为 Object 数组
T[]	toArray(T[] a)	将数组节点中的值复制到 a[] 数组中
boolean	add(Object e)	在数组末尾添加新元素
JSONArray	fluentAdd(Object e)	功能同 add 方法，返回值为数组节点本身
boolean	remove(Object o)	删除 o 元素
JSONArray	fluentRemove(Object o)	功能同 remove 方法，返回值为数组节点本身
boolean	containsAll(Collection<?> c)	判断数组是否包含 c 集合中的所有元素
boolean	addAll(Collection<? extends Object> c)	在数组末尾添加 c 集合中的所有元素
JSONArray	fluentAddAll(Collection<? extends Object> c)	功能同 addAll 方法，返回值为数组节点本身
boolean	addAll(int index, Collection<? extends Object> c)	在 index 索引位置开始插入 c 集合中的所有元素
JSONArray	fluentAddAll(int index, Collection<? extends Object> c)	功能同 addAll 方法，返回值为数组节点本身
boolean	removeAll(Collection<?> c)	删除在 c 集合中出现过的元素
JSONArray	fluentRemoveAll(Collection<?> c)	功能同 removeAll 方法，返回值为数组节点本身
boolean	retainAll(Collection<?> c)	只保留在 c 集合中出现过的元素
JSONArray	fluentRetainAll(Collection<?> c)	功能同 retainAll 方法，返回值为数组节点本身
void	clear()	清空所有元素
JSONArray	fluentClear()	功能同 clear 方法，返回值为数组节点本身
Object	set(int index, Object element)	将 index 索引位置的元素替换成 element。如果 index 超出数组范围就添加新元素
JSONArray	fluentSet(int index, Object element)	功能同 set 方法，返回值为数组节点本身

续表

返 回 值	方 法	说 明
void	add(int index, Object element)	在 index 索引位置添加新 element 元素
JSONArray	fluentAdd(int index, Object element)	功能同 add 方法，返回值为数组节点本身
Object	remove(int index)	删除 index 索引位置的元素
JSONArray	fluentRemove(int index)	功能同 remove 方法，返回值为数组节点本身
int	indexOf(Object o)	获取 o 元素第一次出现的索引位置
int	lastIndexOf	获取 o 元素最后一次出现的索引位置
ListIterator<Object>	listIterator()	获取数组的队列迭代器，允许双向遍历
ListIterator<Object>	listIterator(int index)	功能同 listIterator 方法，迭代器的起始索引为 index
List<Object>	subList(int fromIndex, int toIndex)	从数组的 fromIndex 索引（包含）开始截取至 toIndex 索引（不包含），将截取片段封装成 List
Object	get(int index)	获取 index 索引位置的元素，可以强转成其他类型
JSONObject	getJSONObject(int index)	获取 index 索引位置的对象节点
JSONArray	getJSONArray(int index)	获取 index 索引位置的数组节点
T	getObject(int index, Class<T> clazz)	将 index 索引位置的元素封装成 clazz 类型
包装类或基本数据类型	getBoolean(int index)、getBooleanValue(int index)、getString(int index) 等（可参考 JSONObject）	让 index 索引位置的元素以指定类型返回
String	toJSONString()	返回以"键：值"结构保存的 JSON 数据

在了解 JSONObject 类和 JSONArray 类之后，下面将介绍使用这两个类的方法对 JSON 数据执行增、删、改、查操作。

1. 查询数据

FastJson 为每一种数据类型都提供了一个 get 方法，程序开发人员通过 get 系列方法即可查询指定字段或指定索引对应的值。例如，获取 JSON 数据中 name 字段和 age 字段的值，代码如下：

```
String json = "{\"name\":\"张三\",\"age\":25,\"qq\":[\"12345679\",\"987654321\"],"
        + "\"scores\":{\"chinese\":90,\"math\":85}}";
JSONObject root = JSON.parseObject(json);          //获取以"键：值"结构保存的 JSON 数据的对象节点
String name = root.getString("name");              //获取"name"字段的字符串值
int age = root.getIntValue("age");                 //获取"age"字段的 int 值
System.out.println("姓名：" + name + "，年龄：" + age);
```

控制台打印的结果如下：

姓名：张三，年龄：25

如果要获取 JSON 数组中的值，则需要先获取子节点的 JSONArray 对象，再通过 get(int index)方法获取指定索引位置的元素。例如，获取 QQ 列表中的第一个 QQ 号，代码如下：

```
String json = "{\"name\":\"张三\",\"age\":25,\"qq\":[\"12345679\",\"987654321\"],"
        + "\"scores\":{\"chinese\":90,\"math\":85}}";
JSONObject root = JSON.parseObject(json);          //获取以"键：值"结构保存的 JSON 数据的对象节点
JSONArray arr = root.getJSONArray("qq");           //获取"qq"列表
String first = arr.getString(0);                   //获取列表中第一个 QQ 号
System.out.println(first);
```

控制台打印的结果如下：

12345679

如果要获取 JSON 子节点中的数据，那么需要创建子节点的 JSONObject。例如，获取该学生数学成绩，代码如下：

```
String json = "{\"name\":\"张三\",\"age\":25,\"qq\":[\"12345679\",\"987654321\"],"
        + "\"scores\":{\"chinese\":90,\"math\":85}}";
JSONObject root = JSON.parseObject(json);           //获取以"键：值"结构保存的 JSON 数据的对象节点
JSONObject scores = root.getJSONObject("scores");   //获取"scores"节点
int math = scores.getIntValue("math");              //获取"math"字段的值
System.out.println("数学成绩为："+math);
```

控制台打印的结果如下：

数学成绩为：85

以上获取 QQ 号和数学成绩的代码都可以简写为一行代码，例如：

```
String first = JSON.parseObject(json).getJSONArray("qq").getString(0);
int math = JSON.parseObject(json).getJSONObject("scores").getIntValue("math");
```

2．增加数据

对象节点使用 put()方法增加字段，数组节点使用 add()方法增加元素。例如，为表示学生信息的 JSON 数据，增加性别为男的数据，在成绩中增加 92 分英语成绩的数据，在 QQ 列表中增加 999999 号码的数据，代码如下：

```
String json = "{\"name\":\"张三\",\"age\":25,\"qq\":[\"12345679\",\"987654321\"],"
        + "\"scores\":{\"chinese\":90,\"math\":85}}";
JSONObject root = JSON.parseObject(json);
root.put("sex", "男");                               //增加性别为男
root.getJSONArray("qq").add("999999");              //增加新 QQ 号
root.getJSONObject("scores").put("english", 92);    //增加英语成绩
System.out.println(root.toJSONString());
```

控制台打印的结果如下：

{"qq":["12345679","987654321","999999"],"scores":{"chinese":90,"english":92,"math":85},"sex":"男","name":"张三","age":25}

3．修改数据

对象节点使用 put()方法修改字段，数组节点使用 set()方法修改元素。例如，将名字由"张三"修改为"李四"，将 QQ 列表中第二个 QQ 号修改为"000000"，将数学成绩修改为 70，代码如下：

```
String json = "{\"name\":\"张三\",\"age\":25,\"qq\":[\"12345679\",\"987654321\"],"
        + "\"scores\":{\"chinese\":90,\"math\":85}}";
JSONObject root = JSON.parseObject(json);
root.put("name", "李四");                            //修改名字
root.getJSONArray("qq").set(1, "000000");           //修改第二个 QQ 号
root.getJSONObject("scores").put("math", 70);       //修改数学成绩
System.out.println(root.toJSONString());
```

控制台打印的结果如下：

{"qq":["12345679","000000"],"scores":{"chinese":90,"math":70},"name":"李四","age":25}

4．删除数据

对象节点和数组节点都使用 remove()方法删除数据。例如，删除年龄字段，删除 QQ 列表中第一个 QQ 号，删除语文成绩，代码如下：

```
String json = "{\"name\":\"张三\",\"age\":25,\"qq\":[\"12345679\",\"987654321\"],"
        + "\"scores\":{\"chinese\":90,\"math\":85}}";
JSONObject root = JSON.parseObject(json);
root.remove("age");                                //删除年龄字段
root.getJSONArray("qq").remove(0);                 //删除第一个 QQ 号
root.getJSONObject("scores").remove("chinese");    //删除语文成绩
System.out.println(root.toJSONString());
```

控制台打印的结果如下：

```
{"qq":["987654321"],"scores":{"math":85},"name":"张三"}
```

12.4 实践与练习

（答案位置：资源包\TM\sl\12\实践与练习）

综合练习：账号或密码错误时返回 JSON 格式错误信息

请读者使用表 12.5 中的注解按照如下思路和步骤编写程序。

（1）创建一个商品实体类，其中包含商品编号、商品类型、名称、价格、生产日期、生产商、供货商和备注属性。对此商品类有以下几个需求：

☑ 因为商品编号通常都是以条形码形式展示的，所以商品的编号在以"键：值"结构保存的 JSON 数据中要以"bar_code"作为字段名。

☑ 生产日期类型为 Date，此日期以 yyyy-MM-dd 的格式显示即可。

☑ 商品不需要展示生产商、供货商和备注这 3 个属性。

（2）在项目的 src/test/java 目录下的测试类中创建一个商品对象，为商品添加所有属性值，然后通过 ObjectMapper 将商品对象转换为以"键：值"结构保存的 JSON 数据，并打印在控制台中。

（3）运行测试类，启动日志打印完毕之后可以看到最后输出如下一行内容：

```
{"type":"水果","name":"西瓜","price":12.5,"productionDate":"2022-11-27","bar_code":"123456789"}
```

第 13 章 WebSocket 长连接

一个 Spring Boot 项目要想实现客户端和服务端互相发送数据信息的功能，就需要在客户端和服务端之间建立连接，这时就需要 WebSocket 技术予以支持。对于这个 Spring Boot 项目而言，客户端通常需要在 HTML 页面中使用 JavaScript 创建 WebSocket 端点类的对象予以实现，而服务端则需要使用 Spring Boot 提供的注解标注 WebSocket 端点类予以实现。为此，本章将分别介绍如何实现 Spring Boot 项目的客户端和服务端。

本章的知识架构及重难点如下。

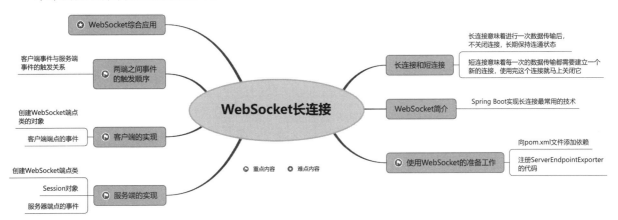

13.1 长连接和短连接

长连接意味着进行一次数据传输后，不关闭连接，长期保持连通状态。如果两个应用程序之间有新的数据需要传输，则直接复用这个连接，无须再建立一个新的连接。长连接的优势是在多次数据传输中可以省去建立连接和关闭连接的时间，使得总耗时更少。长连接的缺点是需要花费额外的精力确保这个连接一直是可用的。

短连接意味着每一次的数据传输都需要建立一个新的连接，使用完这个连接就马上关闭它。如果两个应用程序之间有新的数据需要传输，则重新建立一个连接，如此反复。短连接的优势是能够确保每一次都会把数据传输给对方，即使这次的数据传输出现异常，也不会影响后续的数据传输。短连接的缺点是在多次数据传输中需要消耗建立连接和关闭连接的时间，使得总耗时增加。

长连接适用于两个进程之间需要高频通信并且服务端主动推送数据的场景，例如需要在几秒之内刷新最新价格的实时报价类软件。短连接适用于两个进程之间通信频率较低的场景，例如点开一篇文章后花一些时间进行阅读并且直到下一次操作都没有数据传输的阅读类软件。

本章将介绍的是 WebSocket 长连接。为此，下面介绍 WebSocket 的相关内容。

13.2　WebSocket 简介

Spring Boot 实现长连接时最常用的技术就是 WebSocket，WebSocket 是基于 TCP 的全双工通信协议。客户端（通常为浏览器）与服务端连接之前会进行一次"握手"，完成"握手"后就会建立一个连接通道，如图 13.1 所示。客户端和服务端通过建立的连接互相发送数据信息。如果有一方想要关闭连接，则需要再完成一次"握手"以通知对方，使得双方同步关闭。

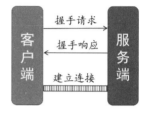

图 13.1　WebSocket 通过一次"握手"后才能建立连接

> **说明**
> 全双工（full duplex）是通信传输的一个术语，全双工通信协议是两个台站不间断地建立双向通信的协议。

WebSocket 将数据交互的细节都封装了起来，程序开发人员无须知道数据头怎么编写、"握手"怎么实现，只需调用 WebSocket 的 API 即可创建长连接并实现传输数据的功能。

需要着重说明的是，Spring Boot 项目的客户端（前端）通常需要在 HTML 页面上使用 JavaScript 予以实现，而 Spring Boot 项目的服务端则需要使用 Spring Boot 提供的注解予以实现。

13.3　使用 WebSocket 的准备工作

如果想在 Spring Boot 项目中使用 WebSocket 技术，就需要先向 Spring Boot 项目添加相关依赖。为此，找到并打开 Spring Boot 项目中的 pom.xml 文件，向 pom.xml 文件添加以下依赖：

```
<dependency>
    <groupId>org.springframework.boot</groupId>
    <artifactId>spring-boot-starter-websocket</artifactId>
</dependency>
```

Spring Boot 的自动装配功能虽然已经很强大了，但并没有提供自动装配 WebSocket 端点类的功能。程序开发人员如果想要让 Spring Boot 能够自动把被@ServerEndpoint 注解标注的类识别为 WebSocket 端点类，就需要手动注册 ServerEndpointExporter 的 Bean。

> **说明**
> 端点的英文是 endpoint，在 WebSocket 协议中表示对话的一端。Spring Boot 推荐使用注解创建服务器端点类。为此，Spring Boot 提供了@ServerEndpoint 注解。

因为注册 ServerEndpointExporter 的代码非常简单，相当于一段可以套用的固定代码，所以程序开发人员可以直接将以下代码复制到 Spring Boot 项目中：

```java
package com.mr.config;
import org.springframework.context.annotation.Bean;
import org.springframework.context.annotation.Configuration;
import org.springframework.web.socket.server.standard.ServerEndpointExporter;

@Configuration
public class WebSocketConfig {

    @Bean
    public ServerEndpointExporter serverEndpointExporter() {
        return new ServerEndpointExporter();
    }
}
```

这是一个被 @Configuration 注解标注的配置类，它的类名和包名可以根据程序开发人员的项目结构被重新命名。在这个类中仅有一个方法，该方法用于返回一个 ServerEndpointExporter 类的对象，并将其注册成 Bean。

掌握了上述内容后，下面将分别介绍如何实现服务端和客户端。

13.4 服务端的实现

本节将从 3 个方面讲解如何实现服务端，它们分别为创建 WebSocket 端点类、Session 对象和服务器端点的事件。

13.4.1 创建 WebSocket 端点类

在 13.3 节中，已经介绍了 @ServerEndpoint 注解的作用，即标注 WebSocket 端点类。在 Spring Boot 中，@ServerEndpoint 注解需要配合 @Component 注解一起使用。创建 WebSocket 端点类的语法如下：

```java
@Component
@ServerEndpoint("path")
public class ClassEndpoint { }
```

在上述代码中，ClassEndpoint 为 WebSocket 端点类的类名。WebSocket 端点类的类名虽然可以由程序开发人员自行定义，但应以 Endpoint 结尾。@ServerEndpoint 注解把类标注为 WebSocket 端点类，"path" 是端点映射的路径，该路径可以是多级路径，如 "/user/login"。@Component 注解让 WebSocket 端点类可以被 Spring Boot 自动注册。

需要注意的是，@ServerEndpoint("path") 所映射的完整路径是以 "ws://" 开头的。例如，

```
ws://127.0.0.1:8080/path
```

客户端也必须使用此路径才能与服务端建立连接。

需要说明的是，一个服务端可以同时拥有多个 WebSocket 端点类，不同 WebSocket 端点类所映射的路径也不同。

13.4.2 Session 对象

客户端每次与服务端建立连接后都会产生一个 Session 对象。在实际开发中，Session 对象可以存储一些由客户端传递给服务端的资料信息。客户端只能使用一个 Session 对象；因为服务端可以同时连接多个客户端，所以服务端可以同时使用多个 Session 对象，如图 13.2 所示。

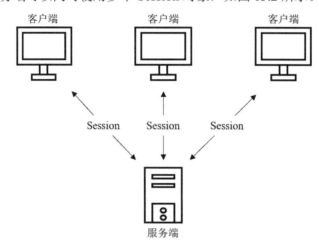

图 13.2 客户端只能使用一个 Session 对象，服务端可以同时使用多个 Session 对象

服务端可以通过 Session 对象获取 RemoteEndpoint 远程端点接口的对象，进而向客户端发送消息。RemoteEndpoint 远程端点接口提供了两个子接口，分别为 RemoteEndpoint.Basic（同步发送消息接口）和 RemoteEndpoint.Async（异步发送消息接口）。使用这两个接口对象向客户端发送消息的语法如下：

```
session.getBasicRemote().sendText("同步发送的消息");
session.getAsyncRemote().sendText("异步发送的消息");
```

Session 对象除了可以调用上述代码中的两个方法，还可以调用如表 13.1 所示的其他常用方法。此外，RemoteEndpoint.Basic 接口提供的方法如表 13.2 所示，RemoteEndpoint.Async 接口提供的方法如表 13.3 所示。

表 13.1 Session 对象可以调用的其他常用方法

返回值	方法名	说明
void	close()	关闭连接
void	close(CloseReason closeReason)	关闭连接，并给出关闭原因
RemoteEndpoint.Async	getAsyncRemote()	返回异步发送消息的远程端点对象
RemoteEndpoint.Basic	getBasicRemote()	返回同步发送消息的远程端点对象
WebSocketContainer	getContainer()	返回此会话所属的容器。
String	getId()	返回会话的唯一编号，该编号由 WebSocket 统一指定，通常从 0 开始递增
int	getMaxBinaryMessageBufferSize()	返回此会话可以缓冲的传入二进制消息的最大长度

返回值	方法名	说明
long	getMaxIdleTimeout()	返回空闲时间的最大超时时间
int	getMaxTextMessageBufferSize()	返回可以缓冲的传入文本消息的最大长度
Map<String,String>	getPathParameters()	返回与在此会话下打开的请求关联的路径参数名称和值的映射
String	getProtocolVersion()	返回当前使用的 WebSocket 协议的版本
URI	getRequestURI()	返回打开此会话的 URI
boolean	isOpen()	返回连接是否已经成功打开
boolean	isSecure()	当且仅当底层套接字使用安全传输时才返回 true
void	setMaxBinaryMessageBufferSize(int length)	设置此会话可以缓冲的传入二进制消息的最大长度
void	setMaxIdleTimeout(long milliseconds)	设置空闲时间的最大超时时间
void	setMaxTextMessageBufferSize(int length)	设置可以缓冲的传入文本消息的最大长度

表 13.2　RemoteEndpoint.Basic 接口提供的方法

返回值	方法名	说明
OutputStream	getSendStream()	打开可以发送二进制消息的输出流
Writer	getSendWriter()	打开可以发送文本消息的字符流
void	sendBinary(ByteBuffer data)	发送一个二进制消息对象
void	sendBinary(ByteBuffer partialByte, boolean isLast)	发送部分二进制消息，如果发送的文本为最终文本，isLast 参数传入 true，非最终文本均传入 false
void	sendObject(Object data)	发送对象
void	sendText(String text)	发送文本消息
void	sendText(String partialMessage, boolean isLast)	发送部分文本消息，如果发送的文本为最终文本，isLast 参数传入 true，非最终文本均传入 false

表 13.3　RemoteEndpoint.Async 接口提供的方法

返回值	方法名	说明
long	getSendTimeout()	返回发送消息超时的毫秒数
Future<Void>	sendBinary(ByteBuffer data)	启动二进制消息的异步传输。开发人员可使用返回的 Future 对象来跟踪传输进度
void	sendBinary(ByteBuffer data, SendHandler handler)	启动二进制消息的异步传输，开发人员可通过 SendResult 对象获取进度
Future<Void>	sendObject(Object data)	启动对象消息的异步传输
void	sendObject(Object data, SendHandler handler)	同上
Future<Void>	sendText(String text)	启动文本消息的异步传输
void	sendText(String text, SendHandler handler)	同上
void	setSendTimeout(long timeoutmillis)	设置发送消息超时的毫秒数

13.4.3 服务器端点的事件

WebSocket 端点类可以捕捉 4 个事件：打开连接事件、发送消息事件、发生错误事件和关闭连接事件。每一个事件都有一个对应的注解，当发生某一个事件时可自行触发相应注解所标注的方法。这种注解驱动式编程在 Spring Boot 项目中很常见，注解标注的方法不仅对方法名称没有限制，甚至对方法的参数个数、参数顺序也没有硬性要求，程序开发人员可以很灵活地定义各事件的实现方法。下面分别介绍对应这 4 个事件的注解的用法。

1．打开连接事件——@OnOpen 注解

@OnOpen 注解用于捕捉"打开连接事件"，该事件会在客户端与服务端成功建立连接后被触发，且只会被触发一次，如图 13.3 所示。

定义处理打开连接事件的方法的语法如下：

```
@OnOpen
public void onOpen(Session session) { }
```

在上述代码中，参数 session 表示打开连接后创建的 Session 对象，程序开发人员可以通过此对象向客户端发送第一条消息。如果用不到参数 session，那么也可以不写参数 session。例如：

```
@OnOpen
public void onOpen() { }
```

2．发送消息事件——@OnMessage 注解

@OnMessage 注解用于捕捉"发送消息事件"，该事件会在服务器接收到客户端发来的消息后被触发，并且可以被触发多次，如图 13.4 所示。

图 13.3　打开连接事件　　　　　图 13.4　发送消息事件

定义处理发送消息事件的方法有两种方式，第一种定义如下：

```
@OnMessage
public void processGreeting(String message, Session session) {
    System.out.println("客户端发来消息：" + message);
}
```

- session：当前连接的 Session 对象。
- message：由客户端传来的字符串消息。

第二种定义方式如下：

```
@OnMessage
public void processUpload(byte[] b, boolean last, Session session) {
    if (last) {
        //b 是最后的一批数据
    } else {
        //b 之后还有数据
    }
}
```

- ☑ session：当前连接的 Session 对象，但接收的数据类型为字节数组类型。
- ☑ last：该字节数组是否是由客户端发来的最后一批数据；如果 last 为 false，就表示接收完 b 字节数组后，还会有下一批字节数组。

需要说明的是，在实际开发中，这两种定义方式的参数都是可选的，参数顺序也可以随意更改。

3．发生错误事件——@OnError 注解

@OnError 注解用于捕捉"发生错误事件"，该事件会在服务端与客户端之间的通信发生错误时被触发，如图 13.5 所示。

定义处理发生错误事件的方法的语法如下：

```
@OnError
public void onError(Session session, Throwable e) {
    e.printStackTrace();
}
```

- ☑ session：当前连接的 Session 对象。
- ☑ e：引发错误的异常对象。

程序开发人员可以在这个方法中对异常情况进行处理。如果不打算处理异常，就可以不定义此方法。这样，即使发生错误，也不会做任何处理。

4．关闭连接事件——@OnClose 注解

@OnClose 注解用于捕捉"关闭连接事件"，该事件会在服务器端与客户端之间的连接被关闭前被触发，如图 13.6 所示。程序开发人员可以在此阶段执行一些资源释放操作。

图 13.5　发生错误事件

图 13.6　关闭连接事件

定义处理关闭连接事件的方法的语法如下：

```
@OnClose
public void onClose(Session session, CloseReason reason) {
    System.out.println("关闭状态码：" + reason.getCloseCode().getCode());
}
```

- ☑ session：当前连接的 Session 对象。

- reason：用于记录关闭连接的原因。通过 reason.getCloseCode()方法可获得关闭状态码对象；调用关闭状态码对象的 getCode()方法即可获得 int 类型的关闭状态码，不同的关闭状态码表示的关闭原因也不同，具体如表 13.4 所示。

表 13.4 WebSocket 常见关闭状态码及其说明

关闭状态码	说　　明	关闭状态码	说　　明
1000	正常关闭	1007	无效数据
1001	终端离开	1008	消息不符合协议
1002	协议错误	1009	消息过大
1003	不可接受的数据类型	1010	服务端未扩展
1005	没有接收到任何状态码	1011	不可预见的意外情况
1006	连接异常关闭	1015	TLS 在 WebSocket 握手之前失败

需要说明的是，在实际开发中，session 与 reason 都是可选参数，都可以被省略。

13.5　客户端的实现

WebSocket 客户端通常是网页浏览器，因此需要使用 JavaScript 予以实现。本节将介绍如何在 HTML 页面中使用 JavaScript 创建 WebSocket 端点类的对象。

13.5.1　创建 WebSocket 端点类的对象

在 JavaScript 中，可以直接使用 new 关键字创建 WebSocket 端点类的对象，其语法如下：

var websocket = new WebSocket("ws://127.0.0.1:8080/login");

在上述代码中，须保证 WebSocket 端点类的对象映射的路径与服务端映射的路径相同，否则无法建立连接。

建立连接后，WebSocket 端点类的对象会具有一个 readyState 属性，这个属性的取值范围为 0～3 的整数，0～3 的整数各自对应的状态如下：
- 0：正在尝试与服务端建立连接。
- 1：连接成功。
- 2：即将关闭。
- 3：已经关闭。

此外，WebSocket 端点类的对象还有两个常用方法：send()方法用于向服务端发送消息，close()方法用于正常关闭连接。

13.5.2　客户端端点的事件

JavaScript 的 WebSocket 端点类的对象也有 4 个事件，它们分别为打开连接事件、接收消息事件、发生错误事件和关闭连接事件。这 4 个事件与服务器端点的 4 个事件具有相同的逻辑，具体如下：

使用 onopen 定义打开连接事件，其语法如下：

```
var websocket = new WebSocket(url);
websocket.onopen = function() { };
```

当客户端与服务端成功连接后，就会自动触发该事件对应的方法。

使用 onmessage 定义接收消息事件，其语法如下：

```
var websocket = new WebSocket(url);
websocket.onmessage = function(event) {
    alert(event.data);
}
```

event 是接收消息事件的对象，调用对象 event 的 data 属性，即可获取服务端的消息内容。

使用 onerror 定义发生错误事件，其语法如下：

```
var websocket = new WebSocket(url);
websocket.onerror = function() { };
```

使用 onclose 定义关闭连接事件，其语法如下：

```
var websocket = new WebSocket(url);
websocket.onclose = function() { };
```

13.6 两端之间事件的触发顺序

不难发现，客户端和服务端各自的 4 个事件的名称极为相似，这些事件互相之间是存在触发顺序的，触发顺序如图 13.7 所示。

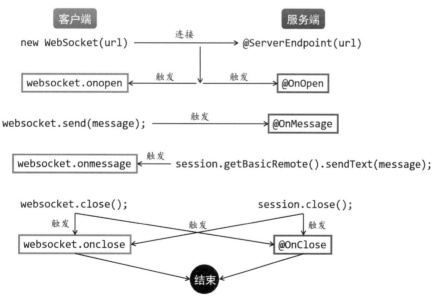

图 13.7　客户端事件与服务端事件的触发顺序

方框内为两端的事件,无方框的为具体代码。当客户端创建 WebSocket 端点类的对象时,就是在尝试创建连接。如果连接被成功创建,则同时触发两端的打开连接事件。客户端的 send()方法会触发服务端的发送消息事件。服务端通过远程端点对象发送消息会触发客户端的接收消息事件。不管是客户端关闭 WebSocket 端点类的对象,还是服务端关闭 Session 对象,都会触发双方的关闭连接事件,导致连接被关闭。

13.7　WebSocket 综合应用

本节将通过一个简单且完整的 Spring Boot 项目来演示客户端与服务端如何使用 WebSocket 进行连接和通信。这个项目的编写步骤如下。

1. 添加依赖

本项目不仅要添加 WebSocket 依赖,还要添加 Web 和 Thymeleaf 依赖。向 pom.xml 添加的内容如下:

```xml
<dependency>
    <groupId>org.springframework.boot</groupId>
    <artifactId>spring-boot-starter-thymeleaf</artifactId>
</dependency>
<dependency>
    <groupId>org.springframework.boot</groupId>
    <artifactId>spring-boot-starter-web</artifactId>
</dependency>
<dependency>
    <groupId>org.springframework.boot</groupId>
    <artifactId>spring-boot-starter-websocket</artifactId>
</dependency>
```

2. 编写配置类

手动注册 ServerEndpointExporter 对象。在 com.mr.config 包下创建配置类 WebSocketConfig,填入如下代码:

```java
package com.mr.config;
import org.springframework.context.annotation.Bean;
import org.springframework.context.annotation.Configuration;
import org.springframework.web.socket.server.standard.ServerEndpointExporter;
@Configuration
public class WebSocketConfig {
    @Bean
    public ServerEndpointExporter serverEndpointExporter() {
        return new ServerEndpointExporter();
    }
}
```

3. 编写服务端

在 com.mr.websoket 包下创建 TestWebSocketEndpoint 端点类,并使用@Component 注解和@ServerEndpoint 注解予以标注。服务端映射的路径为"/test"。服务端将实现以下功能:

- ☑ 当服务端与客户端成功创建连接后,在控制台打印已连接日志,并给出 Session 对象的编号。
- ☑ 当连接关闭时,在控制台打印关闭状态码。
- ☑ 当服务端收到由客户端发送的消息后,须延迟 500 毫秒再回复。
- ☑ 如果发生任何异常,则直接打印异常堆栈日志。

实现以上功能的 TestWebSocketEndpoint 类的代码如下:

```java
package com.mr.websoket;
import java.io.IOException;
import javax.websocket.CloseReason;
import javax.websocket.OnClose;
import javax.websocket.OnError;
import javax.websocket.OnMessage;
import javax.websocket.OnOpen;
import javax.websocket.Session;
import javax.websocket.server.ServerEndpoint;
import org.springframework.stereotype.Component;

@Component
@ServerEndpoint("/test")                         //设置端点的映射路径
public class TestWebSocketEndpoint {
    @OnOpen
    public void onOpen(Session session) throws IOException {
        System.out.println(session.getId() + "客户端已连接");
    }

    @OnClose
    public void onClose(Session session, CloseReason reason) {
        System.out.println(session.getId() + "客户端已关闭,关闭码:"
            + reason.getCloseCode().getCode());
    }

    @OnMessage
    public void onMessage(String message, Session session) {
        System.out.println("客户端发来消息: " + message);
        try {
            Thread.sleep(500);                   //休眠 500 毫秒
        } catch (InterruptedException e) {
            e.printStackTrace();
        }
        session.getAsyncRemote().sendText("服务端收到客户端发来的消息: " + message);
    }

    @OnError
    public void onError(Session session, Throwable e) {
        e.printStackTrace();                     //打印异常
    }
}
```

4. 编写客户端

使用 JavaScript 在 HTML 页面中实现客户端。客户端将实现以下功能:
- ☑ 在 HTML 页面中,包含一个文本输入框、一个发送按钮和一个显示日志文本的区域。
- ☑ 根据当前页面的 URL 地址拼接出 WebSocket 端点类的对象映射的路径。
- ☑ 监听 WebSocket 端点类的对象的 4 个事件,每一个事件都要在页面中打印事件日志。

☑ 监听浏览器窗口关闭事件，一旦浏览器被关闭，要及时关闭 WebSocket 端点类的对象。

使用 socket.html 表示客户端，socket.html 的代码如下：

```html
<!DOCTYPE html>
<html>
<head>
<meta charset="UTF-8">
<script type="text/javascript">
    var websocket = null;
    var local = window.location;                              //当前页面的 URL 地址
    var url = "ws://" + local.host + "/test";                 //长链接地址
    //判断当前浏览器是否支持 WebSocket
    if ("WebSocket" in window) {
        websocket = new WebSocket(url);
    } else {
        alert("当前浏览器不支持长链接，请换其他浏览器")
    }

    //连接发生错误触发的方法
    websocket.onerror = function() {
        document.getElementById("message").innerHTML += "<br/>发生错误";
        websocket.close();
    }

    //连接成功建立触发的方法
    websocket.onopen = function(event) {
        document.getElementById("message").innerHTML += "<br/>连接已创建";
    }

    //连接关闭触发的方法
    websocket.onclose = function() {
        document.getElementById("message").innerHTML += "<br/>连接已关闭";
    }

    //接收到消息触发的方法
    websocket.onmessage = function(event) {
        //将服务端发来的消息拼接到 div 中
        document.getElementById("message").innerHTML += "<br/>" + event.data;
    }

    //监听窗口关闭事件，当窗口关闭后要主动关闭 websocket 连接
    window.onbeforeunload = function() {
        websocket.close();
    }

    function send() {                                         //单击按钮触发的方法
        var message = document.getElementById("text").value;  //获取输入框中的文本
        websocket.send(message);                              //发送给服务端
    }
</script>
</head>
<body>
    <input type="text" id="text">
    <input type="button" id="btn" value="发送" onclick="send()" />
    <br />
    <div id="message"></div>
</body>
</html>
```

5. 创建控制器

创建控制器类 IndexController，当用户访问 "/index" 地址时即可跳转至 socket.html，控制器的代码如下：

```
package com.mr.controller;
import org.springframework.stereotype.Controller;
import org.springframework.web.bind.annotation.RequestMapping;

@Controller
public class IndexController {
    @RequestMapping("/index")
    public String index() {
        return "socket";
    }
}
```

6. 运行效果

启动项目后，打开谷歌浏览器访问 http://127.0.0.1:8080/index 地址，在页面的文本输入框中，输入一些文字内容，单击"发送"按钮，在 0.5 秒后服务端会把接收到的信息再返回给客户端，效果如图 13.8 所示。

与此同时，服务端也会将接收到的消息打印在控制台上。在浏览器关闭后，服务端会打印客户端已关闭的日志，效果如图 13.9 所示。

图 13.8　在浏览器的页面上显示的内容　　　　图 13.9　在浏览器关闭后，服务器控制台上的日志内容

13.8　实践与练习

（答案位置：资源包\TM\sl\13\实践与练习）

综合练习：网页聊天室

所谓网页聊天室，就是 A 用户在页面上发送的消息可以立即显示在 B 用户的页面上，这样多个用户可以在页面上实时互发消息，就像在 QQ 群里聊天一样。

请读者按照如下思路和步骤编写程序。

（1）本练习使用 JavaScript 最常见的 JQuery 库，jQuery 的官方下载网址是 https://jquery.com/。下载完成后，将 jquery.js（如 jquery-3.6.0.min.js）文件存放在 Spring Boot 的 static 目录中，位置如图 13.10 所示。

（2）WebSocketGroup 类是该项目中的会话组类，该类使用 Map 保存所有 Session 对象，key 为

Session 对象的 id（session id），value 为会话对象。类中还有一个 AtomicInteger 类型属性用来记录当前在线人数。

（3）服务端在创建连接后要立即向客户端返回一条信息，告知该客户端在聊天室中的 ID（就是 Session 对象的编号），在此之后的群发消息功能都由 WebSocketGroup 会话组完成。有新客户端连入时要将其 Session 对象添加到会话组中，有客户端关闭连接时要让会话组删除该连接的 Session 对象。

（4）客户端只有 socket.html 这一个页面，发消息、收消息、展示消息等功能都在这一个页面上予以实现。页面的文本输入框的下方是聊天记录区域，服务器发来的信息都会作为聊天记录展示在此区域内，若内容过多还会提供滚动条。

（5）启动项目后，打开谷歌浏览器访问 http://127.0.0.1:8080/index 地址，即可看到如图 13.11 所示页面，每位游客都可以看到自己在聊天室中的 ID，例如图 13.11 中的"游客 0"。

图 13.10　jquery.js 的位置　　　　图 13.11　用谷歌浏览器打开聊天室，模拟第一位游客

（6）打开火狐浏览器访问 http://127.0.0.1:8080/index 地址，即可看到聊天室里其他游客收到了新游客进入聊天室的通知，效果如图 13.12 所示。

图 13.12　用火狐浏览器打开聊天室，模拟第二位游客，第一位游客可以看到其进入了聊天室

（7）如果某位游客在文本输入框中填写消息并单击"发送"按钮，其他游客都会立刻看到这条消息，效果如图 13.13 和图 13.14 所示。

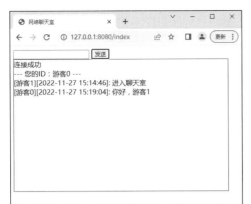
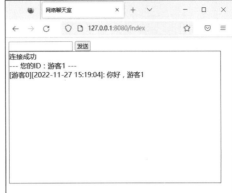

图 13.13　游客 0 发送消息，所有游客都能看到

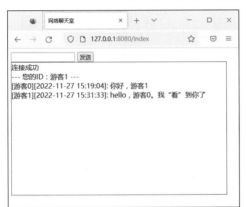

图 13.14　游客 1 发送消息

（8）如果有某个游客关闭了浏览器，那么其他游客都可以看到服务器推送的游客离开通知，效果如图 13.15 所示。

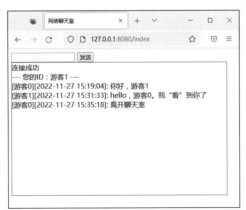

图 13.15　游客 1 关闭浏览器，游客 0 可以看到其离开的通知

第 14 章 上传与下载

Java 有很多种上传文件的实现方案，例如使用@MultipartConfig 注解、Apache 提供的 common upload 组件等。但是，Spring Boot 采用的用于上传文件的方案（即 org.springframework.web.multipart.MultipartFile 接口）更为简单。Java 下载文件的实现方式也有多种，例如提供静态文件的 URL 地址（不推荐）、WebSocket 输出流等。但是，Spring Boot 通过 HttpServletResponse 输出流实现下载文件的功能。本章将首先介绍 Spring Boot 如何实现上传文件和下载文件功能，然后通过一个实例讲解 Spring Boot 上传 Excel 文件中的数据的实现过程。

本章的知识架构及重难点如下。

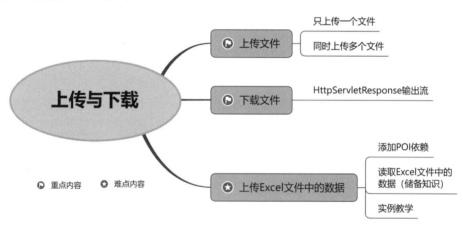

14.1 上传文件

在实际开发中，为了能够把前端文件中的数据转移到服务器的本地文件中，Spring Boot 需要通过用于只上传一个文件的 org.springframework.web.multipart.MultipartFile 接口或者用于同时上传多个文件的 org.springframework.web.multipart.MultipartRequest 接口予以实现。下面将分别介绍这两个接口的实现方法。

14.1.1 只上传一个文件

Spring Boot 通过 org.springframework.web.multipart.MultipartFile 接口实现接收前端文件的功能。也就是说，MultipartFile 接口可以把前端文件中的数据转移到服务器的本地文件中，这样就实现了上传文件到服务器的功能。MultipartFile 接口提供的方法及其说明如表 14.1 所示。

表 14.1 MultipartFile 接口提供的方法及其说明

返回值	方法	说明
byte[]	getBytes()	返回文件的字节数组形式
String	getContentType()	返回文件的内容类型
InputStream	getInputStream()	获取文件的字节输入流
String	getName()	返回文件所用的参数名
String	getOriginalFilename()	返回客户端文件系统中的原始文件名。
long	getSize()	返回文件包含的字节数
boolean	isEmpty()	上传的文件是否为空
void	transferTo(File dest)	将接收到的文件转移到 dest 文件
void	transferTo(Path dest)	将接收到的文件转移至 dest 路径，dest 为 NIO 中的 Path 接口

前端页面需要通过表单的方式提交上传的文件，表单提交的内容类型（enctype）必须是"multipart/form-data"。例如，一个完整的表单需包含以下内容：

```
<form action="url" method="post" enctype="multipart/form-data">
    <input type="file" name="uploadfile" />
    <input type="submit" value="上传" />
</form>
```

在上述代码中，表单提交的服务器地址为 url，使用 post 方式提交，提交的内容类型为数据类型。file 组件可以让浏览器打开本地文件选择器，用户选好文件之后单击"上传"按钮，这样前端页面就将文件交给了服务器。

服务器如果想要接收这个前端文件，就需要为控制器方法添加一个 MultipartFile 类型的参数，该参数会自动获取前端传来的数据，参数名对应 file 组件的 name，调用 MultipartFile 接口的 transferTo() 方法就可以将上传文件中的数据转移至服务器的本地文件中。例如，服务器用于接收前端文件的控制器方法的代码如下：

```
@RequestMapping("/url")
@ResponseBody
public String uploadFile(MultipartFile uploadfile) {
    File fileOnDisk = new File("D:\\上传的文件\\tmp");      //本地文件对象
    try {
        uploadfile.transferTo(fileOnDisk);                //将上传文件的数据转移至本地文件中
    } catch (IllegalStateException e) {
        e.printStackTrace();
    } catch (IOException e) {
        e.printStackTrace();
    }
    return "成功";
}
```

如果用户上传的文件过大，服务器可能会拒绝用户上传文件的请求，这时就需要程序开发人员手动配置服务器允许上传文件的容量极限，即在项目的 application.properties 配置文件中配置以下内容：

```
# 开启 multipart 上传功能
spring.servlet.multipart.enabled=true
```

```
# 最大文件大小
spring.servlet.multipart.max-file-size=10MB
# 最大请求大小
spring.servlet.multipart.max-request-size=215MB
```

注意

配置项中的单位 MB 必须大写。

14.1.2 同时上传多个文件

如果页面同时上传多个文件，服务器就不能只用一个 MultipartFile 类型的参数获取文件了，而是需要将可获取文件的请求修改为可获取批量文件的请求。

Spring Boot 通过 org.springframework.web.multipart.MultipartRequest 接口提供的方法实现获取批量文件的功能。MultipartRequest 接口提供的方法及其说明如表 14.2 所示。

表 14.2 MultipartRequest 接口提供的方法及其说明

返回值	方法	说明
MultipartFile	getFile(String name)	获取指定参数名的上传文件对象。如果不存在该参数，则返回 null
Map<String,MultipartFile>	getFileMap()	返回请求中上传文件对应的参数名的键值对，键为参数名，值为文件对象
Iterator<String>	getFileNames()	返回请求中上传文件对应的参数名的迭代器
List<MultipartFile>	getFiles(String name)	返回此请求中上载文件的内容和说明，如果不存在，则返回空列表
MultiValueMap<String,MultipartFile>	getMultiFileMap()	功能同 getFileMap()方法，返回类型为 MultiValueMap
String	getMultipartContentType(String paramOrFileName)	返回上传文件的内容类型，例如图片文件会返回 image/jpeg

前端页面同时上传多个文件时通常需要多个 file 组件标注同一个 name，例如：

```
<form action="url" method="post" enctype="multipart/form-data">
    <input type="file" name="uploadfile" />
    <input type="file" name="uploadfile" />
    <input type="file" name="uploadfile" />
    <input type="submit" value="上传" />
</form>
```

在上述代码中，这些 file 组件均以 uploadfile 作为参数名向服务器传输文件。

服务器如果想要批量获取这些文件，就需要先在控制器方法中添加 HttpServletRequest 参数，再将该参数强制转换成 MultipartHttpServletRequest 类型，而后调用 getFiles()方法。示例代码如下：

```
@RequestMapping("/url")
public String uploadFiles(HttpServletRequest request) {
    MultipartHttpServletRequest mrequest = (MultipartHttpServletRequest) request;
    List<MultipartFile> fileList = mrequest.getFiles("uploadfile");
}
```

下面通过一个实例演示同时上传多个文件的实现过程。

【例 14.1】一次上传多个文件至服务器（实例位置：资源包\TM\sl\14\1）

如果允许用户同时上传多个文件至服务器，必须提高服务器允许上传文件的容量极限。因此，需要修改以下配置项：

```
spring.servlet.multipart.enabled=true
spring.servlet.multipart.max-file-size=5MB
spring.servlet.multipart.max-request-size=100MB
```

创建用于同时上传多个文件的页面 upload.html，在该页面中添加 3 个 file 组件，它们的 name 值均为 files。upload.html 的代码如下：

```html
<!DOCTYPE html>
<html>
<head>
<meta charset="UTF-8">
</head>
<body>
    <form action="uploadFiles" method="post" enctype="multipart/form-data">
        <input type="file" name="files" /><br />
        <input type="file" name="files" /><br />
        <input type="file" name="files" /><br />
        <input type="submit" value="上传" />
    </form>
</body>
</html>
```

创建控制器类，在该类的映射方法中先将 HttpServletRequest 对象的数据类型强制转换为 MultipartHttpServletRequest 类型，再获取请求中所有参数名为 files 的文件，而后将这些文件都转移到 D:\upload 文件夹中。控制器的代码如下：

```java
package com.mr.controller;
import java.io.*;
import java.util.List;
import javax.servlet.http.HttpServletRequest;
import org.springframework.stereotype.Controller;
import org.springframework.web.bind.annotation.*;
import org.springframework.web.multipart.MultipartFile;
import org.springframework.web.multipart.MultipartHttpServletRequest;

@Controller
public class UploadController {

    @RequestMapping("/uploadFiles")
    @ResponseBody
    public String uploadFiles(HttpServletRequest request) throws IllegalStateException, IOException {
        MultipartHttpServletRequest mrequest = (MultipartHttpServletRequest) request;
        List<MultipartFile> fileList = mrequest.getFiles("files");    //获取请求中所有上传的文件
        File dir = new File("D:\\upload");                            //存放文件的目录
        for (MultipartFile file : fileList) {
            if (file.isEmpty()) {                                     //如果没有上传任何有效文件
                continue;                                             //跳过后面步骤，继续下一个
            }
            String fileName = file.getOriginalFilename();             //获取文件名称
            file.transferTo(new File(dir, fileName));                 //将上传文件转移至本地文件中
```

```
        }
        return "上传成功";
    }

    @RequestMapping("/index")
    public String index() {
        return "upload";
    }
}
```

启动项目后，打开浏览器访问 http://127.0.0.1:8080/index 地址，即可看到如图 14.1 所示的页面。此时用户需要为每一个 file 组件选择上传的文件。选择上传的文件的过程如图 14.2 所示。

图 14.1　上传页面

图 14.2　选择上传的文件

如图 14.3 所示，当 3 个 file 组件都选好上传的文件后，单击"上传"按钮开始上传这 3 个文件。

图 14.3　单击"上传"按钮开始上传文件

文件上传之后，页面会显示上传成功的提示，并且在服务器的 D:\upload 文件夹中能够找到并查看在图 14.3 中显示的 3 个上传的文件，效果如图 14.4 所示。

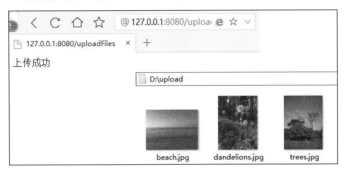

图 14.4　文件上传成功，在本地文件夹可以找到并查看上传的文件

14.2　下载文件

在实际开发中，Spring Boot 通过 HttpServletResponse 输出流实现下载文件的功能。为了获取 HttpServletResponse 输出流，需要对表示服务器响应客户端请求的 response 对象进行如下设置：

```
response.setContentType("application/octet-stream");
response.addHeader("Content-Disposition", "attachment;fileName=demo.png");
```

下面将解析上述代码：

☑　response 表示 HttpServletResponse 输出流的对象。
☑　当使用 HttpServletResponse 传输文件时，必须将传输类型设定为"multipart/form-data"或者"application/octet-stream"。这样，客户端才能知晓由服务器发送而来的是一个文件，而不是一堆乱码。
☑　Content-Disposition 表示下载文件的标识字段，attachment 表示在服务器的响应中添加了附件，fileName=demo.png 表示下载文件的文件名是 demo.png。

在设置 response 对象后，通过 response 对象调用 getOutputStream()方法即可获取 HttpServletResponse 输出流，使用此输出流就能够实现后端向前端传输文件的功能。

下面通过一个实例演示下载文件的实现过程。

【例 14.2】根据 URL 地址下载不同的文件（实例位置：资源包\TM\sl\14\2）

本实例要实现的功能如下：通过解析 RESTful 风格的 URL 地址，根据访问的地址不同下载不同的文件。当 URL 的末尾地址为"123456"时，就下载 beach.jpg 文件；当末尾地址为"abcde"时，就下载 bike.jpg 文件；当末尾地址为其他地址时，则不下载任何文件。

控制器类具有如下两个功能：一个是先捕捉"/download/{code}"地址，再解析其中的 code 值，而后根据 code 值确定下载文件；另一个是先使用文件字节输入流读取文件中的字节信息，再写入 HttpServletResponse 输出流中。需要注意的是，因为 HTTP 默认不支持中文文件名，所以需要使用 URLEncoder 类对在文件名中出现的中文进行编码。控制器类的代码如下：

```java
package com.mr.controller;
import java.io.*;
import java.net.URLEncoder;
import javax.servlet.http.HttpServletResponse;
import org.springframework.stereotype.Controller;
import org.springframework.web.bind.annotation.*;

@Controller
public class DownloadController {
    @RequestMapping("/download/{code}")
    public void download(@PathVariable String code, HttpServletResponse response) throws IOException {
        String path = "";                                              //待下载文件路径
        if ("123456".equals(code)) {                                   //根据参数指定被下载文件
            path = "D:\\upload\\beach.jpg";
        } else if ("abcde".equals(code)) {
            path = "D:\\upload\\bike.jpg";
        } else {
            return;                                                    //啥也不干
        }
        File file = new File(path);                                    //被下载的文件
        response.setContentType("application/octet-stream");           //响应类型为二进制流
        response.addHeader("Content-Length", String.valueOf(file.length()));  //给出文件大小
        //对文件名中的中文进行编码，防止中文名乱码
        String fileName = URLEncoder.encode(file.getName(), "UTF-8");
        //让文件作为附件被下载
        response.addHeader("Content-Disposition", "attachment;fileName=" + fileName);
        OutputStream os = response.getOutputStream();                  //获取响应的字节输出流
        FileInputStream fis = new FileInputStream(file);               //文件字节输入流
        byte buffer[] = new byte[1024];                                //字节流缓冲区
        int len = 0;                                                   //一次读取的字节数
        while ((len = fis.read(buffer)) != -1) {                       //从输入流中读数据，填入缓冲区
            os.write(buffer, 0, len);                                  //将缓冲区中的数据写入输出流中
        }
        fis.close();
        os.close();                                                    //关闭两个流
    }
}
```

启动项目后，使用火狐浏览器访问 http://127.0.0.1:8080/download/123456 地址，即可看到浏览器弹出如图 14.5 所示的下载提示框。其中，下载的文件是 beach.jpg，文件大小为 24.0KB。

图 14.5　下载 beach.jpg 文件

如果在浏览器中访问 http://127.0.0.1:8080/download/abcde 地址，则会看到如图 14.6 所示下载提示框。其中，下载的文件是 bike.jpg，文件大小为 62.1KB。

图 14.6　下载 bike.jpg 文件

14.3　上传 Excel 文件中的数据

Excel 是 Microsoft Office 办公软件里最常用的文件格式。为了实现读写 Excel 文件的功能，Spring Boot 推荐使用 Apache POI 库，简称 POI。POI 的官方网址为 http://poi.apache.org/。本节将介绍 Spring Boot 如何上传 Excel 文件中的数据。

14.3.1　添加 POI 依赖

Excel 文件有两种格式：xls 和 xlsx。前者是 2003 及更早版本的格式，后者是 2007 及之后版本的格式。POI 读写 xls 格式的文件中的数据，需要添加以下依赖（可采用最新版本）：

```xml
<dependency>
    <groupId>org.apache.poi</groupId>
    <artifactId>poi</artifactId>
    <version>4.1.2</version>
</dependency>
```

POI 读写 xlsx 格式的文件中的数据，需要添加以下依赖（可采用最新版本）：

```xml
<dependency>
    <groupId>org.apache.poi</groupId>
    <artifactId>poi-ooxml</artifactId>
    <version>4.1.2</version>
</dependency>
```

因为 xls 格式的文件当下很少见，所以下面仅介绍如何使用 POI 读取 xlsx 格式的文件中的数据。

14.3.2　读取 Excel 文件中的数据（储备知识）

POI 将一个 Excel 文件划分为如图 14.7 所示的几个部分，每一个部分都对应一个 POI 接口。其中，Workbook 表示整个 Excel 文件，Sheet 表示 Excel 文件中的分页，Row 表示 Excel 文件中某一页的一行，Cell 表示 Excel 文件中某一页的一个具体的单元格。

这些 POI 接口都位于 org.apache.poi.ss.usermodel 包下，读取 Excel 文件中每一个单元格的数据需要按照 "Workbook > Sheet > Row > Cell" 顺序创建对应 POI 接口的对象。

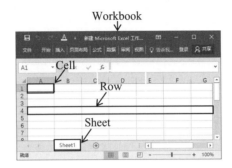

图 14.7 Excel 文件各部分对应的接口

创建 Workbook 对象有如下两种方式，这两种方式都需要使用 WorkbookFactory 工厂类的 create() 方法：

- 根据 File 对象创建 Workbook 对象，关键代码如下：

```
File file = new File("D:\\demo.xlsx");
Workbook workbook = WorkbookFactory.create(file);
```

- 从字节输入流中创建 Workbook 对象，关键代码如下：

```
InputStream is = new FileInputStream("D:\\demo.xlsx");
Workbook workbook = WorkbookFactory.create(is);
```

在实际开发中，如果读取的是由前端上传的 Excel 文件，那么通常采用第二种方式创建 Workbook 对象。

在获取 Workbook 对象后，就可以创建 Sheet 对象了，其语法如下：

```
Sheet sheet = workbook.getSheetAt(0);
```

在上述代码中，getSheetAt()方法中的参数为分页的索引。其中，第一个分页的索引为 0。Excel 文件的分页总数可以通过 workbook.getNumberOfSheets()方法获取。

在获取 Sheet 对象后，就可以创建 Row 对象了，其语法如下：

```
Row row = sheet.getRow(0);
```

在上述代码中，getRow()方法中的参数为行索引。其中，第一行的索引为 0。在 Excel 文件中已经存储数据的总行数可以通过 sheet.getLastRowNum() + 1 的方式获取。

在获取 Row 对象后，就可以创建 Cell 对象了，其语法如下：

```
Cell cell = row.getCell(0);
```

在上述代码中，getCell()方法中的参数为列索引。其中，第一列的索引为 0。在 Excel 文件中已经存储数据的每一行的总列数可以通过 row.getLastCellNum() + 1 的方式获取。

在获取 Cell 对象后，也就获取了单元格中的具体数据。Excel 文件的单元格可以支持不同的数据类型，这些数据类型在 POI 中采用如下的 CellType 枚举予以表示：

- CellType.NUMERIC：数字。
- CellType.STRING：字符串。
- CellType.FORMULA：公式。
- CellType.BLANK：空内容。

☑　CellType.BOOLEAN：布尔值。

☑　CellType.ERROR：错误单元格。

程序开发人员可以调用 Cell 对象的 getCellType()方法判断单元格的数据类型，例如：

```
if (cell.getCellType() == CellType.NUMERIC) {
    //数字格式，需要转换
}
```

因为单元格支持的类型多，所以 Cell 对象也提供了如下的用于返回不同类型的方法：

```
boolean bool = cell.getBooleanCellValue();                      //返回布尔值
java.util.Date date = cell.getDateCellValue();                  //返回日期对象
double number = cell.getNumericCellValue();                     //返回数字
String str = cell.getStringCellValue();                         //返回文本数据
String formula = cell.getCellFormula();                         //返回公式字符串
RichTextString richText = cell.getRichStringCellValue();        //返回富文本
```

存储在 Cell 对象中的数据不能自动转为其他类型的数据。也就是说，如果 Cell 对象中存储的是数字类型的数据，则无法使用 getStringCellValue()方法返回字符串类型的数据，只能先使用 getNumericCellValue()方法获取 double 值，再将 double 值转为字符串。

如果想要忽略 Excel 文件的单元格支持的数据类型，就可以使用 cell.toString()方法。

说明

关于更多详细 API，请查阅官方文档：http://poi.apache.org/apidocs/5.0/。

下面通过一个实例演示如何读取 Excel 文件中的数据。

14.3.3　实例教学

很多网站都采用读取 Excel 模板的方式批量上传数据。现有如图 14.8 所示的模板，第一行是模板的表头，从第二行开始是用户填写的数据。现在编写一个实例，用户将这个 Excel 文件上传后，前端页面将显示这个 Excel 文件中的数据，进而实现上传 Excel 文件中数据的功能。

学号	姓名	语文	数学	英语	道德与法治	地理	历史	生物
1	刘一	68	94	85	97	83	90	99
2	陈二	56	65	78	92	84	63	85
3	张三	54	73	77	50	73	57	90
4	李四	69	64	55	71	91	99	73
5	王五	56	51	82	77	52	75	65
6	赵六	87	66	91	60	69	76	57
7	孙七	84	77	65	56	78	81	83
8	周八	68	62	87	56	77	56	81
9	吴九	52	78	74	70	84	89	77
10	郑十	96	80	80	64	55	83	51

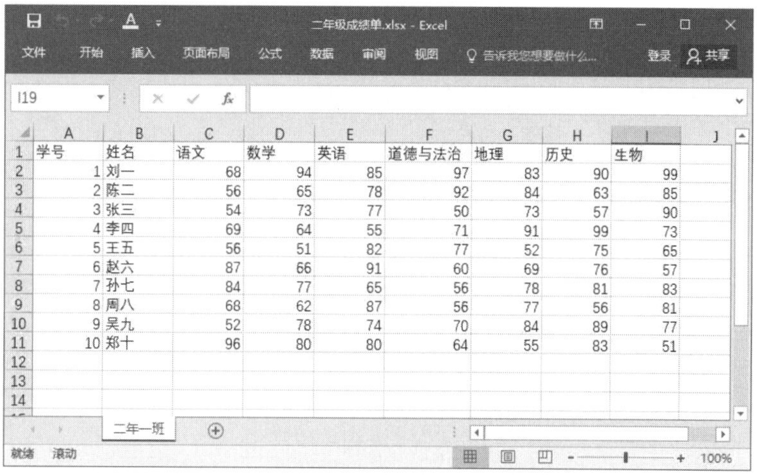

图 14.8　待上传的 Excel 文件中的数据

想要实现上述功能，需要为当前的 Spring Boot 项目添加如下依赖：

```xml
<dependency>
    <groupId>org.springframework.boot</groupId>
    <artifactId>spring-boot-starter-thymeleaf</artifactId>
</dependency>
<dependency>
    <groupId>org.springframework.boot</groupId>
    <artifactId>spring-boot-starter-web</artifactId>
</dependency>
<dependency>
    <groupId>org.apache.poi</groupId>
    <artifactId>poi-ooxml</artifactId>
    <version>4.1.2</version>
</dependency>
```

在 com.mr.common 包下创建一个 ExcelUtil 工具类，专门用于读取 Excel 文件中的数据。因为 Excel 文件中的第一行为表头，所以在读取数据时需要忽略第一行。遍历 Excel 文件的第一个分页中的所有行数据，将每一个单元格的字符串类型的值都保存在一个二维数组里，最后返回此二维数组。ExcelUtil 类的代码如下：

```java
package com.mr.common;
import java.io.IOException;
import java.io.InputStream;
import org.apache.poi.EncryptedDocumentException;
import org.apache.poi.ss.usermodel.Cell;
import org.apache.poi.ss.usermodel.CellType;
import org.apache.poi.ss.usermodel.Row;
import org.apache.poi.ss.usermodel.Sheet;
import org.apache.poi.ss.usermodel.Workbook;
import org.apache.poi.ss.usermodel.WorkbookFactory;

public class ExcelUtil {
    public static String[][] readXlsx(InputStream is) {
        Workbook workbook = null;
        try {
            workbook = WorkbookFactory.create(is);       //从流中读取 Excel
            is.close();
        } catch (EncryptedDocumentException e) {
            e.printStackTrace();
        } catch (IOException e) {
            e.printStackTrace();
        }
        Sheet sheet = workbook.getSheetAt(0);            //读取第一页
        int rowLengh = sheet.getLastRowNum();            //获取总行数
        String report[][] = new String[rowLengh - 1][9]; //去掉行头，9 列
        //遍历所有行，索引从 1 开始（忽略第一行）
        for (int rowIndex = 1; rowIndex < rowLengh; rowIndex++) {
            Row row = sheet.getRow(rowIndex);            //获取行对象
            //遍历行中的每一个单元格
            for (int cellIndex = 0; cellIndex < row.getLastCellNum(); cellIndex++) {
                Cell cell = row.getCell(cellIndex);       //获取单元格
                if (cell.getCellType() == CellType.NUMERIC) { //如果是数字格式
                    //将 double 类型的格式化为无小数点字符串
                    report[rowIndex - 1][cellIndex] = String.format("%.0f", cell.getNumericCellValue());
                } else {                                  //不是数字类型就获取字符格式数据
```

```
                    report[rowIndex - 1][cellIndex] = cell.getStringCellValue();
                }
            }
        }
        return report;
    }
}
```

upload.html 是用户上传 Excel 文件的页面。为了方便用户获取一个空的作为模板的 Excel 文件，此页面应提供下载链接。其中，school_report.xlsx 为空模板文件，在项目中存放的位置如图 14.9 所示；这个空模板文件可以通过静态连接的方式予以下载。

图 14.9 成绩单空模板文件的存放位置

upload.html 中展示的内容比较少，仅包含一个下载链接和一个提交文件的表单，代码如下：

```
<!DOCTYPE html>
<html>
<head>
<meta charset="UTF-8">
</head>
<body>
    <p>请填写<a href="model/school_report.xlsx">模板</a>，并上传成绩单</p>
    <form action="upload" method="post" enctype="multipart/form-data">
        <input type="file" name="file" /> <input type="submit" value="上传" />
    </form>
</body>
</html>
```

PoiController 类是控制器类。除了提供跳转页面的功能，还要处理用户上传的 Excel 文件。当控制器接收到上传的 Excel 文件后，首先要判断这个文件是否为空，或者这个文件是不是 xlsx 格式的文件。如果用户上传的不是 xlsx 格式的文件，那么控制器要跳转到错误页面并给出错误提示。如果用户提交的是 xlsx 格式的文件，则先调用 ExcelUtil 工具类将这个文件中的数据都读取出来，再将数据交由 school_report.html 页面予以显示。PoiController 类的代码如下：

```
package com.mr.controller;
import java.io.IOException;
import org.springframework.stereotype.Controller;
import org.springframework.ui.Model;
import org.springframework.web.bind.annotation.RequestMapping;
import org.springframework.web.multipart.MultipartFile;
import com.mr.common.ExcelUtil;

@Controller
public class PoiController {
    @RequestMapping("/upload")
    public String uploadxlsx(MultipartFile file, Model model) throws IOException {
        if (file.isEmpty()) {
            model.addAttribute("message", "未上传任何文件！");
            return "error";
        } else {
            String filename = file.getOriginalFilename();
            if (!filename.endsWith(".xlsx")) {
                model.addAttribute("message", "请使用配套模板！");
                return "error";
            }
```

```
            //从 Excel 文件中读取数据（除第一行）
            String report[][] = ExcelUtil.readXlsx(file.getInputStream());
            model.addAttribute("report", report);//将数据发送给前端页面
            return "school_report";
        }
    }

    @RequestMapping("/index")
    public String index() {
        return "upload";
    }
}
```

school_report.html 用于显示用户上传的 Excel 文件中的数据。该页面采用 Thymeleaf 模板引擎，将 div 渲染成表格风格。在设定表头后，遍历由服务器传递的数据，按照数据原本的结构逐行予以显示。school_report.html 页面的代码如下：

```html
<!DOCTYPE html>
<html xmlns:th="http://www.thymeleaf.org">
<head>
<meta charset="UTF-8">
<style type="text/css">
.table-tr {
    display: table-row;
}

.table-td {
    display: table-cell;
    width: 100px;
    text-align: center;
}
</style>

<title>成绩单</title>
</head>
<body>
    <div class="table-tr">
        <div class="table-td">学号</div>
        <div class="table-td">姓名</div>
        <div class="table-td">语文</div>
        <div class="table-td">数学</div>
        <div class="table-td">英语</div>
        <div class="table-td">道德与法治</div>
        <div class="table-td">地理</div>
        <div class="table-td">历史</div>
        <div class="table-td">生物</div>
    </div>
    <div class="table-tr" th:each="row:${report}">
        <div class="table-td" th:each="cell:${row}">
            <a th:text=""${cell}"></a>
        </div>
    </div>
</body>
</html>
```

启动项目后，打开浏览器访问 http://127.0.0.1:8080/index 地址，即可看到如图 14.10 所示的页面。用户可以单击"模板"超链接下载一个空的作为模板的 Excel 文件。在用户把数据填写到这个模板文

件后，单击“选择文件”按钮，选择已经填写好数据的 Excel 文件，再单击“上传”按钮，服务器会自动识别 Excel 文件中数据，并将识别成功的数据显示在如图 14.11 所示的页面中。

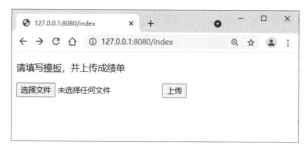

图 14.10　上传页面

学号	姓名	语文	数学	英语	道德与法治	地理	历史	生物
1	刘一	68	94	85	97	83	90	99
2	陈二	56	65	78	92	84	63	85
3	张三	54	73	77	50	73	57	90
4	李四	69	64	55	71	91	99	73
5	王五	56	51	82	77	52	75	65
6	赵六	87	66	91	60	69	76	57
7	孙七	84	77	65	56	78	81	83
8	周八	68	62	87	56	77	56	81
9	吴九	52	78	74	70	84	89	77
10	郑十	96	80	80	64	55	83	51

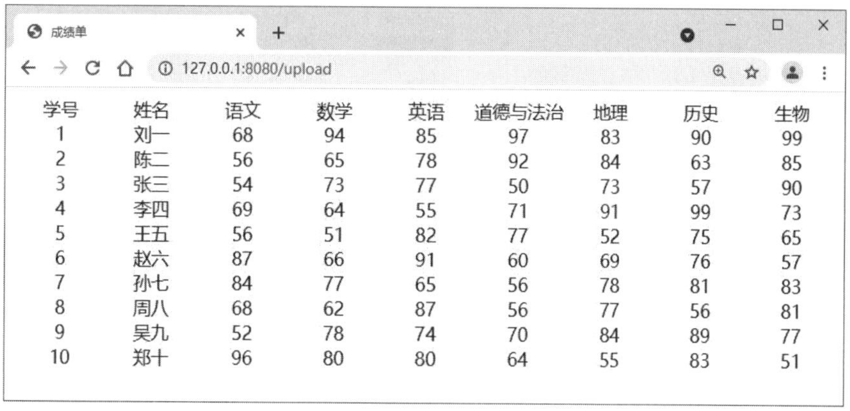

图 14.11　用户提交 Excel 文件后跳转的页面

14.4　实践与练习

（答案位置：资源包\TM\sl\14\实践与练习）

综合练习：将图片文件上传至服务器

本练习要实现的功能是：用户可以通过网页上传任何文件，服务器会将上传的文件保存在 D:\upload 文件夹下。请读者按照如下思路和步骤编写程序。

（1）设计前端页面，页面文件为 upload.html，页面中只包含一个文件选择框和一个“上传”按钮。

（2）设计服务器的控制器类。控制器类提供两个方法，一个用于跳转页面，一个用于获取用户上传的文件。在用于获取上传文件的方法中，添加 MultipartFile 类型的参数 file，使用 MultipartFile 接口的 transferTo()方法将上传文件中的数据保存在服务器的本地文件中。

（3）启动项目后，打开浏览器访问 http://127.0.0.1:8080/index 地址，即可看到如图 14.12 所示的页面。此时用户需要单击“浏览”按钮打开文件选择对话框。

（4）在文件选择对话框中选择被上传的文件，效果如图 14.13 所示。

图 14.12　单击"浏览"按钮打开文件选择对话框

图 14.13　选择被上传的文件

（5）选好文件后，即可看到被选择文件的完整路径已经显示在页面中，效果如图 14.14 所示。此时用户单击"上传"按钮即可开始上传文件。

图 14.14　单击"上传"按钮开始上传文件

（6）上传文件后，页面会显示成功上传文件的提示，并且在服务器的 D:\upload 文件夹中能够找到并查看在图 14.14 中显示的上传文件，效果如图 14.15 所示。

图 14.15　文件上传成功后，在本地文件夹可以找到并查看上传的文件

第 3 篇 整合框架篇

本篇详解 3 个 Spring Boot 能够整合的框架，包括 MyBatis 框架、Redis、消息中间件等内容。学习完本篇，读者不仅能够使用 MyBatis 框架对数据库进行访问，而且能够掌握 Redis 的常用命令，还能够掌握 Spring Boot 是如何实现消息中间件的特定功能的。

整合框架篇
- MyBatis框架：在学习MyBatis框架后，掌握Spring Boot是如何整合MyBatis框架的，又是如何使用MyBatis框架对数据库执行访问操作的
- Redis：在明确Redis是什么及其作用后，既要掌握Redis的常用命令，又要掌握如何在Spring Boot中整合Redis
- 消息中间件：在学习ActiveMQ和RabbitMQ这两种消息中间件后，掌握如何在Spring Boot项目中使用这两种消息中间件的特定功能

第 15 章 MyBatis 框架

在开发 Spring Boot 项目的过程中,程序开发人员经常会对数据库中的数据进行操作。Spring Boot 通过整合 MyBatis 框架,为数据库的访问操作提供了很好的支持。MyBatis 框架是在 Spring Boot 项目中很常用的一款持久层框架。所谓持久层,即数据访问层,是用于保存数据的软件结构。那么,Spring Boot 是如何整合 MyBatis 框架的,又是如何使用 MyBatis 框架对数据库进行访问的呢?本章将对这两方面的内容进行介绍。

本章的知识架构及重难点如下。

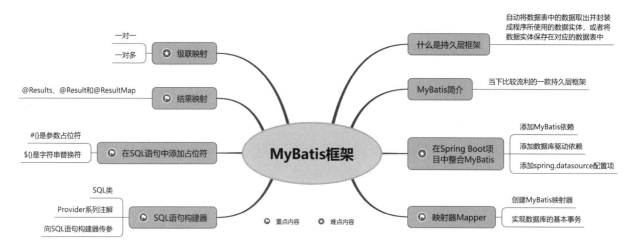

15.1 什么是持久层框架

持久层框架是一个复合词,表示实现持久层功能的软件框架。持久层又是软件架构中"三层结构"中的一个概念。"三层结构"包括只处理可视化界面的表示层,专门解决问题、处理逻辑的业务层和只负责读取或保存数据的持久层。

持久层也可以称作数据访问层,"持久"意味着通过这一层保存的数据可以被长期保留,即使服务器关闭,数据也不会丢失。通常用于保存数据的工具是数据库,持久层就是数据库与应用程序之间的"数据线"。

Java 使用 JDBC 技术来访问数据,虽然这套接口框架的功能是比较完善的,但由于应用覆盖面越来越广,业务场景越来越复杂,导致 JDBC 已经无法很好地处理各种庞大、复杂的数据模型,开发效率、安全性、易读性都大幅降低。持久层框架就是为了解决这一问题而诞生的,持久层框架封装了绝大部分 JDBC 的操作，程序开发人员只需要定义好数据表与实体类的映射关系，持久层框架就可以自动将数据表中的数据取出并封装成程序所使用的数据实体，或者将数据实体保存在对应的数据表中。

MyBatis 框架就是当下比较流利的一款持久层框架。本章将结合 MySQL 数据库对 MyBatis 框架进行介绍。

15.2 MyBatis 简介

MyBatis 是一款半自动化的持久层框架。所谓半自动化，就是 MyBatis 不仅需要程序开发人员手动编写部分 SQL 语句，而且需要手动设置 SQL 语句与实体类的映射关系。在目前比较流行的项目架构设计中，不会让服务直接与数据库进行交互，而是需要通过持久层来获取数据实体。如图 15.1 所示，位于持久层的 MyBatis 可以将数据与实体类互相转换，MyBatis 既可以将一条数据封装成一个 Class 对象，也可以将多条数据封装成 List<Class>对象集合。

图 15.1　MyBatis 框架位于持久层

作为半自动化持久层框架，MyBatis 会将 SQL 语句中的字段与实体类的属性一一对应。不管是查询语句、添加语句、修改语句或者删除语句，MyBatis 的映射器 Mapper 都可以自动实现填充或者解析数据。如图 15.2 所示，根据一条查询语句，Mapper 就可以将查询结果交给实体类并创建包含这些数据的对象。

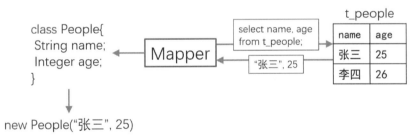

图 15.2　MyBatis 的映射器将 SQL 查询结果封装成类对象

下面将介绍如何在 Spring Boot 项目中整合 MyBatis，并讲解 MyBatis 各种注解的使用方法。

15.3　在 Spring Boot 项目中整合 MyBatis

Spring Boot 项目整合 MyBatis 的准备工作需要 3 个步骤：添加 MyBatis 依赖，添加数据库驱动依赖和添加 spring.datasource 配置项。下面将分别予以介绍。

15.3.1 添加 MyBatis 依赖

虽然 MyBatis 框架依赖的 jar 文件非常多，但是 Spring Boot 将 MyBatis 需要的所有依赖都整合到了一起。程序开发人员只需要在 Spring Boot 项目中添加如下的依赖，就可以直接使用 MyBatis：

```xml
<dependency>
    <groupId>org.MyBatis.spring.boot</groupId>
    <artifactId>MyBatis-spring-boot-starter</artifactId>
    <version>2.2.0</version>
</dependency>
```

> 读者可以到阿里云云效 Maven 查询最新的版本号。

15.3.2 添加数据库驱动依赖

数据库驱动依赖需要单独导入。因为本章将结合 MySQL 数据库对 MyBatis 框架进行介绍，所以导入 MySQL 驱动依赖需要添加以下内容：

```xml
<dependency>
    <groupId>mysql</groupId>
    <artifactId>mysql-connector-java</artifactId>
    <scope>runtime</scope>
</dependency>
```

在上述代码中，scope 属性采用 runtime 值，表示数据库驱动不参与项目编译，在项目运行时直接加载。添加 MySQL 驱动包可以不指定版本号，Spring Boot 会自动采用已设定好的默认版本号。

15.3.3 添加 spring.datasource 配置项

除了需要添加 MyBatis 依赖和数据库驱动依赖，还需要配置数据源。因为 Spring Boot 整合了持久层框架，所以只需配置 Spring DataSource 的数据源即可。具体需要添加如下的 4 个配置项：

- ☑ spring.datasource.driver-class-name：数据库驱动类名称，某些情况下可以不写。
- ☑ spring.datasource.url：连接数据库的 URL。
- ☑ spring.datasource.username：登录数据库的用户名。
- ☑ spring.datasource.password：与用户名对应的密码。

例如，添加用于连接 MySQL 8.0（兼容 MySQL 5）的配置项，代码如下：

```
spring.datasource.url=jdbc:mysql://127.0.0.1:3306/db1?useUnicode=true&characterEncoding=UTF-8&useSSL=false&serverTimezone=Asia/Shanghai&zeroDateTimeBehavior=CONVERT_TO_NULL&allowPublicKeyRetrieval=true
spring.datasource.username=root
spring.datasource.password=123456
```

在上述代码中，127.0.0.1 表示本地 IP 地址，3306 是 MySQL 的默认端口，db1 是数据库名称，useUnicode 用来启用 Unicode 字符集，characterEncoding 指定了字符集为 UTF-8，useSSL 指明不启用

SSL 连接，serverTimezone 将时区定为中国，zeroDateTimeBehavior 让空的日期数据以 null 形式返回，allowPublicKeyRetrieval 允许客户端从服务器获取公钥。

15.4　映射器 Mapper

映射器（Mapper）是 MyBatis 的核心功能，MyBatis 的绝大多数代码都是围绕着映射器展开的。

程序开发人员可以在映射器中编写待执行的 SQL 语句的同时，设定数据表与实体类之间的映射关系。如果不设定映射关系，映射器会自动为同名的表字段与类属性建立映射关系。如图 15.3 所示，在数据表中有 4 个字段，在实体类中有 3 个属性，同名的表字段和类属性可以互相映射，不同的表字段和类属性就不可以了。自动映射不区分大小写，如果 People 类的属性名是 NAME，同样可以映射数据表中的表字段 name。

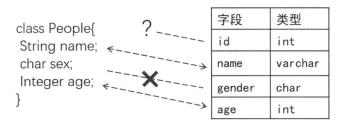

图 15.3　同名的表字段和类属性可以互相映射

15.4.1　创建 MyBatis 映射器

创建 MyBatis 映射器应采用接口类型，接口名称以"Mapper"结尾。MyBatis 能够自动实现由程序开发人员定义的抽象方法。例如，创建员工类 Emp 的映射器 EmpMapper，让该映射器可以执行查询指定名称的员工、添加新员工、删除指定名称的员工等操作，映射器 EmpMapper 的代码如下：

```java
package com.mr.mapper;
import org.apache.ibatis.annotations.*;
import com.mr.po.Emp;
public interface EmpMapper {
    @Select("select * from t_emp where name = #{name}")
    public Emp getEmpByName(String name);

    @Insert({ "insert into t_emp(name,gender)",
        " values(#{name},#{gender})" })
    public boolean addEmp(Emp emp);

    @Delete("delete from t_emp where name= #{name}")
    public boolean delEmpByName(String name);
}
```

在上述代码中，EmpMapper 是接口类型，里面的方法都是抽象方法，每一个抽象方法都被一种事务注解所标注。在注解中编写的是该方法将要执行的 SQL 语句，MyBatis 会自动调用该 SQL 语句，并将同名的 Emp 类的属性和 t_emp 表的字段互相映射。如果是查询事务，就将查询的结果封装成 Emp

对象；如果是插入或删除事务，就将 Emp 对象中的属性值或方法参数填写到 SQL 语句中。所有的映射操作都由 MyBatis 自动完成。

要让映射器生效，则需要在 Spring Boot 的启动类上添加用于表示映射器扫描器的@MapperScan 注解。通过这个注解，指明启动项目时需要扫描哪些包。例如，启动项目时，需要扫描 com.mr.mapper 包，代码如下：

```
@SpringBootApplication
@MapperScan(basePackages = "com.mr.mapper")
public class MyBatisDemoApplication {
    public static void main(String[] args) {
        SpringApplication.run(MyBatisDemoApplication.class, args);
    }
}
```

如果启动项目时，需要扫描多个包，可以将多个包的包名写成如下的数组形式：

```
@MapperScan(basePackages = { "com.mr.mapper1", "com.mr.mapper2", "com.mr.mapper3" })
```

15.4.2 实现数据库的基本事务

增、删、改、查是数据库中的 4 个基本事务。在映射器中，每一个事务都有对应的注解：增加数据使用@Insert 注解；删除数据使用@Delete 注解；修改数据使用@Update 注解；查询数据使用@Select 注解。这些注解都位于 org.apache.ibatis.annotations 包下，本小节将结合 People 数据实体对这 4 个注解的用法进行讲解。

People 数据实体包含编号、姓名、性别、年龄等 4 个字段。在 Sping Boot 项目中，People 数据实体以 People 实体类的方式进行封装，People 实体类的代码如下：

```
package com.mr.po;
public class People {
    private Integer id;        //编号
    private String name;       //姓名
    private String gender;     //性别
    private Integer age;       //年龄
    public People() {}
    public People(Integer id, String name, String gender, Integer age) {
        this.id = id;
        this.name = name;
        this.gender = gender;
        this.age = age;
    }
    public Integer getId() {return id;}
    public void setId(Integer id) {this.id = id;}
    public String getName() {return name;}
    public void setName(String name) {this.name = name;}
    public String getGender() {return gender;}
    public void setGender(String gender) {this.gender = gender;}
    public Integer getAge() {return age;}
    public void setAge(Integer age) {this.age = age;}
    public String toString() {
        return "People [id=" + id + ", name=" + name + ", gender=" + gender + ", age=" + age + "]";
    }
}
```

People 数据实体的数据被保存在 MySQL 数据库的 t_people 表中，t_people 表的结构如图 15.4 所示。

```
mysql> desc t_people;
+--------+-------------+------+-----+---------+----------------+
| Field  | Type        | Null | Key | Default | Extra          |
+--------+-------------+------+-----+---------+----------------+
| id     | int(11)     | NO   | PRI | NULL    | auto_increment |
| name   | varchar(20) | YES  |     | NULL    |                |
| gender | char(1)     | YES  |     | NULL    |                |
| age    | int(11)     | YES  |     | NULL    |                |
+--------+-------------+------+-----+---------+----------------+
```

图 15.4　t_people 表的结构

下面将分别介绍@Select 注解、@Insert 注解、@Update 注解和@Delete 注解的用法。

1．@Select 注解

@Select 注解用于执行 select 语句，并用于标注抽象方法。MyBatis 会自动实现被标注的抽象方法，并将 SQL 语句的查询结果封装到方法的返回值中。@Select 注解的示例如下：

```
@Select("select name from t_people where id = 3")
String getName();
```

@Select 注解中的 SQL 查询的结果如图 15.5 所示，MyBatis 会将查询到的"王五"作为抽象方法 getName()的返回值。

```
mysql> select name from t_people where id = 3;
+------+
| name |
+------+
| 王五 |
+------+
```

图 15.5　@Select 注解中的 SQL 查询的结果

如果 SQL 语句的查询结果包含多列数据，就需要将抽象方法 getName()的返回值写成对应的数据实体类。例如，SQL 语句的查询结果如图 15.6 所示。

```
mysql> select id, name, gender, age from t_people where name = '张三';
+----+------+--------+-----+
| id | name | gender | age |
+----+------+--------+-----+
|  1 | 张三 | 女     |  19 |
+----+------+--------+-----+
```

图 15.6　查询结果包含多列

t_people 对应的数据实体是 People 类，直接将 People 作为抽象方法的返回值类型，MyBatis 可以自动将查询到的结果按照字段名称赋值给实体类的相应属性。代码如下：

```
@Select({ "select id, name, gender, age from t_people where name = '张三'" })
People getZhangsan();
```

其他组件调用 getZhangsan()方法，可以得到 MyBatis 自动创建的"new People(1, "张三", "女", 19)"对象。为了简化上述代码，可以在 SQL 语句中使用"*"占位符。简化后的代码如下：

```
@Select({ "select * from t_people where name = '张三'" })
People getZhangsan();
```

如果 SQL 语句过长，那么可以把 SQL 语句拆分成字符串数组的形式，@Select 注解会自动拼接这些片段。把 SQL 语句拆分成字符串数组形式的示例如下：

```
@Select({ "select id, name, gender, age",
    "from t_people",
    "where name = '张三'" })
People getZhangsan();
```

如图 15.7 所示，如果 SQL 语句查询的结果是多行，MyBatis 就会把每一行数据都封装成一个实体类对象，并且这些对象需要放在容器中被返回。

因此，用于返回容器的抽象方法的类型可以是 List、Set 或数组。代码如下：

```
@Select("select * from t_people")
List<People> getPeopleList();

@Select("select * from t_people")
Set<People> getPeopleSet();

@Select("select * from t_people")
People[] getPeopleArray();
```

注意

映射器接口中最好不要定义重载方法，否则可能会在注册 Bean 时出现异常。

【例 15.1】读取 t_people 表中的数据并封装成实体类对象（实例位置：资源包\TM\sl\15\1）

在 MySQL 数据库中，t_people 表的原始数据如图 15.8 所示。使用 MyBatis 框架读取 t_people 表中的数据，并把读取的数据封装在实体对象中。

```
mysql> select * from t_people;
+----+------+--------+-----+
| id | name | gender | age |
+----+------+--------+-----+
|  1 | 张三 | 女     |  19 |
|  2 | 李四 | 女     |  19 |
|  3 | 王五 | 男     |  20 |
|  4 | 赵六 | 男     |  18 |
+----+------+--------+-----+
```

图 15.7　t_people 表中的全部数据

```
mysql> select * from t_people;
+----+------+--------+-----+
| id | name | gender | age |
+----+------+--------+-----+
|  1 | 张三 | 女     |  19 |
|  2 | 李四 | 女     |  19 |
|  3 | 王五 | 男     |  20 |
|  4 | 赵六 | 男     |  18 |
+----+------+--------+-----+
```

图 15.8　t_people 表的原始数据

在 application.properties 配置文件中设置数据库连接的 URL 以及账号和密码，在启动类中添加映射器扫描器，扫描 com.mr.mapper 包，启动类添加的注解如下：

```
@MapperScan(basePackages = "com.mr.mapper")
```

在 com.mr.mapper 包下创建 PeopleMapper 接口作为映射器。映射器提供了 4 个方法，第 1 个方法仅读取一行数据并将其封装成实体对象；后 3 种方法把所有数据都读取出来，并分别封装成 List、Set 和数组。PeopleMapper 接口的代码如下：

```
package com.mr.mapper;
import java.util.*;
import org.apache.ibatis.annotations.Select;
import com.mr.po.People;
public interface PeopleMapper {
```

```
@Select("select * from t_people where name = '张三'")
People getZhangsan();                                    //找到名字叫张三的人

@Select("select * from t_people")
List<People> getPeopleList();                            //将查询结果封装成 List

@Select("select * from t_people")
Set<People> getPeopleSet();                              //将查询结果封装成 Set

@Select("select * from t_people")
People[] getPeopleArray();                               //将查询结果封装成数组
}
```

在 src/test/java 包下的测试类中，注入 PeopleMapper 对象，调用该对象的方法查看执行结果。测试类代码如下：

```
package com.mr;
import org.junit.jupiter.api.Test;
import org.springframework.beans.factory.annotation.Autowired;
import org.springframework.boot.test.context.SpringBootTest;
import com.mr.mapper.PeopleMapper;
import com.mr.po.People;
@SpringBootTest
class SelectDemoApplicationTests {
    @Autowired
    PeopleMapper mapper;

    @Test
    void contextLoads() {
        System.out.println("***只查询一行数据***");
        System.out.println(mapper.getZhangsan());
        System.out.println("***封装成 List***");
        mapper.getPeopleList().stream().forEach(System.out::println);//使用 lambda 表示遍历打印
        System.out.println("***封装成 Set***");
        mapper.getPeopleSet().stream().forEach(System.out::println);
        System.out.println("***封装成数组***");
        for (People p : mapper.getPeopleArray()) {
            System.out.println(p);
        }
    }
}
```

运行测试类，即可看到在控制台上打印的日志内容：每一个 People 对象都包含具体的数据，这些数据与 t_people 表中的数据是一致的。

2．@Insert 注解、@Update 注解和@Delete 注解

这 3 个注解的用法与@Select 注解的用法类似。@Insert 注解用于执行 insert 语句，@Update 注解用于执行 update 语句，@Delete 注解用于执行 deletes 语句。除了所处理的事务不同，这 3 个注解与@Select 注解还有一个不同点：返回值的类型。被这 3 个注解标注的抽象方法的返回值的类型可以是 boolean 或者 void。当返回值的类型是 boolean 时，被这 3 个注解标注的抽象方法的返回值表示 SQL 语句是否执行成功，即数据表中的数据是否因此发生了变化。

下面通过一个实例演示@Insert 注解、@Update 注解和@Delete 注解的用法。

【例 15.2】在 t_people 表中添加新人员数据、修改新人员数据，再删除此新人员数据（**实例位置：资源包\TM\sl\15\2**）

MySQL 数据库中的 t_people 表的原始数据如图 15.9 所示。

```
mysql> select * from t_people;
+----+------+--------+-----+
| id | name | gender | age |
+----+------+--------+-----+
|  1 | 张三 | 女     |  19 |
|  2 | 李四 | 女     |  19 |
|  3 | 王五 | 男     |  20 |
|  4 | 赵六 | 男     |  18 |
+----+------+--------+-----+
```

图 15.9　t_people 表的原始数据

在 application.properties 文件中配置好数据库的连接信息，并在启动类中添加@MapperScan 注解。

在 com.mr.mapper 包下创建 PeopleMapper 映射器，在映射器中实现以下 3 个业务：

☑ 向 t_people 表添加一个新人员，该人员的数据如下：小丽，女，20。

☑ 将小丽的年龄修改为 19 岁。

☑ 删除小丽的所有数据。

用于实现上述 3 个业务的 PeopleMapper 映射器的代码如下：

```
package com.mr.mapper;
import org.apache.ibatis.annotations.Delete;
import org.apache.ibatis.annotations.Insert;
import org.apache.ibatis.annotations.Update;
public interface PeopleMapper {

    @Insert("insert into t_people(name,gender,age) values('小丽','女',20)")
    boolean addXiaoLi();

    @Update("update t_people set age = 19 where name = '小丽'")
    boolean updateXiaoLi();

    @Delete("delete from t_people where name = '小丽'")
    boolean delXiaoLi();
}
```

在 src/test/java 包下的测试类中，注入 PeopleMapper 映射器对象，调用映射器的 addXiaoLi()方法向 t_people 表中添加小丽的数据。测试类的代码如下：

```
@SpringBootTest
class InsertUpdateDelDemoApplicationTests {
    @Autowired
    PeopleMapper mapper;
    @Test
    void contextLoads() {
        boolean result = mapper.addXiaoLi();
        if (result) {
            System.out.println("数据库添加数据成功");
        } else {
            System.out.println("数据库添加数据失败");
        }
    }
}
```

运行测试类，如果控制台打印了“数据库添加数据成功”，那么 t_people 表中的数据如图 15.10 所示。t_people 表中新添加的第 5 人正是程序中添加的小丽。

修改测试类，调用映射器的 updateXiaoLi()方法修改小丽的年龄，修改后的代码如下：

```
@SpringBootTest
class InsertUpdateDelDemoApplicationTests {
    @Autowired
    PeopleMapper mapper;
    @Test
    void contextLoads() {
        boolean result = mapper.updateXiaoLi();
        if (result) {
            System.out.println("数据库修改数据成功");
        } else {
            System.out.println("数据库修改数据失败");
        }
    }
}
```

运行测试类，如果控制台打印了"数据库修改数据成功"，那么 t_people 表中的数据如图 15.11 所示。在 t_people 表中，小丽的年龄从 20 岁修改为 19 岁。

图 15.10　表中添加了新数据　　　　　图 15.11　表中的数据被修改

修改测试类，调用映射器的 delXiaoLi()方法将小丽的数据从表中删除，修改后的代码如下：

```
@SpringBootTest
class InsertUpdateDelDemoApplicationTests {
    @Autowired
    PeopleMapper mapper;

    @Test
    void contextLoads() {
        boolean result = mapper.delXiaoLi();
        if (result) {
            System.out.println("数据库删除数据成功");
        } else {
            System.out.println("数据库删除数据失败");
        }
    }
}
```

运行测试类，如果控制台打印了"数据库删除数据成功"，那么 t_people 表中就没有了小丽的数据。

15.5　SQL 语句构建器

在实际开发中，程序开发人员往往需要耗费大量时间去拼接动态 SQL 语句。为了提高开发效率，MyBatis 为程序开发人员提供了用于拼接动态 SQL 语句的构建器。下面将介绍 SQL 语句构建器的使用方法。

15.5.1 SQL 类

SQL 语句构建器的核心是 org.apache.ibatis.jdbc 包下的 SQL 类，该类继承自 AbstractSQL 抽象类。AbstractSQL 抽象类为子类提供了几乎涵盖所有 SQL 语句的构建方法。SQL 语句构建器的使用方法非常特殊：在创建 SQL 类的匿名对象时重写 SQL 类，在 SQL 类中添加一个非静态代码块，在代码块中调用拼接 SQL 语句所需的构建方法。这样，SQL 类的对象才能够自动将所有构建方法汇总并拼接成一个完整的 SQL 语句。

例如，程序需要使用下面这行 SQL 语句：

```
select id, name, gender, age from t_people where name = '张三'
```

使用 SQL 语句构建器拼接这条 SQL 语句的代码如下：

```
SQL builder = new SQL() {
    {
        SELECT("id, name, gender, age");
        FROM(" t_people");
        WHERE("name = '张三'");
    }
};
String sql = builder.toString();
```

在上述代码中，通过 SQL 类对象调用 toString()方法，即可获取拼接后的 SQL 语句：

```
SELECT id, name, gender, age
FROM   t_people
WHERE (name = '张三')
```

从这个示例可以看出，SQL 语句构建器把每一个 SQL 关键字都单独封装成一个方法。程序开发人员只需先调用这些与 SQL 关键字对应的方法，同时把在 SQL 语句中关键字后的内容作为方法的参数，而后 SQL 语句构建器自动完成 SQL 语句的拼接。

15.5.2 Provider 系列注解

MyBatis 的增、删、改、查这 4 个注解都有一个对应的 Provider 注解，其对应关系如下：
- ☑ @Insert 注解对应@InsertProvider 注解。
- ☑ @Select 注解对应@SelectProvider 注解。
- ☑ @Update 注解对应@UpdateProvider 注解。
- ☑ @Delete 注解对应@DeleteProvider 注解。

以@SelectProvider 注解为例，@Select 注解与@SelectProvider 注解都用于标注映射器的抽象方法。@Select 注解运行的 SQL 语句是由程序开发人员编写好的，而@SelectProvider 注解则告诉抽象方法需要从某个类的某个方法获取 SQL 语句。

@SelectProvider 注解有两个常用属性：value（或 type）用于指明 SQL 语句是由哪个类提供的；method 用于指明从这个类的哪个方法可获取 SQL 语句。

例如，创建一个 SQL 语句构建器的提供类 PeopleProvider，该类的 getAll()方法会提供用于获取

t_people 表中所有数据的 SQL 语句。PeopleProvider 的代码如下：

```java
package com.mr.mapper.provider;
import org.apache.ibatis.jdbc.SQL;
public class PeopleProvider {
    public String getAll() {
        return new SQL() {
            {
                SELECT("*");
                FROM("t_people");
            }
        }.toString();
    }
}
```

具备了 SQL 语句的提供方，映射器中就可以写成如下形式：

```java
public interface PeopleMapper {
    @SelectProvider(value = PeopleProvider.class, method = "getAll")
    List<People> getPeopleList();
}
```

通过上述代码，@SelectProvider 注解告诉抽象方法，调用 PeopleProvider 类的 getAll() 方法就能够获取要执行的 SQL 语句。

15.5.3 向 SQL 语句构建器传参

Provider 系列注解可以自动把抽象方法中的参数传递给 SQL 语句构建器的提供类中的方法。例如，在映射器定义一个添加人员的方法，代码如下：

```java
@InsertProvider(value = PeopleProvider.class, method = "addPeopleSQL")
boolean addPeople(People p);
```

这两行代码表示抽象方法 addPeople() 可以从 PeopleProvider 类的 addPeopleSQL() 方法获取 SQL 语句。在抽象方法 addPeople() 中，有一个 People 类型的参数，该参数就是待添加的人员数据，想要将这些数据传递给 addPeopleSQL() 方法，只需在 addPeopleSQL() 方法中定义一个相同类型的参数即可。这样，MyBatis 就可以自动完成参数的传递。PeopleProvider 的代码如下：

```java
public class PeopleProvider {
    public String addPeopleSQL(People p) {
        return new SQL() {
            {
                INSERT_INTO("t_people");
                VALUES("name", "'" + p.getName() + "'");
                VALUES("gender", "'" + p.getGender() + "'");
                VALUES("age", String.valueOf(p.getAge()));
            }
        }.toString();
    }
}
```

通过上述代码，SQL 语句构建器的提供类 PeopleProvider 就可以从传递的参数中取值，并拼接出不同的 SQL 语句，进而实现了拼接动态 SQL 语句的功能。映射器中抽象方法的参数与 SQL 语句构建器中方法的参数之间的关系如图 15.12 所示。

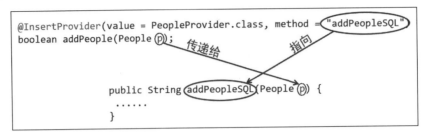

图 15.12　映射器中抽象方法的参数可直接传递给 SQL 语句构建器中的方法

【例 15.3】创建带参数的抽象方法，分别实现添加人员数据和查询指定姓氏的人员数据的功能（**实例位置：资源包\TM\sl\15\3**）

本实例仍然采用 t_people 表和 People 实体类，t_people 表中的原始数据如图 15.13 所示。

```
mysql> select * from t_people;
+----+------+--------+-----+
| id | name | gender | age |
+----+------+--------+-----+
|  1 | 张三 | 女     |  19 |
|  2 | 李四 | 女     |  19 |
|  3 | 王五 | 男     |  20 |
|  4 | 赵六 | 男     |  18 |
+----+------+--------+-----+
```

图 15.13　t_people 表中的原始数据

在 com.mr.mapper.provider 包下编写 SQL 语句构建器的提供类 PeopleProvider，该类提供两个构建 SQL 语句的方法，一个用于查询指定姓氏的人员数据，另一个用于添加人员数据。这两个方法都可以通过传入参数的方式拼接动态 SQL 语句。PeopleProvider 类的代码如下：

```
package com.mr.mapper.provider;
import org.apache.ibatis.jdbc.SQL;
import com.mr.po.People;

public class PeopleProvider {
    public String getPeopleBySurnameSQL(String surname) {
        return new SQL() {
            {
                SELECT("*");
                FROM("t_people");
                WHERE("name like '%" + surname + "%'");
            }
        }.toString();
    }

    public String addPeopleSQL(People p) {
        return new SQL() {
            {
                INSERT_INTO("t_people");
                VALUES("name", "'" + p.getName() + "'");
                VALUES("gender", "'" + p.getGender() + "'");
                VALUES("age", String.valueOf(p.getAge()));
            }
        }.toString();
    }
}
```

在映射器接口中定义两个方法，一个用于添加人员数据，另一个用于查询指定姓氏的人员数据。这两个方法都采用 PeopleProvider 类提供的 SQL 语句。映射器接口的代码如下：

```java
package com.mr.mapper;
import java.util.List;
import org.apache.ibatis.annotations.InsertProvider;
import org.apache.ibatis.annotations.SelectProvider;
import com.mr.mapper.provider.PeopleProvider;
import com.mr.po.People;

public interface PeopleMapper {
    @SelectProvider(value = PeopleProvider.class, method = "getPeopleBySurnameSQL")
    List<People> getPeopleBySurnameSQL(String surname);

    @InsertProvider(value = PeopleProvider.class, method = "addPeopleSQL")
    boolean addPeople(People p);
}
```

在 src/test/java 包下的测试类中，注入 PeopleMapper 映射器对象，先调用映射器的 addPeople()方法将"张三丰，男，100 岁"的数据插入表中，再查询一下所有姓张的人。测试类代码如下：

```java
@SpringBootTest
class ProviderDemoApplicationTests {
    @Autowired
    PeopleMapper mapper;

    @Test
    void contextLoads() {
        mapper.addPeople(new People(null, "张三丰", "男", 100));
        mapper.getPeopleBySurnameSQL("张").stream().forEach(System.out::println);
    }
}
```

运行测试类，即可看到在控制台上打印的日志内容。在 t_people 表中，可查询到两个姓张的人员。第一个"张三"是 t_people 表中的原始数据，第二个"张三丰"则是新添加到 t_people 表中的数据。

15.6 在 SQL 语句中添加占位符

虽然 MyBatis 提供的 SQL 语句构建器可以实现拼接动态 SQL 语句的功能，但用起来还是略显麻烦。为此，MyBatis 还提供了一种非常简洁的用于拼接动态 SQL 语句的方案，即在 SQL 语句中添加占位符。

MyBatis 提供了两种占位符，分别是#{}和${}。#{}是参数占位符，可以根据参数类型自动解析、加工参数。如图 15.14 所示，参数 name 的类型是字符串类型；#{}在读取 name 参数的文本后，会自动在 SQL 语句中为这段文本的前后添加两个单引号。

```
@Select({ "select * from t_people where name = #{name}" })
People getPeopleByName(String name);
```

图 15.14 映射器可以把方法中参数的值传递给 SQL 语句

如图 15.15 所示，如果参数是数据实体类类型，那么#{}可以直接通过数据实体类的属性名获取其属性值。实际上 MyBatis 通过调用某个属性的 Getter 方法获取这个属性的属性值，如果数据实体类没有为某个属性提供 Getter 方法，那么#{}会引起异常。

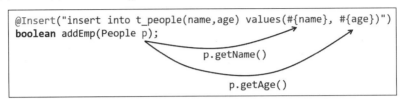

图 15.15　映射器可以通过数据实体类的属性名获取其属性值

如图 15.16 所示，如果参数的类型是 Map 类型，那么#{}可以直接读取 Map 中指定键的值。在实际开发中，不推荐把 Map 类型作为参数，因为无法保证 Map 中一定存在#{}所读取的键。

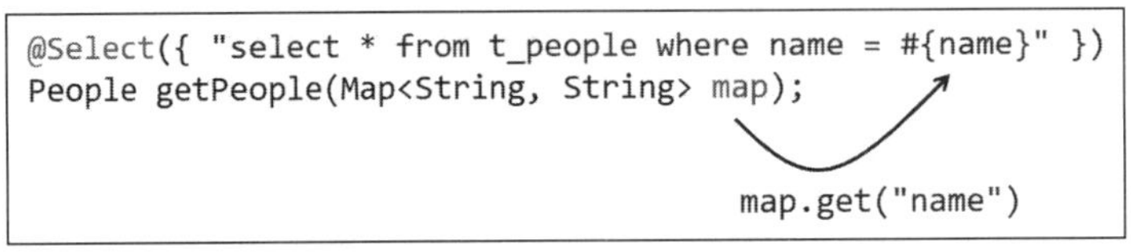

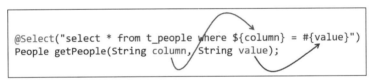

图 15.16　映射器可以读取 Map 中指定键的值

${}是字符串替换符。使用${}可以直接替换掉相应位置的文本，且不会为文本前后加单引号。在实际开发中，${}经常用于替代 SQL 语句中的表名、字段名等。如图 15.17 所示，${}表示字段名，#{}表示这个字段的值。

```
@Select("select * from t_people where ${column} = #{value}")
People getPeople(String column, String value);
```

图 15.17　${}表示字段名，#{}表示这个字段的值

如果其他组件调用此方法时输入的参数如下：

`mapper.getPeople("name", "张三");`

MyBatis 就会自动拼接如下的 SQL 语句：

`select * from t_people where name = '张三'`

使用占位符可能会遇到"参数冲突"的情况。如图 15.18 所示，#{name}既可以表示参数 name 的值，也可以表示 People 类的属性 name 的值。

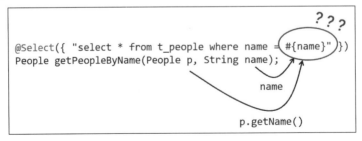

图 15.18　#{}占位符表示的是参数 name 还是 People 类的属性 name

说明

面对图 15.18 这种情况，MyBatis 默认采用参数 name 的值。

为了避免出现"参数冲突"的情况，MyBatis 提供了用于给参数起别名的@Param 注解。如果想在 SQL 语句中调用 People 类的属性 name，可以采用如下的编码形式：

```
@Select({ "select * from t_people where name = #{p.name}" })
People getPeople(@Param("p") People people, String name);
```

在上述代码中，@Param("p")注解标注了参数 people，表示参数 people 可以在 SQL 语句中用"p"替代。因为参数 people 的类型是实体类，所以可以使用#{p.name}的形式获取 People 类的属性 name 的值。

【例 15.4】创建人员信息的增、删、改、查映射器的开放式接口（**实例位置：资源包\TM\sl\15\4**）

所谓开放式接口，就是任何组件都可以调用的接口，并且可以对数据表中的任意数据进行增、删、改、查操作，但要保证 Mapper 中执行的都是动态 SQL 语句。

本实例仍然采用原始的 t_people 表和 People 实体类。PeopleMapper 映射器接口提供对人员数据进行增、删、改、查 4 种操作，每一种操作都需要输入被操作人员的具体信息。PeopleMapper 的代码如下：

```
public interface PeopleMapper {
    @Select("select * from t_people where ${field} = #{value}")
    List<People> selectPeople(String field, String value);

    @Insert("insert into t_people(name,gender,age) values(#{p.name}, #{p.gender}, #{p.age})")
    boolean addPeople(@Param("p") People people);

    @Update({ "update t_people",
            "set id = #{p.id}",
            ", name = #{p.name}",
            ", gender = #{p.gender}",
            ", age = #{p.age}",
            "where id = #{id}" })
    boolean updatePeople(Integer id, @Param("p") People newOne);

    @Delete("delete from t_people where id = #{id}")
    boolean deletePeople(Integer id);
}
```

具备了上述的增、删、改、查这 4 种方法后，在 src/test/java 包下的测试类中分 3 步调用上述的 4 个方法。

第一步仅调用 addPeople()方法向数据表中添加一个新的人员信息；第二步先调用 selectPeople()方法查询新人员的 id，再修改此人的属性，而后通过 updatePeople()方法将此人最新的数据更新到数据表中；第三步删除此人所有数据。测试类的代码如下：

```
@SpringBootTest
class ParamDemoApplicationTests {
    @Autowired
    PeopleMapper mapper;

    @Test
```

```
    void contextLoads() {
        //(1) 创建新人员，id 由数据库自动生成
        mapper.addPeople(new People(null, "孙悟空", "男", 500));

        //(2) 搜索刚才创建的人员，取出结果集中第一个结果
        People wukong = mapper.selectPeople("name", "孙悟空").get(0);
        //(2) 记录数据库为其分配的 id
        Integer id = wukong.getId();
        //(2) 修改属性值
        wukong.setAge(1000);
        //(2) 更新数据库中此人的所有属性值
        mapper.updatePeople(id, wukong);

        //(3) 删除此人
        mapper.deletePeople(id);
    }
}
```

读者可以采用逐步注释的方式让这些代码一步一步运行。执行前，t_people 表中的原始数据如图 15.19 所示。在测试类执行第一步的代码后，t_people 表中数据如图 15.20 所示。注释掉第一步的代码，在执行第二步的代码后，t_people 表中的数据如图 15.21 所示。

mysql> select * from t_people;

id	name	gender	age
1	张三	女	19
2	李四	女	19
3	王五	男	20
4	赵六	男	18

图 15.19　t_people 表中的原始数据

mysql> select * from t_people;

id	name	gender	age
1	张三	女	19
2	李四	女	19
3	王五	男	20
4	赵六	男	18
5	孙悟空	男	500

图 15.20　添加新人员后的表中数据

mysql> select * from t_people;

id	name	gender	age
1	张三	女	19
2	李四	女	19
3	王五	男	20
4	赵六	男	18
5	孙悟空	男	1000

图 15.21　修改人员属性后的表中数据

15.7　结果映射

虽然 MyBatis 可以自动为名称相同的类属性和表字段建立映射关系，但真实项目中并不会出现这么理想的场景。如图 15.22 所示，实体类中的性别属性为 sex，数据表中的性别字段为 gender。虽然二者都表示性别，逻辑上没问题，但是 MyBatis 无法自动为它们建立映射关系。因此，MyBatis 为程序开发人员提供了手动建立映射关系的方法。

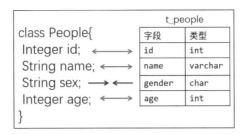

图 15.22　MyBatis 无法自动为 sex 和 gender 建立映射关系

手动建立映射关系需要使用到 3 个注解，分别是@Results、@Result 和@ResultMap。

@Results 注解用于标注映射器的抽象方法，与增、删、改、查 4 个注解的位置相同。@Results 注解表示手动为被标注的抽象方法建立映射关系，该映射关系会影响 MyBatis 自动封装的结果。@Results 注解的语法如下：

```
@Results(id = "映射关系名称", value ={ 各字段映射关系 })
```

在上述代码中，属性 id 可以省略，属性 value 需要配合@Result 注解一起使用。

@Result 注解用于指定实体类中的哪个属性与数据表中的哪个字段建立映射关系，其语法如下：

```
@Result(property = "实体类的属性名", column = "数据表中的字段名")
```

把@Results 和@Result 这两个注解结合在一起，手动为 People 类的属性 sex 与 t_people 表的字段 gender 建立映射关系的代码如下：

```
@Select("select * from t_people ")
@Results(@Result(property = "sex", column = "gender"))
List<People> getAllPeople();
```

在上述代码中，因为属性 value 的值的类型是 Result[]类型，所以以下几种写法均有效：

```
@Results(value=@Result(property = "sex", column = "gender"))
@Results({@Result(property = "sex", column = "gender")})
@Results(value = @Result(property = "sex", column = "gender"))
@Results(value = { @Result(property = "sex", column = "gender") })
```

如果手动为 People 类的每一个属性与 t_people 表的每一个字段都建立映射关系，代码如下：

```
@Select("select * from t_people ")
@Results(value = { @Result(property = "id", column = "id"),
        @Result(property = "name", column = "name"),
        @Result(property = "sex", column = "gender"),
        @Result(property = "age", column = "age") })
List<People> getAllPeople();
```

如果映射器有多个抽象方法，那么如何能够让这些方法采用同一套映射关系呢？只需在一个@Results 注解设置完映射关系后，给@Results 注解赋予 id 值，其他抽象方法通过@ResultMap 注解调用此 id 值，就能够共用同一套映射关系。例如，用于查询全部数据的方法在设置好映射关系后，其他查询方法共用此映射关系，代码如下：

```
@Select("select * from t_people ")
@Results(id = "sex2gender", value = @Result(property = "sex", column = "gender"))
List<People> getAllPeople();
```

```
@Select("select * from t_people where name = #{name}")
@ResultMap("sex2gender")
People getPeopleByName(String name);
```

15.8 级联映射

级联映射是每一个持久层框架都无法逃避的难点，它表示不同数据实体之间的关联关系。例如人和身份证是两种独立的数据实体，因为一个人只能拥有一个身份证号，所以人与身份证是"一对一"的关系。手机卡也是一个单独的数据实体，但一个人可以同时拥有多张手机卡，所以人与手机卡是"一对多"的关系。

需要特别注意的是，数据表和实体类在级联关系的体现方式上是不一样的。以"一对一"关系为例，数据表通常使用主键创建级联关系。如图 15.23 所示，table_b 表把 table_a 表的主键作为一个字段，这表示 table_b 表的每行数据都会与 table_a 表中的一行数据有关系。实体类之间创建级联关系的方式更简单，直接把对方当作自己的成员属性即可。如图 15.24 所示，如果 B 类包含 A 类的数据，就在 B 类中直接创建一个 A 类型的属性。

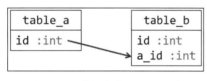

图 15.23 数据表的一对一关系

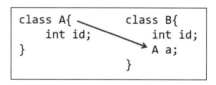

图 15.24 实例类的一对一关系

MyBatis 提供两个注解用来配置映射关系：@One 注解用于配置"一对一"关系，@Many 注解用于配置"一对多"关系。本节将分别介绍这两个注解的用法。

说明

除了以上两种关系，还存在一种"多对多"关系，通常会采用"双向一对多"的方式去替代"多对多"关系。

15.8.1 一对一

@One 注解需要在@Result 注解内部使用，可以指定实体类之间的"一对一"关系。例如，B 类中包含一个 A 类属性，在数据库中则是以 table_b 表中引用 table_a 表主键的形式体现，因此在创建 B 类对象时，需要先根据 table_a 表的主键创建一个 A 类的对象，再将此 A 类对象赋值给 B 对象的 a 属性。也就是说，设置 A 类与 B 类一对一关系需要执行如下两步操作。

1．创建根据 table_a 表的主键获取 A 类对象的方法

作为半自动化持久层框架，A 类对象的数据不会自动从数据库中被读取出来，需要单独为其编写查询方法。在做"一对一"映射时，数据表使用了哪个字段，查询的参数就设为哪个字段。例如，两表通过主键 id 建立关系，那么就创建通过 id 查询 A 对象的方法，代码如下：

```
@Select("select * from table_a where id = #{id}")
A selectAById(Integer id);
```

2. 创建查询 B 类对象方法，引用查询 A 类对象的方法

在创建查询 B 类数据方法时，需手动建立实体类与表之间的映射关系。@Result 注解的属性 one 可以为某个属性建立"一对一"的映射关系，属性 one 的值类型正是@One 注解。@One 注解可以指定"一对一"属性的数据来源，其语法如下：

```
@One(select = "包名.接口名.方法名")
```

@One 注解所引用的方法正是第一步创建的方法。如果引用的方法与本方法在同一个接口中，则可以省略"包名.接口名"前缀。

为 B 类与 A 类创建"一对多"关系的完整代码如下：

```
@Select("select id, a_id from table_b")
@Results(@Result(property = "a", column = "a_id", one = @One(select = "selectAById")))
List<B> selectAllB();
```

@Result 注解中"property = "a", column = "a_id""表示 B 类中名字为"a"的属性（即对应的 A 类）与表中名字为"a_id"的字段互相映射。但一个类无法只与一个字段互相映射，所以后面又设置了"one = @One(select = "selectAById")"，表示将"a_id"字段的值交给（同一接口中）名为"selectAById"的方法作为参数，并将该方法的返回值赋值给 a 属性，这样 a 属性就得到了一个包含完整数据的 A 对象。

查询 B 实体类数据实际上执行了两个 SQL 语句，这个过程如图 15.25 所示。

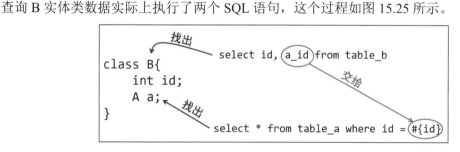

图 15.25　通过两个 SQL 语句查询 B 实体类数据的示意图

15.8.2　一对多

@Many 注解同样需要在@Result 注解内部使用，并且要在"一对多"中"一"的这一方定义。

"一对多"在数据表和实体类中的表现方式与"一对一"有很大差别。在数据库中，映射关系在"多"的一方体现，如图 15.26 所示，在 table_a 中添加 table_b 表的主键字段，这样 table_a 表中每一条数据都对应一条 table_b 表的数据。如果 table_a 表中有多行数据引用了同一个 table_b 主键，两表之间就产生了一对多关系。

与数据表的规则正好相反，在实体类中映射关系要在"一"的一方体现。例如图 15.27 所示，如果一个 B 对象可以对应多个 A 对象，那直接在 B 类中定义一个集合，将其对应的所有 A 对象都放在这个集合中即可。

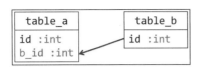
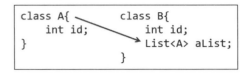

图 15.26　表数据的一对多关系　　　　图 15.27　实例类的一对多关系

MyBatis 设置"一对多"关系要比设置"一对一"关系抽象了许多，但设置仍然是两步操作。

1. 创建根据 table_b 表主键获取 A 类对象的方法

因为 table_a 表包含 table_b 表的 id，所以可以通过 B 对象的 id 来查询该 B 对象对应了哪些 A 对象，查询方法代码应如下：

```
@Select("select * from table_a where b_id = #{BId}")
List<A> selectAByBId(Integer BId);
```

2. 创建查询 B 类对象方法，引用查询 A 类对象的方法

@Result 注解有 one 属性指定"一对一"关系，同样也有 many 属性可以指定"一对多"关系。many 属性的值类型正是@Many 注解，@Many 注解的语法与@One 相同，其语法如下：

```
@Many(select = "包名.接口名.方法名")
```

同样，如果引用的方法与本方法在同一个接口中，则可以省略"包名.接口名"前缀。

为 B 类与 A 类创建"一对多"关系的完整代码如下：

```
@Select("select * from table_b")
@Results({
        @Result(property = "id", column = "id"),
        @Result(property = "aList", column = "id", many = @Many(select = "selectAByBId"))
})
List<B> selectAllB();
```

@Result 注解中"property = "aList", column = "id""表示 B 类中名字为"aList"的属性与表中名字为"id"的字段互相映射，并且将 id 字段的值交给（同一接口中）名为"selectAByBId"的方法作为参数，并将该方法的返回值赋值给 aList 集合，这样 aList 属性就得到了一个包含完整数据的 A 对象集合。

上面这段代码中，不仅为 aList 属性设置了映射关系，还特意为 id 属性也设置了映射关系。从代码里可以看出原因：两个@Result 设置中都写了"column = "id""，第一个是告诉 MyBatis 要把查出的 id 值赋给 B 的 id 属性，第二个是告诉 MyBatis 要把查出的 id 值交给 selectAByBId 方法当参数。如果缺少了第一个 id 的设置，MyBatis 可能会混淆 id 的用途。所以程序开发人员在设置"一对多"关系时应同时设置好主键的映射关系。

查询 B 实体类数据实际上也执行了两个 SQL 语句，这个过程如图 15.28 所示。

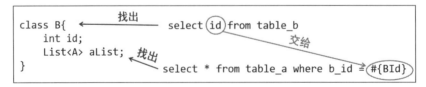

图 15.28　通过两个 SQL 语句查询 B 实体类数据的示意图

【例 15.5】构建老师与学生的一对多关系（实例位置：资源包\TM\sl\15\5）

针对一门课程来说，课堂里所有学生都听一位老师讲课，老师与学生就构成了"一对多"的关系。现在数据库中有如图 15.29 所示的老师表和如图 15.30 所示的学生表，学生表中的 teacher_id 字段为该学生的任课老师编号。多个学生的任课老师可以是同一个人。

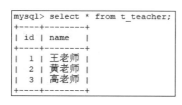

图 15.29　教师表中的数据　　　　　图 15.30　学生表中的数据

为了增加项目场景的复杂度，设计老师和学生的实体类时，不仅要体现出"一个老师教多个学生"，还要体现出"一个学生听一个老师的课"。按照这种需求设计的学生实体类如下：

```
public class Student {
    private Integer id;                    //编号
    private String name;                   //姓名
    private String gender;                 //性别
    private Teacher teacher;               //任课老师

    //此处省略完整的构造方法、Getter/Setter 方法，以及 toString()方法
}
```

老师实体类如下：

```
public class Teacher {
    private Integer id;                    //编号
    private String name;                   //姓名
    private Set<Student> students;         //所教的学生

    //此处省略完整的构造方法、Getter/Setter 方法，以及 toString()方法
}
```

学生类用一个老师属性保存自己的任课老师，老师类用一个集合保存自己所教的学生，这样双方都建立了级联关系，下面编写映射器以实现此关系。

给学生类中老师对象赋值需使用@One 注解建立简单的"一对一"关系，给老师类的中的学生集合赋值需使用@Many 注解建立"一对多"关系。因为每个关系都需要两个 SQL 语句才能实现，所以映射器中需要创建 4 个方法，分别是"根据 id 查老师""根据老师 id 查学生""查询所有老师"和"查询所有学生"，前两个方法用于为后两个方法提供映射关系数据。

根据以上设定，ClassMapper 映射器接口代码如下：

```
package com.mr.mapper;
import java.util.List;
import org.apache.ibatis.annotations.*;
import com.mr.po.*;

public interface ClassMapper {
```

```
    @Select("select * from t_teacher where id = #{id}")
    Teacher getTeacherById(Integer id);

    @Select("select * from t_student where teacher_id = #{teacherID}")
    Student getStudentByTeacherId(Integer teacherID);

    @Select("select * from t_teacher")
    @Results({ @Result(property = "id", column = "id"),
            @Result(property = "students",
                    column = "id",
                    many = @Many(select = "getStudentByTeacherId"))
    })
    List<Teacher> getAllTeacher();

    @Select("select * from t_student")
    @Results({ @Result(property = "id", column = "id"),
            @Result(property = "teacher",
                    column = "teacher_id",
                    one = @One(select = "getTeacherById"))
    })
    List<Student> getAllStu();
}
```

为了方便查看结果，本项目使用网页展示查询的结果，所以创建控制器 ClassController 类，在 ClassController 类中注入 ClassMapper 对象。当用户访问"/teacher"地址时，调用映射器的 getAllTeacher() 方法取出所有老师对象，并交给 teacher.html 页面展示；当用户访问"/student"地址，就调用映射器的 getAllStu()方法取出所有学生对象，交给 student.html 页面展示。

ClassController 类的代码如下：

```
@Controller
public class ClassController {
    @Autowired
    ClassMapper mapper;

    @RequestMapping("/teacher")
    String teacher(Model model) {
        List<Teacher> teachers = mapper.getAllTeacher();
        model.addAttribute("teachers", teachers);
        return "teacher";
    }

    @RequestMapping("/student")
    String student(Model model) {
        List<Student> students = mapper.getAllStu();
        model.addAttribute("students", students);
        return "student";
    }
}
```

teacher.html 是展示所有老师对象的页面，该页面采用 Thymeleaf 模板引擎，遍历后端传来的教师对象集合，打印每一位老师的名字，再取出老师对象中的学生对象集合，遍历并打印每一个学生的名字，这样就可以在页面中展示每一位老师各自教了哪些学生。teacher.html 页面的代码如下：

```
<!DOCTYPE html>
<html xmlns:th="http://www.thymeleaf.org">
```

```
<head>
<meta charset="UTF-8">
</head>
<body>
    <div th:each="teacher:${teachers}">
        <p th:text="${teacher.name} + '负责的学生名单:'"></p>
        <div th:each="stu:${teacher.students}">
            <p th:text="${stu.name}"></p>
        </div>
    </div>
</body>
</html>
```

student.html 是展示所有学生对象的页面，其逻辑与 teacher.html 页面类似，遍历后端传来的学生对象集合后，打印每一个学生的名字，再取出学生对象中的任课老师对象，将任课老师的名字也打印出来，这样就可以在页面中展示每一位学生及其任课老师的信息了。student.html 页面的代码如下：

```
<!DOCTYPE html>
<html xmlns:th="http://www.thymeleaf.org">
<head>
<meta charset="UTF-8">
</head>
<body>
    <div th:each="student:${students}">
        <p th:text="${student.name} + '的任课老师是：' + ${student.teacher.name}"></p>
    </div>
</body>
</html>
```

启动项目，打开浏览器访问 http://127.0.0.1:8080/teacher 地址，可以看到如图 15.31 所示页面，其中列出了每一个老师所教学生的名单。

访问 http://127.0.0.1:8080/student 地址可以看到如图 15.32 所示页面，其中显示自了每一个学生的任课教师名字。

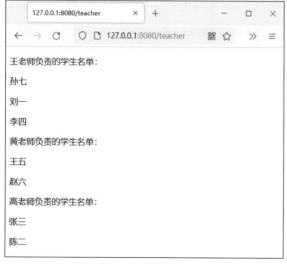

图 15.31 查询所有老师对象的页面

图 15.32 查询所有学生对象的页面

15.9　实践与练习

（答案位置：资源包\TM\sl\15\实践与练习）

综合练习：创建图书馆借书单实体对象，将三表联查结果封装到借书单对象中

请读者按照如下的思路和步骤编写程序。

（1）数据库中用 3 张表来描述完整的图书借还信息，这 3 张表分别是 t_reader（借阅人）表、t_book（图书）表和 t_borrow（借阅单）表，其中 t_borrow 表中保存借阅人的 id 和图书的 id。按照图 15.33 的字段创建这 3 张数据表。

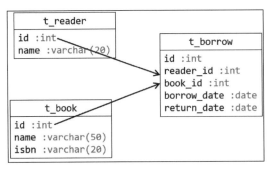

图 15.33　3 张表的对应关系

（2）在 com.mr.po 包下创建与借书单对应的数据实体类 BorrowList，如果 BorrowList 类中的属性不与 t_borrow 表中的字段完全一致，就需要手动为二者创建映射关系。

（3）创建 LibraryMapper 映射器接口，接口中仅提供两个方法：查询所有人的借阅单和查询指定借阅人姓名的借阅单。查询所使用的 SQL 语句是一个 3 表联查的复杂语句，表的别名会干扰 MyBatis 的自动识别功能，因此需要为每一个结果字段起一个别名。把 BorrowList 类的每一个属性与查询结果中的每一个字段别名建立映射关系，其他方法也采用此映射关系。

（4）在 src/test/java 包下的测试类中，注入 LibraryMapper 映射器对象，调用映射器的 getBorrowListByName()方法查询名为"张三"的借阅人的所有借阅记录，将所有借阅记录打印在控制台上。

第 16 章 Redis

在实际开发中,客户端在频繁获取相同的数据时,需要向服务器发送一次又一次的请求,而服务器每一次都要去数据库中查找数据,这会耗费大量的时间,既降低了客户端的访问速度,又降低了服务器的响应速度。那么,如何解决这个问题呢?因为缓存的运行速度要比内存或者硬盘的运行速度快得多,所以如果把客户端频繁获取的相同数据存放在缓存中,就相当于把这些数据存放在距离客户端最近的地方,这样不仅能提高客户端的访问速度,也能提高服务器的响应速度。本章将介绍被称作"缓存"的 Redis,并介绍如何在 Spring Boot 中整合 Redis。

本章的知识架构及重难点如下。

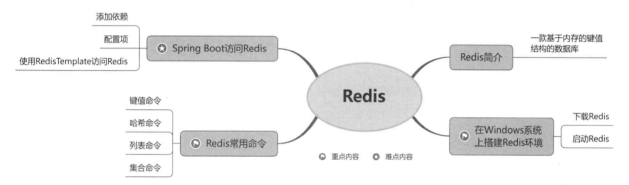

16.1 Redis 简介

Redis 是一款基于内存的 Key-Value 结构的数据库,再加上其底层采用单线程、多路 I/O 复用模型,使得 Redis 的运行速度非常快,可以很好地完成高并发、大数据的吞吐任务。

Redis 像一个超大的 Map 键值对,需要通过键查找数据。Redis 支持多种数据类型,其中包括 string 字符串类型、hash 哈希类型、list 列表类型、set 集合类型和 zset 有序集合类型。

Redis 明明是数据库,为什么很多程序开发人员喜欢把 Redis 称作"缓存"呢?想要弄明白这个问题,要先了解缓存是什么。

缓存的英文为 cache,原本是指集成电路上的高速存储器。CPU 在做计算时会频繁读写数据。如果 CPU 直接在内存里频繁读写,那么效率是很低的;如果 CPU 在缓存中频繁读写,效率就会得到极大的提升。如图 16.1 所示,CPU 在处理一条数据时,数据会先从内存移动到缓存中,在缓存中被处理后,再回到内存中。缓存是快车道,内存是慢车道,数据只在慢车道跑了两次,大部分时间都在快车道奔驰,这样就极大地节省了时间。这就是缓存在硬件中作用。

图 16.1　数据的移动过程

随着互联网的发展，网络越来越发达，很多日常事务都转移到了线上，这就出现了当今互联网行业最棘手的问题——高并发与大数据。例如，某抢购网站发生如图 16.2 所示的场景，同一时刻有几千甚至几万人查询数据库中的同一张表，这样数据库会承受极大的压力。

如图 16.3 所示，如果为网站提供一个类似 CPU 缓存的东西，让 CPU 缓存去回应海量的访问请求，就能够缓解数据库的压力。

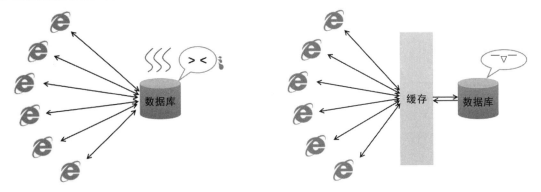

图 16.2　多个请求同时查询数据库，数据库压力过大　　图 16.3　由缓存提供静态数据，降低了数据库压力

当下首选的类似 CPU 缓存的软件正是 Redis。Redis 非常善于快速查询，不仅能够有效地降低服务器硬盘的读写压力，而且能够轻松地处理高并发请求。这让很多程序开发人员习惯性地把 Redis 与缓存划上了等号。

16.2　在 Windows 系统上搭建 Redis 环境

Redis 是一款支持多平台、多语言的数据库软件。为了方便读者学习，本节将介绍如何在 Windows 系统上搭建 Redis 环境。

16.2.1　下载 Redis

因为 Redis 官网只提供了 Linux 系统的安装包，所以适用于 Windows 系统的 Redis 安装包需要到 GitHub 下载。

打开浏览器，访问 https://github.com/MicrosoftArchive/redis/releases 地址，即可看到如图 16.4 所示的页面，该页面展示了当前 Redis 可下载的版本。本书采用的是 3.2.100 版本，读者单击页面上的 3.2.100 超链接即可进入下载页面。

第 16 章　Redis

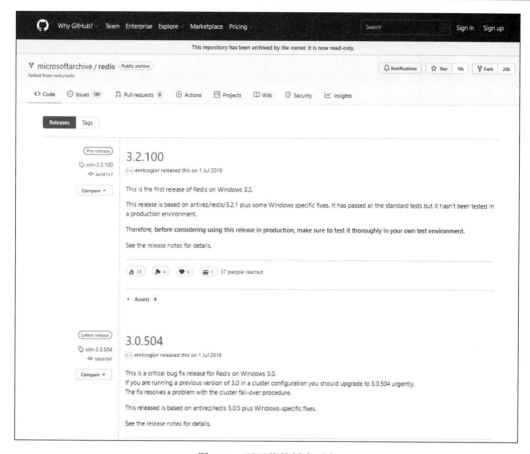

图 16.4　可下载的版本列表

在如图 16.5 所示的下载页面的下方可以找到不同格式的安装包。本书采用的是 zip 压缩包。下载此 zip 压缩包，将其解压到本地硬盘中即完成了下载与安装操作。

图 16.5　zip 压缩包下载位置

> **说明**
> 如果读者未能成功跳转至此页面，可以尝试直接访问如下的页面地址：
> https://github.com/microsoftarchive/redis/releases/tag/win-3.2.100

16.2.2 启动 Redis

将 zip 压缩包解压到本地硬盘，进入名为 Redis-x64-3.2.100 的文件夹，即可看到如图 16.6 所示的文件结构。其中最关键的两个文件是 redis-server.exe（启动服务）文件和 redis-cli.exe（启动命令行）文件。

图 16.6　Redis 根目录中默认文件

双击 redis-server.exe 文件，启动 Redis 服务，即可看到如图 16.7 所示的对话框。该对话框中显示了 Redis 的版本号、Redis 服务使用的端口号（Port）和进程号（PID）。如果此对话框被关闭，那么 Redis 服务也会被关闭。因此，在学习、开发、测试过程中，应确保此对话框处于运行状态。

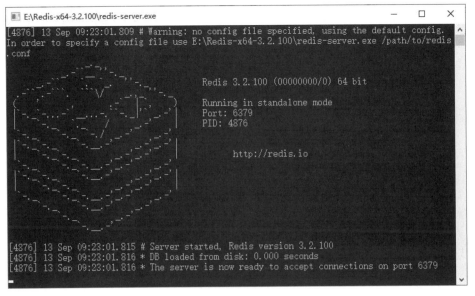

图 16.7　启动 Redis 服务后显示的对话框

双击 redis-cli.exe 文件,打开如图 16.8 所示的 Redis 自带的命令行对话框。此对话框会自动连接本地的 Redis 服务。用户可以在此对话框中执行 Redis 命令,并查看执行命令后的结果。

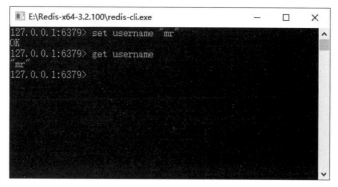

图 16.8　客户端命令行对话框

 说明

注意两个文件的启动顺序,先双击 redis-server.exe 启动服务,再双击 redis-cli.exe 输入命令。

16.3　Redis 常用命令

Redis 虽然不使用 SQL 语句访问数据,但提供了大量用于访问数据的命令,这些命令不区分大小写。下面将介绍一些 Redis 常用命令。

16.3.1　键值命令

因为 Redis 是一款 Key-Value 结构的数据库,所以键值命令是 Redis 最基础、最常用的命令。如图 16.9 所示,在 Key-Value 结构中,key 为键,value 为值;key 不能重复且一个 key 对应一个 value,value 的值可以重复。

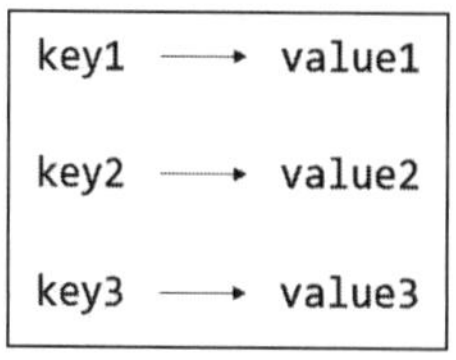

关于 key 的设计应符合如下要求:

- ☑ 在 key 中,可以使用":"(英文冒号)和"."(英文点)作为分隔符,不能使用具有转义含义的特殊字符,例如空格、下画线、换行符、单引号等。
- ☑ key 应体现 value 所表达的业务,但不要太长,否则会影响 Redis 效率。
- ☑ key 区分大小写。

图 16.9　Key-Value 结构

本书在列举示例时可能会使用简化格式的 key,例如"name""age"等。如果在具体项目中使用 Redis,推荐大家采用如下格式设计 key:

表名:主键名:主键值:字段名

上述在具体项目中推荐使用的格式比较符合数据实体类与数据库之间的映射关系。例如,读取编号为 1000 的人员名称，那么按照推荐使用的格式，key 的设计如下：

```
user:id:1000:name
```

下面介绍一些常用的键值命令，这些命令中的 key 是简化格式的 key。

1．赋值、取值操作

（1）Redis 的赋值、取值命令就像 JavaBean 的 Getter/Setter 方法，赋值命令如下：

```
set [key] [value]
```

该命令会将 key 的值设置为 value。如果 key 不存在，就会新增。如果 key 存在且有值，则会覆盖原值。赋值成功后会返回 OK。

（2）Redis 的取值命令如下：

```
get [key]
```

该命令会返回与 key 对应的值。如果 key 不存在，则返回表示空值的 nil。

打开 Redis 命令行对话框，通过赋值命令添加用户名称和用户编号，再通过取值命令读取已添加的用户名称和用户编号。执行效果如下：

```
127.0.0.1:6379> set user:name mr
OK
127.0.0.1:6379> get user:name
"mr"
127.0.0.1:6379> set user:id 1100
OK
127.0.0.1:6379> get user:id
"1100"
```

2．库操作

（1）Redis 自带 16 个库，默认使用的是 0 号库。选择其他库的命令如下：

```
select [index]
```

在上述语法中，index 表示库编号。当进入非 0 号库时，可以在端口号右侧看到当前的库编号，例如：

```
127.0.0.1:6379> select 6
OK
127.0.0.1:6379[6]>
```

在上述代码中，第 3 行端口号后的"[6]"表示已选择了 6 号库。0 号库不显示库编号。

（2）如果想要把 0 号库中的某个 key 转移至 1 号库，可以使用如下的 move 命令：

```
move [key] [index]
```

- ☑ key：当前库中的键。
- ☑ index：目标库的库编号。

key 被转移后，会在当前库中消失。如果在当前库中没有这个 key，则不会执行转移操作。该命令返回整数 1 则表示操作成功，返回 0 则表示操作失败。

例如，将 0 号库的键"name"转移至 1 号库，命令如下：

```
127.0.0.1:6379> set user:name "zhangsan"
OK
127.0.0.1:6379> move user:name 1
(integer) 1
127.0.0.1:6379> select 1
OK
127.0.0.1:6379[1]> get user:name
"zhangsan"
```

（3）Redis 用于清空库的命令如下：

```
flushdb
```

须谨慎执行用于清空库的命令，这是因为执行这个命令后会清空当前库中的所有 key。

3．其他赋值、取值操作

（1）查看所在库的所有 key，命令如下：

```
keys *
```

上述命令的执行效果如下：

```
127.0.0.1:6379> keys *
1) "user:id"
2) "user:contact:email"
3) "user:age"
4) "user:name"
```

（2）在当前库中随机获取一个 key，命令如下：

```
randomkey
```

上述命令的执行效果如下：

```
127.0.0.1:6379> randomkey
"user:name"
```

（3）判断当前库中是否有某个 key，命令如下：

```
exists [key]
```

如果库中有此 key，则返回整数 1，否则返回整数 0。上述命令的执行效果如下：

```
127.0.0.1:6379> exists user:name
(integer) 1
127.0.0.1:6379> exists user:password
(integer) 0
```

（4）上文介绍了 Redis 支持多种类型，查看值的类型可以使用如下命令：

```
type key
```

上述命令的执行效果如下：

```
127.0.0.1:6379> type user:name
string
```

（5）拼接字符串的命令如下：

```
append [key] [value]
```

该命令会在 key 对应的值末尾拼接 value 值，上述命令的执行效果如下：

```
127.0.0.1:6379> get user:name
"mr"
127.0.0.1:6379> append user:name @mingri.com
(integer) 13
127.0.0.1:6379> get user:name
"mr@mingri.com"
```

（6）getset 命令是由 get 命令和 set 命令结合而成，getset 命令如下：

```
getset [key] [value]
```

该命令会覆盖 key 的旧值，效果等同于 set 命令，但命令会返回修改之前的旧值。上述命令的执行效果如下：

```
127.0.0.1:6379> get user:name
"mr@mingri.com"
127.0.0.1:6379> getset user:name mingri
"mr@mingri.com"
127.0.0.1:6379> get user:name
"mingri"
```

（7）批量赋值的命令如下：

```
mset [key1] [value1] [key2] [value2] [key3] [value3] ……
```

该命令采用不定长参数，但要注意 key 与 value 的顺序。

（8）批量取值的命令如下：

```
mget [key1] [key2] [key3]
```

批量赋值的命令和批量取值的命令结合使用，执行的效果如下：

```
127.0.0.1:6379> mset num1 15 num2 63 num3 47 num4 27
OK
127.0.0.1:6379> mget num1 num2 num3 num4
1) "15"
2) "63"
3) "47"
4) "27"
```

（9）删除 key 的命令如下：

```
del [key1] [key2] [key3] ……
```

key 被删除后，与 key 对应的值也会被删除。因此，要慎重执行此命令。

4．原子递增与原子递减

Redis 的优势之一就是能够很好地处理高并发业务。为此，Redis 提供了两个核心命令：原子递增和原子递减。

所谓原子，指的是命令从开始执行到执行完毕不会受其他操作影响，即使多个线程争抢执行一个命令，这个命令也能合理地为各线程分配先后顺序，避免线程冲突。

（1）原子递增的命令如下：

```
incr [key]
```

（2）原子递减的命令如下：

decr [key]

虽然 Redis 没有整数类型，但这两个命令可以先将值字符串解释成十进制 64 位有符号的整数，再对这个整数执行递增或者递减的操作。如果 key 不存在，则会先创建 key，且与 key 对应的值取 0，再对值执行递增或者递减的操作。如果值不能表示为数字，那么命令会返回错误信息。

原子递增命令和原子递减命令的执行效果如下：

```
127.0.0.1:6379> incr countonline
(integer) 1
127.0.0.1:6379> incr countonline
(integer) 2
127.0.0.1:6379> decr countonline
(integer) 1
127.0.0.1:6379> decr countonline
(integer) 0
127.0.0.1:6379> decr countonline
(integer) -1
```

5．生存时间

生存时间也被称作过期时间。Redis 允许程序开发人员为每一个 key 设置生存时间，一旦 key 的生存时间结束就会被删除。

（1）Redis 提供了两种用于设置生存时间的命令。这两种命令的时间单位不一样，以秒为单位的命令如下：

expire [key] [second]

该命令会在 second 秒后删除 key。例如，编号为 1000 的用户的登录验证码在 60 秒内有效，命令如下：

```
127.0.0.1:6379> expire user:id:1000:verification 60
(integer) 1
```

（2）以毫秒（1 秒=1000 毫秒）为单位的命令如下：

pexpire [key] [millisecond]

该命令会在 millisecond 毫秒后删除 key。

生存时间从执行 expire 命令或者 pexpire 命令的一瞬间开始计时。

（3）如果想要取消生存时间，需要在生存时间结束前执行如下命令：

persist [key]

如果 key 不存在，那么上述命令会返回整数 0。

16.3.2　哈希命令

哈希类型的数据采用哈希表结构予以存储。如图 16.10 所示，哈希表结构类似于 Java 中的 Map 键值对；一个 key 代表一个哈希表，哈希表中的每一个字段（field）都对应一个值（value）。下面介绍 Redis 中的哈希命令。

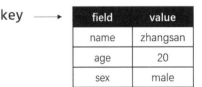

图 16.10　哈希表的结构

1. 赋值、取值操作

（1）为哈希类型赋值的命令如下：

```
hset [key] [field] [value]
```

该命名可以创建不存在的哈希表和字段，并返回整数 1。如果字段已存在则会覆盖原有的值，并返回整数 0。

（2）哈希命令中的取值命令如下：

```
hget [key] [field]
```

该命令指定 key 的同时还要指定字段。如果 key 或者 field 不存在，则返回表示空值的 nil。

例如，为编号为 10 的用户创建一个哈希表，用于保存该用户的姓名、年龄和性别。命令如下：

```
127.0.0.1:6379> hset user:id:10 name zhangsan
(integer) 1
127.0.0.1:6379> hset user:id:10 age 25
(integer) 1
127.0.0.1:6379> hset user:id:10 sex male
(integer) 1
127.0.0.1:6379> hget user:id:10 name
"zhangsan"
127.0.0.1:6379> hget user:id:10 age
"25"
127.0.0.1:6379> hget user:id:10 sex
"male"
```

（3）哈希命令同样可以用于批量赋值和批量取值。批量赋值的命令如下：

```
hmset [key] [field1] [value1] [field2] [value2] ......
```

（4）批量取值的命令如下：

```
hmgetet [key] [field1] [field2] ......
```

批量赋值命令和批量取值命令的执行效果如下：

```
127.0.0.1:6379> hmset user:id:10 name zhangsan age 25 sex male
OK
127.0.0.1:6379> hmget user:id:10 name age sex
1) "zhangsan"
2) "25"
3) "male"
127.0.0.1:6379>
```

2. 哈希表的其他操作

（1）获取哈希表长度（即字段个数）的命令如下：

```
hlen [key]
```

上述命令的执行效果如下：

```
127.0.0.1:6379> hset user:id:10 name zhangsan
(integer) 1
127.0.0.1:6379> hset user:id:10 age 25
(integer) 1
127.0.0.1:6379> hset user:id:10 sex male
```

```
(integer) 1
127.0.0.1:6379> hlen user:id:10
(integer) 3
```

（2）判断哈希表中是否存在指定字段的命令如下：

hexists [key] [field]

如果哈希表中存在指定字段则返回整数 1，不存在则返回 0。上述命令的执行效果如下：

```
127.0.0.1:6379> hset user:id:10 name zhangsan
(integer) 1
127.0.0.1:6379> hexists user:id:10 name
(integer) 1
127.0.0.1:6379> hexists user:id:10 email
(integer) 0
```

（3）一次取出哈希表中所有字段的命令如下：

hkeys [key]

上述命令的执行效果如下：

```
127.0.0.1:6379> hmset user:id:10 name zhangsan age 25 sex male
OK
127.0.0.1:6379> hkeys user:id:10
1) "name"
2) "age"
3) "sex"
```

（4）一次取出哈希表中所有值的命令如下：

hvals [key]

上述命令的执行效果如下：

```
127.0.0.1:6379>    hmset user:id:10 name zhangsan age 25 sex male
OK
127.0.0.1:6379> hvals user:id:10
1) "zhangsan"
2) "25"
3) "male"
```

（5）一次将哈希表中的所有内容都列出来的命令如下：

hgetall [key]

上述命令会按照 field1、value1、field2、value2……的顺序返回哈希表中的字段和值，该命令的执行效果如下：

```
127.0.0.1:6379>    hmset user:id:10 name zhangsan age 25 sex male
OK
127.0.0.1:6379> hgetall user:id:10
1) "name"
2) "zhangsan"
3) "age"
4) "25"
5) "sex"
6) "male"
```

（6）删除哈希表中字段的命令如下：

hdel myhash name

16.3.3 列表命令

列表类型也被称作链表、双向列表或者双向链表，其结构比较像 Java 中的 List。如图 16.11 所示，Redis 中一个 key 代表一个列表，列表中的每一个位置都有一个索引值。"双向"表示列表前后都可以添加值。下面将介绍 Redis 中的列表命令。

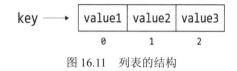

图 16.11　列表的结构

1. 赋值、取值操作

（1）列表赋值使用 push 予以表示，可以把 push 译成"压入"。Redis 提供了两个方向的压入命令：lpush 和 rpush，这两个命令如下：

lpush [key] [value1] [value2] [value3] ......
rpush [key] [value1] [value2] [value3] ......

lpush 即 left push，表示从左侧压入，其效果如图 16.12 所示，新值会从列表头部插入。rpush 即 right push，表示从右侧压入，效果如图 16.13 所示，新值会追加在列表的末尾。这两个命令都可以自动创建新列表，并且可以同时添加多个值。

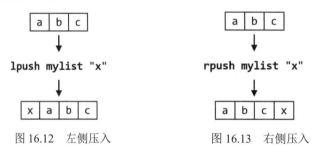

图 16.12　左侧压入　　　　图 16.13　右侧压入

（2）想要查看列表中的所有元素就需要对列表进行遍历，用于遍历列表的命令如下：

lrange [key] [start] [stop]

- ☑　start：遍历的起始索引。
- ☑　stop：遍历的终止索引。

Redis 支持负索引。当索引为-1 时，表示列表的倒数第一个元素；当索引为-2 时，表示列表的倒数第二个元素，以此类推。

例如，先依次向列表的左侧压入 a、b、c 这 3 个字母，再依次向列表的右侧压入 1、2、3 这 3 个数字，遍历整个列表，将所有值列出，执行效果如下：

```
127.0.0.1:6379> lpush demo a b c
(integer) 3
127.0.0.1:6379> rpush demo 1 2 3
(integer) 6
127.0.0.1:6379> lrange demo 0 -1
1) "c"
2) "b"
3) "a"
4) "1"
```

5) "2"
6) "3"

（3）与 push 对应的是 pop，被译为"弹出"，表示取出并删除列表中最外侧的一个元素。Redis 同样提供了两种弹出命令，分别是 lpop 和 rpop，这两个命令如下：

```
lpop [key]
rpop [key]
```

- ☑ lpop：从左侧弹出。
- ☑ rpop：从右侧弹出。

上述命令的执行效果如下：

```
127.0.0.1:6379> rpush demo a b c d e f
(integer) 6
127.0.0.1:6379> lpop demo
"a"
127.0.0.1:6379> lrange demo 0 -1
1) "b"
2) "c"
3) "d"
4) "e"
5) "f"
127.0.0.1:6379> rpop demo
"f"
127.0.0.1:6379> lrange demo 0 -1
1) "b"
2) "c"
3) "d"
4) "e"
```

2．其他操作

（1）获取列表的长度（即元素个数）的命令如下：

```
llen [key]
```

上述命令的执行效果如下：

```
127.0.0.1:6379> rpush demo a b c d e f
(integer) 6
127.0.0.1:6379> llen demo
(integer) 6
```

（2）把元素插入列表内部的命令如下：

```
linsert [key] before [pivot] [value]
linsert [key] after [pivot] [value]
```

在上述命令中，pivot 表示列表中某个已存在的元素。使用 before 命令表示将 value 值插入 pivot 的前面，也就是 pivot 的左侧；使用 after 命令表示将 value 值插入 pivot 的后面，也就是 pivot 的右侧。如果列表中不存在 pivot，那么 linsert 命令不会执行任何操作。

将值插入 pivot 的左侧的执行效果如下：

```
127.0.0.1:6379> rpush demo a b c
(integer) 3
127.0.0.1:6379> linsert demo before b 4
```

```
(integer) 4
127.0.0.1:6379> lrange demo 0 -1
1) "a"
2) "4"
3) "b"
4) "c"
```

将值插入 pivot 的右侧的执行效果如下：

```
127.0.0.1:6379> rpush demo a b c
(integer) 3
127.0.0.1:6379> linsert demo after b 7
(integer) 4
127.0.0.1:6379> lrange demo 0 -1
1) "a"
2) "b"
3) "7"
4) "c"
```

（3）获取指定索引位置的值的命令如下：

lindex [key] [index]

如果 index 超出了最大索引值，则会返回表示空值的 nil；最后一个元素的索引可以用-1 表示。该命令的执行效果如下：

```
127.0.0.1:6379> rpush demo a b c
(integer) 3
127.0.0.1:6379> lindex demo 2
"c"
```

（4）更新列表中指定索引位置的值的命令如下：

lset [key] [index] [value]

如果 index 超出了最大范围，则会返回错误信息。该命令执行效果如下：

```
127.0.0.1:6379> rpush demo a b c
(integer) 3
127.0.0.1:6379> lset demo 1 K
OK
127.0.0.1:6379> lrange demo 0 -1
1) "a"
2) "K"
3) "c"
```

（5）用来截取列表中的一个片段的命令如下：

ltrim [key] [start] [stop]

- ☑ start：截取的起始索引。
- ☑ stop：截取的终止索引。

上述命令的执行效果如下：

```
127.0.0.1:6379> rpush demo a b c d e f
(integer) 6
127.0.0.1:6379> ltrim demo 2 4
OK
127.0.0.1:6379> lrange demo 0 -1
```

```
1) "c"
2) "d"
3) "e"
```

（6）用于删除列表中元素的命令如下：

lrem [key] [count] [value]

在上述命令中，count 用于指定删除规则，可用规则如下：

- ☑ 如果 count > 0，则从左向右删除 count 个与 value 相等的值。
- ☑ 如果 count < 0，则从右向左删除 count 个与 value 相等的值。
- ☑ 如果 count = 0，则删除所有与 value 相等的值。

从左向右删除 1 个 c 的执行效果如下：

```
127.0.0.1:6379> rpush demo a b c a b c
(integer) 6
127.0.0.1:6379> lrem demo 1 c
(integer) 1
127.0.0.1:6379> lrange demo 0 -1
1) "a"
2) "b"
3) "a"
4) "b"
5) "c"
```

删除所有 c 的执行效果如下：

```
127.0.0.1:6379> rpush demo a b c a b c
(integer) 6
127.0.0.1:6379> lrem demo 0 c
(integer) 2
127.0.0.1:6379> lrange demo 0 -1
1) "a"
2) "b"
3) "a"
4) "b"
```

16.3.4 集合命令

Redis 的无序集合类似于如图 16.14 所示的结构。需要说明的是，集合中的 value 可以被称作值，也可以被称作成员。Redis 的无序集合根据哈希值分配成员的位置，只不过成员之间不会构成线性结构。在 Redis 的无序集合中，虽然成员是可以重复的，但是集合不会保存重复的成员。因此，Redis 的无序集合具有去重的特性。

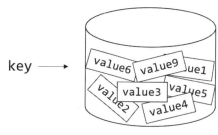

图 16.14 无序集合的结构

下面将介绍 Redis 的集合命令。

1．赋值、取值操作

（1）向集合添加成员的命令如下：

sadd [key] [member1] [member2] [member3] ……

上述命令会返回被添加进集合的成员数量，重复的成员不会被统计。如果 key 不存在，则会自动创建新集合。上述命令的执行效果如下：

```
127.0.0.1:6379> sadd demo a b c a b c
(integer) 3
```

（2）用于查看集合中所有成员的命令如下：

```
smembers [key]
```

如果查询的 key 不存在，则会返回空集合。上述命令的执行效果如下：

```
127.0.0.1:6379> sadd demo a b c a b c
(integer) 3
127.0.0.1:6379> smembers demo
1) "a"
2) "b"
3) "c"
127.0.0.1:6379> smembers demo2
(empty list or set)
```

（3）用于判断集合中是否有某个成员的命令如下：

```
sismember [key] [member]
```

如果 member 是集合中的成员，则返回整数 1；否则，返回整数 0。上述命令的执行效果如下：

```
127.0.0.1:6379> sadd demo a b c a b c
(integer) 3
127.0.0.1:6379> sismember demo c
(integer) 1
```

2. 其他操作

（1）返回集合中成员数量的命令如下：

```
scard [key]
```

如果集合不存在或集合中没有任何成员，则返回整数 0。上述命令的执行效果如下：

```
127.0.0.1:6379> sadd demo a b c a b c
(integer) 3
127.0.0.1:6379> scard demo
(integer) 3
```

（2）随机获取集合中一个成员的命令如下：

```
srandmember [key]
```

（3）随机弹出集合中一个成员的命令如下：

```
spop [key]
```

上述（2）和（3）这两个随机取值命令的不同之处是：srandmember 命令只取值，不做删除操作；spop 命令会将取出的成员从集合中删除。

（4）删除集合中成员的命令如下：

```
srem [key] [member1] [member2] [member3] ......
```

上述命令可以同时删除多个成员。如果在集合中不存在某个或某几个成员，这个或这些成员就会被忽略。上述命令返回的是成功删除的成员数量。上述命令的执行效果如下：

```
127.0.0.1:6379> sadd demo a b c d
(integer) 4
127.0.0.1:6379> srem demo a b 1 2 3
(integer) 2
127.0.0.1:6379> smembers demo
1) "d"
2) "c"
```

3. 差集、交集与并集操作

（1）差集是多个集合作差后得到的子集。如图 16.15 所示，差集是由属于 A 集合但不属于 B 集合的元素构成的集合。

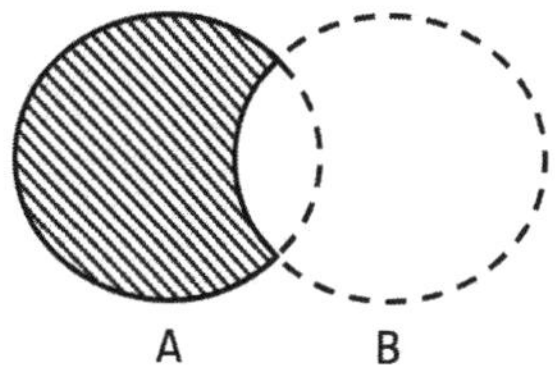

Redis 中用于获取多个集合的差集的命令如下：

```
sdiff [key1] [key2] [key3] ......
```

图 16.15　差集

如果包含不存在的 key，则会将其视作空集合。上述命令的执行效果如下：

```
127.0.0.1:6379> sadd demo1 a b c d
(integer) 0
127.0.0.1:6379> sadd demo2 c d e f
(integer) 0
127.0.0.1:6379> sdiff demo1 demo2
1) "a"
2) "b"
```

（2）交集是多个集合共有的子集。如图 16.16 所示，交集是由既属于 A 集合又属于 B 集合的元素构成的集合。

Redis 中用于获取多个集合的交集的命令如下：

```
sinter [key1] [key2] [key3] ......
```

上述命令的执行效果如下：

```
127.0.0.1:6379> sadd demo1 a b c d
(integer) 4
127.0.0.1:6379> sadd demo2 c d e f
(integer) 4
127.0.0.1:6379> sinter demo1 demo2
1) "d"
2) "c"
```

（3）如图 16.17 所示，并集是由多个集合的全部元素合并而成的集合。

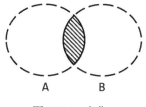

图 16.16　交集

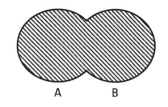

图 16.17　并集

Redis 中用于获取多个集合的并集的命令如下：

```
sunion [key1] [key2] [key3] ......
```

上述命令的执行效果如下：

```
127.0.0.1:6379> sadd demo1 a b c d
(integer) 4
127.0.0.1:6379> sadd demo2 c d e f
(integer) 4
127.0.0.1:6379> sunion demo1 demo2
1) "c"
2) "a"
3) "b"
4) "e"
5) "f"
6) "d"
```

16.4 Spring Boot 访问 Redis

Spring Boot 提供了整合 Redis 的依赖包，程序开发人员只需配置连接信息、注入连接对象，即可访问 Redis。下面将介绍 Spring Boot 访问 Redis 的实现过程。

16.4.1 添加依赖

Spring Boot 用于访问 Redis 的 jar 文件已经整合到 spring-boot-starter-redis 中。程序开发人员仅需在项目的 pom.xml 文件中添加如下依赖即可。

```xml
<dependency>
    <groupId>org.springframework.boot</groupId>
    <artifactId>spring-boot-starter-redis</artifactId>
    <version>1.4.7.RELEASE</version>
</dependency>
```

读者可以到阿里云云效 Maven 查询最新的版本号。

16.4.2 配置项

Spring Boot 用于实现 Redis 相关配置项的类是 RedisPropertie 类，这个类被存储在 org.springframework.boot.autoconfigure.data.redis 包中。程序开发人员可以在 application.properties 配置文件中填写如下的配置：

```
# Redis 服务 IP 地址
spring.redis.host=127.0.0.1
# Redis 服务端口
spring.redis.port=6379
# 下面这些配置可以不写，Redis 自动采用默认值
# Redis 服务密码（默认为空）
spring.redis.password=
# 连接的库索引（默认 0）
spring.redis.database=0
```

```
# 连接超时的毫秒数
spring.redis.timeout=10000ms
# 连接池最大连接数（负值表示没有限制）
spring.redis.jedis.pool.max-active=5
# 连接池最大阻塞等待时间（负值表示没有限制）
spring.redis.jedis.pool.max-wait=-1ms
# 连接池的最大空闲连接数
spring.redis.jedis.pool.max-idle=8
# 连接池的最小空闲连接数
spring.redis.jedis.pool.min-idle=0
```

说明

以上配置主要应用于 RedisTemplate 组件。

16.4.3 使用 RedisTemplate 访问 Redis

RedisTemplate 是 Spring Boot 用于操作 Redis 的组件，它被存储在 org.springframework.data.redis.core 包中。RedisTemplate 可以自动获取 application.properties 文件中用于配置 Redis 的连接信息。

RedisTemplate<K, V> 包含两个泛型，K 和 V 分别表示采用哪种数据类型保存 key 和 value。因为大多数项目都把 key 和 value 保存成字符串形式，所以 Spring Boot 会经常使用 RedisTemplate 的字符串序列化子类 StringRedisTemplate，其定义如下：

```
StringRedisTemplate extends RedisTemplate<String, String>
```

Spring Boot 可以直接注入 StringRedisTemplate 对象。因为 StringRedisTemplate 操作的 key 和 value 都是字符串形式，所以程序开发人员会非常方便地把它们保存为 JSON 数据。

因为 Spring Boot 在 application.properties 文件中配置了 Redis 的连接信息，所以 Spring Boot 在注册 RedisTemplate 对象时会自动连接 Redis。

RedisTemplate 类虽然不能直接操作 Redis，但是针对 Redis 的各种数据类型提供了不同的操作对象。程序开发人员需要通过这些操作对象来执行 Redis 命令。RedisTemplat 类常用的操作对象的获取方法如表 16.1 所示。

表 16.1　RedisTemplat 类常用的操作对象的获取方法

返 回 值	方 法	说 明
ValueOperations<K,V>	opsForValue()	获取键值操作对象
<HK,HV> HashOperations<K,HK,HV>	opsForHash()	获取哈希操作对象
ListOperations<K,V>	opsForList()	获取列表操作对象
SetOperations<K,V>	opsForSet()	获取集合操作对象

ValueOperations 是键值操作接口，只能用于执行键值命令，其常用方法如表 16.2 所示。

表 16.2　ValueOperations 键值操作接口的常用方法

返 回 值	方 法 名	说 明
Integer	append(K key, String value)	对应 append 命令，拼接值
Long	decrement(K key)	对应 decr 命令，原子递减

续表

返回值	方法名	说明
Long	decrement(K key, long delta)	对应 decr 命令，delta 为递减量
V	get(Object key)	对应 get 命令，取值
V	getAndSet(K key, V value)	对应 getset 命令，赋新值，取旧值
Long	increment(K key)	对应 incr 命令，原子递增
Double	increment(K key, double delta)	对应 incr 命令，delta 为递增量
void	set(K key, V value)	对应 set 命令，赋值
default void	set(K key, V value, Duration timeout)	执行 set 命令，并为 key 设置生存时间，具体时间由 Duration 对象 timeout 指定
void	set(K key, V value, long timeout, TimeUnit unit)	执行 set 命令，key 的生存时间取值 timeout，时间单位由 TimeUnit 对象 unit 指定
Long	size(K key)	对应 len 命令，取值长度

HashOperations 是哈希操作接口，只能用于执行哈希命令，其常用方法如表 16.3 所示。

表 16.3　HashOperations 哈希操作接口的常用方法

返回值	方法名	说明
Long	delete(H key, Object... hashKeys)	对应 hdel 命令，删除字段
Map<HK,HV>	entries(H key)	取出哈希表中所有字段和值，保存成 Map 对象
HV	get(H key, Object hashKey)	对应 hget 命令，取值
Boolean	hasKey(H key, Object hashKey)	对应 hexists 命令，判断字段是否存在
Set<HK>	keys(H key)	对应 hkeys 命令，取所有字段
Long	lengthOfValue(H key, HK hashKey)	获取 key 表中 hashKey 字段的值长度
void	put(H key, HK hashKey, HV value)	对应 hset 命令，赋值
void	putAll(H key, Map<? extends HK,? extends HV> m)	将 Map 中的键值全部赋给哈希表
Boolean	putIfAbsent(H key, HK hashKey, HV value)	只有在表中没有该字段的情况下，才会执行的赋值操作
Long	size(H key)	对应 hlen 命令，取哈希表长度
List<HV>	values(H key)	对应 hvals 命令，取所有值

ListOperations 是列表操作接口，只能用于执行列表命令，其常用方法如表 16.4 所示。

表 16.4　ListOperations 列表操作接口的常用方法

返回值	方法名	说明
V	index(K key, long index)	对应 lindex 命令，取索引位置值
Long	indexOf(K key, V value)	返回 value 从左至右第一次出现的索引
Long	lastIndexOf(K key, V value)	返回 value 从右至左第一次出现的索引
V	leftPop(K key)	对应 lpop 命令，左侧弹出
Long	leftPush(K key, V value)	对应 lpush 命令，左侧压入
Long	leftPush(K key, V pivot, V value)	对应 linsert 命令，在 pivot 元素左侧插入 value
Long	leftPushAll(K key, Collection<V> values)	在列表左侧压入 values 集合中所有值

返回值	方法名	说明
Long	leftPushAll(K key, V... values)	对应 lpush 命令，支持不定长参数
Long	leftPushIfPresent(K key, V value)	只有列表存在的情况下才会向左侧压入 value
List<V>	range(K key, long start, long end)	对应 lrange 命令，遍历列表
Long	remove(K key, long count, Object value)	对应 lrem 命令，删除元素
V	rightPop(K key)	对应 rpop 命令，右侧弹出
V	rightPopAndLeftPush(K sourceKey, K destinationKey)	弹出 sourceKey 列表右侧的值，并将其拼接到 destinationKey 列表左侧，最后返回此值
Long	rightPush(K key, V value)	对应 rpush，右侧压入
Long	rightPush(K key, V pivot, V value)	对应 linsert 命令，在 pivot 元素右侧插入 value
Long	rightPushAll(K key, Collection<V> values)	在列表右侧压入 values 集合中的所有值
Long	rightPushAll(K key, V... values)	对应 rpush 命令，支持不定长参数
Long	rightPushIfPresent(K key, V value)	只有列表存在的情况下才会向右侧压入 value
void	set(K key, long index, V value)	对应 lset 命令，修改值
Long	size(K key)	对应 llen 命令，列表长度
void	trim(K key, long start, long end)	对应 ltrim 命令，截取列表

SetOperations 是集合操作接口，只能用于执行集合命令，其常用方法如表 16.5 所示。

表 16.5 SetOperations 集合操作接口的常用方法

返回值	方法名	说明
Long	add(K key, V... values)	对应 sadd 命令，添加成员
Set<V>	difference(Collection<K> keys)	对应 sdiff 命令，取所有集合的差集
Set<V>	difference(K key, Collection<K> otherKeys)	对应 sdiff 命令，取 key 与其他集合的差集
Set<V>	difference(K key, K otherKey)	对应 sdiff 命令，取 key 与 otherKey 的差集
Long	differenceAndStore(Collection<K> keys, K destKey)	取所有集合的交集，将结果储存在 destKey 集合中
Long	differenceAndStore(K key, Collection<K> otherKeys, K destKey)	取 key 与 otherKey 的差集，将结果储存在 destKey 集合中
Long	differenceAndStore(K key, K otherKey, K destKey)	取 key 与 otherKey 的差集，将结果储存在 destKey 集合中
Set<V>	distinctRandomMembers(K key, long count)	从 key 集合中随机取 count 个不同的元素
Set<V>	intersect(Collection<K> keys)	对应 sinter 命令，取所有集合的交集
Set<V>	intersect(K key, Collection<K> otherKeys)	对应 sinter 命令，取 key 与其他集合的交集
Set<V>	intersect(K key, K otherKey)	对应 sinter 命令，取 key 与 otherKey 的交集
Long	intersectAndStore(Collection<K> keys, K destKey)	取所有集合的交集，将结果储存在 destKey 集合中
Long	intersectAndStore(K key, Collection<K> otherKeys, K destKey)	取 key 与 otherKey 的交集，将结果储存在 destKey 集合中
Long	intersectAndStore(K key, K otherKey, K destKey)	取 key 与 otherKey 的交集，将结果储存在 destKey 集合中
Boolean	isMember(K key, Object o)	对应 sismember 命令，判断 o 是不是 key 的成员
Set<V>	members(K key)	对应 smembers 命令，获取所有成员

续表

返回值	方法名	说明
Boolean	move(K key, V value, K destKey)	将key集合中的value成员转移至destKey集合中
V	pop(K key)	对应spop命令，随机弹出一个成员
List<V>	pop(K key, long count)	随机弹出count个成员
V	randomMember(K key)	对应srandmember命令，随机获取一个成员
List<V>	randomMembers(K key, long count)	随机获取count个成员
Long	remove(K key, Object... values)	对应srem命令，删除成员
Long	size(K key)	对应scard命令，获取成员个数
Set<V>	union(Collection<K> keys)	对应sunion命令，取多个集合的并集
Set<V>	union(K key, Collection<K> otherKeys)	对应sunion命令，取key与其他集合的并集
Set<V>	union(K key, K otherKey)	对应sunion命令，取两个集合的并集
Long	unionAndStore(Collection<K> keys, K destKey)	取所有集合的并集，将结果储存在destKey集合中
Long	unionAndStore(K key, Collection<K> otherKeys, K destKey)	取k与otherKey的并集，将结果储存在destKey集合中
Long	unionAndStore(K key, K otherKey, K destKey)	取key与otherKey的并集，将结果储存在destKey集合中

说明

下面将通过一个综合练习向读者介绍RedisTemplate组件的使用方法。

16.5　实践与练习

（答案位置：资源包\TM\sl\16\实践与练习）

综合练习：为视频播放量排行榜添加缓存

某视频网站推出视频播放量排行榜功能，于是大量用户涌入网站查看排行情况，这将使后台服务承受查询海量数据的压力。为了保护数据库，以防数据库崩溃，将采用Redis为页面提供静态数据。

想要实现这个功能，一个Spring Boot项目需要用到Web组件、Jackson解析器、Thymeleaf模板、MyBatis持久层框架、MySQL数据库和Redis数据库。

请读者按照如下思路和步骤编写程序。

（1）数据库准备。首先在MySQL数据库中创建一个名为db_video的数据库，在db_video数据库中创建t_video数据表，在t_video数据表中包含如图16.18所示的数据。MySQL数据库准备完毕后，启动Redis。

（2）根据这个Spring Boot项目需要使用的工具，为其添加相关的依赖。

（3）配置Spring Boot用于访问数据库的连接信息。

（4）编写t_video数据表的数据实体类VideoPo。

（5）编写MyBatis映射器，该映射器仅提供一个按播放量降序排列的查询方法，并建立实体类播放量属性与t_video数据表中播放量（video_view）字段之间的映射关系。

（6）编写用于实现Redis操作服务的RedisDaoImpl类。向这个类注入StringRedisTemplate对象和

Jackson 对象。这个类中的 getRankingList()方法用于读取用于存储排行榜数据的 JSON 字符串，并将 JSON 数据转为实体类的 List 对象；saveRankingList()方法用于把排行榜的数据解析成 JSON 字符串并保存在 Redis 中，设置保存时间为 10 秒。

（7）编写 VideoService 视频服务类，该类会注入在前面步骤中编写好的 MyBatis 映射器和 Redis 操作对象。VideoService 视频服务在向前端提供排行榜数据时，会先尝试从 Redis 中读取。如果 Redis 没有数据，就从 MySQL 读取数据，并把读取到的数据同步给 Redis。上述两种读取数据的方法都会留下日志，方便程序开发人员查看数据来源。

（8）编写跳转页面的控制器，当用户访问"/ranking_list"地址时，通过视频服务对象获取排行榜数据，并将数据交由 videoviewlist.html 页面予以显示。

（9）编写 videoviewlist.html 页面，对播放量按从多到少降序排列，并展示由后台发送的数据。

（10）启动项目后，打开谷歌浏览器访问 http://127.0.0.1:8080/ranking_list 地址，即可看到如图 16.19 所示的结果。

图 16.18　MySQL 数据库的初始数据　　　　图 16.19　展示视频播放量排行榜的页面

（11）通过不停地刷新此页面，在控制台上会打印如图 16.20 所示日志。从该日志可以看出，第一次访问页面时，后台首先访问了缓存，又紧接着访问了 MySQL，这表示项目刚启动时缓存是空的，需要从 MySQL 读取数据。之后几次的访问没有进入 MySQL，说明缓存分摊了查询数据的压力。在缓存中数据过期后，会再次从 MySQL 读取数据。因为本项目为缓存设置的生存时间为 10 秒，所以意味着每 10 秒才会查询一次 MySQL。在这 10 秒内，所有查询数据的请求全由 Redis 响应，这样就保证了 MySQL 稳定地运行。

图 16.20　在控制台上打印的日志

第 17 章 消息中间件

消息中间件是由"消息"和"中间件"这两个词拼成的,"中间件"说明这是一个独立的软件,"消息"代表这个软件是用来传递"消息"的。消息中间件英文全称为 message oriented middleware,简称为 MOM。由于程序开发人员主要使用消息中间件的"消息队列"(message queue)功能,从而使得许多消息中间件都被称为 MQ。本章将介绍 ActiveMQ 和 RabbitMQ 这两种消息中间件,并介绍如何在 Spring Boot 项目中使用这两种消息中间件的特定功能。

本章的知识架构及重难点如下。

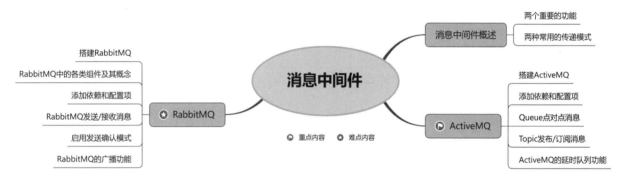

17.1 消息中间件概述

消息中间件基于队列与消息传递技术,在网络环境中为应用系统提供同步或异步的消息传输。在传递消息的过程中,发送消息的一方被称为生产者,接收消息的一方被称为消费者。这是一种概括性的称呼,凡是实现消息传递的双方都可以被称作生产者和消费者,它们可以是两个系统、两个程序、两个线程,甚至可以是同一个类中的两个方法。

消息中间件相当于一名邮差,消息相当于一封邮件。如果使用了消息中间件,那么生产者把邮件交给邮差后就可以去做其他事情了,剩下的"传输"任务就交由邮差完成。

17.1.1 两个重要的功能

在实际开发中,消息中间件具有两个非常重要的功能,它们分别是异步调用和削减峰值。下面将分别介绍这两个功能。

1. 异步调用

在一个不使用消息中间件的项目中，用户在某电商平台下订单的场景如图 17.1 所示。用户的订单信息首先会交给处理前端请求的系统 A，系统 A 将订单信息解析成具体数据后再交给系统 B，系统 B 将数据提交给数据库，数据库保存完数据后通知系统 B 保存成功，系统 B 再通知系统 A 处理完毕，最后系统 A 才会告诉用户下单成功。整个场景是一个较大的闭环，用户需要等待所有环节都执行完毕才能得到反馈，所以等待的时间可能会非常长。

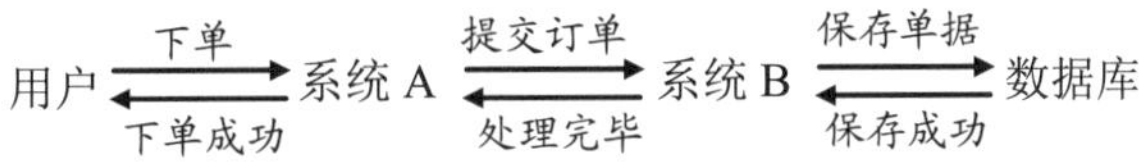

用户 ⇄ 系统 A ⇄ 系统 B ⇄ 数据库
（下单/下单成功） （提交订单/处理完毕） （保存单据/保存成功）

图 17.1　用户下单后等待数据库保存完毕，等待时间长

而现实中的电商平台即使在抢购活动中，也很少出现让用户长时间等待的情况，这是因为后台使用了消息中间件。这时，用户在某电商平台下订单的场景如图 17.2 所示。用户的订单信息提交系统 A 后，系统 A 会将解析后的数据交给消息中间件，并直接通知用户下单成功；保存数据的操作则由系统 B 异步完成，用户无须等待系统 B 的反馈结果。系统 B 运行多久都与用户无关，这样就大大地缩短了用户的等待时间。

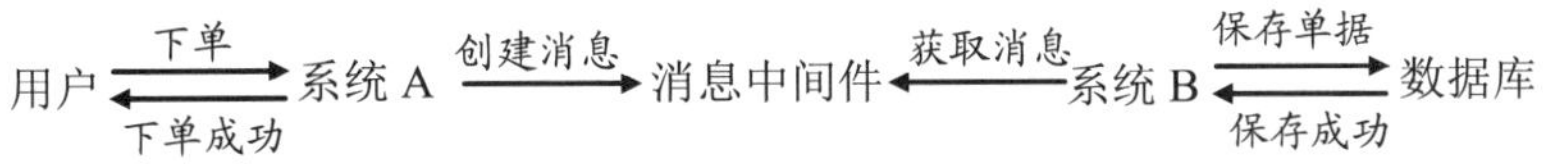

用户 ⇄ 系统 A → 消息中间件 ← 系统 B ⇄ 数据库
（下单/下单成功） （创建消息） （获取消息） （保存单据/保存成功）

图 17.2　用户下单后，数据库异步保存，等待时间短

异步调用可以在不丢失任何业务环节的情况下，有效降低程序对外的响应时间，增加程序的使用频率。

2. 削减峰值

数据库软件看似强大，但实际上非常脆弱。若在短时间内涌入了大量访问数据的请求，数据库压力会呈如图 17.3 所示的指数增长，后果轻则数据库反应迟缓，重则崩溃宕机。

在实际开发中，为了缓解数据库的压力，可以使用消息中间件来削减峰值。所有访问数据的请求都进入消息中间件，由消息中间件的消息队列控制请求的释放频率。如图 17.4 所示，这种设计虽然延长了所有请求的总体完成时间，但能将短时间的数据库压力分摊到各个时间段，进而将请求高峰削平。

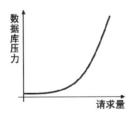

图 17.3　数据库压力与请求量的关系

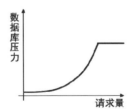

图 17.4　消息中间件会削平数据库压力

17.1.2　两种常用的传递模式

每种消息中间件都提供了多种传递模式，其中有两种模式最为常用，它们分别是"点对点"模式

和"发布/订阅"模式。下面将分别介绍这两种传递模式。

1. 点对点

一个消息队列可以同时服务多个生产者和多个消费者。生产者将消息放到消息队列中,供消费者进行消费。一个消息只能被一个消费者消费的传递模式称作"点对点"模式。

生产者与消费者就像一条线上的两点,消息只能在这两点之间传输,这就是"点对点"名字的意思。类似于数据映射关系中的"一对一"关系。

这种模式在日常生活中很常见。以打电话为例,拨打号码的一方是消息的生产者,接电话的一方是消息的消费者,移动通信的基站相当于消息中间件;在拨号方说一句话后,电话会将声音信号发送给基站,基站再将声音信号发送给接电话方。这样,接电话方就能够听到拨号方的语音消息了。

2. 发布/订阅

生产者放入队列中的消息可以同时被多个消费者消费的传递模式称作"发布/订阅"模式。

在这个模式中,生产者就相当于在一个频道中发布消息,凡是订阅了这个频道的消费者都可以接收到由生产者发布的消息,尚未订阅这个频道的消费者则不会接收到。

这种模式在日常生活中也很常见。以广播为例,消息中间件就相当于生产者手中的大喇叭,虽然生产者广播的消息没有具体的目标,但是只要在喇叭附近的人都算是消息的消费者。

17.2　ActiveMQ

ActiveMQ 是 Apache 公司推出的消息中间件,是采用 Java 语言编写的,所以被众多 Java 项目所采用。本节将介绍 ActiveMQ 的安装与使用。

17.2.1　搭建 ActiveMQ

ActiveMQ 是一款独立的软件,在使用前需要被单独启动。下面介绍下载、安装与启动 ActiveMQ,以及后台管理。

1. ActiveMQ 的下载与安装

ActiveMQ 的下载、安装步骤如下。

(1) 打开浏览器,访问 http://activemq.apache.org/地址,可以看到如图 17.5 所示的官方主页。向下拖曳主页面,找到 ActiveMQ "Classic"版块,单击其中的 Download Latest 按钮进入下载页面。

(2) 打开的下载页面如图 17.6 所示,在页面中找到与 Windows 系统对应的 zip 包的超链接(即 apache-activemq-5.17.2-bin.zip),单击此超链接下载安装文件。

(3) 下载完 zip 压缩包后,将其解压缩到本地硬盘上即完成了安装。

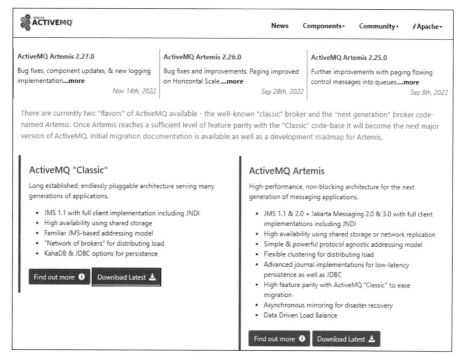

图 17.5　ActiveMQ 官方主页

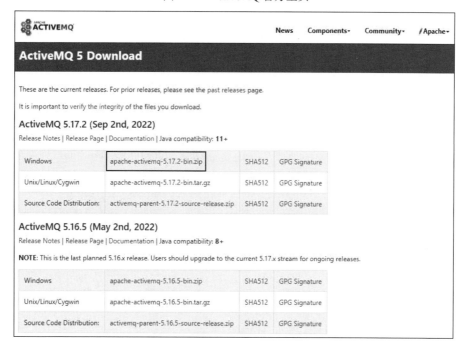

图 17.6　zip 格式的安装包的下载链接位置

2．启动

因为 ActiveMQ 是使用 Java 语言开发的，所以需要依赖 Java 环境运行，读者在启动 ActiveMQ 之前应先安装好 JDK。下面介绍如何启动 ActiveMQ。

（1）进入解压后的 ActiveMQ 根目录，找到 bin 文件夹，如图 17.7 所示。

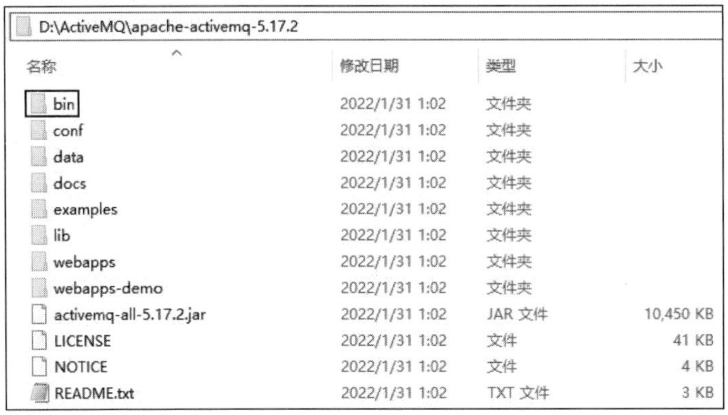

图 17.7　进入 bin 文件夹

（2）在 bin 文件夹中找到 win32 和 win64 两个文件夹，位置如图 17.8 所示。进入与当前系统位数相对应的文件夹，不要选错。

图 17.8　进入系统对应位数的文件夹

（3）本书采用 64 位 Windows 10 系统，因此进入 win64 文件夹。在该文件夹中可以看到一个名为 activemq.bat 的文件，位置如图 17.9 所示。该文件就是启动 ActiveMQ 的 Windows 脚本文件。双击此文件即可启动 ActiveMQ。

图 17.9　双击 activemq.bat 文件，启动服务

（4）启动 ActiveMQ 时会默认打开控制台，并打印启动日志。启动成功的日志如图 17.10 所示。

3. 后台管理

ActiveMQ 启动成功后，会在启动日志的下方打印后台管理页面的地址，位置如图 17.11 所示。

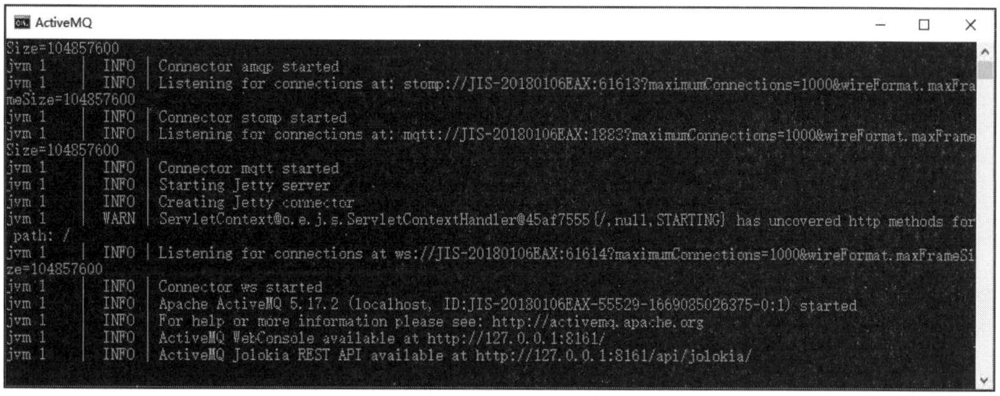

图 17.10　ActiveMQ 启动成功后打印的日志

图 17.11　ActiveMQ 的后台管理地址

本实例地址为 http://127.0.0.1:8161/，打开浏览器访问此地址，输入管理员的账号和密码（默认账号为 admin，密码为 admin），即可进如图 17.12 所示的后台管理主页。

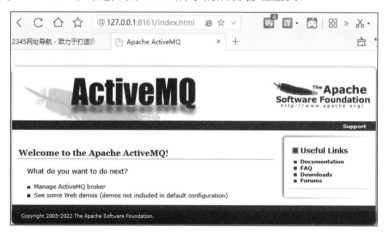

图 17.12　ActiveMQ 的后台管理主页

单击主页左下方的 Manage ActiveMQ broker 超链接，进入具体的管理页。管理页如图 17.13 所示，在此页面中可以看到 ActiveMQ 服务的名称、版本、运行时长等一些信息，并且页面多了一行菜单栏。单击菜单栏中的 Queues 即可进入"点对点"消息队列的查看页面，在此页面中管理员可以对一些已有的消息进行增、删、改、查等操作。同理，单击 Topics 菜单即可查看"发布/订阅"消息的情况。

说明

broker 的英文原意是经纪人、中间人、代理商，这里可以简单地将其理解为"服务器实体"。

图 17.13　ActiveMQ 的具体管理页面

17.2.2　添加依赖和配置项

Spring Boot 项目需要手动添加 ActiveMQ 依赖，但不需要写明版本号。需要在 pom.xml 文件中添加如下的依赖：

```
<dependency>
    <groupId>org.springframework.boot</groupId>
    <artifactId>spring-boot-starter-activemq</artifactId>
</dependency>
```

在项目连接 ActiveMQ 之前，必须配置其 URL 地址，在 application.properties 配置文件中添加如下的配置项：

```
spring.activemq.broker-url=tcp://127.0.0.1:61616
```

说明

上述配置为 ActiveMQ 的默认配置，读者可以自行修改 URL 中的 IP 和端口。

除了上述必填的配置项，还有一些选填的配置项可供参考，这些选填的配置项如下：

```
# 是否启用内存模式，默认为 true
spring.activemq.in-memory=true
# 管理员用户名
spring.activemq.user=admin
# 管理员密码
spring.activemq.password=admin
# 是否启用连接池
```

```
spring.activemq.pool.enabled=false
# 空闲连接的超时时间，默认 30 秒
spring.activemq.pool.idle-timeout=30s
# 关闭之前等待的时间，默认 15 秒
spring.activemq.close-timeout=15s
# 最大连接数，默认为 1
spring.activemq.pool.max-connections=1
# 每个连接的最大会话数，默认为 500
spring.activemq.pool.max-sessions-per-connection=500
```

17.2.3 Queue 点对点消息

使用 Queue 模式收发消息时，需要创建生产者服务和消费者服务，下面将分别介绍如何创建 Queue 点对点消息的生产者和消费者。

1. 创建生产者

创建点对点模式的生产者需要使用 Spring 提供的 JmsTemplate 类，该类位于 org.springframework.jms.core 包。Spring Boot 项目在启动时，会自动创建并注册 JmsTemplate 对象，该对象可以自动连接 application.properties 配置文件中设定好的 URL（即 ActiveMQ 的连接 URL）。

生产者调用 JmsTemplate 提供的 send()方法或 convertAndSend()方法，即可向 ActiveMQ 发送消息，这些方法的说明如表 17.1 所示。

表 17.1 JmsTemplate 发送消息的方法

方　　法	说　　明
send(Destination destination, MessageCreator messageCreator)	将消息发送给 destination 指定的目的地，messageCreator 为消息的创建对象
send(MessageCreator messageCreator)	将消息发送给默认目的地，messageCreator 为消息的创建对象
send(String destinationName, MessageCreator messageCreator)	将消息发送给指定目的地，destinationName 为目的地名称，messageCreator 为消息的创建对象
convertAndSend(Object message)	将 message 消息对象发送到默认目的地
convertAndSend(Destination destination, Object message)	将 message 消息对象发送到 destination 指定的目的地
convertAndSend(Object message, MessagePostProcessor postProcessor)	将 message 消息发送到默认目标，postProcessor 为消息的加工对象
convertAndSend(String destinationName, Object message)	将 message 消息发送给指定目的地，destinationName 为目的地名称
convertAndSend(String destinationName,　　　　Object message,　　　　MessagePostProcessor postProcessor)	将 message 消息发送到指定的目标，destinationName 为目的地名称，postProcessor 为消息的加工对象
convertAndSend(Destination destination,　　　　Object message,　　　　MessagePostProcessor postProcessor)	将 message 消息发送给 destination 指定的目的地，postProcessor 为消息的加工对象

> **说明**
> （1）MessagePostProcessor 是 javax.jms 包提供的消息加工接口，可以对消息做进一步加工，例如设定消息的字符编码、消息类型等。MessagePostProcessor 是函数式接口，可以通过 lambda 表达式创建匿名对象。
> （2）更多关于 JmsTemplate 类的 API，请查阅官方在线文档：https://docs.spring.io/spring-framework/docs/current/javadoc-api/。
> （3）更多关于 javax.jms 包的 API，请查阅官方在线文档：https://docs.oracle.com/javaee/7/api/。

发送简单的文本消息的最常用的方法就是 convertAndSend(Destination destination, Object message)，第一个参数是发送的目的地，第二个参数是发送的内容对象，可以直接传入字符串。

第一个参数的类型是 Destination，该接口位于 javax.jms 包，直译为目的地接口。如果要使用点对点模式，则需要使用 Queue 接口作为目的地类型。Queue 也位于 javax.jms 包，是 Destination 接口的子接口。ActiveMQ 驱动包提供的 ActiveMQQueue 类是 Queue 接口的实现类，该类位于 org.apache.activemq.command 包中。在创建 ActiveMQQueue 类对象时，可以直接在构造方法传入队列的名称，语法如下：

```
new ActiveMQQueue("queueName");
```

这个构造方法会自动连接 ActiveMQ 中名称为"queueName"的点对点消息队列，如果没有此名称的队列则创建新队列。创建好的 ActiveMQQueue 对象可以传递给 convertAndSend()方法当作参数。例如，向"queueName"队列发送一条文本消息，代码如下：

```
String message="这是一个新消息";
Destination destination = new ActiveMQQueue("queueName");
jmsTemplate.convertAndSend(destination, message);
```

在 Spring Boot 项目中创建生产者服务类时，建议将类名以"Producer"结尾，这样可表明该类为消息的生产者。例如，创建生产者服务类 QueueProducer，提供发送文本消息的方法，代码如下：

```
@Service
public class QueueProducer {
    @Autowired
    JmsOperations jmsTemplate;

    public void sendMessage(String queueName, String message) {
        jmsTemplate.convertAndSend(new ActiveMQQueue(queueName), message);
    }
}
```

注入的 jmsTemplate 对象由 Spring Boot 项目创建，其他类只要注入 QueueProducer 类，即可通过 sendMessage()方法向 ActiveMQ 中的名称为"queueName"的队列发送文本消息。

2．创建消费者

创建消费者需要使用 @JmsListener 注解，该注解位于 org.springframework.jms.annotation 包。JmsListener 的意思是 JMS 监听，该注解可以用来监听 ActiveMQ 并自动获取消息。该注解用于标注方法，被标注的方法会在获得消息后自动被触发。

@JmsListener 注解的 destination 属性可以指定监听的队列名称，语法如下：

```
@JmsListener(destination = "queueName")
```

destination 属性可以直接通过${}表达式获取 application.properties 配置文件中的配置项值，语法如下：

```
@JmsListener(destination = "${配置项名称}")
```

在 Spring Boot 项目中创建消费者服务类时，建议将类名以"Consumer"结尾，这样可表明该类为消息的消费者。例如，监听 ActiveMQ 中名为"test.myqueue"的队列，将获得的消息打印在控制台，代码如下：

```
@Service
public class QueueConsumer {
    @JmsListener(destination = "test.myqueue")
    public void receiveQueueMsg(String msg) {
        System.out.println("收到的消息为：" + msg);
    }
}
```

> **注意**
>
> 如果生产者发送的消息的目的地为 Queue 类型，不管有多少个（消费者）方法在监听此队列，消息仅会被消费一次，也就是只有一个方法会被执行，且是随机的。

【例 17.1】 利用消息中间件异步保存订单数据（实例位置：资源包\TM\sl\17\1）

在很多电商平台系统中，响应用户下单请求和保存订单信息通常都是异步完成的，这样可以确保用户能在最短时间内看到页面反馈。最常用的方法就是业务层将用户成功下单的数据提交给消息中间件，再由消息中间件将数据转交给持久层进行保存，这样业务层与持久层分离执行，实现异步保存的效果。

想要在 Spring Boot 项目中实现此功能，需要先添加以下依赖：

```xml
<dependency>
    <groupId>org.springframework.boot</groupId>
    <artifactId>spring-boot-starter-thymeleaf</artifactId>
</dependency>
<dependency>
    <groupId>org.springframework.boot</groupId>
    <artifactId>spring-boot-starter-activemq</artifactId>
</dependency>
<dependency>
    <groupId>org.springframework.boot</groupId>
    <artifactId>spring-boot-starter-web</artifactId>
</dependency>
```

添加完依赖后，在 application.properties 配置文件中添加 ActiveMQ 的 URL 地址，以及订单的消息队列名称，配置如下：

```
spring.activemq.broker-url=tcp://127.0.0.1:61616
activemq.queue.name=order_queue
```

创建订单的数据实体类，代码如下：

```java
public class Order {
    private String orderId;         //订单流水号
    private String goodsId;         //商品编号
    private String goodsName;       //商品名称
    private String goodsType;       //商品类型
    private String goodsCount;      //商品数量
    private String goodsUnit;       //商品单位
    private String createDate;      //下单日期
    private String creator;         //创建人

    //此处省略构造方法、属性的Getter/Setter方法和重写的toString()方法
}
```

因为本项目只向一个消息队列发送消息且只从一个消息队列接收消息，为了避免重复创建目的地对象，通过创建配置类的方式将目的地对象注册成Bean，队列名称采用配置文件中的activemq.queue.name配置项的值，配置类代码如下：

```java
package com.mr.config;
import javax.jms.Queue;
import org.apache.activemq.command.ActiveMQQueue;
import org.springframework.beans.factory.annotation.Value;
import org.springframework.context.annotation.Bean;
import org.springframework.context.annotation.Configuration;

@Configuration
public class ActiveMqConfig {

    @Value("${activemq.queue.name}")
    String queueName;

    @Bean
    public Queue queue() {
        return new ActiveMQQueue(queueName);
    }
}
```

创建生产者服务，注入JmsTemplate对象和配置类提供的Queue队列对象，编写发送消息方法，将消息发送给Queue队列，代码如下：

```java
package com.mr.service;
import javax.jms.Queue;
import org.springframework.beans.factory.annotation.Autowired;
import org.springframework.jms.core.JmsMessagingTemplate;
import org.springframework.stereotype.Service;

@Service
public class QueueProducer {
    @Autowired
    JmsTemplate jmsTemplate;

    @Autowired
    Queue queue;

    public void sendMessage(String message) {
```

```
            jmsTemplate.convertAndSend(queue, message);
    }
}
```

创建消费者服务，注入 ObjectMapper 对象，用于解析消息文本中的 JSON 数据。使用@JmsListener 注解监听队列，如果接收到消息中间件发来的消息，则将获取的消息文本以 JSON 的格式解析成 Order 对象，最后将 Order 对象交给持久层保存。本实例简化了持久层的逻辑，仅以控制台打印的方式模拟持久层业务。代码如下：

```
package com.mr.service;
import org.springframework.beans.factory.annotation.Autowired;
import org.springframework.jms.annotation.JmsListener;
import org.springframework.stereotype.Service;
import com.fasterxml.jackson.core.JsonProcessingException;
import com.fasterxml.jackson.databind.JsonMappingException;
import com.fasterxml.jackson.databind.ObjectMapper;
import com.mr.dto.Order;

@Service
public class QueueConsumer {

    @Autowired
    ObjectMapper jackson;

    @JmsListener(destination = "${activemq.queue.name}")
    public void receiveQueueMsg(String msg) throws JsonMappingException, JsonProcessingException {
        System.out.println("接收的订单数据：" + msg);
        Order order = jackson.readValue(msg, Order.class);
        System.out.println("（模拟）将数据保存到数据库，提交的单号为：" + order.getGoodsId());
    }
}
```

创建控制器类，当前端提交了订单数据后，将这些数据封装成 Order 对象，再利用 Jackson 将对象转为 JSON 字符串并提交给消息中间件，代码如下：

```
package com.mr.controller;
import org.springframework.beans.factory.annotation.Autowired;
import org.springframework.stereotype.Controller;
import org.springframework.web.bind.annotation.RequestMapping;
import org.springframework.web.bind.annotation.ResponseBody;
import com.fasterxml.jackson.core.JsonProcessingException;
import com.fasterxml.jackson.databind.ObjectMapper;
import com.mr.dto.Order;
import com.mr.service.QueueProducer;

@Controller
public class OrderController {
    @Autowired
    QueueProducer producer;
    @Autowired
    ObjectMapper jackson;

    @RequestMapping("/submit/order")
    @ResponseBody
    public String getOrder(String orderId, String goodsId, String goodsName, String goodsType,
            String goodsCount, String goodsUnit, String createDate, String creator) {
        Order order = new Order(orderId, goodsId, goodsName, goodsType, goodsCount,
                goodsUnit, createDate, creator);
```

```
        try {
            producer.sendMessage(jackson.writeValueAsString(order));
        } catch (JsonProcessingException e) {
            e.printStackTrace();
            return "传入的数据有误";
        }
        return "提交订单成功";
    }

    @RequestMapping("/index")
    public String index() {
        return "index";
    }
}
```

启动项目和 ActiveMQ，打开谷歌浏览器访问 http://127.0.0.1:8080/index 地址，可以看到如图 17.14 所示页面。在此页面填写订单信息后，单击"提交"按钮，即可看到当前页面跳转至如图 17.15 所示的页面。

图 17.14 填写表单数据

图 17.15 提交订单后跳转的页面

此时在控制台上可以看到打印的日志。用户在前端提交的订单数据均打印了出来，这些数据就是消息中间件发送给消费者服务的。

17.2.4 Topic 发布/订阅消息

使用 Topic 模式收发消息同样需要创建生产者服务和消费者服务，很多语法与 Queue 模式相似。下面分别介绍如何创建 Topic 发布/订阅消息的生产者和消费者。

1. 创建生产者

Topic 是发布/订阅模式的接口，位于 javax.jms.Topic 包。ActiveMQ 驱动包提供的 ActiveMQTopic 类是 Topic 接口的实现类，该类位于 org.apache.activemq.command 包中。创建 ActiveMQTopic 对象的语法与创建 ActiveMQQueue 对象的语法相同：

```
new ActiveMQTopic("topicName");
```

构造方法的参数是消息队列的名字。这个构造方法会自动连接 ActiveMQ 中名称为"topicName"的发布/订阅消息队列，如果没有此名称的队列则创建新队列。通过下面这段代码就可以向 ActiveMQ 发送 Topic 类型的消息：

```
String message="这是一个新消息";
Destination destination = new ActiveMQTopic ("queueName");
jmsTemplate.convertAndSend(destination, message);
```

说明

发送 Topic 类型消息的代码与发送 Queue 类型消息的代码有相同的语法。

2．创建消费者

@JmsListener 注解默认监听 Queue 类型的消息，如果想监听 Topic 类型消息，则需要开启 JMS 动态解析类型的配置。

@JmsListener 注解的 containerFactory 属性可以用来指定用于创建监听的容器工厂对象。容器工厂的类型为 JmsListenerContainerFactory 接口，程序开发人员可以使用实现此接口的 DefaultJmsListenerContainerFactory 类来创建默认的容器工厂对象，通过调用其 setPubSubDomain()方法来开启 JMS 动态解析，让监听可以捕捉到 Topic 类型的消息。实现的方式如下。

（1）要创建 ActiveMqConfig 配置类，在类中注册创建 JmsListenerContainerFactory 类型的 Bean，示例代码如下：

```
@Configuration
public class ActiveMqConfig {
    @Bean("topicListenerContainer")                              //注册容器工厂 Bean 并命名
    public JmsListenerContainerFactory topicListenerContainer(ConnectionFactory connectionFactory) {
        //创建默认的创建 JMS 监听的容器工厂对象
        DefaultJmsListenerContainerFactory factory = new DefaultJmsListenerContainerFactory();
        factory.setConnectionFactory(connectionFactory);         //连接工厂对象仍采用原有的对象
        factory.setPubSubDomain(true);                           //让工厂创建的监听支持发布/订阅模式
        return factory;
    }
}
```

说明

setPubSubDomain()方法名是 set publish subscribe domain（设置发布订阅域）的缩写。

（2）在消费者服务的监听方法中，指定监听的队列名称的同时指定容器工厂 Bean 的名称，示例代码如下：

```
@Service
public class TopicConsumer {
    //设定监听的队列名称和采用的容器工厂 Bean 名称
    @JmsListener(destination = "test.topic", containerFactory = "topicListenerContainer")
    public void receiveQueueMsg1(String msg) {
        System.out.println("1 号监听收到消息：" + msg);
    }

    @JmsListener(destination = "test.topic", containerFactory = "topicListenerContainer")
    public void receiveQueueMsg2(String msg) {
        System.out.println("2 号监听收到消息：" + msg);
    }
}
```

若生产者向名为"test.topic"的队列发送 Topic 类型的消息，所有监听此队列的方法都会被执行。

【例 17.2】利用消息中间件向多服务端发送通知（实例位置：资源包\TM\sl\17\2）

像地震、冰雹、台风等这些重要预警信息往往会在多个平台同时推送，这些平台不限于手机短信、电视广播、电台广播等渠道。每一个推送平台的接口都不一样，响应时间也不一样，如果想要集中发送重要信息，就可以利用消息中间件发送 Topic 类型消息，同时触发不同平台的接口服务。

想要在 Spring Boot 项目中实现此功能，需要先添加以下依赖：

```xml
<dependency>
    <groupId>org.springframework.boot</groupId>
    <artifactId>spring-boot-starter-thymeleaf</artifactId>
</dependency>
<dependency>
    <groupId>org.springframework.boot</groupId>
    <artifactId>spring-boot-starter-activemq</artifactId>
</dependency>
<dependency>
    <groupId>org.springframework.boot</groupId>
    <artifactId>spring-boot-starter-web</artifactId>
</dependency>
```

添加完依赖后，在 application.properties 配置文件中添加 ActiveMQ 的 URL 地址以及消息队列的名称，配置如下：

```
spring.activemq.broker-url=tcp://127.0.0.1:61616
activemq.topic.name=UrgentAnnouncement.topic
```

首先编写 ActiveMQ 的配置类，在该类中注册 Topic 类型的目的地对象和开启发布/订阅模式的容器工厂对象，代码如下：

```java
package com.mr.config;
import javax.jms.ConnectionFactory;
import javax.jms.Topic;
import org.apache.activemq.command.ActiveMQTopic;
import org.springframework.beans.factory.annotation.Value;
import org.springframework.context.annotation.Bean;
import org.springframework.context.annotation.Configuration;
import org.springframework.jms.config.DefaultJmsListenerContainerFactory;
import org.springframework.jms.config.JmsListenerContainerFactory;

@Configuration
public class ActiveMqConfig {

    @Value("${activemq.topic.name}")
    String topicName;

    @Bean
    public Topic topic()                         {              //发布/订阅模式队列
        return new ActiveMQTopic(topicName);
    }

    @Bean("topicListenerContainer")                             //给创建监听的容器工厂对象起个名字
    public JmsListenerContainerFactory topicListenerContainer(ConnectionFactory connectionFactory) {
        //创建默认的创建 JMS 监听的容器工厂对象
        DefaultJmsListenerContainerFactory factory = new DefaultJmsListenerContainerFactory();
        factory.setConnectionFactory(connectionFactory);        //连接工厂对象仍采用原有的对象
        factory.setPubSubDomain(true);                          //让工厂创建的监听支持发布/订阅模式
        return factory;
    }
}
```

准备好目的地对象和容器工厂对象后，开始编写消息生产者服务。这时，仅需调用 JmsOperations 提供的 convertAndSend()方法发送文本消息即可。代码如下：

```java
package com.mr.service;
import javax.jms.Topic;
import org.springframework.beans.factory.annotation.Autowired;
import org.springframework.jms.core.JmsOperations;
import org.springframework.stereotype.Service;

@Service
public class TopicProducer {
    @Autowired
    JmsOperations jmsTemplate;

    @Autowired
    Topic topic;

    public void sendMessage(String message) {
        jmsTemplate.convertAndSend(topic, message);
    }
}
```

消费者服务要提供多个平台的消费方法，这些方法都监听同一个 Topic 类型的消息队列，并且采用配置类提供的容器工厂对象来创建监听。本项目编写了 4 个消费方法，分别模拟短信通知接口、电视广播接口、微信公告接口和社区公告接口，代码如下：

```java
package com.mr.service;
import org.springframework.jms.annotation.JmsListener;
import org.springframework.stereotype.Service;

@Service
public class TopicConsumer {                                //消费者服务
    @JmsListener(destination = "${activemq.topic.name}", containerFactory = "topicListenerContainer")
    public void sendSMS(String msg) {                       //发送短信
        System.out.println("(模拟发送短信通知)" + msg);
    }

    @JmsListener(destination = "${activemq.topic.name}", containerFactory = "topicListenerContainer")
    public void sendTVAnnouncement(String msg) {            //发送电视广播
        System.out.println("(模拟发送电视广播)" + msg);
    }

    @JmsListener(destination = "${activemq.topic.name}", containerFactory = "topicListenerContainer")
    public void sendWechatAnnouncement(String msg) {        //发送微信公告
        System.out.println("(模拟发送微信公告)" + msg);
    }

    @JmsListener(destination = "${activemq.topic.name}", containerFactory = "topicListenerContainer")
    public void sendCommunityAnnouncement(String msg) {     //发送社区公告
        System.out.println("(模拟发送社区公告)" + msg);
    }
}
```

编写完生产者服务与消费者服务后，创建控制器，接收前端发来的通知文本，将该文本发送给消息中间件。控制器代码如下：

```java
package com.mr.controller;
import org.springframework.beans.factory.annotation.Autowired;
```

```
import org.springframework.stereotype.Controller;
import org.springframework.web.bind.annotation.RequestMapping;
import org.springframework.web.bind.annotation.ResponseBody;
import com.mr.service.TopicProducer;

@Controller
public class IndexController {
    @Autowired
    TopicProducer producer;                                    //生产者

    @RequestMapping("/urgentAnnouncement")
    @ResponseBody
    public String sendUrgentAnnouncement(String message) {
        producer.sendMessage(message.trim());
        return "通知发送成功";
    }

    @RequestMapping("/index")
    public String index() {
        return "index";
    }
}
```

项目中的 index.html 为用户打开的页面文件，该页面有一个文本域和一个"发送"按钮，用户单击"发送"按钮后，会将文本域中的内容提交给控制器。页面代码如下：

```
<!DOCTYPE html>
<html>
<head>
<meta charset="UTF-8">
<title>发送紧急通知</title>
</head>
<body>
    <form action="/urgentAnnouncement" method="post">
        <textarea rows="4" cols="40" name="message"></textarea>
        <br> <input type="submit" value="发送" />
    </form>
</body>
</html>
```

启动项目和 ActiveMQ，打开谷歌浏览器访问 http://127.0.0.1:8080/index 地址，在网页的输入框中填写要发布的消息，如图 17.16 所示，单击"发送"按钮即可发布此消息。

图 17.16　用户在页面中填写要发布的消息

当服务器将消息发送给消息中间件后，所有正在监听的消费者方法都会接收到此消息，并在控制台打印执行结果，如图 17.17 所示。

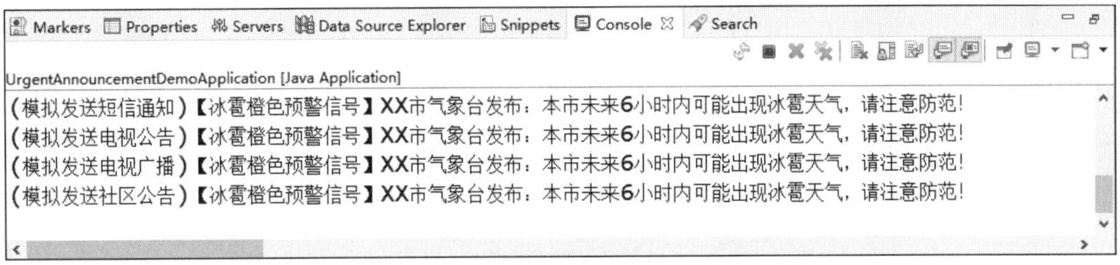

图 17.17 所有消费者方法均接收到同一消息

17.2.5 ActiveMQ 的延时队列功能

所谓延时队列，是指在生产者发出消息后，消息中间件不会立即将消息转发给消费者，而是等待一段时间再发送。这样，既可以防止大量数据同时涌入数据库，又可以有效地错开峰值。ActiveMQ 的延时队列功能默认是不开启的，程序开发人员需要对 ActiveMQ 做一些配置，才能使用此功能，下面介绍如何开启延时队列并在 Spring Boot 项目中使用此功能。

1．修改 ActiveMQ 配置文件

打开 ActiveMQ 的根目录，找到 conf 子目录并打开，找到 conf 目录中的 activemq.xml 文件，位置如图 17.18 所示。

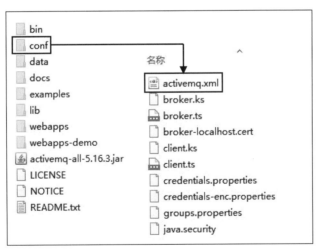

图 17.18　activemq.xml 文件所在的位置

使用文本编辑器（推荐 notepad++）打开 activemq.xml 文件，找到<broker>标签，并在<broker>标签中添加 schedulerSupport="true"属性，添加后效果如图 17.19 所示。

其文本内容如下：

```
<broker xmlns="http://activemq.apache.org/schema/core"
        brokerName="localhost"
        dataDirectory="${activemq.data}"
        schedulerSupport="true">
```

修改完配置后保存文件，重启 ActiveMQ 服务。

```
        </bean>

<!--
    The <broker> element is used to configure the ActiveMQ broker.
-->
<broker xmlns="http://activemq.apache.org/schema/core"
        brokerName="localhost"
        dataDirectory="${activemq.data}"
        schedulerSupport="true">

        <destinationPolicy>
            <policyMap>
              <policyEntries>
```

图 17.19　在<broker>标签中添加属性，启用延时队列

2．发送延时消息

发送延时消息，需要使用 JmsOperations 提供的 send()方法，该方法可以通过 MessageCreator 对象创建指定特征的消息对象。

MessageCreator 是用于创建消息的接口，位于 org.springframework.jms.core 包。MessageCreator 是一个函数式接口，程序开发人员可以使用 lambda 表达式创建其匿名对象。MessageCreator 的源码如下：

```
package org.springframework.jms.core;
import javax.jms.JMSException;
import javax.jms.Message;
import javax.jms.Session;
@FunctionalInterface
public interface MessageCreator {
    Message createMessage(Session session) throws JMSException;
}
```

createMessage()方法中的 Session 参数是 JMS 的会话对象，由 JMS 自动传入。返回的 Message 对象为即将发送的消息对象。程序开发人员可以在方法返回之前，对 Message 进行一些列的设置，其中就包括设置此消息的延迟发送时间。

Message 是 JMS 中的消息接口，位于 javax.jms。JMS 支持多种消息类型，这些消息类型如表 17.2 所示，Message 是其他消息类型的父接口。程序开发人员可以使用 createMessage()方法提供的 Session 参数来创建各种类型的消息对象。

表 17.2　各类型消息接口及创建方法

接口名称	说　　明	创 建 方 法
Message	消息（其他消息的父接口）	session.createMessage()
BytesMessage	字节类型消息	session.createBytesMessage()
MapMessage	键值类型消息	session.createMapMessage()
ObjectMessage	对象类型消息	session.createObjectMessage()
StreamMessage	流类型消息	session.createStreamMessage()
TextMessage	文本类型消息	session.createTextMessage()

例如，使用 JmsOperations 的 send()方法，向消息中间件发送一个内容为"Welcome"的文本消息，代码如下：

```
jmsTemplate.send(new ActiveMQQueue("myqueue"),                    //发送的目的地
        new MessageCreator() {                                     //创建消息
            public Message createMessage(Session session) throws JMSException {
                TextMessage message = session.createTextMessage();  //创建文本类型消息
                message.setText(""Welcome"");                        //设置文本的内容
                return message;                                      //返回文本对象，交给 JMS 发送
            }
        });
```

上面的代码可以使用 lambda 表达式简写为：

```
jmsTemplate.send(new ActiveMQQueue("myqueue"),                    //发送的目的地
        session -> {//创建消息，参数为原 createMessage()方法的 Session 参数
            TextMessage message = session.createTextMessage();     //创建文本类型消息
            message.setText(""Welcome"");                           //设置文本的内容
            return message;                                         //返回文本对象，交给 JMS 发送
        });
```

如果程序开发人员在返回 Message 对象之前为消息设置某些属性，就可以让消息具备一些特殊效果，例如让消息中间件接收到消息后，延迟 60 秒再传递给消费者，代码如下：

```
message.setIntProperty(ScheduledMessage.AMQ_SCHEDULED_DELAY, 60 * 1000);  //延迟 60 秒再传递
```

该方法第一个参数是被赋值的属性名称，这里使用了 ScheduledMessage 调度消息接口提供的常量，该常量是消息延迟发送属性的名称。第二个参数是为该属性赋予的新值，如果属性是延迟时间，那第二个参数就是毫秒数，60*1000 代表延迟 60 秒。ScheduledMessage 还有两个常用的常量如表 17.3 所示。

表 17.3 ScheduledMessage 提供的常用常量

常　　量	对应 Message 的属性名称	含　　义
ScheduledMessage.AMQ_SCHEDULED_DELAY	"AMQ_SCHEDULED_DELAY"	延迟传递的时间（单位：毫秒）
ScheduledMessage.AMQ_SCHEDULED_PERIOD	"AMQ_SCHEDULED_PERIOD"	重复传递的时间间隔（单位：毫秒）
ScheduledMessage.AMQ_SCHEDULED_REPEAT	"AMQ_SCHEDULED_REPEAT"	重复传递的次数

如果在第一次发送后，让一个消息延迟 5 秒再传递，完成第一次传递后再重复发送 3 次，每次间隔 10 秒，设置的代码如下：

```
message.setIntProperty(ScheduledMessage.AMQ_SCHEDULED_DELAY, 5 * 1000);    //第一次发送后延迟 5 秒再传递
message.setIntProperty(ScheduledMessage.AMQ_SCHEDULED_REPEAT, 3);          //第一次传递后，再重复发送 3 次
message.setIntProperty(ScheduledMessage.AMQ_SCHEDULED_PERIOD, 10 * 1000);  //每次间隔 10 秒
```

这 3 行代码会让消息以图 17.20 所示的顺序进行传递，消费者最终会收到 4 条消息。

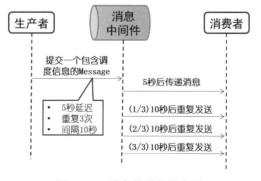

图 17.20 消息传递的顺序图

注意

如果在消费者接收消息之前强制关闭服务器或消息中间件,则会导致消息始终处于"等待消费"的状态,当服务器和消息中间件重启时,消费者会立即接收所有"等待消费"的消息。

上文演示的 setIntProperty()方法只是 Message 提供的众多设置方法的其中之一,Message 为每一种类型都提供了一个设置属性的方法,如表 17.4 所示。

表 17.4　Message 提供的设置属性的方法

方　　法	说　　明
setBooleanProperty(java.lang.String name, boolean value)	为消息对象的名字为 name 的属性设置 boolean 值
setByteProperty(java.lang.String name, byte value)	为消息对象的名字为 name 的属性设置 byte 值
setDoubleProperty(java.lang.String name, double value)	为消息对象的名字为 name 的属性设置 double 值
setFloatProperty(java.lang.String name, float value)	为消息对象的名字为 name 的属性设置 float 值
setIntProperty(java.lang.String name, int value)	为消息对象的名字为 name 的属性设置 int 值
setLongProperty(java.lang.String name, long value)	为消息对象的名字为 name 的属性设置 long 值
setObjectProperty(java.lang.String name, java.lang.Object value)	为消息对象的名字为 name 的属性设置 Object 对象的值,此 Object 对象仅适用于包装类
setShortProperty(java.lang.String name, short value)	为消息对象的名字为 name 的属性设置 short 值
setStringProperty(java.lang.String name, java.lang.String value)	为消息对象的名字为 name 的属性设置 String 值

17.3　RabbitMQ

RabbitMQ 是一款由 Erlang 语言实现的消息中间件,由于其功能多、性能强、支持多种语言和协议、可以灵活扩展,使得 RabbitMQ 的市场占有率特别大。本节将介绍 RabbitMQ 的安装与使用。

17.3.1　搭建 RabbitMQ

因为 RabbitMQ 需要在 Erlang 中运行,所以搭建 RabbitMQ 需要先安装 Erlang,再安装 RabbitMQ。下面将分别介绍 Erlang 和 RabbitMQ 的安装步骤。

1．Erlang 的下载与安装

Erlang 的下载、安装步骤如下。

(1)打开浏览器,访问 https://www.erlang.org/downloads 地址,可以看到页面如图 17.21 所示,单击右侧的 Download Windows installer 按钮,下载 Windows 版本安装包。

说明

因为编写本书时官方提供的是 24.1.4 版本,所以下载的安装包为 otp_win64_24.1.4.exe。

第 17 章 消息中间件

图 17.21　下载 Windows 版本安装包的按钮位置

（2）双击下载完成的安装包，首先会打开如图 17.22 所示界面，直接单击下方的 Next 按钮进行下一步操作。

（3）如图 17.23 所示，通过单击 Browse 按钮，选择将 Erlang 安装到 D 盘的根目录下，单击下方的 Next 按钮执行下一步操作。

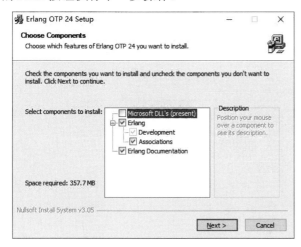
图 17.22　选择安装的组件

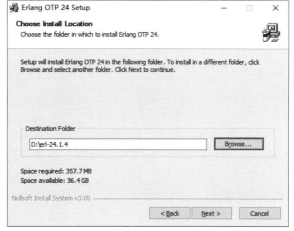
图 17.23　将 RabbitMQ 安装到 D 盘

（4）在如图 17.24 所示的选择开始菜单目录界面，直接单击下方的 Install 按钮开始安装。安装完毕后，单击 close 按钮关闭对话框，就完成 Erlang 的搭建了。

2．RabbitMQ 的下载与安装

RabbitMQ 的安装步骤如下。

（1）打开浏览器，访问 https://www.rabbitmq.com/install-windows.html 地址，将网页往下拉可以看到如图 17.25 所示的 Windows 版本安装包下载超链接，单击此超链接下载安装包。

说明

因为编写本书时官方提供的是 3.9.8 版本，所以下载的安装包为 rabbitmq-server-3.9.8.exe。

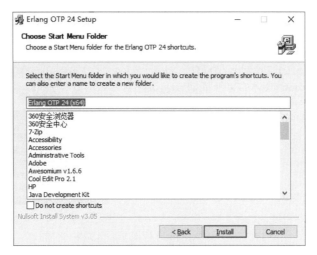

图 17.24　单击 Install 按钮开始安装

图 17.25　Windows 版本安装包的下载位置

（2）双击已下载好的 rabbitmq-server-3.9.8.exe 文件，如果弹出如图 17.26 所示对话框则表示未安装 Erlang，需重新执行本节"Erlang 的下载与安装"的步骤。

如果已安装了 Erlang，则会打开如图 17.27 所示的选择安装组件页面，直接单击下方的 Next 按钮进入下一步操作。

图 17.26　未安装 Erlang

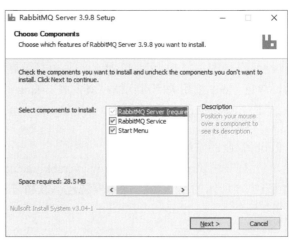

图 17.27　选择组件页面

（3）如图 17.28 所示，通过单击 Browse 按钮，选择将 RabbitMQ 安装到 D 盘根目录下，单击下方的 Install 按钮开始安装。等安装结束后，单击 Finish 按钮，完成 RabbitMQ 的所有安装操作。

3．启动文件

打开 RabbitMQ 的安装目录，找到 sbin 子目录，该子目录下的 rabbitmq-server.bat 就是 RabbitMQ 服务的启动文件。例如，本节将 RabbitMQ 安装在了 D 盘的 RabbitMQ Server 文件夹中，启动文件的位置如图 17.29 所示。

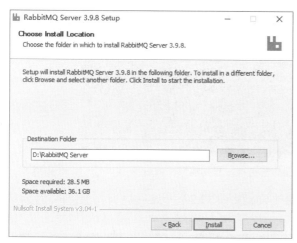
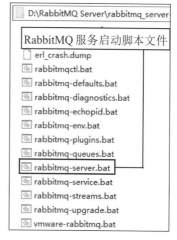

图 17.28　将 RabbitMQ 安装在 D 盘　　　图 17.29　RabbitMQ 服务启动脚本文件的位置

程序开发人员第一次运行这个启动文件时可能会出现窗口闪退现象，这是由 RabbitMQ 服务使用的 25672 端口被占用所导致的启动失败引起的。想要成功启动 RabbitMQ 服务就需要终止所有占用 25672 端口的进程。

终止进程之前首先要找到哪些进程占用了端口，通过下面这行命令可获得占用端口的进程号：

`netstat -ano|findstr 25672`

获得进程号后，再通过下面这行命令终止该进程：

`taskkill /f /t /im 进程号`

例如，笔者打开 Windows 的命令提示符后，使用第一个命令查到编号为 1948 的进程占用了端口，使用第二个命令终止了 1948 进程及其所有子进程，整个过程如图 17.30 所示。

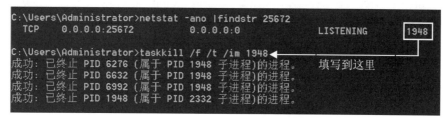

图 17.30　查找占用端口的进程，并终止该进程

完成上述操作后，RabbitMQ 服务仍然无法成功启动，这是因为刚才终止一个进程后，端口又迅速

被另一个进程占用，“查找进程，终止进程”这个操作需要重复执行多次，直到没有任何进程占用 25672 端口。如图 17.31 所示，笔者又找到了两个占用端口的进程，终止这些进程后，再执行 netstat 命令时未找到任何占用端口的进程，在这种情况下才可以启动 RabbitMQ 服务。

```
C:\Users\Administrator>netstat -ano|findstr 25672
  TCP    0.0.0.0:25672          0.0.0.0:0              LISTENING       10908

C:\Users\Administrator>taskkill /f /t /im 10908
成功: 已终止 PID 584 (属于 PID 10908 子进程)的进程。
成功: 已终止 PID 7624 (属于 PID 10908 子进程)的进程。
成功: 已终止 PID 3800 (属于 PID 10908 子进程)的进程。
成功: 已终止 PID 10908 (属于 PID 11236 子进程)的进程。

C:\Users\Administrator>netstat -ano|findstr 25672
  TCP    0.0.0.0:25672          0.0.0.0:0              LISTENING       7868

C:\Users\Administrator>taskkill /f /t /im 7868
成功: 已终止 PID 688 (属于 PID 7868 子进程)的进程。
成功: 已终止 PID 1900 (属于 PID 7868 子进程)的进程。
成功: 已终止 PID 8308 (属于 PID 7868 子进程)的进程。
成功: 已终止 PID 7868 (属于 PID 11236 子进程)的进程。

C:\Users\Administrator>netstat -ano|findstr 25672

C:\Users\Administrator>_
```

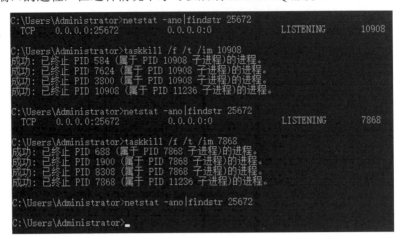

图 17.31　多次终止占用端口的进程，直到端口不被占用

双击 rabbitmq-server.bat 启动文件，启动成功的日志如图 17.32 所示。

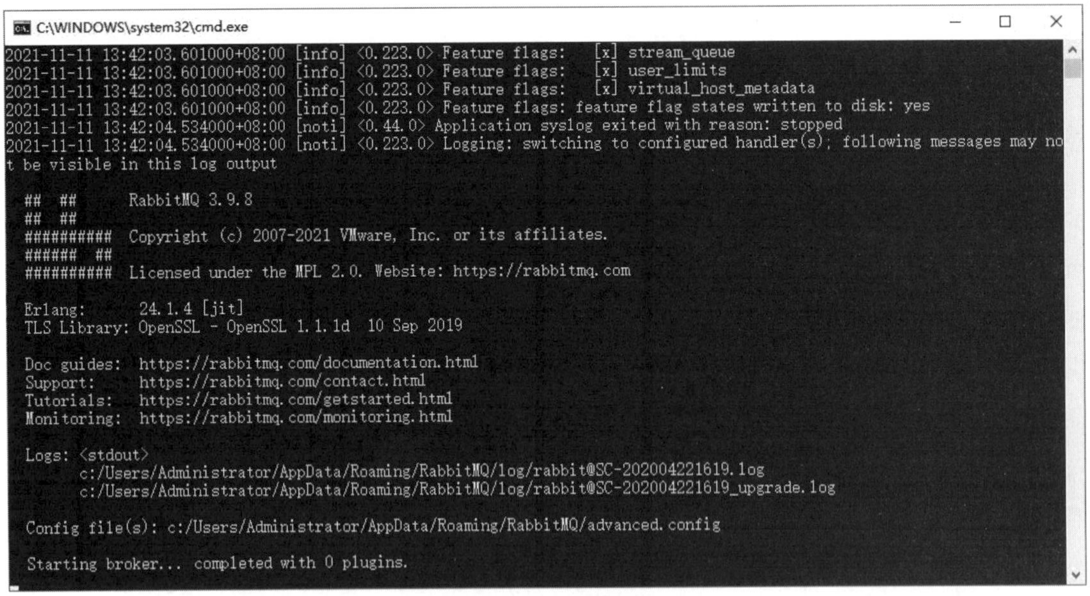

```
C:\WINDOWS\system32\cmd.exe
2021-11-11 13:42:03.601000+08:00 [info] <0.223.0> Feature flags:   [x] stream_queue
2021-11-11 13:42:03.601000+08:00 [info] <0.223.0> Feature flags:   [x] user_limits
2021-11-11 13:42:03.601000+08:00 [info] <0.223.0> Feature flags:   [x] virtual_host_metadata
2021-11-11 13:42:03.601000+08:00 [info] <0.223.0> Feature flags: feature flag states written to disk: yes
2021-11-11 13:42:04.534000+08:00 [noti] <0.44.0> Application syslog exited with reason: stopped
2021-11-11 13:42:04.534000+08:00 [noti] <0.223.0> Logging: switching to configured handler(s); following messages may no
t be visible in this log output

  ##  ##      RabbitMQ 3.9.8
  ##  ##
  ##########  Copyright (c) 2007-2021 VMware, Inc. or its affiliates.
  ######  ##
  ##########  Licensed under the MPL 2.0. Website: https://rabbitmq.com

  Erlang:      24.1.4 [jit]
  TLS Library: OpenSSL - OpenSSL 1.1.1d  10 Sep 2019

  Doc guides:  https://rabbitmq.com/documentation.html
  Support:     https://rabbitmq.com/contact.html
  Tutorials:   https://rabbitmq.com/getstarted.html
  Monitoring:  https://rabbitmq.com/monitoring.html

  Logs: <stdout>
        c:/Users/Administrator/AppData/Roaming/RabbitMQ/log/rabbit@SC-202004221619.log
        c:/Users/Administrator/AppData/Roaming/RabbitMQ/log/rabbit@SC-202004221619_upgrade.log

  Config file(s): c:/Users/Administrator/AppData/Roaming/RabbitMQ/advanced.config

  Starting broker... completed with 0 plugins.
```

图 17.32　RabbitMQ 启动成功

4．注册成 Windows 服务

RabbitMQ 支持将服务注册成 Windows 服务，启动后的效果与使用.bat 文件启动的效果一样。下面介绍如何将 RabbitMQ 注册成 Windows 服务。

（1）单击 Windows 桌面的开始菜单，展开已安装 RabbitMQ Server 菜单，可以看到如图 17.33 所示的菜单项。

第 17 章 消息中间件

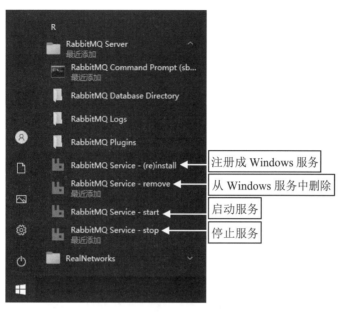

图 17.33 开始菜单中 RabbitMQ 的菜单项

（2）先单击 RabbitMQ Service - (re)install 菜单，有命令行窗体一闪而过后，再单击 RabbitMQ Service - start 菜单，就可以看到弹出的窗体显示"请求的服务已经启动"，效果如图 17.34 所示。

5．启动可视化界面

RabbitMQ 也有可视化操作界面，但默认是不启用的，需要程序开发人员手动添加插件来启用。为 RabbitMQ 添加插件需要用到与 rabbitmq-server.bat 脚本文件同一个目录下的 rabbitmq-plugins.bat 脚本文件，位置如图 17.35 所示。

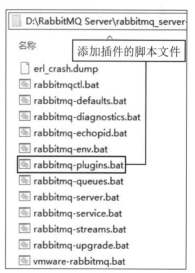

图 17.34 启动服务成功　　　　　图 17.35 添加插件的脚本文件的位置

rabbitmq-plugins.bat 脚本文件需要在控制台中通过命令进行调用，并指定参数。启用可视化插件的命令如下：

```
rabbitmq-plugins enable rabbitmq_management
```

取消可视化插件的命令如下：

```
rabbitmq-plugins disable rabbitmq_management
```

例如，笔者将 RabbitMQ 安装在了 D 盘，所以启动插件的命令如下：

```
D:                                               //切换至 D 盘
cd D:\RabbitMQ Server\rabbitmq_server-3.9.8\sbin //进入 RabbitMQ 脚本文件夹
rabbitmq-plugins enable rabbitmq_management      //启动可视化插件
```

这 3 行命令需要按顺序单独执行，执行后的结果如图 17.36 所示，添加启动插件后，需要重启 RabbitMQ 服务。

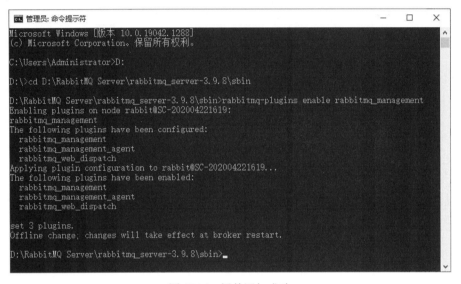

图 17.36　插件添加成功

重启 RabbitMQ 服务后，打开浏览器，访问 http://127.0.0.1:15672/地址，可看到如图 17.37 所示的登录页面，默认的账号和密码均为"guest"。

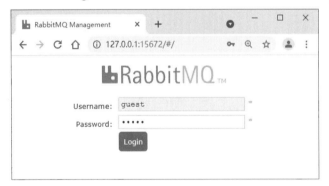

图 17.37　登录页面

登录成功后，就能够看到如图 17.38 所示的操作台页面了。

图 17.38　RabbitMQ 操作台页面

17.3.2　RabbitMQ 中的各类组件及其概念

RabbitMQ 服务中包含了很多组件，其结构如图 17.39 所示，程序开发人员连接 RabbitMQ 时需要创建这些组件的对象，这一节的就对 RabbitMQ 中的各类组件及相关的概念进行简单的介绍。

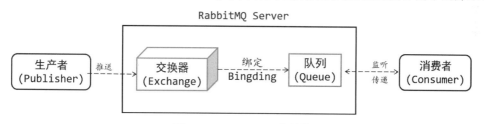

图 17.39　RabbitMQ 的结构

1．概念解释

Queue——队列，存储消息的虚拟空间。每个队列都有各自的名称。一个 RabbitMQ 服务中可以有多个队列。

Exchange——交换器，接收生产者消息的组件。交换器会根据自身的类型将消息分发到队列中。一个 RabbitMQ 服务中可以有多个交换器。

Binding——绑定，在某交换器与某队列之间创建关联关系，相当于为两者创建了一个连接。交换器只能将消息投递给与自己绑定的队列。

Routing Key——路由键，字符串类型。某交换器与某队列绑定后，需要对此绑定关系设置名称，这个名称就是路由键，交换器通过路由键寻找已绑定的队列。生产者发来的消息中也会包含一个路由键,这个路由键是消息传递的目标。交换器接到消息后,会把消息的路由键与自己所持有的路由键一一对比,如果有相同的则将消息投递给路由键所指向的队列,如果没有则返回消息投递失败。

Binding Key——绑定键,同路由键。

Connection——连接,指消息的生产端或消费端与 RabbitMQ 服务器之间创建的 TCP 连接。

Channel——信道/通道,一个连接中包含多个信道,每一个消息的收发任务都是在一个单独的信道中完成的。例如 Spring Boot 项目分 3 次向 RabbitMQ 发送了 3 个消息,每一个消息都会建立一个信道。如果信道被关闭,相应的任务也会结束。

2. 交换器类型

RabbitMQ 提供了 3 种常用交换器类型,分别是:

1) DirectExchange——直连交换器

直连交换器是最常用的交换器,生产者需要为消息指定交换器和路由键,交换器会根据路由键把消息投递给对应名称的队列,其过程如图 17.40 所示。

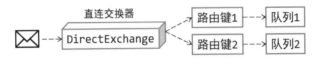

图 17.40 直连交换器的投递过程

2) FanoutExchange——扇形交换器

扇形交换器的效果类似于广播,会将消息投递给所有和自己绑定的队列,其过程如图 17.41 所示。交给扇形交换器的消息不需要指定路由键。

图 17.41 扇形交换器的投递过程

扇形交换器的使用方法将在 17.3.6 节中予以介绍。

3) TopicExchange——主题交换器

主题交换器结合了直连交换器与扇形交换器的特点,它会把路由键与绑定键做模糊匹配,匹配通过的队列都会收到消息,其投递过程如图 17.42 所示。

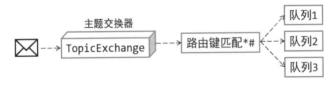

图 17.42 主题交换器的投递过程

17.3.3 添加依赖和配置项

Spring Boot 项目需要手动添加 RabbitMQ 依赖,但不需要写明版本号。需要在 pom.xml 文件中添加的依赖内容如下：

```xml
<dependency>
    <groupId>org.springframework.boot</groupId>
    <artifactId>spring-boot-starter-amqp</artifactId>
</dependency>
```

在项目连接 RabbitMQ 服务之前，需要先配置连接信息，在 application.properties 配置文件中添加如下配置项：

```
# RabbitMQ 服务的 IP 地址
spring.rabbitmq.host=127.0.0.1
# RabbitMQ 服务的端口号
spring.rabbitmq.port=5672
# 登录 RabbitMQ 服务的账号
spring.rabbitmq.username=guest
# 登录 RabbitMQ 服务的密码
spring.rabbitmq.password=guest
```

除了上述必填的配置项外，还有一些选填的配置项可供参考，这些选填的配置项如下：

```
# 配置虚拟主机
spring.rabbitmq.virtual-host=/
# 开启发送确认，确认模式为 ConfirmType.CORRELATED
spring.rabbitmq.publisher-confirm-type=correlated
# 消息发送失败则退回
spring.rabbitmq.publisher-returns=true
# 连接超时时间，单位为毫秒，0 表示不超时
spring.rabbitmq.connection-timeout=5000
# 指定心跳请求超时时间，单位为秒，默认 60 秒，0 表示不使用此功能
spring.rabbitmq.requested-heartbeat=60
```

17.3.4 RabbitMQ 发送/接收消息

在 Spring Boot 项目中使用 RabbitMQ 时，也要创建生产者服务和消费者服务。只不过，在创建生产者服务前，需要先创建队列对象和交换器对象。

1. 绑定队列和交换器

Queue 是队列类，位于 org.springframework.amqp.core 包下。创建队列对象的构造方法语法如下：

```
Queue(String name)
Queue(String name, boolean durable)
Queue(String name, boolean durable, boolean exclusive, boolean autoDelete)
Queue(String name, boolean durable, boolean exclusive, boolean autoDelete, Map<String, Object> arguments)
```

构造方法的参数含义如下：

- ☑ name：队列名。
- ☑ durable：队列是否持久化，默认值为 true。如果传入 true，队列中的消息会储存在硬盘上，即使 RabbitMQ 服务重启，也可以读取到已保存的消息。
- ☑ exclusive：表示队列是否只能被当前创建的连接使用，当连接关闭时队列是否也会被删除。默认值是 false。
- ☑ autoDelete：当没有生产者或者消费者使用此队列时，此队是否会自动删除。默认值为 false。

☑ arguments：为队列添加的参数，例如设置延迟队列的特定任务、设置死信队列的存活时间等的参数。

以直连交换器为例，DirectExchange 为直连交换器类，也位于 org.springframework.amqp.core 包下。创建直连交换器对象的构造方法语法如下：

```
DirectExchange(String name)
DirectExchange(String name, boolean durable, boolean autoDelete)
```

构造方法的参数含义如下：
☑ name：交换器名。
☑ durable：交换器是否持久化，默认为 true。
☑ autoDelete：当没有生产者或者消费者使用此交换器时，此交换器是否会自动删除，默认为 false。

绑定队列和交换器需要使用 BindingBuilder 工具类提供的 bind()方法，使用语法如下：

```
Binding bind = BindingBuilder.bind(队列对象).to(交换器对象).with("绑定键");
```

对象绑定键是一个字符串，用来与路由键做匹配。返回的 Binding 类型对象是队列与交换器的绑定关系对象，将此对象注册成 Bean，Spring Boot 就会在 RabbitMQ 中创建队列、交换器和两者关系，生产者服务就可以向 RabbitMQ 发消息了。

建议采用配置类的方式创建这 3 个对象，示意代码如下：

```
@Configuration
public class RabbitMQConfig {

    @Bean()
    public Queue createQueue() {           //创建队列
        return new Queue("demo.queue");
    }

    @Bean()
    public DirectExchange createExchange() { //创建交换器
        return new DirectExchange("demo.exchange");
    }

    @Bean
    public Binding createBinding() {         //将队列与交换器绑定
        return BindingBuilder.bind(createQueue()).to(createExchange()).with("demo.routingkey");
    }
}
```

2．创建生产者

创建生产者服务发送消息，需要注入 RabbitTemplate 对象，这是 RabbitMQ 消息模板类，由 Spring Boot 项目提供，程序开发人员可以直接注入，语法如下：

```
@Autowired
RabbitTemplate rabbitTemplate;
```

程序开发人员使用 RabbitTemplate 提供的 convertAndSend()方法就可以向 RabbitMQ 服务发送消息，该方法有多种重载形式，其语法如下：

```
convertAndSend(Object object)
convertAndSend(Object message, MessagePostProcessor messagePostProcessor)
```

```
convertAndSend(Object message, MessagePostProcessor messagePostProcessor, CorrelationData correlationData)
convertAndSend(String routingKey, Object object)
convertAndSend(String routingKey, Object object, CorrelationData correlationData)
convertAndSend(String routingKey, Object message, MessagePostProcessor messagePostProcessor)
convertAndSend(String routingKey, Object message, MessagePostProcessor messagePostProcessor,
          CorrelationData correlationData)
convertAndSend(String exchange, String routingKey, Object object)
convertAndSend(String exchange, String routingKey, Object object, CorrelationData correlationData)
convertAndSend(String exchange, String routingKey, Object message, MessagePostProcessor messagePostProcessor)
convertAndSend(String exchange, String routingKey, Object message, MessagePostProcessor messagePostProcessor,
          CorrelationData correlationData)
```

这些语法总共只用了 6 个参数来实现不同的重载形式，这些参数的含义如下：

- ☑ exchange：交换器名称，表示消息会提交给哪一个交换器。
- ☑ routingKey：路由键，指向消息的目标队列。
- ☑ message：消息对象，消费者会接收到的消息内容，可以直接传入字符串。
- ☑ object：同 message。
- ☑ messagePostProcessor：消息的处理器对象，允许程序开发人员在消息发出前对消息对象进行进一步加工。
- ☑ correlationData：附加消息，默认为 null，表示无附加消息。

例如，向 RabbitMQ 中的"canteen.exchange"交换器发送消息，消息的路由键为"canteen.routing.key"，消息内容为"开饭啦"，代码如下：

```
rabbitTemplate.convertAndSend("canteen.exchange", "canteen.routing.key", "开饭啦");
```

执行完这行语句后，消息就会立即送到 RabbitMQ 的队列中，等待消费。

3．创建消费者

创建消费者需要用到@RabbitListener 注解，该注解位于 org.springframework.amqp.rabbit.annotation 包下。@RabbitListener 注解可以标注类，也可以标注方法。使用@RabbitListener 时需要为其 queues 属性赋值，语法如下：

```
@RabbitListener(queues = "demo.queue")
```

属性值"demo.queue"为被监听的队列名，一旦有消息进入该队列就会立刻被监听捕捉到。@RabbitListener 的 queues 属性也可以同时监听多个队列，语法如下：

```
@RabbitListener(queues = { "demo.queue.a", "demo.queue.b", "demo.queue.c" })
```

消息进入以上任何一个队列中都会被监听捕捉到。

如果@RabbitListener 注解标注的是类，那么监听所触发的方法需要使用@RabbitHandler 进行标注。方法的参数为消息对象，监听捕捉到的消息会自动传入该参数中，示例如下：

```
@Service
@RabbitListener(queues = "springboot.queue.test")
public class MyConsumer {
    @RabbitHandler
    public void getMessage(Message message) {
        System.out.println(message);
    }
}
```

如果@RabbitListener注解标注的是方法，则不需要@RabbitHandler注解，示例如下：

```
@Service
public class MyConsumer {
    @RabbitListener(queues = "springboot.queue.test")
    public void getMessage(Message message) {
        System.out.println(message);
    }
}
```

如果队列中保存的消息是字符串类型，可以将方法参数定义为字符串类型，示例如下：

```
@RabbitListener(queues = "springboot.queue.test")
public void getMessage(String message) {
    System.out.println(message);
}
```

【例17.3】利用RabbitMQ收发消息（实例位置：资源包\TM\sl\17\3）

（1）在Spring Boot项目中添加以下依赖：

```xml
<dependency>
    <groupId>org.springframework.boot</groupId>
    <artifactId>spring-boot-starter-thymeleaf</artifactId>
</dependency>
<dependency>
    <groupId>org.springframework.boot</groupId>
    <artifactId>spring-boot-starter-web</artifactId>
</dependency>
<dependency>
    <groupId>org.springframework.boot</groupId>
    <artifactId>spring-boot-starter-amqp</artifactId>
</dependency>
```

（2）在application.properties配置文件中添加连接RabbitMQ的连接配置和自定义配置项，配置项如下：

```
spring.rabbitmq.host=127.0.0.1
spring.rabbitmq.port=5672
spring.rabbitmq.username=guest
spring.rabbitmq.password=guest
rabbit.queue.name=springboot.queue.test
rabbit.exchange.name=springboot.exchange.test
rabbit.routing.key=springboot.routingkey.test
```

（3）创建配置类以绑定队列和交换器，队列名、交换器名和路由键均从application.properties文件中获取，配置类代码如下：

```java
package com.mr.config;
import org.springframework.amqp.core.Binding;
import org.springframework.amqp.core.BindingBuilder;
import org.springframework.amqp.core.DirectExchange;
import org.springframework.amqp.core.Queue;
import org.springframework.beans.factory.annotation.Value;
import org.springframework.context.annotation.Bean;
import org.springframework.context.annotation.Configuration;

@Configuration
public class RabbitMQConfig {
```

```
@Value("${rabbit.queue.name}")
String queueName;

@Value("${rabbit.exchange.name}")
String exchangeName;

@Value("${rabbit.routing.key}")
String routingKey;

@Bean()
public Queue initQueue() {                          //创建队列
    return new Queue(queueName);
}

@Bean()
public DirectExchange initDirectExchange() {        //创建交换器
    return new DirectExchange(exchangeName);
}

@Bean
public Binding bindingDirect()           {          //将队列与交换器绑定
    return BindingBuilder.bind(initQueue()).to(initDirectExchange()).with(routingKey);
}
}
```

（4）创建生产者服务。注入 RabbitTemplate 对象，读取配置文件中的交换器名称和路由键名称，将生产者发消息的方法封装成 send()方法，利用 RabbitTemplate 对象的 convertAndSend()方法将字符串消息发送给 RabbitMQ，代码如下：

```
package com.mr.service;
import org.springframework.amqp.rabbit.core.RabbitTemplate;
import org.springframework.beans.factory.annotation.Autowired;
import org.springframework.beans.factory.annotation.Value;
import org.springframework.stereotype.Service;

@Service
public class RabbitMQProducer {

    @Autowired
    RabbitTemplate rabbitTemplate;

    @Value("${rabbit.exchange.name}")
    String exchangeName;

    @Value("${rabbit.routing.key}")
    String routingKey;

    public void send(String message) {
        rabbitTemplate.convertAndSend(exchangeName,routingKey, message);
    }
}
```

（5）创建消费者服务，使用@RabbitListener 注解监听配置文件中的队列，当获取到字符串消息时直接将其打印在控制台上，代码如下：

```
package com.mr.service;
import org.slf4j.Logger;
import org.slf4j.LoggerFactory;
```

```java
import org.springframework.amqp.rabbit.annotation.RabbitListener;
import org.springframework.stereotype.Service;

@Service
public class RabbitMQConsumer {
    private static final Logger log = LoggerFactory.getLogger(RabbitMQConsumer.class);

    @RabbitListener(queues = "${rabbit.queue.name}")
    public void getMessage(String message) {
        log.info("消费者收到消息：{}", message);
    }
}
```

（6）创建控制器类，注入生产者对象。当前端发来请求时，将用户提交的消息发送给 RabbitMQ，代码如下：

```java
package com.mr.controller;
import org.springframework.beans.factory.annotation.Autowired;
import org.springframework.stereotype.Controller;
import org.springframework.web.bind.annotation.RequestMapping;
import org.springframework.web.bind.annotation.ResponseBody;
import com.mr.service.RabbitMQProducer;

@Controller
public class IndexController {

    @Autowired
    RabbitMQProducer producer;

    @RequestMapping("/sendMessage")
    @ResponseBody
    public String sendMessage(String message) {
        producer.send(message);
        return "发送成功";
    }

    @RequestMapping("/index")
    public String index() {
        return "index";
    }
}
```

（7）创建用户提交消息的前端页面，页面中只包含文本域和"发送"按钮即可，代码如下：

```html
<!DOCTYPE html>
<html>
<head>
<meta charset="UTF-8">
</head>
<body>
    <form action="/sendMessage" method="post">
        <textarea rows="4" cols="40" name="message"></textarea>
        <br> <input type="submit" value="发送" />
    </form>
</body>
</html>
```

（8）启动项目和 RabbitMQ 服务，打开浏览器访问 http://127.0.0.1:8080/index 地址，可以看到如图 17.43 所示页面，先在文本域中填写要发送的消息，再单击下方的"发送"按钮。

第 17 章 消息中间件

图 17.43 用户填写消息的页面

（9）当后端接收到用户提交的消息时，会立即将消息发送给 RabbitMQ。RabbitMQ 将消息放到队列中，监听此队列的消费者就会立刻收到消息，服务器将在控制台上打印如图 17.44 所示的日志。

图 17.44 后台打印的日志

17.3.5 启用发送确认模式

在生产者向 RabbitMQ 发送消息后，RabbitMQ 可以给生产者一个反馈消息，这个反馈消息中会包含接收是否成功、失败原因等一系列内容。这个功能是 RabbitMQ 提供的发送确认模式，类似手机短信、电子邮件的已读回执功能。不过发送确认模式需要程序开发人员手动开启，本节就介绍如何开启此模式。

启用发送确认模式有两种方式：第一种是在配置类中手动创建 RabbitTemplate 对象，并在创建过程中启用发送确认，这种方式代码多，但灵活性强；第二种是在 application.properties 配置文件中通过配置项启用发送确认，这种方式代码少，但灵活性不如前者。

在配置类中启用发送确认模式的示例代码如下：

```
@Configuration
public class RabbitMQConfig {
    private static final Logger log = LoggerFactory.getLogger(RabbitMQConfig.class);
    @Autowired
    CachingConnectionFactory connectionFactory;        //注入连接工厂对象

    @Bean
    public RabbitTemplate rabbitTemplate() {
        //消息发送成功后触发确认方法
        connectionFactory.setPublisherConfirmType(ConfirmType.CORRELATED);
        //消息发送失败后触发回调方法
        connectionFactory.setPublisherReturns(true);
        //通过连接工厂对象创建 RabbitTemplate 对象
        RabbitTemplate template = new RabbitTemplate(connectionFactory);
```

```
            template.setMandatory(true);                    //若交换器无法匹配到指定队列，则取消发送消息
            template.setConfirmCallback(new RabbitTemplate.ConfirmCallback() {
                public void confirm(CorrelationData correlationData, boolean ack, String cause) {
                    if (ack) {
                        log.info("消息发送成功");
                    } else {
                        log.info("消息发送失败，原因：{}", cause);
                    }
                }
            });
            template.setReturnsCallback(new RabbitTemplate.ReturnsCallback() {
                public void returnedMessage(ReturnedMessage returned) {
                    log.info("消息发送失败：{}", returned);
                }
            });
            return template;
        }
}
```

这段代码中注入了 CachingConnectionFactory 缓存连接工厂对象，CachingConnectionFactory 是 ConnectionFactory 连接工厂接口的实现类，由 Spring 自动创建。将连接工厂对象作为 RabbitTemplate 模板类的构造方法参数，即可创建 RabbitTemplate 对象。

配置过程中还是用到了 ConfirmType 确认类型枚举，该枚举可以指定在什么情况下会触发消息确认的回调方法。枚举的源码如下：

```
public enum ConfirmType {
    CORRELATED,
    SIMPLE,
    NONE
}
```

这 3 个枚举项的含义如下：
- ☑ CORRELATED：发布消息后触发回调方法。
- ☑ SIMPLE：发布消息后触发回调方法。支持 RabbitTemplate 的 waitForConfirms()等待确认方法，如果等待确认的时间超时了，则可能触发 TimeoutException 异常。此项很少被使用。
- ☑ NONE：不触发回调方法。

setConfirmCallback()是发送确认的回调方法，可以用来判断消息是否正确到达交换器中。方法参数为 RabbitTemplate.ConfirmCallback 监听接口，该接口定义如下：

```
@FunctionalInterface
public interface ConfirmCallback {
    void confirm(@Nullable CorrelationData correlationData, boolean ack, @Nullable String cause);
}
```

接口中的 confirm 方法会在消息到达 RabbitMQ 后触发。方法的参数含义如下：
- ☑ correlationData：发送消息时设置的 correlationData。由于 confirm 消息是异步监听的，因此需要在发送消息时传递一个 correlationData，从而在返回 confirm 消息时判断其属于哪个消息，所以 correlationData 通常设置为消息的唯一 ID。
- ☑ ack：消息中间件返回的应答，如果成功接收消息则返回 true，接收失败则返回 false。
- ☑ cause：接收失败的原因。

setReturnsCallback()是返回信息的回调方法,通常会在交换器路由找不到队列时触发。方法中的参数为RabbitTemplate.ReturnsCallback监听接口,该接口定义如下:

```
public interface ReturnsCallback{
    void returnedMessage(ReturnedMessage returned);
}
```

注意

开启"发送确认"功能需要先调用connectionFactory.setPublisherReturns(true)。

接口方法中只有一个参数,该参数的类型为ReturnedMessage,该类型封装了回复消息所包含的所有内容,程序开发人员可以通过调用属性的Getter方法获取具体消息内容。ReturnedMessage所包含的属性如下:

```
public class ReturnedMessage {
    private final Message message;        //消息对象
    private final int replyCode;          //回复的状态码
    private final String replyText;       //回复的文本
    private final String exchange;        //交换器名
    private final String routingKey;      //路由键
}
```

application.properties配置文件中也通过配置项启用发送确认,上文中有这段代码:

```
//消息发送成功后触发确认方法
connectionFactory.setPublisherConfirmType(ConfirmType.CORRELATED);
//消息发送失败后触发回调方法
connectionFactory.setPublisherReturns(true);
```

可将上面代码替换成配置文件的如下配置:

```
spring.rabbitmq.publisher-confirm-type=correlated
spring.rabbitmq.publisher-returns=true
```

【例17.4】确认是否成功向RabbitMQ发送了消息(实例位置:资源包\TM\sl\17\4)

(1)在Spring Boot项目中添加以下依赖:

```
<dependency>
    <groupId>org.springframework.boot</groupId>
    <artifactId>spring-boot-starter-thymeleaf</artifactId>
</dependency>
<dependency>
    <groupId>org.springframework.boot</groupId>
    <artifactId>spring-boot-starter-web</artifactId>
</dependency>
<dependency>
    <groupId>org.springframework.boot</groupId>
    <artifactId>spring-boot-starter-amqp</artifactId>
</dependency>
```

(2)在application.properties配置文件中添加连接RabbitMQ的连接配置和自定义配置项,配置项如下:

```
spring.rabbitmq.host=127.0.0.1
spring.rabbitmq.port=5672
```

```
spring.rabbitmq.username=guest
spring.rabbitmq.password=guest
rabbit.queue.name=springboot.queue.test
rabbit.exchange.name=springboot.exchange.test
rabbit.routing.key=springboot.routingkey.test
```

（3）创建配置类绑定队列和交换器，队列名、交换器名和路由键均从 application.properties 文件中获取。重新覆盖 RabbitTemplate 对象，开启发送确认模式，打印发送成功或发送失败日志。配置类代码如下：

```
@Configuration
public class RabbitMQConfig {
    private static final Logger log = LoggerFactory.getLogger(RabbitMQConfig.class);
    @Autowired
    private CachingConnectionFactory connectionFactory;

    @Value("${rabbit.queue.name}")
    String queueName;

    @Value("${rabbit.exchange.name}")
    String exchangeName;

    @Value("${rabbit.routing.key}")
    String routingKey;

    @Bean()
    public Queue initQueue() {                          //创建队列
        return new Queue(queueName);
    }

    @Bean()
    public DirectExchange initDirectExchange() {        //创建交换器
        return new DirectExchange(exchangeName);
    }

    @Bean
    public Binding bindingDirect() {                    //将队列与交换器绑定
        return BindingBuilder.bind(initQueue()).to(initDirectExchange()).with(routingKey);
    }

    @Bean
    public RabbitTemplate rabbitTemplate() {
        //消息发送成功后触发确认方法
        connectionFactory.setPublisherConfirmType(ConfirmType.CORRELATED);
        //消息发送失败后触发回调方法
        connectionFactory.setPublisherReturns(true);
        //通过连接工厂对象创建 RabbitTemplate 对象
        RabbitTemplate template = new RabbitTemplate(connectionFactory);
        template.setMandatory(true);                    //若交换器无法匹配到指定队列，则取消发送消息
        template.setConfirmCallback(new RabbitTemplate.ConfirmCallback() {
            public void confirm(CorrelationData correlationData, boolean ack, String cause) {
                if (ack) {
                    log.info("消息发送成功");
                } else {
                    log.info("消息发送失败，原因：{}", cause);
                }
            }
        });
```

```
            template.setReturnsCallback(new RabbitTemplate.ReturnsCallback() {
                public void returnedMessage(ReturnedMessage returned) {
                    log.info("消息发送失败：{}", returned);
                }
            });
            return template;
    }
}
```

(4) 创建生产者服务，并且提供发送消息的方法，代码如下：

```
@Service
public class RabbitMQProducer {
    @Autowired
    RabbitTemplate rabbitTemplate;

    @Value("${rabbit.exchange.name}")
    String exchangeName;

    @Value("${rabbit.routing.key}")
    String routingKey;

    public void send(String message) {
        rabbitTemplate.convertAndSend(exchangeName, routingKey, message);
    }
}
```

(5) 创建消费者服务，代码如下：

```
@Service
public class RabbitMQConsumer {
    private static final Logger log = LoggerFactory.getLogger(RabbitMQConsumer.class);

    @RabbitListener(queues = "${rabbit.queue.name}")
    public void getMessage(String message) {
        log.info("消费者收到消息：{}", message);
    }
}
```

(6) 创建控制器类，注入生产者对象。当前端发来请求时，将用户提交的消息发送给 RabbitMQ，代码如下：

```
@Controller
public class IndexController {
    @Autowired
    RabbitMQProducer producer;

    @RequestMapping("/sendMessage")
    @ResponseBody
    public String sendMessage(String message) {
        producer.send(message);
        return "发送成功";
    }
}
```

(7) 启动项目和 RabbitMQ 服务，利用 Postman 模拟前端发送的请求，访问 http://127.0.0.1:8080/sendMessage 地址，并为 message 参数添加测试数据，单击 Send 按钮，可以看到如图 17.45 所示效果，服务器接收到请求后返回"发送成功"。

图 17.45　Postman 成功向服务器发送请求

（8）在服务器端接收到请求后，将 message 参数的值发送给 RabbitMQ。如图 17.46 所示，RabbitMQ 把结果反馈给服务器，服务器将打印"消息发送成功"的日志；在消费者服务成功获取该信息后，服务器将打印"消费者收到消息：测试一下"的日志。

图 17.46　服务器打印发送确认功能所触发的成功日志

17.3.6　RabbitMQ 的广播功能

RabbitMQ 通过 FanoutExchange 扇形交换器实现广播功能，可以将一个消息同时发送给多个消费者。FanoutExchange 扇形交换器的用法与 DirectExchange 直连交换器类似，只不过扇形交换器与队列绑定时不需要指定路由键。下面通过一个实例演示扇形交换器的使用方法。

【例 17.5】使用扇形交换器同时向 3 个队列发送消息（实例位置：资源包\TM\sl\17\5）

（1）在 Spring Boot 项目中添加以下依赖：

```
<dependency>
    <groupId>org.springframework.boot</groupId>
    <artifactId>spring-boot-starter-thymeleaf</artifactId>
</dependency>
<dependency>
    <groupId>org.springframework.boot</groupId>
    <artifactId>spring-boot-starter-web</artifactId>
</dependency>
<dependency>
    <groupId>org.springframework.boot</groupId>
```

```xml
<artifactId>spring-boot-starter-amqp</artifactId>
</dependency>
```

（2）在 application.properties 配置文件中添加连接 RabbitMQ 的连接配置和自定义配置项，注意自定义的队列名有 3 个，不写路由键的相关内容。配置项如下：

```
spring.rabbitmq.host=127.0.0.1
spring.rabbitmq.port=5672
spring.rabbitmq.username=guest
spring.rabbitmq.password=guest
rabbit.queue.a=springboot.queue.a
rabbit.queue.b=springboot.queue.b
rabbit.queue.c=springboot.queue.c
rabbit.exchange.name=springboot.fanoutExchange.test
```

（3）创建配置类来绑定队列和交换器。创建 3 个队列和一个扇形交换器，3 个队列均与扇形交换器绑定，且不需填写路由键。代码如下：

```java
@Configuration
public class RabbitMQConfig {
    @Value("${rabbit.queue.a}")
    String queueA;
    @Value("${rabbit.queue.b}")
    String queueB;
    @Value("${rabbit.queue.c}")
    String queueC;
    @Value("${rabbit.exchange.name}")
    String exchangeName;

    @Bean()
    public FanoutExchange initFanoutExchange() {         //创建扇形交换器
        return new FanoutExchange(exchangeName);
    }

    @Bean()
    public Queue initQueueA() {                          //创建队列 A
        return new Queue(queueA);
    }

    @Bean()
    public Queue initQueueB() {                          //创建队列 B
        return new Queue(queueB);
    }

    @Bean()
    public Queue initQueueC() {                          //创建队列 C
        return new Queue(queueC);
    }

    @Bean
    public Binding bindingExchangeA() {                  //将队列 A 与交换器绑定
        return BindingBuilder.bind(initQueueA()).to(initFanoutExchange());
    }

    @Bean
    public Binding bindingExchangeB() {                  //将队列 B 与交换器绑定
        return BindingBuilder.bind(initQueueB()).to(initFanoutExchange());
    }
```

```java
    @Bean
    public Binding bindingExchangeC() {                    //将队列 C 与交换器绑定
        return BindingBuilder.bind(initQueueC()).to(initFanoutExchange());
    }
}
```

（4）创建生产者服务，在发送消息的方法中，将路由键的值写为 null，代码如下：

```java
@Service
public class RabbitMQProducer {

    @Autowired
    RabbitTemplate rabbitTemplate;

    @Value("${rabbit.exchange.name}")
    String exchangeName;

    public void send(String message) {                     //发送消息，不需要执行路由键
        rabbitTemplate.convertAndSend(exchangeName, null, message);
    }
}
```

（5）创建消费者服务，类中需创建 3 个方法，分别监听 3 个不同的队列，代码如下：

```java
@Service
public class RabbitMQConsumer {

    private static final Logger log = LoggerFactory.getLogger(RabbitMQConsumer.class);

    @RabbitListener(queues = "${rabbit.queue.a}")
    public void getMessageA(String message) {
        log.info("消费者从 A 队列收到消息：{}", message);
    }

    @RabbitListener(queues = "${rabbit.queue.b}")
    public void getMessageB(String message) {
        log.info("消费者从 B 队列收到消息：{}", message);
    }

    @RabbitListener(queues = "${rabbit.queue.c}")
    public void getMessageC(String message) {
        log.info("消费者从 C 队列收到消息：{}", message);
    }
}
```

（6）创建控制器类，注入生产者对象。当前端发来请求时，将用户提交的消息发送给 RabbitMQ，代码如下：

```java
@Controller
public class IndexController {
    @Autowired
    RabbitMQProducer producer;

    @RequestMapping("/sendMessage")
    @ResponseBody
    public String sendMessage(String message) {
        producer.send(message);
        return "发送成功";
    }
}
```

（7）启动项目和 RabbitMQ 服务，利用 Postman 模拟前端发送的请求，访问 http://127.0.0.1:8080/sendMessage 地址，并为 message 参数添加测试数据，单击 Send 按钮，可以看到如图 17.47 所示效果，服务器接收到请求后返回"发送成功"。

图 17.47　Postman 成功向服务器发送请求

（8）服务器接收到请求后，将 message 参数的值发送给 RabbitMQ。RabbitMQ 将消息分发给 3 个不同的队列，在监听这 3 个队列的消费者同时获取该信息后，服务器将在控制台上打印如图 17.48 所示的日志。

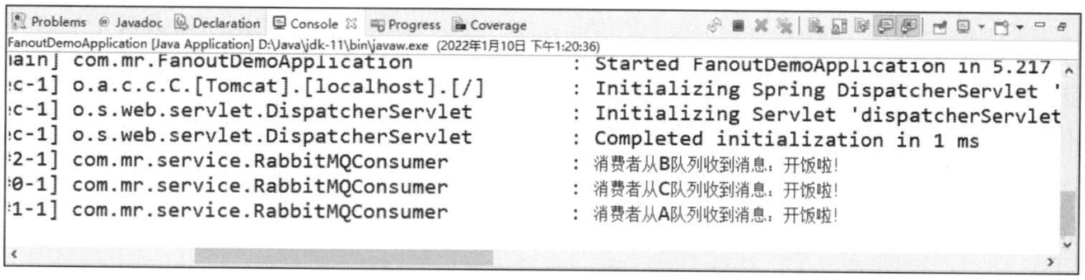

图 17.48　3 个队列同时获得消息，服务器打印日志

17.4　实践与练习

（答案位置：资源包\TM\sl\17\实践与练习）

综合练习：火车票预订平台的延时保存数据功能

当火车票开始发售时，会有大量旅客争抢订票，如果同时保存旅客的订票数据，会对数据库造成巨大压力。此时可以通过消息中间件，在确认旅客订票成功的前提下，将订票数据延迟交给数据库，延迟时间随机，这样可以有效分流数据峰值，减缓数据库压力。

请读者按照如下思路和步骤编写程序。

（1）在 Spring Boot 项目中添加以下依赖：

```
<dependency>
    <groupId>org.springframework.boot</groupId>
```

```xml
        <artifactId>spring-boot-starter-activemq</artifactId>
    </dependency>
    <dependency>
        <groupId>org.springframework.boot</groupId>
        <artifactId>spring-boot-starter-thymeleaf</artifactId>
    </dependency>
    <dependency>
        <groupId>org.springframework.boot</groupId>
        <artifactId>spring-boot-starter-web</artifactId>
    </dependency>
```

（2）在 application.properties 配置文件中添加 ActiveMQ 的 URL 地址，以及车票订单的消息队列名称，配置如下：

```
spring.activemq.broker-url=tcp://127.0.0.1:61616
activemq.queue.name=book_ticket.test
```

（3）创建订单的数据实体类。

（4）因为本项目只向一个消息队列发送消息且只从一个消息队列接收消息，所以通过创建配置类的方式将目的地对象注册成 Bean，队列名称采用配置文件中的 activemq.queue.name 配置项的值。

（5）创建生产者服务，使用 JmsTemplate 的 send()方法发送消息。在创建 send()方法第二个参数的匿名对象时，设置消息传递前有 10~60 秒的随机延迟时间，这样可以保证每一个火车票订单的延迟时间都不一样，并把订单分散到不同时间段进行保存。使用日志组件打印日志，可以看到生产者发送消息的具体时间。

（6）创建消费者服务，监听消息队列，并使用 Jackson 解析 JSON 格式的消息。使用日志组件打印消费者接收消息的时间，与生产者发送消息的时间进行对比，就可以计算出消息传递的延迟时间。

（7）创建控制器类，在前端提交了火车票订单相关数据后，先将这些数据封装成火车票的实体对象（车厢号、座位号和座位类型为固定值），再利用 Jackson 将实体对象转为 JSON 字符串并提交给消息中间件。

（8）启动项目和 ActiveMQ，打开谷歌浏览器访问 http://127.0.0.1:8080/index 地址，在网页上填写如图 17.49 所示的火车票信息，单击"提交"按钮即可完成预订。

图 17.49 填写火车票相关信息

（9）成功提交后，观察控制台的日志。查看服务器在何时将消息发送给消息中间件，在何时才接收到消息，这两个时间的差值就是传递过程的延迟时间，这个延迟时间是随机得出的。

第 4 篇 项目篇

本篇详解一个名为"Spring Boot+MySQL+Vue 实现图书管理系统"的项目,按照"需求分析→系统设计→数据表设计→添加依赖和配置信息→工具类设计→实体类设计→数据持久层和服务层设计→分页插件配置类设计→控制器类设计→启动类设计→项目运行"的设计思路,带领读者一步一步地体验开发 Spring Boot 项目的全过程。

项目篇 —— Spring Boot+MySQL+Vue 实现图书管理系统
- 明确Vue和Spring Boot的各自优势
- 明确图书管理系统的设计思路
- 重点学习使用Spring Boot完成图书管理系统的后端开发

第 18 章 Spring Boot+MySQL+Vue 实现图书管理系统

"前后端分离"是当下非常流行的一种开发项目的方式,这种方式把前端和后端予以分离,使得前端和后端都可以被独立开发和部署。其中,Vue 是一款广泛使用的前端框架,它提供了组件化开发、路由管理、状态管理等功能,使用 Vue 能够让前端开发更高效、更灵活、更易维护;Spring Boot 是一款轻量级的后端框架,它提供了依赖管理、自动配置、快速开发等功能,使用 Spring Boot 能够让后端开发更高效、更简单、更易维护。

本章将使用 Vue、Spring Boot 和 MySQL 数据库开发一个图书管理系统。因为本书主要讲解的是 Spring Boot 基础、进阶、整合框架等内容,所以本章将主要讲解如何使用 Spring Boot 完成图书管理系统的后端开发。

本章的知识架构及重难点如下。

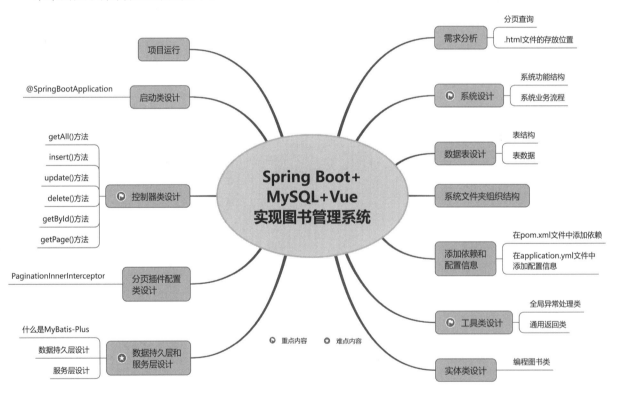

18.1　需 求 分 析

本章要实现的图书管理系统主要管理编程类图书,它具有 4 个核心功能:查询所有的编程图书、新增编程图书、编辑(编程图书)和删除(编程图书)。该系统功能结构简单,仅适用于个人编程类图书的管理或者 Spring Boot 教学(面向初学者)。在开发图书管理系统之前,需要对本系统的一些需求进行拆解和分析,进而完善一些附加功能和功能细节。

1.分页查询

所谓分页查询,指的是在查询数据库中的数据时把查询结果予以分页显示。分页查询是一种常用的查询数据的方式,其原理是把很多个查询结果按照一定的数量分为多个页面,每个页面只显示指定数量的查询结果,用户可以通过翻页的方式访问其他页面的查询结果。例如,现查询到 100 条数据,如果通过设置让每个页面只显示 10 条数据,那么这 100 条数据就会被依次分配到 10 个页面予以显示。

在实现分页查询时,需要考虑以下几个方面:

- ☑ 计算数据总数。
- ☑ 计算分页数。
- ☑ 查询与某个页面对应的数据。
- ☑ 显示分页导航(为了方便用户访问不同的页面)。

2..html 文件的存放位置

本系统没有使用 Thymeleaf 模板引擎技术,而是通过 http://localhost:8080/pages/books.html 地址访问 books.html,因此需要把 books.html 文件放在 src/main/resources 目录的 static 文件夹下的 pages 子文件夹中。

18.2　系 统 设 计

为了更加直观地了解图书管理系统,下面将分别从系统功能结构和系统业务流程这两方面予以介绍。

18.2.1　系统功能结构

图书管理系统的功能结构如图 18.1 所示。

18.2.2　系统业务流程

图书管理系统的业务流程如图 18.2 所示。

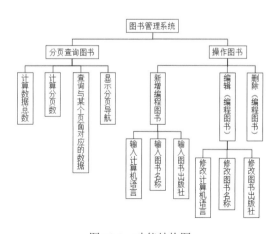

图 18.1　功能结构图

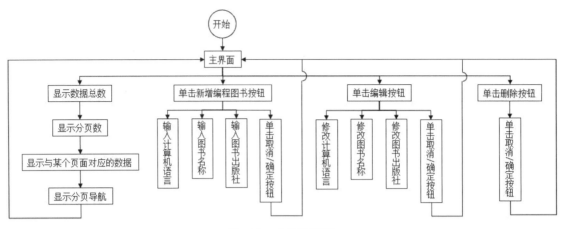

图 18.2 业务流程图

18.3 数据表设计

因为图书管理系统会累积大量的编程图书信息,所以有必要通过数据库对编程图书信息予以存储。此外,数据库还可以高效地对编程图书信息执行增、删、改、查等操作。

本系统使用 MySQL 数据库。在 MySQL 数据库中创建一个名为 db_book 的库,在这个库中创建与编程图书信息对应的表。

编程图书信息表的名称为 book,主要用于存储编程图书的编号、编程图书所属的计算机语言、编程图书的名称、编程图书的出版社,其结构如表 18.1 所示。

表 18.1 book 表

字 段 名 称	数 据 类 型	是 否 主 键	说　　明
id	int	主键	编程图书的编号
type	varchar		编程图书所属的计算机语言
name	varchar		编程图书的名称
description	varchar		编程图书的出版社

book 表的初始数据如图 18.3 所示。

id	type	name	description
1	Java	Java从入门到精通	清华大学出版社
2	C	C语言从入门到精通	清华大学出版社
3	C++	C++从入门到精通	清华大学出版社
4	SQL	SQL语言从入门到精通	清华大学出版社
5	Vue.js	Vue.js从入门到精通	清华大学出版社
6	HTML5	HTML5从入门到精通	清华大学出版社
7	Python	Python从入门到精通	清华大学出版社
8	C#	C#从入门到精通	清华大学出版社
9	PHP	PHP从入门到精通	清华大学出版社
10	MySQL	MySQL从入门到精通	清华大学出版社
11	Oracle	Oracle从入门到精通	清华大学出版社
12	SQL Server	SQL Server从入门到精通	清华大学出版社
13	HTML5+CSS3	HTML5+CSS3从入门到精通	清华大学出版社

图 18.3 book 表的初始数据

18.4　系统文件夹组织结构

在开发图书管理系统之前，需要为系统规划好文件夹组织结构。通过对各个功能模块进行划分，使得系统益于开发、管理和维护。系统的文件夹组织结构如下所示：

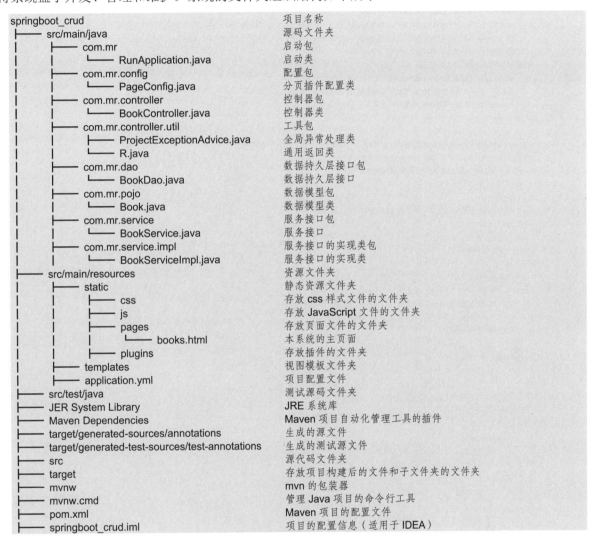

18.5　添加依赖和配置信息

在开发 Spring Boot 项目的过程中，程序开发人员不仅需要为当前项目手动添加依赖，而且需要为当前项目手动添加配置信息。下面将分别介绍如何为图书管理系统添加依赖和配置信息。

18.5.1 在 pom.xml 文件中添加依赖

因为本书把 Maven 作为项目构建工具，而 pom.xml 是 Maven 构建项目的核心配置文件，所以程序开发人员需要在 pom.xml 文件中为图书管理系统添加依赖，这些依赖会被添加到 pom.xml 文件中的 <dependencies> 标签内部。明确上述内容后，在图书管理系统的 pom.xml 文件中添加如下的依赖：

```xml
<?xml version="1.0" encoding="UTF-8"?>
<project xmlns="http://maven.apache.org/POM/4.0.0" xmlns:xsi="http://www.w3.org/2001/XMLSchema-instance"
    xsi:schemaLocation="http://maven.apache.org/POM/4.0.0 https://maven.apache.org/xsd/maven-4.0.0.xsd">
    <modelVersion>4.0.0</modelVersion>
    <parent>
        <groupId>org.springframework.boot</groupId>
        <artifactId>spring-boot-starter-parent</artifactId>
        <version>2.6.3</version>
    </parent>

    <groupId>com.mr</groupId>
    <artifactId>springboot_crud</artifactId>
    <version>0.0.1-SNAPSHOT</version>

    <properties>
        <java.version>1.8</java.version>
    </properties>

    <dependencies>

        <dependency>
            <groupId>com.baomidou</groupId>
            <artifactId>mybatis-plus-boot-starter</artifactId>
            <version>3.4.3</version>
        </dependency>

        <dependency>
            <groupId>com.alibaba</groupId>
            <artifactId>druid-spring-boot-starter</artifactId>
            <version>1.2.6</version>
        </dependency>

        <dependency>
            <groupId>org.springframework.boot</groupId>
            <artifactId>spring-boot-starter-web</artifactId>
        </dependency>

        <dependency>
            <groupId>mysql</groupId>
            <artifactId>mysql-connector-java</artifactId>
            <version>5.1.34</version>
            <scope>runtime</scope>
        </dependency>

        <dependency>
            <groupId>org.springframework.boot</groupId>
            <artifactId>spring-boot-starter-test</artifactId>
            <scope>test</scope>
        </dependency>
```

```xml
        <!--lombok-->
        <dependency>
            <groupId>org.projectlombok</groupId>
            <artifactId>lombok</artifactId>
        </dependency>
    </dependencies>

    <build>
        <plugins>
            <plugin>
                <groupId>org.springframework.boot</groupId>
                <artifactId>spring-boot-maven-plugin</artifactId>
            </plugin>
        </plugins>
    </build>
</project>
```

18.5.2 在 application.yml 文件中添加配置信息

Spring Boot 支持多种格式的配置文件，最常用的是 properties 格式（默认格式）和比较新颖的 yml 格式。本书的第1~17章，使用的都是 properties 格式的配置文件，而本章将使用 yml 格式的配置文件为图书管理系统添加配置信息。

yml 是一种可读性高、用于表达数据序列化的文本格式。对于 yml 格式的配置文件，其文本格式也是键值对，具体如下：

```
key: value
```

需要注意的是，在英文格式的":"与值（value）之间至少有一个空格，并且空格不能被 tab 替代。在添加配置信息的过程中，通过空格的数量表示各层的层级关系。例如，在配置文件中，为一个具有3层关系的键赋值的语法如下：

```
key1:
  key2:
    key3: value
```

明确上述内容后，在图书管理系统的 application.yml 文件中添加如下的配置信息：

```yaml
server:
  port: 8080
spring:
  datasource:
    druid:
      driver-class-name: com.mysql.jdbc.Driver
      url: jdbc:mysql://localhost:3306/db_book?useUnicode=true&characterEncoding=utf-8
      username: root
      password: 123456

mybatis-plus:
  global-config:
    db-config:
      id-type: auto
  configuration:
    log-impl: org.apache.ibatis.logging.stdout.StdOutImpl #日志
```

18.6 工具类设计

将一些反复调用的代码封装成工具类，不仅可以提高开发效率，还可以提高代码的可读性。图书管理系统中有两个工具类，分别是全局异常处理类和通用返回类。下面将分别介绍这两个类。

18.6.1 全局异常处理类

当一个Spring Boot项目没有对用户触发的异常进行拦截时，用户触发的异常就会触发最底层异常。在实际开发中，程序开发人员必须对最底层异常进行拦截。

拦截全局最底层异常的方式非常简单，只需在全局异常处理类中单独写一个"兜底"的处理异常的方法，并使用@ExceptionHandler(Exception.class)注解予以标注。

图书管理系统的全局异常处理类是 com.mr.controller.util 工具包下的 ProjectExceptionAdvice 类，ProjectExceptionAdvice 类的代码如下：

```java
package com.mr.controller.util;

import org.springframework.web.bind.annotation.ExceptionHandler;

public class ProjectExceptionAdvice {
    //拦截所有的异常信息
    @ExceptionHandler
    public R doException(Exception ex){
        ex.printStackTrace();
        return new R("服务器故障，请稍后再试！ ");
    }
}
```

18.6.2 通用返回类

在实际开发过程中，需要编写很多个控制器。虽然这些控制器中的方法各不相同，但是这些控制器的作用都是先让后端处理前端发送的请求，再把后端返回的结果传递给前端。程序开发人员习惯把后端返回的所有结果都统一封装成一个类，并把这个类称作"通用返回类"，同时定义这个类为R类，这样后端传递给前端的结果的类型就都是R类型了。也就是说，在控制器中，R类不仅接收了后端处理的结果，而且被传递给前端，进而统一了返回的类型。

在图书管理系统的R类中，包含了3个私有的属性，它们分别是表示Boolean型对象的bool、表示实体类对象的obj和表示字符串信息的str。为了方便外部类访问这3个私有的属性，需要为它们添加Getter/Setter方法。

此外，在R类中还包含了1个无参构造方法和4个有参构造方法，这4个有参构造方法分别为只含有Boolean型对象bool的构造方法、只含有Boolean型对象bool和实体类对象obj的构造方法、只含有Boolean型对象 bool 和字符串信息 str 的构造方法以及只含有字符串信息 str 的构造方法。com.mr.

controller.util 工具包下的 R 类的代码如下：

```java
package com.mr.controller.util;

public class R {                            //通用返回值类
    private Boolean bool;                   //Boolean 型对象
    private Object obj;                     //实体类对象
    private String str;                     //字符串信息

    //为通用返回值类添加无参构造方法和有参构造方法
    public R() {
    }

    public R(Boolean flag) {
        this.bool = flag;
    }

    public R(Boolean flag, Object data) {
        this.bool = flag;
        this.obj = data;
    }

    public R(Boolean flag, String msg) {
        this.bool = flag;
        this.str = msg;
    }

    public R(String msg) {
        this.str = msg;
    }

    //分别为上述 3 个属性添加 Getter/Setter 方法
    public Boolean getFlag() {
        return bool;
    }

    public void setFlag(Boolean flag) {
        this.bool = flag;
    }

    public Object getData() {
        return obj;
    }

    public void setData(Object data) {
        this.obj = data;
    }

    public String getMsg() {
        return str;
    }

    public void setMsg(String msg) {
        this.str = msg;
    }
}
```

18.7 实体类设计

实体类又称数据模型类。顾名思义，实体类是一种专门用于保存数据模型的类。每一个实体类都对应着一种数据模型，通常类的属性与数据表的字段相对应。虽然实体类的属性都是私有的，但是通过每一个属性的 Getter/Setter 方法，外部类就能够获取或修改实体类的某一个属性值。实体类通常都会提供无参构造方法，并根据具体情况确定是否提供有参构造方法。

图书管理系统只有一个实体类，这个实体类对应的是 com.mr.pojo 包下的 Book.java 文件，表示编程图书类。编程图书类中的编程图书的编号、编程图书所属的计算机语言、编程图书的名称和编程图书的出版社这 4 个属性与 db_book 库的 book 表中的 4 个字段相对应。为了方便外部类访问这 4 个私有的属性，需要为它们添加 Getter/Setter 方法。com.mr.pojo 包下的 Book 类代码如下：

```java
package com.mr.pojo;

public class Book {
    private Integer id;           //编程图书的编号
    private String type;          //编程图书所属的计算机语言
    private String name;          //编程图书的名称
    private String description;   //编程图书的出版社
    //分别为上述的 4 个属性添加 Getter/Setter 方法
    public Integer getId() {
        return id;
    }

    public void setId(Integer id) {
        this.id = id;
    }

    public String getType() {
        return type;
    }

    public void setType(String type) {
        this.type = type;
    }

    public String getName() {
        return name;
    }

    public void setName(String name) {
        this.name = name;
    }

    public String getDescription() {
        return description;
    }

    public void setDescription(String description) {
        this.description = description;
    }
}
```

18.8 数据持久层和服务层设计

数据持久层是指一个项目中专门负责将数据持久化保存的业务层，其作用是提供对数据执行增、删、改、查等操作的方法。服务层由服务接口和服务接口的实现类组成，其作用是调用数据持久层提供的方法实现对数据执行增、删、改、查等操作的功能。下面将分别介绍如何为图书管理系统设计数据持久层和服务层。

18.8.1 什么是 MyBatis-Plus

本书的第 15 章已经介绍了 MyBatis 框架，那么 MyBatis-Plus 与 MyBatis 有什么联系和区别呢？MyBatis-Plus，简称 MP，是一个 MyBatis 的增强工具。MyBatis-Plus 在 MyBatis 的基础上只做增强不做改变，专为简化开发、提高开发效率而生。

何以体现 MyBatis-Plus 能够简化开发、提高开发效率呢？当使用 MyBatis 时，在编写 Mapper 接口后，不仅需要手动编写对数据执行增、删、改、查等操作的方法，还需要手动编写与每个方法对应的 SQL 语句。以第 15 章的 PeopleMapper 接口为例，PeopleMapper 的代码如下：

```java
import org.apache.ibatis.annotations.Delete;
import org.apache.ibatis.annotations.Insert;
import org.apache.ibatis.annotations.Update;
public interface PeopleMapper {

    @Select("select * from t_people where name = '张三'")
    People getZhangsan();//找到名字叫张三的人

    @Insert("insert into t_people(name,gender,age) values('小丽','女',20)")
    boolean addXiaoLi();

    @Update("update t_people set age = 19 where name = '小丽'")
    boolean updateXiaoLi();

    @Delete("delete from t_people where name = '小丽'")
    boolean delXiaoLi();
}
```

当使用 MyBatis-Plus 时，只需要创建 Mapper 接口并继承 BaseMapper 接口，此时当前的 Mapper 接口就会获得由 BaseMapper 接口提供的对数据执行增、删、改、查等操作的方法。也就是说，在创建 Mapper 接口后，既不需要手动编写对数据执行增、删、改、查等操作的方法，也不需要手动编写与每个方法对应的 SQL 语句，从而实现简化开发、提高开发效率的目的。在使用 MyBatis-Plus 的情况下，可以把上述代码做如下修改：

```java
import com.baomidou.mybatisplus.core.mapper.BaseMapper;
import com.mr.po.People;

@Mapper
@Repository
public interface PeopleMapper extends BaseMapper<People> {
```

}

简而言之，当使用 MyBatis-Plus 时，创建的 Mapper 接口是一个空接口。

18.8.2 数据持久层设计

图书管理系统的数据持久层对应的是 com.mr.dao 包下的 BookDao.java 文件。因为图书管理系统使用了 MyBatis-Plus，所以 BookDao 接口需要继承 BaseMapper 接口。com.mr.dao 包下的 BookDao 接口的代码如下：

```java
package com.mr.dao;

import com.baomidou.mybatisplus.core.mapper.BaseMapper;
import com.mr.pojo.Book;

import org.apache.ibatis.annotations.Mapper;
import org.springframework.stereotype.Repository;

@Mapper
@Repository
public interface BookDao extends BaseMapper<Book> {  //Dao 层

}
```

18.8.3 服务层设计

图书管理系统的服务层由服务接口和服务接口的实现类组成。其中，服务接口对应的是 com.mr.service 包下的 BookService.java 文件，服务接口的实现类对应的是 com.mr.service.impl 包下的 BookServiceImpl.java 文件。下面将分别介绍如何编写服务接口和服务接口的实现类。

1．服务接口

在 BookService 服务接口中，定义了 4 个方法，它们分别是判断程序是否执行了新增编程图书操作的 insertBook()方法、判断程序是否执行了编辑图书操作的 updateBook()方法、判断程序是否执行了删除图书操作的 deleteBook()方法和获取用于显示数据的某个分页的 getPage()方法。

需要注意的是，当使用 MyBatis-Plus 时，在创建 BookService 服务接口的同时，需要让 BookService 服务接口继承 IService 接口。IService 接口提供了更高级的、用于对数据执行增、删、改、查等操作的方法。在实际开发中，IService 接口须与 BaseMapper 接口结合使用，以获得更加灵活、高效的用于操作数据的方法。

com.mr.service 包下的 BookService 服务接口的代码如下：

```java
package com.mr.service;

import com.baomidou.mybatisplus.core.metadata.IPage;
import com.baomidou.mybatisplus.extension.service.IService;
import com.mr.pojo.Book;

public interface BookService extends IService<Book> {                //Service 层：接口
```

```
    boolean insertBook(Book book);                              //程序是否执行了新增编程图书操作
    boolean updateBook(Book book);                              //程序是否执行了编辑图书操作
    boolean deleteBook(Integer id);                             //程序是否执行了删除图书操作
    IPage<Book> getPage(int currentPage, int pageSize, Book book);   //获取用于显示数据的某个分页
}
```

2．服务接口的实现类

BookServiceImpl 类是 BookService 服务接口的实现类。在 BookServiceImpl 类中，既要注入 BookDao 接口的 Bean，又要重写 BookService 服务接口中的 4 个方法。在每一个重写的方法中，都需要根据具体的需求调用 BaseMapper 接口中的相应方法去实现当前方法的功能。

需要注意的是，当使用 MyBatis-Plus 时，在创建 BookServiceImpl 类的同时，既需要让 BookServiceImpl 类继承 ServiceImpl 类，又需要实现 BookService 服务接口。ServiceImpl 类是 IService 接口的实现类。

com.mr.service.impl 包下的 BookServiceImpl 类的代码如下：

```
package com.mr.service.impl;

import com.baomidou.mybatisplus.core.conditions.query.LambdaQueryWrapper;
import com.baomidou.mybatisplus.core.metadata.IPage;
import com.baomidou.mybatisplus.extension.plugins.pagination.Page;
import com.baomidou.mybatisplus.extension.service.impl.ServiceImpl;
import com.mr.dao.BookDao;
import com.mr.pojo.Book;
import com.mr.service.BookService;

import org.apache.logging.log4j.util.Strings;
import org.springframework.beans.factory.annotation.Autowired;
import org.springframework.stereotype.Service;
import org.springframework.transaction.annotation.Transactional;

@Service
@Transactional
public class BookServiceImpl extends ServiceImpl<BookDao, Book> implements BookService {  //Service 层：实现类

    @Autowired
    private BookDao bookDao;                                    //Dao 层的 Bean

    @Override
    public boolean insertBook(Book book) {                      //程序是否成功执行了新增编程图书操作
        return bookDao.insert(book)>0;
    }

    @Override
    public boolean updateBook(Book book) {                      //程序是否成功执行了编辑图书操作
        return bookDao.updateById(book)>0;
    }

    @Override
    public boolean deleteBook(Integer id) {                     //程序是否成功执行了删除图书操作
        return bookDao.deleteById(id)>0;
```

```
        }
        @Override
        public IPage<Book> getPage(int currentPage, int pageSize, Book book) {//获取用于显示数据的某个分页
            LambdaQueryWrapper<Book> lqw = new LambdaQueryWrapper<Book>();
            lqw.like(Strings.isNotEmpty(book.getType()),Book::getType,book.getType());
            lqw.like(Strings.isNotEmpty(book.getName()),Book::getName,book.getName());
            lqw.like(Strings.isNotEmpty(book.getDescription()),Book::getDescription,book.getDescription());
            IPage page = new Page(currentPage,pageSize);
            bookDao.selectPage(page,lqw);
            return page;
        }
}
```

18.9 分页插件配置类设计

com.mr.config 包下的 PageConfig 类为分页插件配置类,这个类可以为图书管理系统配置分页插件,进而分页显示与每个页面对应的数据。下面将介绍分页插件的出处及其配置过程。

在介绍分页插件的出处之前,了解一下 MyBatis 插件机制。所谓 MyBatis 插件机制,指的是 MyBatis 插件会拦截 Executor、StatementHandler、ParameterHandler 和 ResultSetHandler 这 4 个接口的方法,为了执行自定义的拦截逻辑,需要先利用 JDK 动态代理机制为这些接口的实现类创建代理对象,再执行代理对象的方法。上述 4 个接口的说明如下。

- ☑ Executor:MyBatis 的内部执行器,它负责调用 StatementHandler 以操作数据库,并把结果集通过 ResultSetHandler 予以自动映射。
- ☑ StatementHandler:MyBatis 直接让数据库执行 SQL 脚本的对象。
- ☑ ParameterHandler:MyBatis 为了实现 SQL 入参而设置的对象。
- ☑ ResultSetHandler:MyBatis 把 ResultSet 集合映射成 POJO 的接口对象。

MyBatisPlus 依据 MyBatis 插件机制,为程序开发人员提供了 PaginationInnerInterceptor、BlockAttackInnerInterceptor、OptimisticLockerInnerInterceptor 等常用的插件,以便在实际开发中使用。不难发现,这些插件都实现了 InnerInterceptor 接口。上述几个插件的说明如下。

- ☑ PaginationInnerInterceptor:用于实现自动分页的插件。
- ☑ BlockAttackInnerInterceptor:用于防止全表更新与删除的插件。
- ☑ OptimisticLockerInnerInterceptor:用于实现乐观锁的插件。

在明确分页插件的出处后,下面将介绍分页插件的配置过程。因为 PageConfig 类是分页插件配置类,所以须使用@Configuration 注解标注 PageConfig 类。在 PageConfig 类中,有一个用于返回 MybatisPlusInterceptor 对象的 mybatisPlusInterceptor() 方法。在这个方法中,首先创建一个 MybatisPlusInterceptor 对象,然后让这个 MybatisPlusInterceptor 对象实现自动分页的功能。com.mr.config 包下的 PageConfig 类的代码如下:

```
package com.mr.config;

import com.baomidou.mybatisplus.extension.plugins.MybatisPlusInterceptor;
import com.baomidou.mybatisplus.extension.plugins.inner.PaginationInnerInterceptor;
import org.springframework.context.annotation.Bean;
```

```
import org.springframework.context.annotation.Configuration;

@Configuration
public class PageConfig {                                              //分页插件配置类
    @Bean
    public MybatisPlusInterceptor mybatisPlusInterceptor() {
        MybatisPlusInterceptor interceptor = new MybatisPlusInterceptor();     //MybatisPlusInterceptor 对象
        interceptor.addInnerInterceptor(new PaginationInnerInterceptor());     //配置分页插件
        return interceptor;
    }
}
```

18.10　控制器类设计

com.mr.controller 包下的 BookController 类为控制器类。在 Spring Boot 项目中，把被@Controller 注解标注的类称作控制器类。控制器类在 Spring Boot 项目中发挥的作用是处理用户发送的 HTTP 请求。Spring Boot 会把不同的用户请求交给不同的控制器进行处理，而控制器则会把处理后得到的结果反馈给用户。

因为@Controller 注解本身被@Component 注解标注，所以控制器类属于组件。这说明在启动 Spring Boot 项目时，控制器类会被扫描器自动扫描，因此可以在图书管理系统的控制器类中注入 BookService 服务接口的 Bean。

此外，在图书管理系统的控制器类中，还包含以下方法：

- ☑ getAll()方法：查询所有编程图书。
- ☑ insert()方法：新增编程图书。
- ☑ update()方法：编辑编程图书。
- ☑ delete()方法：删除编程图书。
- ☑ getById()方法：根据 id 查询图书。
- ☑ getPage()方法：获取用于显示数据的某个分页。

需要注意的是，上述所有方法都具有返回值，并且这些返回值都是 R 类型的对象。com.mr.controller 包下的 BookController 类的代码如下：

```
package com.mr.controller;

import com.baomidou.mybatisplus.core.metadata.IPage;
import com.mr.controller.util.R;
import com.mr.pojo.Book;
import com.mr.service.BookService;

import org.springframework.beans.factory.annotation.Autowired;
import org.springframework.web.bind.annotation.*;

@RestController
@RequestMapping("/books")
public class BookController {                                          //控制器类
    @Autowired
    private BookService bookService;                                   //Service 层的 Bean
```

```java
    @GetMapping
    public R getAll() {
        return new R(true, bookService.list());          //查询所有编程图书
    }

    @PostMapping
    public R insert(@RequestBody Book book) {
        boolean flag = bookService.insertBook(book);     //是否成功执行新增编程图书的操作
        return new R(flag, flag ? "添加成功" : "添加失败");
    }

    @PutMapping
    public R update(@RequestBody Book book) {
        return new R(bookService.updateBook(book));      //编辑图书
    }

    @DeleteMapping("{id}")
    public R delete(@PathVariable Integer id) {
        return new R(bookService.deleteBook(id));        //删除图书
    }

    @GetMapping("{id}")
    public R getById(@PathVariable Integer id) {
        return new R(true, bookService.getById(id));     //根据id查询图书
    }

    @GetMapping("{currentPage}/{pageSize}")
    public R getPage(@PathVariable int currentPage, @PathVariable int pageSize, Book book) {
        IPage<Book> page = bookService.getPage(currentPage, pageSize, book); //获取用于显示数据的某个分页
        //如果当前页码值大于总页码值,那么重新执行操作,使最大页码值为当前页码
        if (currentPage > page.getPages()) {
            page = bookService.getPage((int) page.getPages(), pageSize, book);
        }
        return new R(true, page);
    }
}
```

在上述代码中,出现了 4 个陌生的注解,它们分别是@GetMapping、@PostMapping、@PutMapping 和@DeleteMapping。这些注解的说明如下:

☑ @GetMapping:处理 GET 请求,通常在查询数据时使用,@GetMapping 的语法如下:

```
@GetMapping("path")
```

@GetMapping 等价于处理 GET 请求的@RequestMapping,@RequestMapping 的语法如下:

```
@RequestMapping(value = "path" , method = RequestMethod.GET)
```

☑ @PostMapping:处理 POST 请求,通常在新增数据时使用,@PostMapping 的语法如下:

```
@PostMapping("path")
```

@PostMapping 等价于处理 POST 请求的@RequestMapping,@RequestMapping 的语法如下:

```
@RequestMapping(value = "path", method = RequestMethod.POST)
```

☑ @PutMapping:处理 PUT 请求,通常在更新数据时使用,@PutMapping 的语法如下:

@PutMapping("path")

@PutMapping 等价于处理 PUT 请求的@RequestMapping，@RequestMapping 的语法如下：

@RequestMapping(value = "patch",method = RequestMethod.PUT)

- @DeleteMapping：处理 DELETE 请求，通常在删除数据时使用，@DeleteMapping 的语法如下：

@DeleteMapping("path")

- @GetMapping 等价于处理 DELETE 请求的@RequestMapping，@RequestMapping 的语法如下：

@RequestMapping(value = "path",method = RequestMethod.DELETE)

18.11 启动类设计

使用注解能够启动一个 Spring Boot 项目，这是因为在每一个 Spring Boot 项目中都有一个启动类，并且启动类必须被@SpringBootApplication 注解标注，进而能够调用用于启动一个 Spring Boot 项目的 SpringApplication.run()方法。com.mr 包下的 RunApplication 类为启动类，其代码如下：

```
package com.mr;

import org.springframework.boot.SpringApplication;
import org.springframework.boot.autoconfigure.SpringBootApplication;

@SpringBootApplication
public class RunApplication {                       //启动类

    public static void main(String[] args) {        //主方法
        SpringApplication.run(RunApplication.class, args);
    }

}
```

18.12 项目运行

启动项目后，打开浏览器，访问 http://localhost:8080/pages/books.html 地址，即可看到如图 18.4 所示的图书管理系统的主页面的第一页。

在主页面的第一页上，显示了数据总数、分页数、当前分页的数据和分页导航。此外，还显示了"新增编程图书"按钮、"编辑"按钮和"删除"按钮。

单击图 18.4 右下角的">"图标，即可看到如图 18.5 所示的图书管理系统的主页面的第二页。

单击图 18.4 或者图 18.5 中的"新增编程图书"按钮后，即可看到如图 18.6 所示的用于执行新增编程图书操作的对话框。

在依次输入计算机语言、图书名称和图书出版社后，单击"确定"按钮，即可完成新增编程图书的操作，如图 18.7 所示。

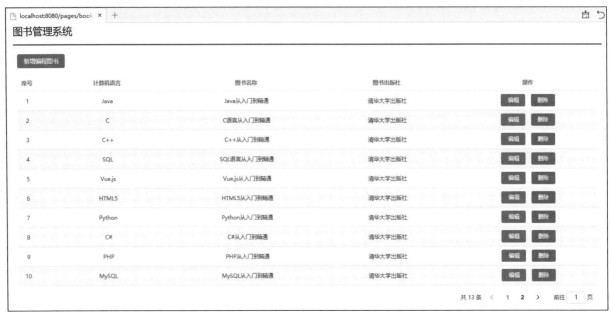

图 18.4　主页面的第一页

图 18.5　主页面的第二页

图 18.6　用于执行新增编程图书操作的对话框

图 18.7　完成新增编程图书的操作

单击与图书名称"Spring Boot 从入门到精通"对应的"编辑"按钮，即可看到如图 18.8 所示的用于执行编辑编程图书操作的对话框。

图 18.8　用于执行编辑编程图书操作的对话框

在把计算机语言修改为"Spring Boot"后，单击"确定"按钮，即可完成编辑编程图书的操作，如图 18.9 所示。

图 18.9　完成编辑编程图书的操作

单击与图书名称"Spring Boot 从入门到精通"对应的"删除"按钮，即可看到如图 18.10 所示的用于执行删除编程图书操作的对话框。

图 18.10　用于执行删除编程图书操作的对话框

在单击"确定"按钮后,即可完成删除编程图书的操作,如图 18.11 所示。

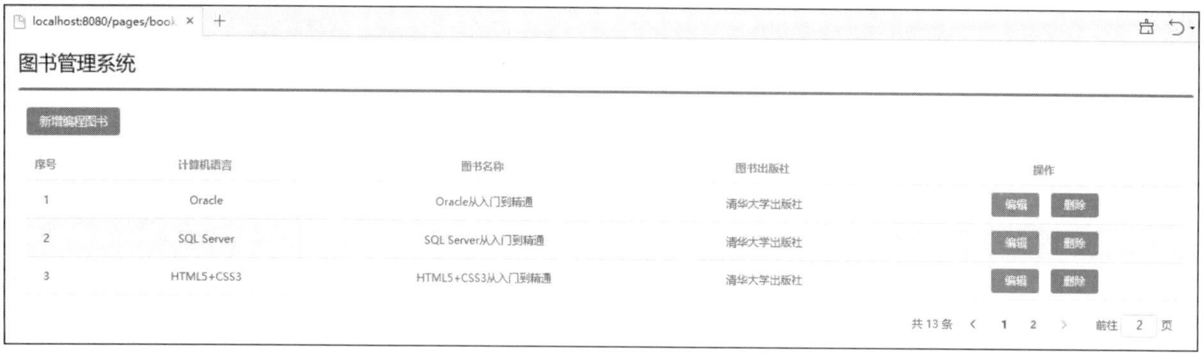

图 18.11　完成删除编程图书的操作

附录 A 使用 IDEA 学习本书

IDEA 的全称是 IntelliJ IDEA，IDEA 是一款当下热门的 Java 集成开发环境，广大的程序开发人员都公认 IDEA 是一款非常好用的 Java 开发工具。IDEA 是由 JetBrains 公司开发的一款产品，它有 Ultimate（商业版，又称终极版）和 Community（社区版）这两个版本。Ultimate 版本的 IDEA 须付费使用，它除支持 Java 语言外，还支持 HTML、CSS、PHP、MySQL、Python 等多种语言；Community 版本的 IDEA 可免费使用，它只支持 Java、Kotlin 等少数语言。本附录将介绍如何使用 Community 版本的 IDEA 学习本书，内容分为两部分：一部分是无须添加依赖的 Spring Boot 程序，即本书第 2～10 章的实例；另一部分是需要添加依赖的 SpingBoot 程序，即本书第 11～18 章的实例。

A.1 使用 IDEA 编写无须添加依赖的 Spring Boot 程序

本书第 2～10 章的实例程序不需要添加依赖，也就是说，在使用 IDEA 学习第 2～10 章的实例程序时，只要明确创建包和 Java 类的位置，并正确地编写代码，且使用 import 关键字导入所需的包，就能够在 IDEA 中得到书中各个实例程序的运行结果。下面将演示如何使用 IDEA 学习本书第 2～10 章的内容，这里以第 9 章的例 9.6 为例进行介绍。步骤如下：

（1）使用 IDEA 创建一个名称为 sprbtdemo、包名为 com.mr.sprbtdemo 的 Spring Boot 项目，在项目的 com.mr.sprbtdemo.dto 包下创建用户类 User，如图 A.1 所示。

图 A.1　创建用户类 User

说明

使用 IDEA 创建的项目比使用 Eclipse 创建的项目多一级以"项目唯一 ID"命名的包，比如，这里的默认包名为 com.mr.sprbtdemo，而在 Eclipse 中为 com.mr。

（2）在 com.mr.sprbtdemo.service 包下创建用户服务接口 UserService，如图 A.2 所示。

图 A.2　创建用户服务接口 UserService

（3）在 com.mr.sprbtdemo.service.impl 包中创建用户服务实现类 UserServiceImpl，如图 A.3 所示。

图 A.3　创建用户服务实现类 UserServiceImpl

（4）编写测试类 SpringBootDemoApplicationTests，如图 A.4 所示。

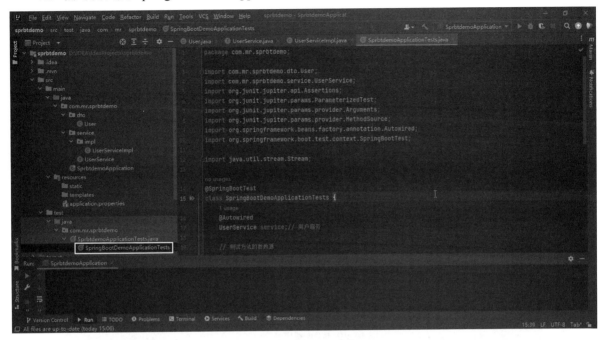

图 A.4　编写测试类

（5）在 IDEA 的测试类页面，单击鼠标右键，选择 Run 'SpringBootDemoApplicationTests'" 菜单即可，如图 A.5 所示。

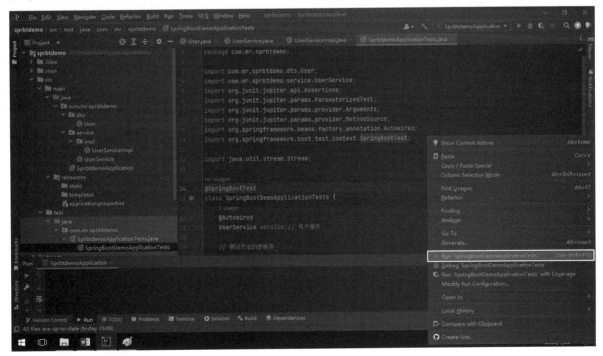

图 A.5　运行测试类

A.2　使用 IDEA 编写需要添加依赖的 Spring Boot 程序

本书第 11～18 章的实例程序需要添加依赖，也就是说，在使用 IDEA 学习第 11～18 章的实例程序时，还需要在创建项目时添加指定的依赖，而且仍然需要明确创建包和 Java 类的位置，并正确地编写代码，且使用 import 关键字导入所需的包，才能够在 IDEA 中得到书中各个实例程序的运行结果。下面将演示如何使用 IDEA 学习本书第 11～18 章的内容，这里将以第 16 章的实践与练习为例介绍如何使用 IDEA 在创建项目时添加指定的依赖。步骤如下。

（1）在 IDEA 中新建一个名为 springbootdemo16 的 Spring Boot 项目，如图 A.6 所示。

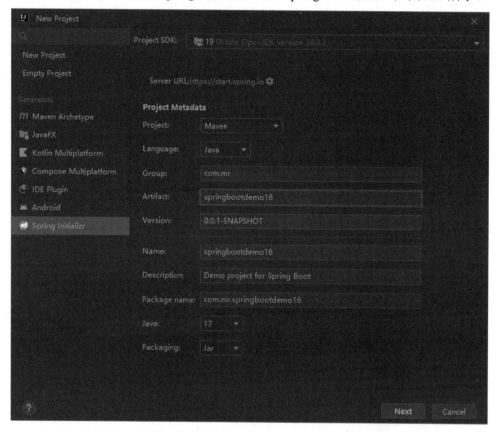

图 A.6　新建一个名为 springbootdemo16 的 Spring Boot 项目

（2）为 springbootdemo16 项目添加如下依赖：Spring Web、Thymeleaf、JDBC API、MyBatis Framework、MySQL Driver 和 Spring Data Redis，如图 A.7 所示。

（3）项目 springbootdemo16 创建完毕后，双击 pom.xml 文件即可查看已添加的依赖，如图 A.8 所示。

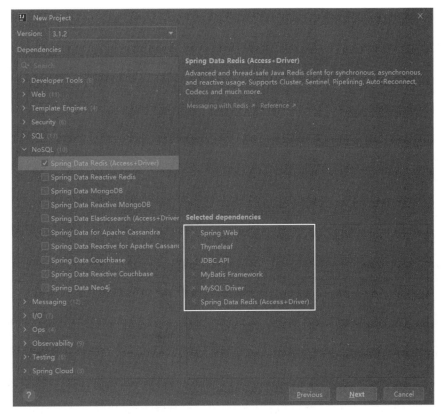

图 A.7　为 springbootdemo16 项目添加依赖

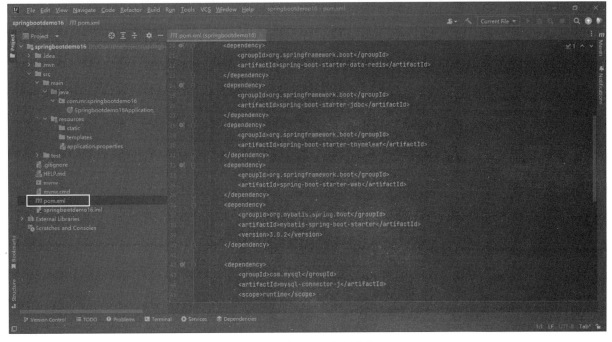

图 A.8　查看已添加的依赖

（4）在 application.properties 配置文件中，配置 Spring Boot 项目 springbootdemo16 所需的数据库连接信息（如果需要），如图 A.9 所示。

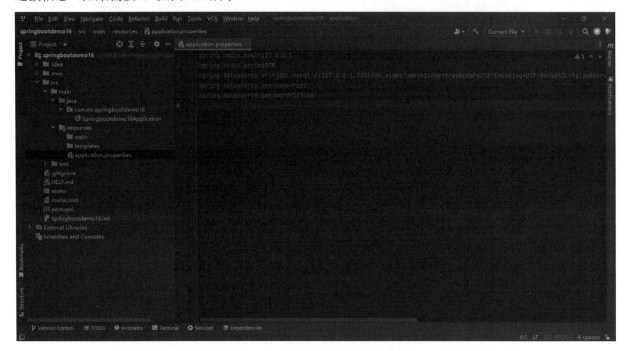

图 A.9　配置所需的数据库连接信息

（5）上面配置操作完成后，按照 2.3.3 节的步骤在项目中创建相应的包和类即可。